LES VIGNES

RECHERCHES EXPÉRIMENTALES

SUR

LEUR CULTURE ET LEUR EXPLOITATION

PAR

M. A. MÜNTZ

PROFESSEUR ET DIRECTEUR DES LABORATOIRES A L'INSTITUT NATIONAL AGRONOMIQUE

MEMBRE DU CONSEIL SUPÉRIEUR DE L'AGRICULTURE

BERGER-LEVRAULT ET Cie, LIBRAIRES-ÉDITEURS

PARIS | NANCY
5, RUE DES BEAUX-ARTS | 18, RUE DES GLACIS

1895

LES VIGNES

RECHERCHES EXPÉRIMENTALES

SUR

LEUR CULTURE ET LEUR EXPLOITATION

NANCY, IMPRIMERIE BERGER-LEVRAULT ET Cie

LES VIGNES

RECHERCHES EXPÉRIMENTALES

SUR

LEUR CULTURE ET LEUR EXPLOITATION

PAR

M. A. MÜNTZ

PROFESSEUR ET DIRECTEUR DES LABORATOIRES A L'INSTITUT NATIONAL AGRONOMIQUE

MEMBRE DU CONSEIL SUPÉRIEUR DE L'AGRICULTURE

BERGER-LEVRAULT ET Cie, LIBRAIRES-ÉDITEURS

PARIS	NANCY
5, RUE DES BEAUX-ARTS	18, RUE DES GLACIS

1895

RECHERCHES EXPÉRIMENTALES

SUR

LA CULTURE ET L'EXPLOITATION DES VIGNES

INTRODUCTION

Toutes les plantes ont besoin, pour se développer, de trouver dans le sol des principes dits fertilisants, que la nature ne fournit qu'avec parcimonie et dont l'absence ou la pénurie condamne la terre à la stérilité. Le plus souvent la terre contient ces différents principes, mais en proportions insuffisantes ou plutôt sous forme de combinaisons qui ne peuvent pas être immédiatement absorbées par les plantes. Pour donner à de pareils sols une plus grande fertilité, il est nécessaire de les additionner d'engrais naturels ou artificiels, destinés à leur apporter sous une forme plus assimilable les éléments que la nature ne fournit pas en abondance. C'est là une notion générale qui s'applique à toutes les terres et à toutes les cultures. Mais elle a besoin d'être spécialisée suivant la composition de la terre, suivant la proportion des principes fertilisants dont chaque culture a besoin.

Ce dernier point de vue est celui des exigences en principes fertilisants ; il doit servir de base à l'application judicieuse des engrais. Il est évident que si telle culture absorbe, pour atteindre tout son développement, de plus grandes quantités de l'un des éléments fertilisants, c'est celui-ci qu'il faut lui donner en plus grande abondance.

Les éléments fertilisants par excellence, ceux sur lesquels la pratique agricole doit s'appuyer, sont l'azote, l'acide phosphorique et la potasse. La plante a besoin d'autres éléments, mais qui existent généralement en suffisance dans le sol et dont il n'y a lieu de se préoccuper que dans des cas exceptionnels, puisque ordinairement la nature les fournit gratuitement.

Pour la plupart de nos plantes cultivées, les exigences en éléments fertilisants ont été déterminées. On sait ce qu'une récolte de blé, ou de pommes de terre, ou de betteraves enlève au sol. Mais pour la vigne, on est moins bien fixé, malgré quelques études faites sur ce sujet, car des différences énormes existent entre les conditions dans lesquelles sont placées les diverses régions viticoles. Il est donc impossible de généraliser les résultats partiels déjà obtenus et il faut examiner isolément les divers types de vignobles. Quelle assimilation peut-on, en effet, établir entre les grands vignobles du Midi, à la végétation si puissante, à la production si abondante, et les cépages grêles de la Champagne et de la Bourgogne, qui donnent des récoltes dix fois moindres et auxquels manque si souvent cet élément fertilisant, dont on ne tient pas assez compte et qu'on n'est pas d'ailleurs maître d'appliquer, le soleil ?

Pour nous en tenir aux principes fertilisants qu'il est en notre pouvoir de donner à la vigne, dans le but de maintenir ou d'augmenter sa vigueur et ses récoltes, examinons isolément quelles sont les quantités de ces divers principes fertilisants que la vigne absorbe, dans son développement annuel, pour produire les sarments, les feuilles et le raisin.

Ces quantités ne doivent pas servir de mesure rigoureuse à la fumure, qui doit toujours être notablement plus abondante. En effet, tous les éléments que nous donnons à la terre ne sont pas absorbés par la plante. Les uns, comme l'azote, tendent à se perdre dans le sous-sol, les autres, comme l'acide phosphorique et même la potasse, sont loin de se diffuser dans le sol, comme on est trop porté à le croire, et de se diriger avec les liquides nourriciers vers les racines qui pompent incessamment ces sucs, ensuite évaporés par le système foliacé. Ces principes fertilisants, au lieu de se diffuser, se localisent et il faut que les racines arrivent à leur contact pour les absorber. Or, le système radiculaire n'occupe pas tous les interstices du sol ; il y a donc une grande quantité de principes fertilisants qui lui échappe.

L'idée d'une grande mobilité de ces principes est erronée ; d'ailleurs nous voyons dans la pratique agricole qu'une fraction seulement des engrais, même quand ils sont donnés sous la forme la plus assimilable, sert à la nutrition de la plante. Ce ne sont que les récoltes suivantes, dirigeant leurs radicelles vers d'autres points du sol, qui pourront profiter ultérieurement des aliments non absorbés l'année de leur application. De là le besoin de donner à la terre plus que ce qui est strictement nécessaire au développement de la récolte.

Mais l'étude des exigences de la vigne doit servir de guide pour l'application, dans des proportions relatives, des principes fertilisants. Là où la récolte prend beaucoup d'azote et peu de phosphate, nous appliquerons en plus grande quantité les engrais azotés que les engrais phosphatés.

Ces idées générales étant exposées, examinons les principaux types de vignobles et recherchons ce qu'il y a, pour chacun d'eux, de principes fertilisants fixés dans l'ensemble de la végétation annuelle, dans chacun des organes de la plante et dans les produits que nous en obtenons. Nous aurons ainsi à examiner : les sarments, les feuilles, le vin, le marc, les lies, dont la proportion, rapportée à la surface d'un hectare, et la composition nous donneront les quantités de substances fertilisantes annuellement enlevées au sol par ces cultures.

Mes recherches à ce sujet se sont étendues non seulement au grand vignoble du Midi, le plus considérable qui soit au monde, mais aussi à ceux du Bordelais, de la Champagne, de la Bourgogne, du Beaujolais, etc.

Étant admis que la connaissance de la proportion des substances dites fertilisantes, qu'absorbe la vigne dans le cours de sa végétation annuelle pour la production du bois, des feuilles et du fruit, doit servir de base à l'application raisonnée des engrais, il importe de déterminer quelles sont, dans les divers cas, les exigences de cette culture.

Nous voyons la vigne se développer plantureusement dans les alluvions fertiles des plaines et végéter péniblement sur des coteaux arides et caillouteux.

Nous la voyons cultivée depuis le Midi, où la température est élevée, jusqu'aux régions septentrionales de la France, où le climat est rigoureux. Dans ces conditions si diverses, le développement de la plante varie, les qualités propres des vins varient plus encore. Il en est de même des rendements, qui peuvent atteindre dans le Midi 200 et 300 hectolitres à l'hectare, alors qu'en Champagne et en Bourgogne, ils atteignent rarement plus de 25 et 30 hectolitres.

Il était à prévoir qu'avec d'aussi énormes différences dans les conditions de végétation et de production, les exigences de la vigne présenteraient de grandes variations.

L'étude d'ensemble que j'ai entreprise sur ce sujet est destinée à faire connaître les besoins de la plante, suivant la région où elle se développe, afin de mettre à la disposition des agriculteurs des données positives sur les quantités des divers éléments fertilisants que la vigne absorbe pour son développement.

Le vignoble français peut se diviser en régions bien distinctes, dont chacune présente des caractères généraux au point de vue du mode de culture, du rendement et de la qualité des vins.

Le vignoble du Midi, qui fournit la plus grande partie des vins communs, presque entièrement consommés en France, constitue le groupe le plus important.

La région du Sud-Ouest produit moins de vin, mais celui-ci a plus de qualité ; il comprend, outre les vins ordinaires, des crûs renommés tels que ceux du Médoc et des Graves, qui forment l'objet d'une exportation considérable.

L'Est-Sud-Est, avec les vignobles de la Bourgogne et du Beaujolais, offre également des vignobles importants, où la qualité prédomine sur les rendements.

Dans le Nord-Est, les vins de la Champagne, en grande partie exportés, donnent à cette région une grande prospérité.

Le Centre et l'Ouest de la France sont également producteurs de vin, sans offrir un ensemble de types aussi nettement caractérisés.

J'ai choisi, dans les centres de production les plus intéressants, de grandes exploitations viticoles, dans lesquelles j'ai étudié les diverses conditions de la culture et des rendements et déterminé plus spécialement la somme des éléments fertilisants, enlevés par la végétation annuelle, qu'il importe de restituer à la terre, sous peine de voir celle-ci s'appauvrir et les récoltes diminuer.

En même temps bien des points ayant trait à la nature des terres, au mode de culture, à la vinification, aux questions économiques, etc., ont été observés et recueillis. L'ensemble de ce travail comprend donc, à côté de recherches expérimentales nombreuses, des séries de monographies des types les plus importants du vignoble français.

PREMIÈRE PARTIE

LES CONDITIONS DE LA PRODUCTION DU VIN
ET LES EXIGENCES DE LA VIGNE EN PRINCIPES FERTILISANTS
DANS LE MIDI DE LA FRANCE

La région du Midi, qui fournit la partie la plus considérable des vins communs et qui comprend principalement les départements de l'Aude, de l'Hérault, du Gard, des Pyrénées-Orientales, des Bouches-du-Rhône est particulièrement intéressante, non seulement par l'importance de son vignoble, le plus étendu et le plus productif qui soit au monde, mais aussi par la variété qu'offre le mode de culture de la vigne.

Il y a, en effet, dans cette vaste région, des types de culture qui diffèrent profondément les uns des autres. Ainsi voyons-nous la vieille vigne française conservée par la submersion et vivant ainsi dans un milieu anormal. Nous la voyons en d'autres endroits maintenue à l'aide de traitements insecticides. Ailleurs des plantations de vignes françaises ont été faites dans les sables des bords de la mer qui, il y a peu d'années encore, ne formaient que des dunes couvertes d'une végétation chétive. Là où l'ancienne vigne a disparu, les vignobles ont été reconstitués par des plants greffés sur des racines américaines.

Outre ces différences dans le mode de culture, il en est qui tiennent au terrain, et la vigne est tantôt plantée sur les coteaux caillouteux formés par le diluvium alpin, tantôt dans les riches alluvions fluviales ou maritimes formant des plaines d'une grande fertilité.

Pour entreprendre une étude générale du vignoble méridional, il était donc nécessaire d'examiner séparément ces différents cas.

Je me suis astreint à l'étude de vignobles entiers, persuadé que des constatations faites sur des parcelles, fussent-elles d'une certaine étendue, ne sauraient donner les résultats moyens qu'il faut chercher à obtenir lorsqu'il s'agit de fournir à la pratique agricole des données positives. Pour mener ces études à bonne fin, il a fallu obtenir le concours des propriétaires, qui ont d'ailleurs intérêt à connaître les facteurs qui interviennent dans la production de la vendange. J'ai trouvé auprès des viticulteurs du Midi la plus grande complaisance et toutes les facilités nécessaires. Ils ont compris que l'intervention de la science pouvait être utile, même à la pratique la mieux entendue, et que des notions précises remplaçant de vagues appréciations constituaient toujours un progrès.

M. P. Viala, le savant professeur de viticulture de l'Institut agronomique, m'a guidé dans le choix des vignobles et a mis à ma disposition sa connaissance approfondie de la région.

M. Mazade, préparateur de la Station de recherches viticoles de Montpellier, s'est chargé de prélever les échantillons et de réunir les documents authentiques dans les vignobles, aux époques où cela était nécessaire.

MM. Chauzit et Lagatu m'ont également donné un concours précieux.

J'ai donc été aidé, dans ce travail si étendu, par des savants qui y ont apporté autant de dévouement qu'ils ont de compétence.

Voici quel a été le mode opératoire pour la détermination sur place de la proportion de feuilles, de sarments et de marcs, ainsi que pour le prélèvement des échantillons.

Au moment de la vendange, aussitôt le raisin cueilli, on a choisi 10 souches représentant autant que possible la moyenne du vignoble et la proportion même dans laquelle existent, dans le domaine, les différents cépages. Les feuilles ont été cueillies intégralement, les sarments ont été coupés de la façon dont se fait la taille usuelle. On avait donc ainsi les échantillons se rapportant à l'ensemble du vignoble et permettant de calculer la part revenant aux feuilles et aux sarments dans l'absorption des éléments fertilisants. Quant au raisin lui-même, on a pu établir très exactement sa proportion. En effet, la totalité du vin produit par le domaine après le soutirage a été mesurée, ainsi que les lies qu'il a laissé déposer.

Le marc, après expression, a été cubé après qu'on eut déterminé le poids du mètre cube. On avait donc ainsi, avec une approximation très suffisante, les données relatives aux exigences de la vigne.

Les feuilles et les sarments ont été pesés frais, puis desséchés, ainsi qu'un lot moyen de marc. Les vins et les lies ont été expédiés au laboratoire en nature.

Le travail analytique, destiné à déterminer, dans ces différents produits de la vigne, les matières fertilisantes ayant concouru à la formation des feuilles, des bois et du fruit, a été exécuté à l'aide des méthodes usuelles que nous n'avons pas à décrire ici. Les dosages de l'azote, de l'acide phosphorique, de la potasse, de la chaux, de la magnésie, qui offraient surtout de l'intérêt pour le but que nous nous étions proposé, sont trop connus pour que nous ayons à les décrire.

CHAPITRE I

VIGNES FRANÇAISES CONSERVÉES PAR LA SUBMERSION

———

Parmi les moyens préconisés pour combattre le phylloxéra, la submersion, c'est-à-dire le maintien des vignes sous l'eau, a été un des plus efficaces. Préconisé en 1868 par M. le Dr Seigle, plus particulièrement étudié ensuite par M. Faucon, ce procédé est entré largement dans la pratique et a permis de conserver de vastes surfaces en vignes françaises, sur lesquelles le phylloxéra n'a pour ainsi dire plus de prise. La submersion est appliquée dans le Midi et dans le Sud-Ouest, mais plus particulièrement dans le Gard et l'Hérault, dans de grands vignobles situés sur les bords des cours d'eau.

La submersion, qui se pratique principalement en hiver, consiste à couvrir le sol pendant un temps assez long et sans interruption, soit 30 à 60 jours, d'une nappe d'eau de 0^m,20 à 0^m,30 de hauteur qu'il faut maintenir constamment en remplaçant celle qui s'écoule. Cette eau pénètre dans le sol et fait périr le phylloxéra.

Des travaux assez importants doivent être exécutés pour empêcher l'écoulement des eaux ; ordinairement on divise le vignoble en planches, qu'on entoure de bourrelets de terre. Le plus souvent les eaux sont amenées à l'aide de machines puissantes ; dans d'autres cas on les fait arriver par une pente naturelle.

La proportion d'eau à employer est variable avec la nature du sol ; quand celui-ci est peu perméable et de faible pente, 10 000 et 20 000 mètres cubes d'eau par hectare peuvent suffire ; pour des sols plus perméables et ayant plus de pente, il faut jusqu'à 60 000 et 90 000 mètres cubes d'eau par hectare ; lorsque la pente dépasse 3 centimètres par mètre, l'opération ne devient plus pratique.

Les vignes françaises ainsi conservées par la submersion donnent généralement d'abondantes récoltes d'un vin très léger, peu coloré et de faible degré alcoolique ; mais elles demandent aussi de fortes fumures. Les masses d'eau qui passent sur le terrain lui enlèvent de grandes quantités d'azote sous forme de nitrates.

La submersion a un effet particulier sur les gelées d'hiver et de printemps ; elle préserve entièrement la vigne. Aussi longtemps que la terre est couverte d'eau, les gelées ne sont donc pas à craindre. L'observation de ce fait a même permis de planter des vignes dans des bas-fonds, où autrefois elles eussent été fortement atteintes par les gelées. Submergées maintenant jusqu'à la fin du printemps, elles restent indemnes.

Les conditions si particulières de l'existence de la vigne dans les terres submergées devaient faire l'objet d'observations intéressantes ; MM. Trouchaud-Verdier, Causse et Chauzit ont consacré à cette pratique d'importants travaux.

Mes observations ont été faites sur un domaine où la submersion est appliquée avec les plus grands soins.

Domaine de Saint-Laurent-d'Aigouze (Gard).

Ce domaine appartient à M. Trouchaud-Verdier. Les vins qu'il fournit sont des vins de plaine communs. Le vignoble est soumis à la submersion d'hiver. Il est situé dans la plaine très fertile des alluvions du Vidourle, à une faible élévation au-dessus du niveau de la mer.

Composition des terres. — Deux échantillons de terre, sol et sous-sol, ont été prélevés en deux endroits différents du vignoble ; tous les deux appartiennent aux alluvions du Vidourle ; voici leur composition :

Échantillons n° 1.

1 000 de terre sèche contiennent :

	TERRE FINE.	CAILLOUX siliceux.	CAILLOUX calcaires.
Sol.	994.37	0	5.63
Sous-sol.	993.00	5.77	1.23

L'analyse de la terre fine a donné les résultats suivants pour 1 000 de terre sèche :

	SOL.	SOUS-SOL.
Azote.	0.80	0.50
Acide phosphorique . . .	1.26	0.88
Potasse.	2.54	2.00
Carbonate de chaux . . .	408.51	415.23
Magnésie	3.83	3.25
Sesquioxyde de fer . . .	21.33	21.22

En rapportant à la terre naturelle, un kilogr. contient, à l'état sec, dans les éléments fins, les proportions de principes fertilisants suivantes :

	SOL.	SOUS-SOL.
Azote.	0.79	0.49
Acide phosphorique . . .	1.25	0.87
Potasse.	2.52	1.98
Carbonate de chaux . . .	406.22	413.32
Magnésie	3.81	3.23
Sesquioxyde de fer . . .	21.22	21.09

Échantillons n° 2.

1 000 de terre sèche contiennent :

	TERRE FINE.	CAILLOUX	
		siliceux.	calcaires.
Sol.	984.39	9.81	5.80
Sous-sol.	988.90	7.58	3.52

L'analyse de la terre fine a donné les résultats suivants pour 1 000 de terre sèche :

	SOL.	SOUS-SOL.
Azote.	1.04	0.44
Acide phosphorique . . .	1.21	0.92
Potasse.	2.08	2.52
Carbonate de chaux . . .	420.39	420.35
Magnésie	2.99	3.22
Sesquioxyde de fer . . .	21.52	21.22

En rapportant à la terre naturelle, un kilogr. contient, à l'état sec, dans les éléments fins, les proportions de principes fertilisants suivantes :

	SOL.	SOUS-SOL.
Azote.	1.02	0.43
Acide phosphorique	1.19	0.91
Potasse	2.04	2.49
Carbonate de chaux	413.83	415.68
Magnésie	2.94	3.18
Sesquioxyde de fer	21.18	20.19

Ces terres d'alluvions sont exclusivement constituées par des éléments fins, le sol est moyennement riche en acide phosphorique et en potasse, avec une teneur plus faible en azote. Le sous-sol est sensiblement moins riche que la couche superficielle. Tous ces lots sont très calcaires, puisqu'ils contiennent depuis 44 jusqu'à 62 p. 100 de carbonate de chaux. Ces terres sont en grande partie constituées par des débris de coquillages.

Généralement les terres d'alluvions sont plus riches en azote, mais ici la submersion, qui intervient pour garantir la vigne française contre les atteintes du phylloxéra, doit contribuer puissamment à l'épuisement du sol en matière azotée, d'un côté en favorisant la nitrification, de l'autre en enlevant, par le lavage que produit la masse d'eau qui traverse le terrain, les nitrates qui ont pu se former. Aussi doit-on s'attendre à voir, dans de pareils sols, d'ailleurs assez bien pourvus de principes fertilisants, les engrais azotés jouer le principal rôle.

On voit d'ailleurs que la couche sous-jacente a une composition peu différente de celle de la couche superficielle, c'est-à-dire que les racines de la plante trouvent un grand cube de terre à leur disposition.

État du vignoble. — Le vignoble de Saint-Laurent-d'Aigouze a une étendue de 32^{ha},6 (y compris 1 hectare occupé par les chemins, les bâtiments, les bourrelets); il est constitué par de la vigne française en pleine production. Le nombre des souches est de 130 400, soit 4 000 souches à l'hectare ; l'encépagement est fait en aramon pour 75 p. 100, en petit bouschet pour 25 p. 100.

Il a fallu 4 ans à partir de la plantation pour que la vigne fût en production normale.

Le prix de revient de l'installation faite pour submerger 50 hectares a été de 35 000 fr. comprenant la prise d'eau, les retours d'eaux, les machines, les tuyaux.

Les frais annuels de submersion sont de 3 089 fr. pour main-d'œuvre de chauffeurs, surveillants d'eau, combustible, etc. Il faut y ajouter 3 000 fr. pour intérêt de l'argent engagé, amortissement et réparations. Soit en tout 6 089 fr. par an pour la submersion, ce qui correspond à 190 fr. par hectare et par an.

Les frais totaux de culture comprenant les façons, les fumures, les traitements, etc., sont de 1 000 à 1 100 fr. par hectare et par année.

Outre la submersion d'hiver, on fait des arrosages de printemps pour préserver la vigne des gelées ; le terrain est recouvert d'eau par deux fois. Dès que le sol est entièrement recouvert, on suspend l'arrivée de l'eau et on attend qu'il soit ressuyé. On fait alors un second arrosage. En été, les arrosages se font en recouvrant le sol d'eau qu'on laisse écouler au bout de 24 heures.

On fait 4 ou 5 labours, en commençant au mois de mars et continuant de mois en mois jusqu'à l'approche de la maturité.

La taille a lieu pendant l'hiver ; un ouvrier taille 250 à 300 souches par jour.

Les traitements contre le mildew se font avec la bouillie bordelaise, contenant par hectolitre 3 kilogr. de sulfate de cuivre et 2 kilogr. de chaux ; elle s'applique à l'aide d'appareils à grand travail, traînés par deux mules. Ces traitements se font à intervalles rapprochés à raison de 5 à 6 par an, à cause de la facilité avec laquelle le mildew se développe dans ces terrains humides. Les arrosages contribuent d'ailleurs beaucoup au développement de la maladie.

On ramasse les altises à l'aide d'entonnoirs échancrés et on fait 3 soufrages, l'un au printemps, l'autre quelques jours avant la floraison, et le dernier quelques jours avant la véraison.

Les fumures se font de la façon suivante :

	PAR HECTARE.
1re année : Fumier de ferme	20 000 kilogr.
2e année : Nitrate de soude ou cornailles .	600 —
3e année : — — .	600 —
4e année : — — .	600 —

De plus, au printemps, on met 400 kilogr. de plâtre par hectare.

Le vignoble reçoit surtout des fumures azotées et, en prenant l'assolement de 4 ans indiqué ci-dessus, on obtient comme répartition annuelle à l'hectare :

	AZOTE.	ACIDE phosphorique.	POTASSE.
20 000 kilogr. fumier de ferme	94	68	104
600 kilogr. nitrate de soude ou cornailles.	90	»	»
600 — — .	90	»	»
600 — — .	90	»	»
Totaux	364	68	104
Soit par année.	91	17	26

On voit que l'apport de phosphate et de potasse est très peu élevé. Pour l'azote, la fumure est assez forte pour fournir amplement aux plus abondantes récoltes. Mais il convient de dire que le nitrate, qui est le plus souvent appliqué, ne laisse rien dans le sol pour l'année suivante. C'est donc une fumure chère, parce que la partie qui n'est pas utilisée dans l'année même est totalement perdue. Lorsqu'on emploie les cornaillons, dont la richesse en azote est sensiblement égale à celle du nitrate de soude, il peut rester après la récolte de notables quantités d'azote organique, non nitrifié et qui n'est pas entraîné par les eaux. La végétation de l'année suivante peut encore en tirer parti. Il nous semble plus judicieux d'employer cette dernière fumure.

Les quantités de nitrate que nous venons d'indiquer constituent une fumure azotée très abondante, on pourrait même dire excessive ; à plus forte raison pourrions-nous appliquer cette dernière expression lorsqu'on donne annuellement, comme cela se voit souvent, 900 et jusqu'à 1 200 kilogr. de nitrate de soude par hectare de vignes submergées. Il y a là un véritable gaspillage d'un engrais dont le prix est élevé et nous ne saurions trop déconseiller cet abus qui entraîne à de très grands frais.

Les vendanges commencent ordinairement à la fin d'août et durent une vingtaine de jours.

Pendant les 4 dernières années, avec la surface de $32^{ha},6$ en production, la récolte de vin a été :

ANNÉES.	PRODUCTION	
	totale.	à l'hectare.
	hectolitres.	hectolitres.
1889	4 834	148
1890	6 400	196
1891	5 700	175
1892	6 200	190

Ce qui représente une production moyenne d'environ 180 hectolitres par hectare. Ces vins se font presque entièrement en rouge.

Les marcs sont épuisés pour l'obtention de piquettes qu'on distille.

Les sarments sont mis en fagots et vendus. Il est rare que le prix de vente dépasse les frais de fagotage.

Résultats des expériences. — Pour l'année 1892, voici les documents recueillis :

Le poids des feuilles pour 10 pieds moyens a été de $10^{kg},500$ à l'état frais, soit 4 200 kilogr. de feuilles fraîches ou 1 372 kilogr. de feuilles sèches par hectare.

Les sarments provenant des mêmes pieds ont pesé $8^{kg},200$ à l'état frais, soit 3 280 kilogr. de sarments frais ou $1\,117^{kg},2$ de sarments secs par hectare.

L'ensemble du vignoble a donné 6 200 hectolitres de vin rouge, soit $190^{hl},2$ par hectare.

La quantité totale des marcs a été de 92 643 kilogr. à l'état frais donnant 27 608 kilogr. à l'état sec, soit 2 844 kilogr. de marcs frais ou $847^{kg},7$ de marcs secs par hectare.

Il y a eu en outre une quantité totale de lie (à 40 p. 100 de matière sèche), qu'on peut évaluer, à raison de $0^{kg},75$ par hectolitre, à $142^{kg},5$ de lie épaisse par hectare, soit 57 kilogr. de lie sèche.

Les tableaux suivants donnent les résultats obtenus pour l'ensemble du vignoble.

Composition centésimale de la matière sèche.

	SARMENTS.	FEUILLES.	MARCS.	LIES.
Azote	0.49	2.04	2.26	3.97
Cendres	4.87	11.53	6.48	12.16
Acide phosphorique. .	0.23	0.39	0.66	0.92
Potasse	0.72	1.05	1.26	6.00
Chaux.	1.49	4.55	1.23	1.34
Magnésie.	0.16	0.10	0.11	traces.

Composition du vin, par litre.

Azote	$0^{gr},145$
Acide phosphorique.	0 ,201
Potasse	1 ,057
Chaux.	0 ,146
Magnésie.	0 ,031

Matières fertilisantes absorbées par hectare de vignes.

		AZOTE.	ACIDE PHOSPHORIQUE.	POTASSE.	CHAUX.	MAGNÉSIE.
		kilogr.	kilogr.	kilogr.	kilogr.	kilogr.
Vin.	$190^{hl},2$	2,758	3,823	20,104	2,777	0,590
Marcs secs	$847^{kg},7$	19,158	5,595	10,681	10,427	0,932
Feuilles sèches . .	1 372 ,9	27,989	5,351	14,406	62,426	1,372
Sarments secs. . .	1 117 ,2	5,474	2,570	8,044	16.646	1,787
Lies sèches. . . .	57 ,0	2,263	0,524	3,420	0,764	traces.
Totaux.		57,642	17,863	56,655	93,040	4,681

L'ensemble du vignoble, pour une production moyenne de 190 hectolitres, a absorbé des quantités d'éléments fertilisants qu'on ne saurait regarder comme très élevées, eu égard à l'abondance de la récolte et à la vigueur de la végétation. La fumure donnée est très élevée pour l'azote, à peine suffisante pour l'acide phosphorique et très faible pour la potasse. Mais les terres contenant ce dernier élément en assez fortes proportions, cette insuffisance ne doit pas inquiéter. Nous mettons en regard les produits absorbés par la vigne et ceux apportés par les engrais :

	AZOTE.	ACIDE phosphorique.	POTASSE.
Absorbé par la vigne . . .	57^{kg},6	17^{kg},9	56^{kg},3
Apporté par la fumure . .	91 ,0	17 ,0	26 ,0

Les nitrates employés à haute dose donnent des résultats très marqués dans ces vignobles, surtout en développant d'une façon extraordinaire le système foliacé. Dans un sol aussi abondamment pourvu de nitrates, et souvent humide, les mauvaises herbes se développent avec une rapidité prodigieuse et nécessitent des labours fréquents. L'emploi à haute dose de nitrates, qui contribuent certainement, pour une forte part, à l'abondance des récoltes, n'est pas sans présenter des inconvénients. On peut lui reprocher d'entraîner à une forte dépense, de pousser à la production de vin d'un faible degré, de favoriser outre mesure la croissance des mauvaises herbes et, suivant toute probabilité, de rendre la vigne plus susceptible d'être atteinte par les maladies cryptogamiques.

Ces observations ont encore plus leur raison d'être, là où, au lieu de 600 kilogr. de nitrate de soude par hectare, on en met 800 et jusqu'à 1 200 kilogr., ce qui est une pratique qu'on ne saurait encourager.

On a cru intéressant de prendre dans le vignoble une surface exclusivement complantée d'aramon et pouvant représenter les rendements les plus élevés qu'il soit possible d'obtenir dans les vignes submergées, qui donnent déjà en moyenne une si forte production.

Sur cette surface, la vigueur de la végétation était notablement supérieure et chaque cep a donné en moyenne 8^{kg},300 de raisin.

Le poids des feuilles pour 10 pieds a été de 16^{kg},800 à l'état frais, soit 6 720 kilogr. de feuilles fraîches ou 1 851^{kg},2 de feuilles sèches par hectare.

Les sarments provenant des mêmes pieds ont pesé 11 kilogr. à l'état frais, soit 4 400 kilogr. de sarments frais ou 1 454^{kg},8 de sarments secs par hectare.

La production du vin a été de 300 hectolitres par hectare.

La quantité de marcs, de 4500 kilogr. à l'état frais, soit 1 342 kilogr. à l'état sec par hectare.

Les lies, à raison de 0ᵏᵍ,750 de lie épaisse (40 p. 100 de matière sèche) par hectolitre de vin, donnent 225 kilogr. de lie épaisse ou 90 kilogr. de lie sèche par hectare.

Les tableaux suivants résument ces données:

Composition centésimale de la matière sèche.

	SARMENTS.	FEUILLES.
Azote	0.50	2.00
Cendres	4.78	11.46
Acide phosphorique.	0.21	0.33
Potasse	0.59	0.77
Chaux.	1.56	4.77
Magnésie.	0.10	0.15

(Pour le vin et les marcs, on a admis la même composition que pour le reste du vignoble.)

Matières fertilisantes absorbées par hectare de vignes.

		AZOTE.	ACIDE PHOSPHORIQUE.	POTASSE.	CHAUX.	MAGNÉSIE.
		kilogr.	kilogr.	kilogr.	kilogr.	kilogr.
Vin.	300ʰˡ	4,350	6,030	31,710	4,380	0,900
Marcs secs. . . .	1 342ᵏᵍ,0	30,329	8,857	16,910	16,507	1,476
Feuilles sèches . .	1 851 ,2	37,024	6,109	14,254	88,302	2,777
Sarments secs. . .	1 451 ,8	7,274	3,055	8,583	22,694	1,155
Lies sèches. . . .	90 ,0	3,573	0,828	5,400	1,206	traces.
Totaux.		82,550	24,879	76,857	133,089	6,608

Dans cette partie du vignoble, où la production végétale a une si grande intensité, nous avons donc une absorption de matières fertilisantes notablement plus grande. Ce sont les feuilles et les marcs qui ont surtout retenu de l'azote. La potasse en excédent s'est retrouvée principalement dans le fruit, ainsi que le montre l'analyse du vin et des marcs.

En réalité, les exigences dans cette partie exceptionnelle, où le rendement moyen a atteint 300 hectolitres de vin par hectare, ne sont pas beaucoup plus considérables que dans des vignobles donnant à peine le tiers de cette production ; ce qui confirme une fois de plus le fait, que nous aurons à signaler souvent, de la faible influence de la quantité de récolte sur les besoins de la vigne.

Études sur la respiration des racines dans les vignobles traités par la submersion.

On sait que lorsque la terre est imprégnée d'eau, d'une façon telle que tous les interstices en soient remplis et que la circulation de l'air y soit devenue impossible, on ne tarde pas à voir apparaître des phénomènes de réduction produits sous l'influence des organismes multiples qui peuplent le sol et qui, ne trouvant plus l'oxygène libre nécessaire à leurs fonctions normales, prennent celui qui appartient aux matières minérales et organiques.

Les terres qui se trouvent naturellement dans de pareilles conditions, par suite de leurs dispositions topographiques et de l'imperméabilité du sous-sol, sont impropres à la culture aussi longtemps qu'on n'a pas provoqué l'écoulement de l'eau par des drainages ou des fossés à ciel ouvert. En effet, les racines des plantes respirent, elles ont besoin d'oxygène et meurent asphyxiées lorsqu'elles ne peuvent pas satisfaire ce besoin général à tous les êtres organisés[1].

Comment les racines des vignes soumises à la submersion ne meurent-elles pas par asphyxie ? On sait que la submersion, destinée à tuer le phylloxéra, consiste à noyer la terre de la vigne, avec de l'eau qui en recouvre toute la surface et qu'on maintient pendant un temps très long, jusqu'à 40 à 60 jours consécutifs.

Cette eau, il est vrai, n'est pas tout à fait stagnante, elle s'infiltre dans le sous-sol et se renouvelle à la surface avec une lenteur qui dépend de la nature même du sous-sol et de la disposition topographique du terrain. Mais, alors même que cette eau qui arrive au sol

---

1. *Annales agronomiques*, t. II, p. 512. *Sur la respiration des racines*, par MM. Dehérain et Vesque.

aérée, et tenant par suite de l'oxygène en dissolution, ne fait qu'un court séjour au contact de la terre, elle perd cet oxygène intégralement et on n'en retrouve plus à l'état libre.

Le milieu dans lequel vivent les racines devient donc rapidement réducteur, et on s'explique difficilement que la vigne ne périsse pas par suite de l'asphyxie de ses racines. Cependant des accidents de cette nature sont extrêmement rares dans la pratique viticole, et, malgré l'absence de l'oxygène libre, le système radiculaire se maintient vivant et remplit ses fonctions en apportant à la plante les liquides nutritifs du sol. Il y a là une contradiction avec ce que nous savons des fonctions normales des plantes. Il m'a semblé intéressant de chercher la cause de la résistance de la vigne dans des conditions si anormales de milieu.

Dans ce but, j'ai étudié les phénomènes chimiques qui se produisent dans les sols submergés, en réalisant au laboratoire, dans des conditions nettement définies, les divers cas de la submersion. Dans des flacons de 6 litres, au fond desquels se trouvait une couche de terre, on avait introduit le système radiculaire de vignes bien vivantes, puis on les a entièrement remplis d'eau et bouchés hermétiquement. Les parties aériennes de la vigne traversaient le bouchon et pouvaient se développer à l'air libre.

Dans une première série d'expériences, on a pu constater que la nature de l'eau jouait un rôle dans la rapidité avec laquelle la vigne, dont les racines étaient soumises à l'asphyxie, avait ses feuilles flétries et succombait.

Dans l'eau ordinaire, qui était de l'eau de la Vanne, la vigne résistait pendant un mois à six semaines. Dans l'eau distillée, elle succombait au bout de 8 à 15 jours. Pourtant ces eaux avaient été également aérées et apportaient ainsi une même quantité d'oxygène libre. Mais cet oxygène était rapidement consommé ; au bout de 8 jours environ, on a constaté qu'il n'en restait point dans l'un et l'autre milieu, ayant servi tant à la respiration du système radiculaire, qu'à la combustion qui s'effectuait dans la terre.

La constance de ces résultats, montrant une action si différente entre l'eau distillée et l'eau de source, a fait diriger les recherches sur la composition de cette dernière au point de vue des substances qui auraient pu fournir de l'oxygène aux racines de la vigne et les préserver ainsi de l'asphyxie.

La seule différence constatée à ce point de vue a été l'absence complète de nitrates dans l'eau distillée et leur présence, en proportions très notables, dans l'eau de source, dans laquelle on a trouvé 20 milligr. d'acide nitrique par litre, en combinaison avec les substances basiques de l'eau, c'est-à-dire principalement la chaux.

Ces constatations, répétées, ont fait penser que le nitrate existant dans l'eau avait pu fournir aux racines l'oxygène nécessaire à leur respiration et les préserver ainsi de la mort jusqu'à épuisement complet de la provision d'oxygène disponible.

Pour vérifier cette hypothèse, on a institué de nouvelles expériences avec de l'eau dans laquelle on avait introduit de plus grandes quantités de nitrate que celles qui y existent normalement. Une série de flacons de 6 litres contenant chacun 500 gr. de terre de jardin ont été garnis le 12 février 1884 de jeunes vignes bien vigoureuses.

Ces flacons étaient munis de bouchons portant une entaille destinée à donner passage à la tige de la plante, et d'un tube plongeant jusqu'au fond par lequel on pouvait introduire, soit les gaz que l'on voulait faire barboter, soit l'eau destinée à remplacer celle qui s'évaporait sous l'influence de la végétation, de façon à maintenir constamment le flacon plein. Ils portaient également un tube de dégagement recourbé et qui plongeait dans un vase rempli d'eau. Le tout était soigneusement mastiqué avec de la cire molle qui empêchait toute introduction d'air extérieur.

2 flacons ont été remplis d'eau distillée ;

2 flacons ont été remplis d'eau distillée avec barbotage d'air ;

2 flacons ont été remplis d'eau de la Vanne contenant $0^{gr},020$ d'acide nitrique par litre ;

2 flacons ont été remplis d'eau ordinaire additionnée de nitrate de potasse et contenant $0^{gr},400$ d'acide nitrique par litre.

L'expérience a été disposée dans une salle vitrée, où la température se maintenait voisine de 12 degrés et montait dans la journée jusqu'à 18 degrés. Au bout de quelques jours, toutes les vignes ont commencé à émettre des feuilles qui se sont développées graduellement.

Mais 15 jours après la mise en train, le 28 février, les feuilles des vignes placées dans l'eau distillée non aérée ont commencé à se flétrir et les plants n'ont pas tardé à mourir.

Dans l'eau distillée aérée, ils ont parfaitement résisté.

Les vignes placées dans l'eau de source sans addition de nitrate se sont montrées au contraire très vivaces jusque vers le 12 avril, c'est-à-dire pendant deux mois. A partir de ce moment, les feuilles ont commencé à souffrir, ont jauni et quelques jours après les plants étaient morts.

Il n'en a pas été de même des vignes qui avaient reçu du nitrate de potasse. Elles ont continué de vivre et de se développer, leurs feuilles restant d'un beau vert.

Le 15 mai, plus de 3 mois à partir du commencement de la privation de l'oxygène, leur état était des plus satisfaisants. L'expérience n'a pas continué à être suivie de près, mais plus de 2 mois après cette dernière constatation, la vigne était encore parfaitement vivante.

Des observations identiques, répétées sur les plants de vignes, sur de jeunes marronniers et sur des lilas, ont donné des résultats analogues et ont montré qu'en l'absence de l'oxygène libre, absence qu'on a pu constater au bout de peu de jours dans le milieu où vivaient les racines, les nitrates étaient aptes à fournir l'oxygène nécessaire à la respiration des racines et à empêcher l'asphyxie.

Nous n'avons parlé jusqu'à présent que du nitrate apporté par les eaux, mais la terre employée dans ces expériences en contenait également une certaine quantité, variant, suivant les essais, entre 15 et 30 milligr. d'acide nitrique pour chacun des bocaux en expérience. Ce nitrate venait s'ajouter à celui apporté par l'eau; aussi avons-nous vu les plants placés dans l'eau distillée vivre encore pendant un certain temps.

En employant, au lieu de terre ordinaire, de la terre privée, par le lavage, des nitrates qu'elle contenait, l'asphyxie est beaucoup plus rapide et, dans l'eau distillée, au bout de quelques jours les plants étaient morts, ils résistaient dans l'eau de source moins longtemps qu'avec la terre non lavée, la réserve de nitrate étant dans ce cas moins importante et par suite plus vite épuisée.

Comment l'oxygène des nitrates peut-il servir à la respiration des racines ?

Nous connaissons d'après les travaux de M. Schlœsing, de MM. Dehérain et Maquenne, de MM. Gayon et Dupetit, le mécanisme de la destruction des nitrates dans les terres non aérées, due à l'intervention d'organismes inférieurs, et les produits de ces transformations. L'azote se dégage à l'état libre, à l'état de protoxyde [1] et de bioxyde d'azote ; on le retrouve aussi en partie sous forme de nitrite, premier stade de sa désoxygénation. Des quantités variables d'oxygène sont donc disponibles suivant le degré d'oxydation auquel l'azote s'arrête. Lorsqu'il se dégage à l'état libre, il a cédé la totalité de son oxygène aux actions vitales qui s'exercent à son contact.

Mais ce phénomène ne s'arrête pas là ; on voit en effet apparaître des quantités sensibles d'ammoniaque, dont l'hydrogène, pouvant être considéré comme emprunté aux éléments de l'eau, a laissé libre une quantité équivalente d'oxygène venant encore se joindre à celui qui était primitivement combiné à l'azote.

Ces transformations sont simultanées en ce sens qu'on voit apparaître presque en même temps ces diverses combinaisons de l'azote. Elles peuvent pourtant être considérées comme étant en quelque sorte consécutives, car la proportion de ces diverses combinaisons varie avec la durée de la privation d'oxygène, les nitrites se formant au début en plus forte proportion et l'ammoniaque devenant surtout abondante à la fin.

L'oxygène ainsi disponible ne se retrouve jamais à l'état libre ; il est employé, en sortant de la combinaison dans laquelle il est engagé, pour produire les phénomènes de combustion qui entretiennent la vie et qui aboutissent à la production de l'acide carbonique.

Les racines qui vivent dans ce milieu, n'ont donc jamais à leur disposition de l'oxygène libre. Comment s'effectue alors leur respiration ?

Nous avons vu que parmi les produits de la décomposition des

---

1. *Annales agronomiques,* t. IX, p. 5. *Réduction des nitrates,* par MM. Dehérain et Maquenne.

nitrates, on trouvait du protoxyde d'azote. Il était naturel de chercher si ce gaz, qui a des propriétés comburantes, est susceptible d'entretenir la vie de la racine.

Dans ce but, de nouvelles expériences ont été instituées pour faire vivre les racines de la vigne dans un milieu privé d'oxygène et de nitrates, constitué par de la terre lavée et de l'eau distillée et dans lequel, l'oxygène en dissolution dans l'eau ayant rapidement disparu, on a introduit de petites quantités de protoxyde d'azote.

Un appareil disposé à cet effet a permis de faire passer, tous les 3 jours, un litre de ce gaz pur dans le flacon où la racine de la vigne se trouvait en contact avec ce milieu réducteur privé de toute trace d'oxygène libre ou combiné à de l'azote. L'excès du gaz s'échappait par une tubulure disposée à cet effet. Le protoxyde d'azote était donc seul à pouvoir servir à la respiration des racines. Dans ces conditions, la vigne est restée en vie, sans paraître souffrir en aucune manière. Après plus de 3 mois consécutifs de ce régime, elle était encore en pleine vigueur.

Une autre expérience sur des plants de vignes a été instituée d'une façon analogue, avec 1 kilogr. de terre privée de nitrates, le 21 mars 1885 et a été arrêtée le 8 juin; elle a donc duré 78 jours.

Dans les deux bocaux n'ayant pas reçu de nitrate et dans lesquels on n'a fait barboter ni air ni protoxyde d'azote, les vignes sont mortes au bout de 15 à 20 jours.

Dans les deux bocaux qui étaient restés débouchés, quoique entièrement pleins, et qui présentaient une surface d'environ 30 centimètres carrés par laquelle l'air pouvait se diffuser dans une certaine mesure dans la masse liquide, les vignes sont restées bien vivantes.

Dans les deux bocaux dans lesquels on a fait barboter tous les trois jours un litre d'air, ainsi que dans ceux dans lesquels on a fait barboter tous les trois jours un litre de protoxyde d'azote, la vigne a parfaitement résisté.

Dans ceux dont l'eau contenait 1 gramme de nitrate de potasse par litre et qui n'ont reçu ni air ni protoxyde d'azote, la vigne a présenté une très belle végétation.

Dans les terrains submergés, les racines peuvent donc respirer aux dépens du protoxyde d'azote qui se forme lentement par la réduction des nitrates sous l'influence des micro-organismes du sol.

Mais est-il nécessaire que ces organismes interviennent pour mettre en liberté le protoxyde d'azote, qui sert ensuite à la respiration des racines? J'ai pensé que les cellules des végétaux supérieurs pouvaient directement emprunter aux nitrates l'oxygène qu'ils renferment, pour l'utiliser à leurs besoins physiologiques.

Il n'a pas été possible de constituer un milieu exempt de micro-organismes, dans lequel les racines seules eussent pu exercer une action vitale, car il est impossible de débarrasser les racines, sans les tuer, des organismes inférieurs qui existent à leur surface. En un mot, on ne peut pas les stériliser. J'ai donc eu recours à un autre moyen pour voir si les racines agissent directement sur le nitrate. Des expériences ont été disposées de la même manière que les précédentes dans des flacons hermétiquement clos, contenant de la terre végétale et de l'eau dans laquelle on avait fait dissoudre 1 gramme d'azotate de potasse par litre. La constitution du milieu était donc la même dans tous les flacons. Mais dans les uns on a introduit le système radiculaire de plants de vignes, les autres sont restés comme témoins de l'action exclusive du milieu.

Au bout de 3 mois, les vignes étant encore en parfaite vigueur, on a dosé dans les milieux ce qui restait d'acide azotique ou azoteux, ces deux acides étant exprimés en acide azotique AzO^5.

A l'origine, les liquides des divers flacons contenaient par litre : $0^{gr},535$ d'acide azotique.

A la fin de l'expérience, les flacons où il n'y avait pas de vignes ont donné par litre :

N° 1	$0^{gr},423$ AzO^5
N° 2	$0\ ,419$ —

Les flacons dans lesquels les racines des vignes avaient vécu ont donné par litre :

N° 1	$0^{gr},2415$ AzO^5
N° 2	$0\ ,2600$ —

Il y avait donc eu une destruction d'acide azotique de :

	EN PRÉSENCE des racines de vignes.	EN L'ABSENCE des racines de vignes.	ATTRIBUABLE à l'action directe des racines.
N° 1	$0^{gr},2935$	$0^{gr},1120$	$0^{gr},1815$
N° 2	$0\ ,2750$	$0\ ,1160$	$0\ ,1590$

On voit que l'action des racines sur les nitrates a été sensiblement supérieure à celle des micro-organismes du sol. Ces résultats
montrent que les racines de la vigne peuvent non seulement exercer
les phénomènes de combustion nécessaires au maintien de leur vitalité, aux dépens du protoxyde d'azote que forment les micro-organismes, mais aussi aux dépens du nitrate lui-même, auquel elles
empruntent de l'oxygène.

Des expériences sur des jeunes plants de marronniers très vigoureux et d'un système radiculaire très développé ont été établies dans
des conditions identiques. Elles ont duré du 28 avril au 9 juin 1884,
c'est-à-dire pendant 42 jours.

Les résultats ont été pareils aux précédents, c'est-à-dire qu'en
l'absence d'air, de protoxyde d'azote ou de nitrates, les plants sont
morts et qu'au contraire ils ont parfaitement résisté dans les cas
où ils ont eu à leur disposition, soit de petites quantités d'oxygène
libre, soit un des composés oxygénés de l'azote.

Comparativement avec les bocaux contenant de l'azotate de potasse et les plants de marronniers, on en a installé d'autres en tous
points pareils, mais dans lesquels on n'a pas introduit de plants. Au
début, les liquides, dans ces deux conditions, contenaient : $0^{gr},535$
d'acide nitrique par litre.

A la fin de l'expérience, le bocal avec le plant ne contenait plus
que $0^{gr},330$ Az O^5, celui qui n'avait pas de plant contenait encore
$0^{gr},470$ Az O^5.

Ici, comme pour la vigne, la racine du marronnier a décomposé le
nitrate pour son propre compte et n'a pas eu besoin de l'intervention des organismes inférieurs pour prendre l'oxygène en combinaison avec l'azote.

C'est de cette manière qu'on peut expliquer comment les vignes
soumises à la submersion, pendant un temps atteignant plus de 50

jours consécutifs, et qui sont plongées dans un milieu privé d'oxygène et essentiellement réducteur, peuvent résister à l'asphyxie. Ce sont les nitrates apportés par les eaux ou existant dans le sol qui leur fournissent l'oxygène nécessaire, soit directement, soit après une action préalable des organismes réducteurs qui peuplent le sol. Les quantités d'oxygène ainsi fournies sont certainement très minimes, mais on sait qu'il n'en faut que de très petites quantités pour l'entretien de la vie du système radiculaire. L'asphyxie devient impossible et, lorsque les eaux sont écoulées et que la terre reprend ses fonctions habituelles de milieu oxydant, les racines reprennent également leurs fonctions respiratoires avec une plus grande énergie.

Ces faits sont à rapprocher de ceux qu'a observés M. Th. Schlœsing fils[1] et qui ont montré que les plantes vertes trouvent une source d'oxygène dans les sels oxygénés et particulièrement les nitrates.

---

1. *Comptes rendus,* t. CXV, p. 1020.

CHAPITRE II

VIGNES FRANÇAISES PLANTÉES DANS LES SABLES

La plantation de vignes dans les sables a pris un grand développement, depuis que M. Bayle a reconnu, en 1872, que, dans ces terrains, les vignes françaises résistent d'une façon complète au phylloxéra. Le cordon littoral de la Méditerranée a vu ainsi se transformer en superbes vignobles des sables incultes qui ne constituaient qu'un très maigre pâturage. C'est surtout aux environs de Cette et d'Aigues-Mortes, que se trouvent les grandes exploitations créées à la suite de la constatation de l'immunité complète, contre le phylloxéra, des vignes qui vivent dans ces terrains.

Autrefois ces sables, presque abandonnés, étaient estimés à une valeur d'environ 100 fr. l'hectare. Aujourd'hui (en 1895) la même surface, plantée en vignes, représente une valeur de 6 000 à 8 000 fr. et produit 120 à 150 hectolitres de vin. Plus les sables sont purs, plus ils préservent du phylloxéra. Les études de M. G. Foex montrent qu'ils doivent contenir au moins 60 p. 100 de silice. Dès que le carbonate de chaux y prédomine, l'immunité tend à disparaître. Il en est de même lorsque des éléments argileux y sont introduits en quantités notables.

Avant d'être plantés en vignes, ces sables doivent être nivelés avec soin, surtout dans les endroits où la nappe d'eau salée se trouve à une faible profondeur.

Ils ne constituent pas des sols fertiles, l'humus et l'azote y sont très peu abondants. Le développement de la vigne, la production et la régularité des récoltes demandent donc des fumures abondantes. De plus, étant susceptibles d'être déplacés par les vents, ils doivent être recouverts d'une couche de joncs. L'*enjoncage* ainsi pratiqué arrête la mobilité du sol et de plus y maintient une certaine fraîcheur.

Cette région, si déshéritée il y a peu d'années encore, a vu se développer une grande prospérité, à la suite des plantations dans les sables. Pour ne citer qu'un exemple du mouvement produit par cette mise en valeur, indiquons que la population de la ville d'Aigues-Mortes, qui était tombée à 300 ou 400 habitants avant la plantation des vignes, s'élève aujourd'hui à 4 000 ou 5 000, c'est-à-dire qu'elle a plus que décuplé.

L'importance des vignobles plantés dans les sables du cordon littoral de la Méditerranée, ainsi que les conditions si exceptionnelles de cette plantation, méritaient une étude approfondie, dont la Compagnie des Salins du Midi a bien voulu favoriser l'exécution. M. Crassous, directeur de cette Compagnie, et les ingénieurs chargés du service spécial de l'exploitation du vignoble nous ont donné dans ce but le concours le plus obligeant.

Domaine de Jarras, près d'Aigues-Mortes (Gard).

Ce domaine appartient à la Compagnie des Salins du Midi.
Directeur de l'exploitation : M. Crassous ;
Chef de l'exploitation agricole : M. Millon.
Les vins appartiennent au type des vins de sable (type vermouth et vins paillet) ; ils se font aussi en partie en rouge.
Ces vignobles sont établis dans la plaine du cordon littoral, au niveau de la mer ou à une très faible élévation au-dessus, bordée par des étangs, et constituée par des sables quaternaires marins, dans lesquels le niveau de l'eau salée est ordinairement à $0^m,60$ ou 1 mètre au-dessous de la surface.
Ces sables marins, autrefois plus ou moins ondulés, étaient recouverts d'une végétation très chétive, formant de maigres pâturages.
Leur valeur était pour ainsi dire nulle. Ce n'est que depuis qu'on a reconnu que la nature du sol s'opposait aux ravages du phylloxéra que cette région a été plantée en vignes françaises, qui prospèrent à l'aide de soins culturaux et de fumures énergiques. On a su créer,

dans ce sol auparavant inculte, des vignobles d'une grande productivité.

Pour constituer ces vignobles, il a été nécessaire d'opérer un nivellement très soigné, destiné à maintenir partout le plan d'eau salée à une profondeur telle que les racines de la vigne puissent se développer au-dessus. Leur végétation s'arrête en effet aussitôt qu'elles rencontrent l'eau marine. C'est entre $0^m,40$ et 1 mètre qu'est comprise la profondeur à laquelle l'eau salée se rencontre dans les parties où la plantation réussit.

Composition des terres. — Des échantillons de terre ont été pris à la surface ainsi que dans les couches sous-jacentes.

Les échantillons n° 1 sol et sous-sol ont été prélevés dans la partie du vignoble qui donne les meilleurs rendements et qui occupe les 4/5 de la surface. La terre amère, c'est-à-dire très salée et dans laquelle les racines de la vigne ne pénètrent pas, se trouve au-dessous de $0^m,60$ de profondeur ; un échantillon de cette terre amère a été pris à $0^m,80$ de profondeur.

Échantillons n° 1.

1 000 de terre sèche contiennent :

	TERRE FINE.	CAILLOUX.
Sol	1 000	0
Sous-sol	1 000	0
Terre amère à $0^m,80$	1 000	0

L'analyse de la terre fine a donné les résultats suivants pour 1 000 de terre sèche :

	SOL.	SOUS-SOL.
Azote	0.270	0.270
Acide phosphorique	0.820	0.850
Potasse	0.810	0.910
Carbonate de chaux	212.920	230.460
Magnésie	2.160	1.710
Sesquioxyde de fer	13.470	28.300
Sel marin	0.028	0.024

Ces sables sont tout à fait exempts de cailloux. On y rencontre des débris organiques et des fragments de coquillages. Ils sont très pauvres en azote, moins pauvres en acide phosphorique et en potasse. Le carbonate de chaux forme à peu près le cinquième de leur poids. Le reste est constitué par un sable siliceux. De pareilles terres doivent surtout être considérées comme un support, où les racines de la vigne pénètrent facilement, mais dans lequel il faut introduire d'abondantes fumures pour obtenir la végétation vigoureuse à laquelle on peut demander de fortes récoltes.

D'autres échantillons ont été pris dans une partie des vignobles qui donne des rendements plus faibles et qui occupe environ 1/5 de la surface. La terre amère se trouve déjà à partir de $0^m,40$ de profondeur. Les racines de la vigne sont donc forcées de vivre dans le sol superficiel et n'ont à leur disposition qu'un faible cube de terre. L'analyse du sol et du sous-sol, dans lequel les racines de la vigne se développent, a donné les résultats suivants :

Échantillons n° 2.

1 000 de terre sèche contiennent :

	TERRE FINE.	CAILLOUX.
Sol.	1 000	0
Sous-sol.	1 000	0

Pour 1 000 de terre :

	SOL.	SOUS-SOL.
Azote.	0.200	0.100
Acide phosphorique	0.680	0.700
Potasse.	0.970	1.030
Carbonate de chaux.	188.870	198.200
Magnésie.	1.090	1.890
Sesquioxyde de fer	12.830	13.310
Sel marin.	0.020	0.032

Cette terre ne diffère pas sensiblement de celle des terres précédentes. Elle est de même formation et ne s'en distingue que par une moindre élévation au-dessus du plan d'eau salée.

Échantillons n° 3.

Terre dite amère, prélevée à $0^m,80$ de profondeur et dans laquelle les racines de la vigne ne peuvent pas pénétrer sans périr.

1 000 de terre sèche contiennent :

TERRE FINE.	CAILLOUX.
1 000	0

L'analyse de la terre fine a donné les résultats suivants pour 1 000 de terre sèche :

Azote.	0.180
Acide phosphorique	0.890
Potasse.	1.270
Carbonate de chaux	255.250
Magnésie	1.140
Sesquioxyde de fer	13.880
Sel marin	0.053

La terre amère ne diffère des terres où la vigne peut vivre que par une plus forte proportion de sel marin. Encore celui-ci est-il en si minime proportion qu'on a peine à s'expliquer comment il peut exercer une influence si nuisible.

Quant aux éléments fertilisants, ils sont en quantités sensiblement égales dans les divers échantillons ; en proportion peu élevée dans la terre, ils n'offrent à la vigne que de faibles ressources, à cause de l'épaisseur si limitée qui est à la disposition des racines. Nous voyons d'ailleurs que la fertilité est moindre dans les parties où la nappe d'eau salée, qui oppose une barrière infranchissable au système radiculaire, est plus rapprochée de la surface.

État du vignoble. — Le vignoble de Jarras a une étendue de 161 hectares, qui sont tous en production normale. Le nombre total des souches est de 715 484 ce qui représente 4 444 pieds à l'hectare.

L'encépagement est fait par boutures en plants français. Les cépages employés sont les suivants :

Picpoule	47 p. 100
Aramon.	40 —
Cinsaut.	4 —
Petit-bouschet et alicante-bouschet	9 —

La production normale a été atteinte 5 ans après l'époque de la plantation.

Avant l'invasion phylloxérique les terrains de Jarras n'avaient qu'une valeur insignifiante ; on comptait qu'un hectare pouvait nourrir annuellement une tête d'ovidé et représentait un revenu de 3 fr. Actuellement (en 1895) les vignobles en production, ayant 9 ou 10 années de plantation, valent de 8 000 à 10 000 fr. l'hectare.

Les frais de création du vignoble ont été :

pour l'établissement du vignoble proprement dit, comprenant les défrichements, les nivellements, les défoncements à 0^m,60, les plantations, la culture pendant les premières années, de 676 200 fr. ;

la construction des celliers et l'achat du matériel vinaire, de 289 800 fr.

Ce qui représente par hectare :

Établissement du vignoble	4 200 fr.
Cellier et matériel vinaire	1 800
Total	6 000 fr.

L'organisation de cette exploitation est extrêmement remarquable et peut être citée comme un modèle. Des chemins de fer Decauville desservent la vigne pour aboutir aux celliers. Ces derniers sont établis dans les meilleures conditions et avec un luxe de propreté qu'on aimerait à rencontrer dans tous les pays vignobles. Partout on voit les effets de l'intelligente direction qui préside à cette magnifique exploitation.

Les frais de culture annuels, comprenant les façons, les traitements, les fumures, sont de 193 200 fr., soit par hectare 1 200 fr.

On donne 3 labours ; le premier en février, à 0^m,15 de profondeur, se fait à la charrue et sert à enfouir les engrais ; les suivants, en mai et juin, se font à la main.

On fait en outre de nombreux sarclages pendant l'été pour couper les herbes. Ces façons représentent une dépense de 150 fr. par hectare et par an.

Une pratique spéciale à cette région consiste à étendre sur la terre, entre les rangs de vigne, des joncs qu'on récolte en abondance dans les marais avoisinants. Cette opération est destinée à fixer les sables, que leur mobilité exposerait à des déplacements sous l'influence des vents. Elle a également pour effet de maintenir une certaine fraîcheur dans le sol qui, par sa constitution physique, est sujet à se dessécher rapidement.

Empêchant l'évaporation, si active par suite de la température élevée et de la fréquence des vents, l'enjoncage entrave ainsi l'ascension des liquides salés des couches profondes, qui amènerait de notables quantités de sel dans les couches superficielles.

L'enjoncage se fait après le premier labour. On emploie environ 2 000 kilogr. de joncs par hectare. Après la vendange on pratique des enjoncages partiels, là où il ne s'est pas développé assez d'herbe pour donner de la fixité au sol.

L'achat de joncs et la main-d'œuvre nécessaire à leur emploi représentent 140 fr. par hectare.

La taille se fait en décembre et janvier et occasionne une dépense de 50 à 55 fr. par hectare.

La fabrication des fagots de sarments, dont la vente est difficile, coûte environ 50 fr. par hectare.

En 1892, on les a fait brûler. Pour les sortir des vignobles et les réduire en cendres, on a dépensé 16 fr. par hectare et on a obtenu 100 kilogr. de cendres contenant 10 p. 100 de potasse. Certes, la valeur des cendres ainsi obtenues ne couvre pas les frais ; mais comme il faut de toute manière se débarrasser de ces sarments, qu'on ne saurait laisser dans la vigne, ce mode d'utilisation semble encore le meilleur, en présence de la difficulté de vendre les fagots. Tout au moins les matières fertilisantes, l'azote excepté, font retour à la terre. Si la décomposition des sarments était plus rapide, il y aurait intérêt à les faire entrer dans la composition des composts, pour les transformer en humus.

Les traitements contre le mildew se font à la bouillie bordelaise, contenant par hectolitre 3 kilogr. de sulfate de cuivre, $1^{kg},5$ de chaux grasse. On fait généralement 5 traitements, avec des appareils à traction et à grand travail. Ces traitements se font en mai, juin, juillet et août, à raison d'environ 400 litres par hectare pour chaque traitement.

Contre l'oïdium on fait 3 et quelquefois 4 soufrages à l'aide de soufflets. On emploie à cet effet 140 kilogr. de soufre sublimé par an et par hectare.

Les traitements contre l'anthracnose se font par des badigeonnages au sulfate de fer, ceux contre la pyrale par l'ébouillantage.

Ces divers traitements occasionnent une dépense d'environ 185 fr. par an et par hectare.

Chaque année, tout le vignoble reçoit une fumure, de 500 gr. par souche, de tourteau de sésame sulfuré, c'est-à-dire privé par le sulfure de carbone des matières grasses qu'il contenait. La composition moyenne de ces produits est :

Azote	6.8 p. 100
Acide phosphorique.	2.0 —
Potasse	1.5 —

La fumure annuelle, représentant 2 222 kilogr. de tourteau de sésame sulfuré, est donc la suivante :

Azote	151 kilogr.
Acide phosphorique.	44 —
Potasse	33 —

C'est donc surtout une fumure azotée que reçoit ce vignoble et on peut dire que c'est une très forte fumure azotée. Des sols sableux, comme ceux dont il s'agit, consomment rapidement les engrais azotés, la nitrification étant facilitée par la perméabilité de la terre. Il faut donc s'attendre à voir une portion seulement de cet azote entrer en jeu pour la nutrition de la plante, et le reste se perdre dans le sous-sol. Aussi le besoin d'engrais se renouvelle-t-il annuellement. On ne peut pas, en appliquant ces fumures azotées intensives, espérer enrichir le sol suffisamment pour que, à un moment donné, on puisse arrêter l'apport d'engrais. On se trouve donc en présence d'un sol qui, comme on dit, dévorant les engrais azotés, en exige le renouvellement au début de chaque année culturale. Cependant cet azote organique doit encore être préféré à l'azote minéralisé sous forme de nitrate de soude ou de sulfate d'ammoniaque.

Dans des sols essentiellement perméables, dont les pluies enlèvent pour ainsi dire intégralement les éléments solubles, le nitrate de soude ne semble point désigné, à moins qu'on ne le donne par fractions successives, après que les pluies ont enlevé la dose précédente.

Mais ce serait là une pratique culturale d'une application délicate et coûteuse et dont l'efficacité serait subordonnée à la fréquence et à l'abondance des pluies, c'est-à-dire, à des circonstances atmosphériques impossibles à prévoir.

Quant au sulfate d'ammoniaque, son apport à des sols légers et très calcaires donne lieu à des observations analogues. Dans de pareilles conditions, en effet, la nitrification de l'ammoniaque est extrèmement rapide et on se trouve pour ainsi dire dans le cas d'un apport direct de nitrate.

Les engrais organiques, au contraire, mettent une certaine lenteur à nitrifier et il n'est pas impossible que la récolte suivante retrouve encore quelque peu de l'azote échappé à la nitrification dans le cours de l'année précédente. De plus, la matière organique carbonée, dans laquelle cet azote se trouve engagé, tout en subissant une combustion active, n'en reste pas moins dans la terre pendant une partie de l'année culturale et contribue à retenir l'humidité dans le sol, qui se trouve ainsi avoir plus de fraîcheur. L'emploi des engrais organiques, dans le cas spécial dont il s'agit, est donc judicieux.

Peut-être y aurait-il avantage à y associer des sels potassiques.

Les vendanges commencent dans la 1re quinzaine de septembre et durent ordinairement de 25 à 30 jours.

Pendant les 4 dernières années, la production totale en vin a été la suivante, pour les 161 hectares en production normale :

| | PRODUCTION | |
ANNÉES.	totale.	à l'hectare.
	Hectolitres.	Hectolitres.
1889	18 672	116,0
1890	20 993	130,0
1891	16 181	100,0
1892	21 340	132,5

La production moyenne est de 120 hectolitres.

Les différents cépages pris isolément donnent une moyenne de

	A L'HECTARE.
Aramon	150 hectolitres.
Piquepoul	79 —

Les vins, provenant de cépages rouges, sont surtout faits en vins blancs et en vins paillets.

Les vins blancs sont pressurés avant la fermentation.

Les vins paillets fermentent sur le marc pendant peu de temps, généralement 24 heures. Ils ont une couleur qui rappelle leur nom.

Les vins blancs sont surtout obtenus avec le piquepoul, les vins paillets avec l'aramon et le cinsaut, les vins rouges avec le petit-bouschet et l'alicante-bouschet.

Résultats des expériences. — Les observations faites pendant l'année 1892 ont donné les résultats suivants :

Le poids des feuilles de 10 pieds moyens a été, au moment de la récolte, de $16^{kg},700$ à l'état frais, soit 7,421 kilogr. à l'état frais, représentant un poids de 2 009 kilogr. de matière sèche par hectare.

Les sarments provenant des mêmes pieds ont pesé, au moment de la récolte, $12^{kg},400$ à l'état frais, soit 5 511 kilogr. à l'état frais ou $1 784^{kg},7$ de matière sèche par hectare.

L'ensemble du vignoble a donné 21 348 hectolitres de vin, se subdivisant comme suit :

		PAR HECTARE.
Vin blanc	7 055 hectolitres, soit	$43^{hl},8$
Vin paillet	12 222 —	75 ,9
Vin rouge	2 071 —	12 ,8

L'échantillon de marcs a été pris immédiatement après le pressurage, qui précède la fermentation dans le cas des vins blancs et paillets.

La quantité totale a été de 416 873 kilogr. donnant 92 921 kilogr. de matière sèche, soit par hectare 2 588 kilogr. de marc frais ou 577 kilogr. de marc sec.

Il y a eu en outre les quantités suivantes de lies, estimées à raison de $0^{kg},750$ de lie épaisse (à 40 p. 100 de matière sèche) par hectolitre de vin :

	PAR HECTARE.	
	Lies épaisses.	Lies sèches.
Vin blanc		
Vin paillet	$89^{kg},7$	$35^{kg},9$
Vin rouge	9 ,6	3 ,8

Les tableaux suivants résument les données obtenues dans çe vignoble :

Composition centésimale de la matière sèche.

	SARMENTS.	FEUILLES.	MARCS.	LIES rouges.	LIES blanches.
Azote	0.48	1.87	1.78	3.97	3.12
Cendres	5.33	11.96	14.27	12.16	21.78
Acide phosphorique.	0.23	0.33	0.59	0.92	0.88
Potasse	1.01	1.39	2.15	6.00	5.00
Chaux.	1.56	4.52	1.75	1.34	2.01
Magnésie.	0.11	0.07	0.33	traces.	traces.

Composition du vin, par litre.

	ROUGE.	PAILLET.	BLANC.
Azote	$0^{gr},157$	$0^{gr},066$	$0^{gr},140$
Acide phosphorique. . .	0 ,169	0 ,191	0 ,202
Potasse.	1 ,178	0 ,866	0 ,756
Chaux.	0 ,118	0 ,203	0 ,192
Magnésie	0 ,017	0 ,028	0 ,037

Matières fertilisantes absorbées par hectare de vignes.

	AZOTE.	ACIDE PHOSPHO-RIQUE.	POTASSE.	CHAUX.	MA-GNÉSIE.
	kilogr.	kilogr.	kilogr.	kilogr.	kilogr.
Vin rouge . . . . . . $12^{hl},8$	0,201	0,216	1,508	0,151	0,022
Vin paillet . . . . . . 75 ,9	0,501	1,450	6,573	1,541	0,212
Vin blanc . . . . . . 43 ,8	0,613	0,885	3,311	0,841	0,162
Marcs secs . . . . . $577^{kg},1$	10,272	3,405	12,408	10,099	1,904
Feuilles sèches . . . 2 009 ,1	37,570	6,630	27,926	93,624	1,406
Sarments secs. . . . 1 784 ,7	8,566	4,105	18,025	27,841	1,963
Lies de vins blancs et paillets, sèches	1,120	0,316	1,795	0,721	traces.
Lies de vin rouge, sèches. . . .	0,151	0,035	0,228	0,051	traces.
Totaux	58,994	17,042	71,774	134,869	5,669

Nous sommes là en présence d'exigences moyennes quant à l'azote
et à l'acide phosphorique, mais très élevées quant à la potasse ; ce

dernier élément se trouve dans les sarments, les feuilles et les marcs en proportions très fortes.

Si nous établissons une comparaison entre les quantités de substances fertilisantes absorbées par la vigne et celles qui ont été données comme fumure, nous trouvons :

	AZOTE.	ACIDE phosphorique.	POTASSE.
	kilogr.	kilogr.	kilogr.
Absorbé par la vigne . . .	59	17	72
Apporté par la fumure. . .	151	44	33

Il y a là une disproportion qu'il est utile de signaler. L'azote est donné en quantités très élevées et on constate une insuffisance marquée pour la potasse.

Pour la potasse, il est probable que celle qui se trouve dans l'eau de mer intervient dans une certaine mesure, quoique les racines de la vigne ne pénètrent pas dans ce milieu.

CHAPITRE III

VIGNES DE PLAINES

———

Les vignes situées dans les plaines, surtout lorsque celles-ci sont formées par des alluvions, donnent ordinairement des rendements très élevés. Ces alluvions sont par elles-mêmes très fertiles et le plus souvent assez profondes pour offrir aux racines de la vigne la facilité d'un grand développement, le sous-sol reste ordinairement frais ; toutes ces conditions sont très favorables à une grande production végétale. Quand à ces avantages viennent se joindre d'abondantes fumures, on peut obtenir de très fortes récoltes ; aussi ces vignes sont-elles généralement dites à *grands rendements*.

Les vignobles de plaines, qui constituent la partie la plus productive de la région du Midi, donnent des vins sensiblement inférieurs à ceux des coteaux. Il est rare qu'on les consomme en nature, le plus souvent le commerce les relève par un coupage avec des vins plus alcooliques.

Dans ces plaines le travail de la vigne est peu pénible, les labours s'y font sans difficultés et certains traitements peuvent être effectués à l'aide d'appareils à grand travail.

On désigne sous le nom de *vins de plaines* la généralité des vins produits dans des terrains peu ondulés, constitués ordinairement par des alluvions.

Les vignes de plaines des divers départements méridionaux présentent entre elles d'assez grandes analogies au point de vue de la culture, de la production et de la qualité des vins, mais diffèrent souvent par la nature du sol et du sous-sol, ainsi que par l'encépagement.

Dans cette série nous avons choisi deux vignobles qui représentent

les types les plus caractéristiques de ces surfaces énormes complantées en vignes.

Domaine de Guilhermain, commune de Mauguio (Hérault).

Ce domaine appartient à M. le comte d'Espous.

Il s'étend du nord-ouest au sud-est en une plaine très peu déclive
jusqu'aux bords de l'étang de Mauguio.

Le sol est formé aux dépens de terrains pliocènes, sables et argiles et de marnes fluviales qui les accompagnent toujours dans
cette région.

En amont, ces formations tertiaires sont recouvertes, sur une surface de 20 hectares, par une mince couche de diluvium alpin. En
aval, elles sont recouvertes, sur une grande surface, par les alluvions
récentes de l'étang, et sur une surface beaucoup moindre par celles
de la rivière la Salaison.

Composition des terres. — Ce vignoble n'est pas homogène, aussi
l'a-t-on divisé en plusieurs lots représentant chacun des terrains.

Les échantillons n° 1, sol et sous-sol, ont été pris dans le diluvium.
A $0^m,35$ on a trouvé l'argile rouge non défoncée, ce qui caractérise
ce terrain, et à $0^m,60$ les marnes fluviales du pliocène. Le diluvium
couvre environ 20 hectares.

Échantillons n° 1.

1 000 de terre sèche contiennent :

	TERRE FINE.	CAILLOUX siliceux.	CAILLOUX calcaires.
Sol.	640.77	359.23	traces.
Sous-sol.	612.10	387.90	traces.

L'analyse de la terre fine a donné les résultats suivants pour 1 000
de terre sèche :

	SOL.	SOUS-SOL.
Azote.	0.67	0.57
Acide phosphorique	0.58	0.46
Potasse.	2.10	3.01
Carbonate de chaux	5.70	10.96
Magnésie	1.77	1.68
Sesquioxyde de fer	20.96	43.17

En rapportant à la terre naturelle, c'est-à-dire avec le mélange de cailloux qui y existe normalement, on trouve qu'un kilogr. contient à l'état sec, dans les éléments fins, les proportions de principes fertilisants suivantes :

	SOL.	SOUS-SOL.
Azote.	0.43	0.35
Acide phosphorique	0.37	0.28
Potasse.	1.34	1.84
Carbonate de chaux	3.65	6.71
Magnésie	1.13	1.03
Sesquioxyde de fer	13.43	26.43

Nous trouvons une forte proportion de cailloux siliceux, dépassant notablement le tiers du poids de la terre. L'azote et l'acide phosphorique sont très peu abondants et les terres doivent être regardées comme pauvres.

La potasse cependant y existe en proportion assez notable, surtout dans le sous-sol, ce qu'il faut attribuer à la présence des argiles.

Il y a peu de calcaire et beaucoup d'oxyde de fer ; ce dernier est surtout très abondant dans le sous-sol, où dominent les argiles rouges.

Les échantillons n° 2, sol et sous-sol, représentent la moyenne des formations pliocènes autres que les marnes ; ces dernières ne se trouvent qu'à une profondeur de $0^m,60$.

Ce terrain couvre environ 80 hectares.

Échantillons n° 2.

1 000 de terre sèche contiennent :

	TERRE FINE.	CAILLOUX	
		siliceux.	calcaires.
Sol.	906.60	93.40	traces.
Sous-sol.	932.68	67.32	traces.

L'analyse de la terre fine a donné les résultats suivants pour 1 000 de terre sèche :

	SOL.	SOUS-SOL.
Azote.	0.81	0.70
Acide phosphorique	0.66	0.61
Potasse.	2.73	3.16
Carbonate de chaux	10.46	10.18
Magnésie	2.40	2.03
Sesquioxyde de fer	24.78	34.79

En rapportant à la terre naturelle, on trouve qu'un kilogr. contient à l'état sec, dans les éléments fins, les proportions de principes fertilisants suivantes :

	SOL.	SOUS-SOL.
Azote.	0.73	0.65
Acide phosphorique	0.60	0.57
Potasse.	2.47	2.95
Carbonate de chaux	9.48	9.49
Magnésie	2.17	1.89
Sesquioxyde de fer	22.46	32.45

Ces terres sont beaucoup moins mélangées de cailloux, l'azote et l'acide phosphorique sont encore en faible proportion ; la potasse est assez abondante ; on constate une augmentation de calcaire attribuable à la présence des marnes dans le sous-sol. Ces terres sont très ferrugineuses.

Les échantillons n° 3, sol et sous-sol, sont surtout constitués par des marnes fluviatiles qui se trouvent en roche dans le sous-sol à 0^m,38 de profondeur.

La couche superficielle est de formation différente ; ces terres représentent une surface d'environ 60 hectares.

Échantillons n° 3.

1 000 de terre sèche contiennent :

	TERRE FINE.	CAILLOUX	
		siliceux.	calcaires.
Sol	965.95	32.14	1.91
Sous-sol	683.93	26.40	289.67

L'analyse de la terre fine a donné les résultats suivants pour 1 000 de terre sèche :

	SOL.	SOUS-SOL.
Azote.	0.68	0.43
Acide phosphorique	0.43	0.59
Potasse.	2.46	3.27
Carbonate de chaux	10.60	312.90
Magnésie	1.78	1.14
Sesquioxyde de fer	26.67	29.36

En rapportant à la terre naturelle, un kilogr. contient, à l'état

sec, dans les éléments fins, les proportions de principes fertilisants suivantes :

	SOL.	SOUS-SOL.
Azote.	0.66	0.29
Acide phosphorique	0.41	0.40
Potasse.	2.38	2.24
Carbonate de chaux	10.24	213.99
Magnésie	1.72	0.78
Sesquioxyde de fer	25.75	20.08

Dans le sol nous trouvons de petites quantités de cailloux siliceux, avec quelques fragments de marne. Nous avons encore une faible teneur en azote et acide phosphorique, une assez grande richesse en potasse, un peu de chaux et beaucoup d'oxyde de fer. Quant au sous-sol formé par les marnes, il contient en grande quantité des cailloux calcaires qui forment près du tiers de son poids ; ce sont des fragments de marne non désagrégés. Il est pauvre en azote et acide phosphorique, assez riche en potasse et fortement calcaire.

Les vignes qui couvrent ce sol sont très sujettes à la chlorose, qu'on remarque si souvent dans les terrains marneux.

Les échantillons n° 4, sol et sous-sol, sont formés par les alluvions de la rivière la Salaison. A une profondeur de $0^m,80$ on ne rencontre pas encore les marnes fluviatiles à rognons blancs.

Échantillons n° 4.

1 000 de terre sèche contiennent :

	TERRE FINE.	CAILLOUX siliceux.	CAILLOUX calcaires.	
Sol . . .	965.79	5.41	28.80	»
Sous-sol .	975.08	5.08	19.84	quelques débris de coquilles.

L'analyse de la terre fine a donné les résultats suivants pour 1 000 de terre sèche :

	SOL.	SOUS-SOL.
Azote.	1.34	1.23
Acide phosphorique	0.93	0.71
Potasse.	2.49	2.13
Carbonate de chaux	183.00	197.00
Magnésie	1.62	1.58
Sesquioxyde de fer	27.08	29.84

En rapportant à la terre naturelle, un kilogr. contient à l'état sec, dans les éléments fins, les proportions de principes fertilisants suivantes :

	SOL.	SOUS-SOL.
Azote.	1.29	1.20
Acide phosphorique	0.90	0.69
Potasse.	2.40	2.08
Carbonate de chaux	176.70	192.10
Magnésie	1.56	1.54
Sesquioxyde de fer	26.15	29.10

Le sol et le sous-sol diffèrent peu. Ils sont principalement constitués par de la terre fine, avec une petite quantité seulement de rognons calcaires. L'azote et l'acide phosphorique y sont sensiblement plus abondants que dans les précédents échantillons. La potasse y existe en proportion assez élevée, ainsi que l'oxyde de fer. Quant à la chaux, elle est abondante, mais disséminée dans le sol et dans le sous-sol, sans former une couche marneuse.

Les échantillons n° 5, sol et sous-sol, représentent les alluvions de l'étang de Mauguio, qui forment des terres salées. Ces alluvions couvrent une très grande étendue dans la propriété. Les échantillons ont été pris à un endroit où le sel n'est pas nuisible et où la vigne prospère. Ce sont ce qu'on appelle les bonnes terres salées.

Échantillons n° 5.

1 000 de terre sèche contiennent :

	TERRE FINE.	CAILLOUX siliceux.	CAILLOUX calcaires.	
Sol. . . .	988.37	0.84	10.79	beaucoup de débris de coquilles.
Sous-sol .	979.86	1.22	18.92	— —

L'analyse de la terre fine a donné les résultats suivants pour 1 000 de terre sèche :

	SOL.	SOUS-SOL.
Azote.	3.38	3.61
Acide phosphorique	1.67	1.18
Potasse.	2.61	2.18
Carbonate de chaux	582.00	691.00
Magnésie	1.54	2.06
Sesquioxyde de fer	21.49	15.40

En rapportant à la terre naturelle, un kilogr. contient à l'état sec, dans les éléments fins, les proportions de principes fertilisants suivantes :

	SOL.	SOUS-SOL.
Azote.	3.34	3.57
Acide phosphorique	1.65	1.16
Potasse.	2.58	2.14
Carbonate de chaux	575.00	677.10
Magnésie	1.52	2.02
Sesquioxyde de fer	21.23	15.09

Ces alluvions, presque entièrement constituées par les éléments fins, sont très riches en azote provenant de résidus végétaux formés dans ces étangs. L'acide phosphorique et la potasse y sont abondants. Leur supériorité sur les autres terres du domaine est manifeste. Elles sont constituées en grande partie par du calcaire provenant surtout de débris de coquilles, qui forment plus de la moitié de la masse de la terre. Ce sont incontestablement les terres les plus fertiles du domaine, mais leur degré de salure ne permet d'en utiliser qu'une faible partie.

État du vignoble. — La surface du vignoble de Guilhermain est de 169 hectares, non compris les 8 hectares occupés par les bâtiments, les cours et les chemins. Le nombre de souches pour l'ensemble du vignoble est de 610 000, soit de 3 900 à l'hectare. La surface qui était en production normale en 1892 était de 100 hectares.

L'encépagement se fait de la façon suivante :

Aramon	50 p. 100.
Alicante-bouschet	17 —
Petit-bouschet.	17 —
Carignan.	16 —

Ces cépages sont greffés :

Sur riparia	60 p. 100.
Sur jacquez.	30 —
Sur solonis.	6 —
Sur rupestris.	4 —

La plantation a été faite avec des boutures. Le greffage a été fait en fente anglaise, sur place, l'année après la plantation. Les greffes ont été ligaturées par des femmes à la ficelle grasse. La reprise a été :

> Pour le riparia de . . . .   90 p. 100.
> Pour le jacquez de. . . . .   80 —
> Pour le solonis de . . . .   80 —
> Pour le rupestris de . . . .   70 —

20 000 pieds de jacquez âgés de 4 ans et plus ont été greffés en fente simple et ont donné 75 p. 100 de reprise.

La valeur des terrains avant la plantation était estimée à 2 000 fr. l'hectare. Depuis la plantation, elle est estimée (en 1895) à 6 000 fr. La création du vignoble a nécessité pour frais de défoncement, plantation, greffage, achats de plants, soins et entretien jusqu'à la production, une somme de 135 200 fr. qui ne comprend pas l'intérêt des capitaux engagés. Ces frais d'établissement se répartissent de la façon suivante par hectare de terrain :

> Défoncement (profondeur $0^m,50$ à $0^m,60$, moitié à vapeur, moitié
>   avec bœufs). . . . .   280 fr.
> Plantation.   35
> Greffage   48
> Achats de plants   160
> Rayonnage   7
> Labours légers.   45
> Soins à donner aux greffes, entretien jusqu'à la production . . .   225

(Pour attendre la production normale, il faut compter 6 ans du jour de la plantation.)

Ces sommes représentent 800 fr. d'établissement par hectare.

On a en outre dépensé pour construction de cellier et achat de matériel vinaire 318 720 fr., soit :

> Construction des celliers (y compris le plancher et les réser-
>   voirs) 68 fr. le mètre carré. Les celliers recouvrent
>   2 600 mètres carrés. . . . .   176 800 fr.
> Le cellier contient 64 foudres de 350 hectolitres, 8 foudres
>   de 140 et 4 cuves en ciment de 400 hectolitres. Les foudres
>   ont été payés à raison de 5 fr. 50 c. à 6 fr. l'hectolitre .   129 920
> Pompes à vapeur, tuyaux en cuivre étamé, plus 4 cuves en
>   ciment. 12 000

Les frais totaux de culture annuelle, comprenant la façon, les traitements, les fumures, la vendange, etc., sont de 87 035 fr., soit 515 fr. par hectare.

On donne généralement 5 labours, répartis de la façon suivante :

1er labour : du 15 octobre au 1er janvier, 0^m,10 à 0^m,20 de profondeur pour les vignes fumées dans l'année ; 0^m,12 à 0^m,15 pour les vignes non fumées dans l'année.

2e labour : janvier, février, mars, de 0^m,12 à 0^m,15 de profondeur.

3e, 4e et 5e labours : de mars au 15 juin, de 0^m,12 environ de profondeur.

La taille se fait de novembre à fin janvier. Un homme taille environ 450 ceps par jour. Les frais de taille reviennent à 0 fr. 50 c. les 100 ceps, soit : 19 fr. 50 c. par hectare, en moyenne.

On ne fait pas d'ébourgeonnement.

Les traitements contre le mildew ont été, en 1892, au nombre de 3, effectués de la façon suivante :

1er, fin mai ;

2e, fin juin ;

3e, fin juillet.

Le premier sulfatage a été fait à la dose de 100 litres de bouillie par hectare, les deux autres à la dose de 350 litres.

Pour combattre l'anthracnose, on emploie des badigeonnages au sulfate de fer; contre l'oïdium, du soufre sublimé, à raison de 150 kilogr. par hectare et par an. La main-d'œuvre est de 600 journées de femmes à 1 fr. 25 c., soit 750 fr. pour tout le vignoble.

Voici les fumures que reçoivent ces vignes, les quantités indiquées étant rapportées à l'hectare :

1re année : fumier de ferme, 25 000 kilogr.;

2e année : aucune fumure ;

3e année : migon, 9 000 kilogr.

Le migon est essentiellement constitué par du crottin de mouton ou de chèvre exempt de litière et dont nous donnerons plus loin l'analyse ;

4e année : aucune fumure ;

5ᵉ année : un engrais mixte contenant 1 200 kilogr. de sang desseché, 80 kilogr. de nitrate de potasse et 750 kilogr. de superphosphate d'os ;

6ᵉ année : aucune fumure.

Avec ces données nous pouvons calculer les quantités de matières fertilisantes reçues en moyenne annuellement par hectare de vignes. La composition du fumier de ferme est connue ; quant au migon ou crottin de mouton ramassé sans mélange, nous lui avons trouvé la composition suivante pour un produit contenant 33 p. 100 d'eau :

Azote.	1.77
Acide phosphorique	0.84
Potasse.	1.93
Chaux	6.57

C'est un fumier extrêmement riche, dans lequel les éléments fertilisants sont très concentrés et qui se vend généralement au prix de 3 fr. 50 c. à 4 fr. 50 c. les 100 kilogr. On en ramasse de grandes quantités sur les pâturages des Corbières, des Pyrénées et des Cévennes.

Nous pouvons ainsi faire le bilan de la fumure reçue pendant la période de 6 années.

	kilogr.	AZOTE. kilogr.	ACIDE phosphorique. kilogr.	POTASSE. kilogr.
Fumier de ferme . .	25 000	117,5	75,0	130,0
Migon	9 000	159,3	75,6	173,7
Sang desséché . . .	1 200	150,0	12,0	»
Nitrate de potasse. .	80	11,0	»	35,0
Superphosphate d'os.	750	3,7	120,0	»
Total pour 6 ans. . .		441,5	282,6	338,7
Soit par année.		73,6	47,1	56,5

C'est là une fumure qu'on doit regarder plutôt comme moyenne que comme excessive.

Les vendanges commencent en septembre. Il a fallu, en 1892, 14 journées de femmes et 4 journées d'hommes pour vendanger un hectare. Les frais de la vendange se sont élevés à 10 689 fr. pour la totalité du domaine, soit à 63 fr. par hectare.

Voici les rendements des 4 dernières années :

ANNÉES.	SURFACE		PRODUCTION	
	plantée.	en production normale.	totale.	par hectare en production normale.
—	—	—	—	—
	hectares.	hectares.	hectolitres.	hectolitres.
1889	135	67	9 670	144
1890	149	75	10 269	138
1891	169	100	14 000	140
1892	169	100	11 200	112

Il faut faire remarquer que l'année 1892 était une année de faible production, la gelée et la grêle ont diminué le rendement d'une quantité évaluée à 4 000 hectolitres. On peut admettre que la production moyenne est supérieure à 120 hectolitres.

Les différents cépages donnent des rendements qui ne sont pas les mêmes :

	A L'HECTARE.
L'aramon a donné en moyenne	150 hectolitres.
L'alicante-bouschet —	80 —
Le petit-bouschet —	90 —
Le carignan —	110 —

On ne fait que des vins rouges, qui appartiennent au type des vins de plaine à grands rendements.

Résultats des expériences. — Ces données générales recueillies dans la propriété étant exposées, nous abordons l'étude que nous avons faite sur le domaine dans l'année 1892.

Nous donnons ci-dessous le résultat des déterminations faites dans le vignoble et dans le laboratoire.

L'ensemble du vignoble a donné : vin rouge, 11 200 hectolitres, soit 112 hectolitres par hectare de vignes en production normale.

10 pieds moyens ont donné $18^{kg},200$ de feuilles fraîches, soit un poids total de 7 098 kilogr. de feuilles fraîches, représentant $2\,215^{kg},6$ de feuilles sèches par hectare.

Les sarments des mêmes pieds ont fourni $9^{kg},200$ de sarments frais, soit un poids total de 3 588 kilogr. de sarments frais, représentant $1\,568^{kg},6$ de sarments secs par hectare.

La production totale des marcs a été de 168 000 kilogr. donnant 68 000 kilogr. de matière sèche, soit 1 680 kilogr. de marc frais ou 680 kilogr. de marc sec par hectare.

Il y a eu en outre une quantité totale de lie épaisse (à 40 p. 100 de matière sèche) de 6 720 kilogr. à raison de $0^{kg},600$ par hectolitre, soit 72 kilogr. de lie épaisse ou 29 kilogr. de lie sèche par hectare.

Ces données, jointes à celles fournies par l'analyse, ont conduit aux tableaux suivants :

Composition centésimale de la matière sèche.

	SARMENTS.	FEUILLES.	MARCS.	LIES.
Azote.	0.59	2.03	2.16	3.86
Cendres.	4.92	12.14	7.90	13.16
Acide phosphorique	0.21	0.32	0.62	0.92
Potasse.	0.83	0.88	1.48	6.20
Chaux	1.59	4.35	1.53	1.03
Magnésie	0.17	0.29	0.11	traces.

Composition du vin, par litre.

Azote	$0^{gr},362$
Acide phosphorique.	0 ,201
Potasse.	1 ,043
Chaux	0 ,105
Magnésie	0 ,009

Matières fertilisantes absorbées par hectare de vignes.

		AZOTE.	ACIDE PHOSPHORIQUE.	POTASSE.	CHAUX.	MAGNÉSIE.
		kilogr.	kilogr.	kilogr.	kilogr.	kilogr.
Vin.	112^{hl}	4,054	2,251	11,682	1,176	0,101
Marcs secs.	$680^{kg},0$	14,688	4,216	10,064	10,404	0,748
Feuilles sèches.	2 215 ,6	44,977	7,090	19,497	96,379	6,425
Sarments secs	1 568 ,6	9,255	3,294	13,019	24,941	2,667
Lies sèches	29 ,0	1,119	0,267	1,798	0,299	traces.
Total		74,093	17,118	56,060	133,199	9,941

La végétation annuelle de la vigne et la production du vin en 1892 ont donc nécessité l'intervention de :

Azote. . . . .   74 kilogr.
Acide phosphorique . . . .   17 —
Potasse . . . .   56 —

Voyons d'abord comment ces éléments se répartissent dans les divers produits de la vigne :

L'azote est principalement condensé dans les feuilles qui en renferment plus de 60 p. 100 de ce qui a été absorbé. Le vin, qui est la seule partie réellement exportée, n'en renferme que 4 kilogr., c'est-à-dire seulement 5 1/2 p. 100 de l'azote total. Ce n'est donc pas le vin qui peut appauvrir sensiblement la terre de ce chef. Les feuilles et les marcs, qui restent dans le domaine, sont susceptibles de restituer la majeure partie de l'azote qui avait été enlevé par la production végétale. Quant aux sarments, ils sont le plus souvent brûlés et leur azote est perdu par la combustion.

L'acide phosphorique, malgré la végétation puissante de ce vignoble, n'a été absorbé que dans une proportion bien inférieure à celle de la plupart des autres cultures. Comme pour l'azote, c'est dans les feuilles que nous en trouvons la plus forte proportion.

La potasse se trouve répartie en quantités peu différentes entre le vin, les marcs, les feuilles et les sarments. C'est le seul de ces éléments fertilisants dont le vin emporte des quantités notables.

Dans l'ensemble des produits végétaux élaborés, c'est l'azote qui domine ; il doit être regardé comme l'élément que la vigne demande en plus grande abondance.

Si nous comparons les proportions des éléments fertilisants qui ont été absorbées par la vigne, aux fumures données annuellement dans ce domaine, nous trouvons dans ces dernières une insuffisance d'environ 1 kilogr. d'azote, un excédent d'acide phosphorique de 30 kilogr. et une quantité de potasse très sensiblement égale à celle que la vigne a absorbée. Avec une pareille fumure, la terre du vignoble va donc s'enrichissant rapidement en phosphates, sans utilité pour la culture, puisqu'on donne chaque année près de 3 fois ce qui est nécessaire à une bonne production.

La terre s'appauvrirait graduellement en azote si les feuilles qui tombent à sa surface ne lui restituaient, en grande partie, ce qu'elles avaient enlevé. On peut estimer que cette restitution est suffisante pour maintenir le stock d'azote.

Pour la potasse, nous voyons que la fumure apporte ce qui est nécessaire à la végétation normale et que la réserve très grande qui existe dans le sol n'est nullement entamée.

La fumure donnée à ce domaine permet donc de penser que la fertilité actuelle se maintiendra.

Domaine de Candillargues, canton de Mauguio (Hérault).

Ce domaine appartient à M. Galtayries.

Les vins qu'il fournit appartiennent au type des vins de plaine à grands rendements.

Le vignoble se trouve dans une plaine très faiblement inclinée vers le sud.

La propriété est tout entière sur les marnes fluviales à rognons calcaires qui recouvrent les sables de Montpellier (pliocène).

Ces marnes sont recouvertes d'un manteau d'alluvions apportées par les petits cours d'eau qui se jettent dans l'étang de Mauguio. Ce manteau d'alluvions présente des épaisseurs assez variables.

C'est le type des alluvions de plaine.

Composition des terres. — Les échantillons n° 1, sol et sous-sol, sont des alluvions profondes ; ils ont présenté la composition suivante :

Échantillons n° 1.

1 000 de terre sèche contiennent :

	TERRE FINE.	CAILLOUX	
		siliceux.	calcaires.
Sol	973.15	7.59	19.26
Sous-sol	976.61	6.24	17.15

L'analyse de la terre fine a donné les résultats suivants pour 1 000 de terre sèche :

	SOL.	SOUS-SOL.
Azote.	1.07	0.89
Acide phosphorique	1.33	0.83
Potasse.	2.01	2.38
Carbonate de chaux	71.40	114.40
Magnésie	2.10	2.16
Sesquioxyde de fer	27.07	28.74

En rapportant à la terre naturelle, un kilogr. contient à l'état sec, dans les éléments fins, les proportions de principes fertilisants suivantes :

	SOL.	SOUS-SOL.
Azote.	1.04	0.87
Acide phosphorique	1.29	0.81
Potasse.	1.96	2.32
Carbonate de chaux	69.48	111.72
Magnésie	2.04	2.11
Sesquioxyde de fer	26.34	28.07

Ces terres sont peu caillouteuses et ne contiennent guère que quelques rognons de calcaire. Le sol est moyennement riche en azote, en acide phosphorique et en potasse, avec une proportion de calcaire assez élevée.

Le sous-sol, plus pauvre en azote et en acide phosphorique, contient en plus fortes proportions la potasse et la chaux. Les deux échantillons sont très ferrugineux.

Il n'y a d'ailleurs qu'une faible différence entre la composition de la couche superficielle et celle du sous-sol.

Les échantillons n° 2, sol et sous-sol, proviennent des parties formées par les alluvions de profondeur moyenne.

C'est à ce type qu'il faut rapporter la composition générale du sol du domaine. Les échantillons précédents n° 1, ainsi que les échantillons suivants n° 3, représentent les cas extrêmes, qui ne couvrent que des surfaces restreintes. La composition du lot n° 2, correspondant à la partie essentielle du domaine, est la suivante :

Échantillons n° 2.

1 000 de terre sèche contiennent :

	TERRE FINE.	CAILLOUX	
		siliceux.	calcaires.
Sol.	948.15	22.46	29.39
Sous-sol. . .	972.01	11.11	16.88

L'analyse de la terre fine a donné les résultats suivants pour 1 000 de terre sèche :

	SOL.	SOUS-SOL.
Azote.	0.92	0.74
Acide phosphorique	0.79	0.49
Potasse.	3.07	2.79
Carbonate de chaux	34.81	27.02
Magnésie	2.41	2.47
Sesquioxyde de fer	24.51	28.21

En rapportant à la terre naturelle, un kilogr. contient à l'état sec, dans les éléments fins, les proportions de principes fertilisants suivantes :

	SOL.	SOUS-SOL.
Azote.	0.87	0.72
Acide phosphorique	0.75	0.48
Potasse.	2.91	2.71
Carbonate de chaux	33.00	26.26
Magnésie	2.28	2.40
Sesquioxyde de fer	23.24	27.43

Ici encore, nous avons affaire à des alluvions peu caillouteuses ; le sol est assez pauvre en azote et en acide phosphorique, riche en potasse, avec une faible proportion de calcaire et notablement d'oxyde de fer. Le sous-sol est plus pauvre encore, sans cependant être de nature différente.

Les échantillons n° 3, sol et sous-sol, représentent le cas des alluvions très peu épaisses recouvrant des marnes à rognons qui affleurent fréquemment.

Voici leur composition :

Échantillons n° 3.

1 000 de terre sèche contiennent :

	TERRE FINE.	CAILLOUX	
		siliceux.	calcaires.
Sol.	973.99	2.37	23.64
Sous-sol. . .	445.14	5.02	549.84

L'analyse de la terre fine a donné les résultats suivants pour 1 000 de terre sèche :

	SOL.	SOUS-SOL.
Azote	1.09	0.68
Acide phosphorique. . . .	1.57	1.36
Potasse	3.71	3.35
Carbonate de chaux. . . .	63.70	327.01
Magnésie.	2.40	1.33
Sesquioxyde de fer. . . .	24.08	21.98

En rapportant à la terre naturelle, un kilogr. contient à l'état sec, dans les éléments fins, les proportions de principes fertilisants suivantes :

	SOL.	SOUS-SOL.
Azote	0.95	0.30
Acide phosphorique. . . .	1.37	0.60
Potasse	3.24	1.49
Carbonate de chaux. . . .	55.68	145.56
Magnésie.	2.10	0.59
Sesquioxyde de fer. . . .	22.05	9.78

La partie superficielle, représentant la couche d'alluvion, est assez riche, surtout en acide phosphorique et en potasse, mais la couche marneuse formant le sous-sol qui affleure souvent, est très différente, formée en majeure partie par des rognons calcaires pauvres en principes fertilisants. Il contient une proportion notable de calcaire fin, indépendamment de celui qui y existe à l'état de rognons.

L'ensemble de ce domaine présente donc des terres moyennement profondes, à alluvions de richesse plutôt faible qu'élevée. Des rendements considérables ne sauraient y être maintenus qu'à l'aide de fortes fumures.

État du vignoble. — Le vignoble de Candillargues a une étendue de 215 hectares, avec un nombre total de souches de 1 000 000, ce qui représente 4 440 pieds à l'hectare. La surface tout entière est en production normale.

L'encépagement est fait de la façon suivante :

<pre>
Aramon . . . .   85 p. 100
Petit-bouschet. . . . . . .   )
Alicante-bouschet . . . . .   }   15 —
Carignan. . . . .   )
</pre>

Ces cépages sont tous greffés sur riparia. La plantation a été faite avec des boutures, qui ont été greffées en fente simple, 2 ans après la plantation. Les greffes ont été ligaturées par des femmes avec des ficelles non graissées.

La proportion des reprises a varié de 60 à 90 p. 100.

La valeur de l'hectare avant la plantation et avant l'invasion phylloxérique était estimée à 4 000 fr. Pendant l'invasion phylloxérique elle était tombée à 2 000 et 2 500 fr.

En 1892, la vigne étant en production normale, l'hectare était estimé de 8 000 à 10 000 fr.

Les frais de création du vignoble ont été en totalité (cellier et matériel vinaire compris) de 2 000 à 2 500 fr. l'hectare.

Le nombre d'années nécessaire pour atteindre la production normale, à compter du jour de la plantation, a été de 5 ans.

Les frais totaux de culture pour l'année 1892 ont été de 174 580 francs, ce qui représente environ 800 fr. à l'hectare.

On donne par an 2 ou 3 labours croisés :

le 1er, d'octobre en mars ;

les 2e et 3e, de mars en mai ;

les derniers d'une profondeur de $0^m,10$, en employant le fourcat.

La taille se fait d'octobre à mars. Un homme taille en moyenne 400 souches par jour, ce qui fait 11 journées, soit 27 fr. 50 par hectare.

Les sarments sont vendus à raison de 7 fr. le cent de fagots, dont la façon revient à 5 fr.

On ébourgeonne en juin, lorsque les rameaux les plus longs atteignent environ $0^m,60$. Pendant cette opération on détruit la pyrale ; une femme peut ébourgeonner 500 souches par jour.

Les traitements contre le mildew sont de 3 ou 4; le 1er se fait quand les rameaux ont $0^m,15$ de longueur, les suivants à des intervalles variables d'environ 3 semaines.

On emploie la bouillie bordelaise avec 1 p. 100 de sulfate de cuivre et 0.7 à 0.8 p. 100 de chaux tamisée. On se sert d'appareils à traction et à grand travail, ainsi que d'appareils à dos d'homme.

Les quantités de bouillie employées sont :

pour le 1er traitement, de 160 à 180 litres par hectare ;

pour le 2e traitement, de 300 à 400 litres par hectare ;

pour les suivants, de 700 à 900 litres par hectare.

Les frais totaux de ce traitement ont été en 1892 de 8 325 fr., soit environ 40 fr. par hectare.

Pour combattre l'anthracnose, on a employé le badigeonnage au sulfate de fer.

Contre l'oïdium on a fait 3 soufrages au soufre trituré :

le 1er, quand les rameaux avaient $0^m,10$ de longueur ;

le 2e, au moment de la floraison ;

le 3e, avant la véraison.

Pour le 1er, par hectare, soufre : 25 kilogr.

Pour le 2e, par hectare, soufre : 25 kilogr. mélangés de 25 kilogr. de plâtre.

Pour le 3e, par hectare, soufre : 45 à 50 kilogr. mélangés de 40 à 50 kilogr. de plâtre.

Ces soufrages sont faits par des femmes :

pour le 1er, une femme soufre 1 hectare par jour ;

pour le 2e, une femme soufre 80 ares par jour ;

pour le 3e, une femme soufre 60 ares par jour.

On emploie des boîtes en fer-blanc percées de trous ou des paniers en jonc. Les frais de soufrage ont été, en 1892, de 35 fr. par hectare.

Les fumures se font au fumier de ferme ou aux croûtes de bergerie. Quand on emploie le fumier de ferme, c'est à la dose de 4 kilogr. par pied tous les 3 ans.

Ce qui fait par hectare 17 760 kilogr., soit pour l'année 5 920 kilogr.

Quand on emploie les croûtes de bergerie, on n'en met que 3 kilogr. par pied tous les 3 ans.

Ce qui fait par hectare 13 320 kilogr., soit pour l'année 4 440 kilogr.

Des fumures pareilles apportent par année et par hectare :

	AZOTE.	ACIDE phosphorique.	POTASSE.
	kilogr.	kilogr.	kilogr.
Avec 5 920 kilogr. de fumier de ferme . .	27,8	17,8	30,8
Avec 4 440 kilogr. de croûtes de bergerie .	42,2	15,5	38,2

Ce qui fait en moyenne, en admettant qu'on fume aussi souvent avec l'un qu'avec l'autre fumier :

Azote	$35^{kg},0$
Acide phosphorique	16 ,6
Potasse	34 ,5

Les croûtes de bergerie constituent, quant à la potasse et surtout quant à l'azote, une fumure plus forte. Nous avons trouvé dans les croûtes de bergerie ayant une teneur de 64.37 p. 100 d'eau :

Azote.	0.95
Acide phosphorique	0.35
Potasse.	0.86
Chaux	2.81

C'est-à-dire une richesse notablement supérieure à celle du fumier de ferme.

Le fumier de ferme frais revient, rendu à la propriété, de 17 à 18 fr. les 1 000 kilogr.

Les croûtes de bergeries, de 47 à 48 fr. les 1 000 kilogr.

Ces différences de prix montrent qu'on a plus d'intérêt à employer le fumier de ferme que les croûtes de bergeries. Pour la même dépense, on trouvera dans le premier une plus grande somme d'éléments utiles.

En réalité, cette fumure est très peu abondante et il est à prévoir qu'il sera nécessaire de l'augmenter notablement pour maintenir le vignoble en bonne production.

Les vendanges ont commencé en 1892 le 29 août et ont été terminées le 16 septembre.

Les frais se sont élevés à 21 568 fr., soit par hectare 100 fr.

Pendant les 4 dernières années, la production totale en vin a été la suivante :

ANNÉES.	SURFACE en production.	PRODUCTION	
		totale.	par hectare.
	hectares.	hectolitres.	hectolitres.
1889.	198	14 600	74,0
1890.	215	17 830	83,0
1891.	215	17 540	81,6
1892.	215	22 050	102,5

En 1892, la gelée a enlevé une quantité de vendange évaluée à 3 000 hectolitres de vin. La production moyenne peut être estimée à plus de 100 hectolitres par hectare.

Une partie du vin se fait en rouge, l'autre se fait en vin blanc et en vin paillet.

Ces vins appartiennent au type des vins de plaine à grands rendements.

Les marcs sont distillés et consommés ensuite par les moutons et les vaches. On estime que le marc provenant de 7 hectolitres donne de 7 à 8 litres d'eau-de-vie à 50° centésimaux.

Résultats des expériences. — Les observations relatives à l'année 1892 nous ont donné les résultats suivants :

10 pieds moyens ont fourni 14^{kg},600 de feuilles à l'état frais, soit 6 482 kilogr. de feuilles à l'état frais, représentant 1 972^{kg},2 de feuilles sèches par hectare.

Les mêmes 10 pieds ont fourni 8^{kg},200 de sarments à l'état frais, soit 3 640^{kg},8 de sarments à l'état frais, représentant 1 268^{kg},1 de sarments secs par hectare.

L'ensemble du vignoble a donné 22 050 hectolitres de vin dont :

Vin rouge . . . . 16 420 hectolitres.
Vin blanc et vin paillet . . . . . . 5 630   —

Soit une moyenne par hectare de :

Vin rouge . . . . 76^{hl},3
Vin blanc ou paillet . . . . 26 ,2

La production totale du marc a été de 337 500 kilogr. donnant marc sec 115 225 kilogr., soit 1 570 kilogr. de marc frais ou 536^{kg},8 de marc sec par hectare.

Les lies, à raison de 0^{kg},50 de lies épaisses à 40 p. 100 de matière sèche par hectolitre, donnent 76^{kg},9 de lie épaisse, soit 30^{kg},8 de lie à l'état sec par hectare, se décomposant comme suit :

PAR HECTARE.

Lies de vin rouge à l'état sec . . . . . . 22^{kg},9
Lies de vin blanc à l'état sec . . . . . . 7 ,9

Ces données nous conduisent aux tableaux suivants :

Composition centésimale de la matière sèche.

	SARMENTS.	FEUILLES.	MARCS.	LIES rouges.	LIES blanches.
Azote	0.58	2.16	1.90	3.97	3.12
Cendres	4.66	11.94	13.10	12.16	21.78
Acide phosphorique. .	0.17	0.25	0.57	0.92	0.88
Potasse	0.73	0.81	0.89	6.00	5.00
Chaux.	1.50	4.48	1.58	1.34	2.01
Magnésie.	0.28	0.22	0.14	traces.	traces.

Composition du vin, par litre.

	ROUGE.	BLANC.
Azote.	0^{gr},242	0^{gr},161
Acide phosphorique	0 ,126	0 ,116
Potasse	1 ,108	0 ,706
Chaux	0 ,144	0 ,170
Magnésie	0 ,046	0 ,031

Matières fertilisantes absorbées par hectare de vigne.

		AZOTE.	ACIDE PHOSPHO-RIQUE.	POTASSE.	CHAUX.	MA-GNÉSIE.
		kilogr.	kilogr.	kilogr.	kilogr.	kilogr.
Vin rouge.	76^{hl},3	1,846	0,961	8,454	1,099	0,351
Vin blanc.	26 ,2	0,422	0,304	1,850	0,445	0,081
Marcs secs	536^{kg},8	10,199	3,060	4,777	8,481	0,751
Feuilles sèches. . .	1 972 ,2	42,599	4,930	15,975	88,354	4,339
Sarments secs . . .	1 268 ,1	7,355	2,156	9,257	19,021	3,551
Lies de vin rouge sèches	22 ,9	0,905	0,210	1,368	0,305	traces.
Lies de vin blanc sèches	7 ,9	0,246	0,069	0,395	0,159	traces.
Totaux.		63,572	11,690	42,076	117,864	9,073

La végétation annuelle et la production du vin ont donc nécessité, en 1892, l'intervention de :

Azote. . . . . 63^{kg},6
Acide phosphorique . . . . 11 ,7
Potasse . . . . 42 ,1

Ici encore ce sont les feuilles qui avaient absorbé la plus grande partie de l'azote et une proportion très notable de la potasse.

L'acide phosphorique n'est intervenu que dans une proportion très faible.

Nous pouvons établir la comparaison suivante entre les quantités d'éléments fertilisants fixés dans les produits élaborés par la vigne et celles données comme fumure :

	AZOTE.	ACIDE phosphorique.	POTASSE.
	kilogr.	kilogr.	kilogr.
Absorbé par la vigne. . . .	63,6	11,7	42,1
Donné comme fumure . . .	35,0	16,6	34,5

Il y a là une insuffisance manifeste dans la fumure et il est à prévoir que le sol ira en s'appauvrissant en azote et en potasse. L'acide phosphorique, pour lequel la vigne a de si faibles exigences, sera toujours en quantités suffisantes.

La potasse existant dans le sol en fortes proportions, il n'y a pas lieu de se préoccuper de son insuffisance dans l'engrais donné. Mais il n'en est pas de même pour l'azote, qui est peu abondant dans le sol. Pour maintenir ce domaine en bonne végétation, la quantité de fumier devrait être doublée ; mais il serait peut-être plus rationnel d'adjoindre à la fumure des engrais organiques azotés, tels que les chiffons de laine, le sang et la viande desséchés, la corne, etc., dans la proportion de 200 à 250 kilogr. par hectare.

Examen d'une partie du domaine d'une végétation plus vigoureuse. — Les résultats qui précèdent se rapportent à l'ensemble du domaine de 215 hectares. Nous avons pensé qu'il serait intéressant de prendre séparément une partie du domaine dans laquelle la végétation était manifestement plus vigoureuse et dans laquelle la production atteignait les chiffres les plus élevés. La parcelle ainsi envisagée séparément représente une surface de $3^{ha},40$. On y a prélevé des échantillons moyens, comme on l'avait fait pour l'ensemble du vignoble :

10 pieds moyens ont donné $17^{kg},500$ de feuilles à l'état frais, représentant 7770 kilogr. de feuilles fraîches, soit $2174^{kg},7$ de feuilles sèches par hectare.

Les mêmes 10 pieds ont donné $14^{kg},200$ de sarments à l'état frais, représentant 6305 kilogr. de sarments frais, soit 2051 kilogr. de sarments secs par hectare.

La quantité de vin obtenu a été de 520 hectolitres, soit : 152 hectolitres à l'hectare.

La production totale des marcs a été de 6930 kilogr. donnant 2370 kilogr. de marc sec, soit 2040 kilogr. de marc frais, ou 700 kilogr. de marc sec par hectare.

Les lies, à raison de $0^{kg},750$ par hectolitre de lie épaisse (à 40 p. 100 de matière sèche), donnent par hectare 114 kilogr. de lie épaisse, soit $45^{kg},6$ de lie à l'état sec.

Pour cette surface à plus forte végétation, on a analysé séparément les feuilles et les sarments et attribué au vin, aux marcs et aux lies, la même composition que pour les produits similaires de l'ensemble du domaine.

Composition centésimale de la matière sèche.

	SARMENTS	FEUILLES
Azote	0.52	2.13
Cendres	4.88	10.00
Acide phosphorique.	0.20	0.33
Potasse	1.02	1.22
Chaux.	1.37	3.64
Magnésie.	0.09	0.11

Matières fertilisantes absorbées par hectare de vignes.

		AZOTE.	ACIDE PHOSPHORIQUE.	POTASSE.	CHAUX.	MAGNÉSIE
		kilogr.	kilogr.	kilogr.	kilogr.	kilogr.
Vin rouge.	152^{hl}	3,648	1,915	16,842	2,189	0,700
Marcs secs	709^{kg},0	13,300	4,000	6,230	11,060	0,980
Feuilles sèches . .	2174 ,7	46,321	7,176	26,531	79,159	2,392
Sarments secs. . .	2050 ,8	10,664	4,102	20,918	28,096	1,846
Lies sèches. . . .	45 ,6	1,810	0,419	2,736	0,611	traces.
Totaux.		75,743	17,612	73,257	121,115	5,918

Dans cette partie du vignoble, la plus privilégiée au point de vue de l'épaisseur de la terre végétale, où l'intensité de la végétation était extrêmement remarquable, et où la production du vin a été d'un tiers plus élevée, la vigne a donc puisé dans le sol une quantité sensiblement supérieure d'éléments fertilisants essentiels, l'azote, l'acide phosphorique et la potasse. La différence est surtout accentuée en ce qui concerne ce dernier principe. Ce n'est pas la production de 50 hectolitres de vin de plus qui a sollicité un apport plus grand, c'est le développement plus considérable du système feuillu et du bois, dans lesquels la quantité d'azote et surtout celle de potasse a été augmentée.

Mais cette activité plus grande de la végétation foliacée n'a-t-elle pas été la cause essentielle d'une plus grande production de raisin ?

Cela est probable, car ce sont les feuilles qui élaborent les matières sucrées et en général toutes les substances qui se concentrent dans le fruit. Plus est grand le développement de ces organes d'assimilation et d'élaboration, plus l'aptitude au développement du fruit doit être grande.

Si les feuilles sont exigentes pour leur propre compte, en ce sens qu'elles immobilisent dans leurs tissus de grandes quantités de principes utiles, il ne faut pas les regarder cependant comme des parasites, parce qu'elles sont le siège de l'activité végétative, de l'intensité de laquelle dépend l'abondance de la récolte.

Mais la comparaison des éléments enlevés, dans les parties du domaine d'un rendement exceptionnel, avec ceux qui sont apportés par la fumure moyenne, doit inspirer quelques inquiétudes au sujet de l'avenir de la vigne, le sol ne pouvant pas pendant longtemps fournir à une végétation aussi active sans finir par s'épuiser, à moins toutefois que des fumures plus énergiques ne viennent rétablir l'équilibre.

CHAPITRE IV

VIGNES DE DEMI-MONTAGNE

Entre les vins des plaines et ceux des coteaux élevés appelés *vins de montagne,* se place une série intermédiaire qui participe de ces deux extrêmes et qui occupe d'importantes surfaces. Ces vins, appelés *de demi-montagne,* sont produits par des vignes situées sur des terrains ondulés ou en pente, plus ou moins élevés au-dessus du niveau de la mer, le plus souvent formés par le diluvium alpin et très caillouteux.

C'est ordinairement à l'aide de fortes fumures qu'on fait produire à ces sols des récoltes abondantes, qui arrivent quelquefois à atteindre les rendements de la plaine. On peut regarder la production moyenne comme voisine de 100 hectolitres à l'hectare; mais en appliquant de très fortes fumures on peut atteindre 150 hectolitres, c'est-à-dire une production égale à celle de la plaine. Les vins sont plus colorés et plus alcooliques que les vins de plaine.

Cette supériorité de qualité tient principalement à la nature des terrains, aux accidents du sol, ordinairement plus sec, plus caillouteux, un peu moins fertile que les terres de plaine. Ces terrains ne produisent pas naturellement une végétation aussi luxuriante que dans les plaines; mais les conditions qui tendent à amoindrir la production de la récolte, tendent aussi à augmenter sa qualité.

Par une culture intelligemment conduite, on peut souvent arriver à conserver à ces vignobles les avantages qui donnent la plus-value à leurs vins, tout en augmentant les rendements pour les rapprocher de ceux des vignes qui sont, par leur situation propre, beaucoup plus productives. Nous examinerons quelques-uns de ces vignobles, qui sont intéressants au double point de vue de l'abondance de la récolte et de la qualité des vins.

Domaine de Verchant, commune de Castelnau-le-Lez (Hérault).

Ce domaine appartient à M. Leenhardt.

La propriété est répartie à peu près par moitié entre les coteaux et la plaine.

Les coteaux sont formés par le diluvium alpin; les crêtes lavées par les eaux n'ont conservé qu'un sol très caillouteux et la terre est d'autant moins caillouteuse et d'autant plus fertile qu'on descend dans les vallons ou vers la plaine.

La plaine est formée par les sables pliocènes de Montpellier. Mais, sur une surface de quelques hectares, ils sont recouverts par les éléments fins du diluvium, qui ont été amenés par alluvionnement. Ce mélange donne une terre franche qui fournit les meilleurs rendements de la propriété.

Enfin, sur une surface de quelques hectares, apparaît une marne qui a été laissée de côté, autant à cause de sa faible étendue qu'en raison du rendement insignifiant que la vigne y produit.

Composition des terres. — Les échantillons nᵒ 1, sol et sous-sol, ont été pris presque au bas d'un coteau exposé au sud et représentant la meilleure partie des terres du coteau ou du diluvium; ils ont présenté la composition suivante :

Échantillons nᵒ 1.

1 000 de terre sèche contiennent :

	TERRE FINE.	CAILLOUX	
		siliceux.	calcaires.
Sol.	496.07	503.93	traces. cailloux roulés.
Sous-sol. . .	600.94	399.06	0 —

L'an,lyse de la terre fine a donné les résultats suivants pour 1 000 de terre sèche :

	SOL.	SOUS-SOL.
Azote	0,68	0.37
Acide phosphorique	0.51	0.55
Potasse	1.01	0.86
Carbonate de chaux	4.56	4.66
Magnésie	1.19	0.93
Sesquioxyde de fer	12.97	13.48

En rapportant à la terre naturelle, 1 kilogr. contient, à l'état sec, dans les éléments fins, les proportions de principes fertilisants suivantes :

	SOL.	SOUS-SOL.
Azote	0.34	0.23
Acide phosphorique	0.25	0.33
Potasse	0.50	0.52
Carbonate de chaux	2.26	2.81
Magnésie	0.59	0.56
Sesquioxyde de fer	6.43	8.12

Le sol et le sous-sol contiennent environ la moitié de leur poids de cailloux roulés, plus ou moins gros, qui ne sauraient jouer un rôle au point de vue de la nutrition végétale et ne sont là que comme des matériaux inutiles, encombrants et tenant la place de la terre fine, seule apte à céder aux racines des plantes les principes nutritifs qu'elle renferme. Si nous ne considérons que cette terre fine, nous voyons qu'elle contient seulement de faibles quantités de ces principes. Dans le sol, aussi bien que dans le sous-sol, l'azote est peu abondant ; l'acide phosphorique est en proportion très inférieure à ce qu'on trouve dans les terres de composition moyenne ; la potasse est également peu abondante. Il y a peu de carbonate de chaux, mais de l'oxyde de fer en proportion notable.

En considérant l'ensemble de la terre, avec les cailloux qu'elle renferme, notre appréciation sur la pauvreté du sol est encore plus fondée. Si la vigne, dans ces terrains où les éléments nutritifs sont si peu abondants, peut se développer avec vigueur et porter de bonnes récoltes, il faut surtout en chercher la cause dans l'état physique du sol et du sous-sol, auxquels les cailloux, qui en forment à peu près la moitié, donnent une sorte d'ameublissement permettant aux racines de la vigne de cheminer au loin dans cette couche d'une grande épaisseur, ramassant ainsi dans un cube de terre considérable les matières fertilisantes qui s'y trouvent disséminées.

Les échantillons n° 2, sol et sous-sol, ont été pris sur une crête représentant la moins bonne partie du diluvium ; ils ont donné les résultats suivants :

Échantillons n° 2.

1 000 de terre sèche contiennent :

	TERRE FINE.	CAILLOUX	
		siliceux.	calcaires.
Sol.	207.17	792.83	0
Sous-sol. . .	238.83	761.17	0

L'analyse de la terre fine a donné les résultats suivants pour 1 000 de terre sèche :

	SOL.	SOUS-SOL.
Azote.	1.02	0.80
Acide phosphorique	1.21	0.94
Potasse.	1.80	1.05
Carbonate de chaux	16.85	7.83
Magnésie	1.13	0.95
Sesquioxyde de fer	17.85	17.89

En rapportant à la terre naturelle, 1 kilogr. contient, à l'état sec, dans les éléments fins, les proportions de principes fertilisants suivantes :

	SOL.	SOUS-SOL.
Azote.	0.21	0.19
Acide phosphorique	0.25	0.22
Potasse.	0.23	0.25
Carbonate de chaux	3.49	1.87
Magnésie	0.23	0.23
Sesquioxyde de fer	3.60	4.27

Cette terre renferme encore plus de cailloux que la précédente, puisqu'elle en contient près des 4/5 de son poids. La terre fine séparée des cailloux n'est pas extrêmement pauvre ; elle contient sensiblement plus d'azote, d'acide phosphorique et de potasse. Mais si nous nous reportons à la terre naturelle, mélangée d'aussi grandes quantités de cailloux, nous voyons qu'il y a en réalité, dans les éléments fins, pour un poids de terre donné, de très faibles quantités des divers principes fertilisants.

Aussi voyons-nous, dans ce cas, le sol dont il s'agit ici moins fertile que celui examiné précédemment, quoique ses éléments fins soient sensiblement plus riches. L'énorme quantité de cailloux tend à diluer les éléments fertilisants et à les rendre ainsi plus rares dans un même cube de terre.

Nous devons remarquer que les sols et les sous-sols se ressemblent beaucoup comme composition chimique, autant que comme constitution minéralogique. Si les sols sont un peu plus riches, il semble que cela tienne surtout à l'apport des fumures.

D'autres échantillons n° 3 ont été pris à un endroit où les sables sont à peu près purs ; ils représentent une qualité moyenne pour les terres de plaine.

Échantillons n° 3.

1 000 de terre sèche contiennent :

	TERRE FINE.	CAILLOUX siliceux.	calcaires.	
Sol.	887.90	107.32	4.78	nombreux débris de coquilles.
Sous-sol. . .	885.81	114.19	traces.	»

L'analyse de la terre fine a donné les résultats suivants pour 1.000 de terre sèche :

	SOL.	SOUS-SOL.
Azote.	0.64	0.42
Acide phosphorique	0.77	0.48
Potasse.	1.00	0.97
Carbonate de chaux.	6.81	5.93
Magnésie	1.74	1.09
Sesquioxyde de fer	12.43	16.32

En rapportant à la terre naturelle, 1 kilogr. contient, à l'état sec, dans les éléments fins, les proportions de principes fertilisants suivantes :

	SOL.	SOUS-SOL.
Azote.	0.57	0.37
Acide phosphorique	0.68	0.42
Potasse.	0.89	0.86
Carbonate de chaux.	6.05	5.25
Magnésie	1.54	0.97
Sesquioxyde de fer	11.02	14.46

Nous nous trouvons ici en présence d'un sol et d'un sous-sol contenant beaucoup plus d'éléments fins que les précédents ; aussi, quoique la composition de la terre fine n'indique pas une richesse plus grande, pouvons-nous dire que les racines des vignes ont à leur disposition plus de substances fertilisantes, les matériaux grossiers et inertes étant moins abondants.

L'examen des échantillons de terres, pris à diverses profondeurs dans ce domaine, montre que l'on a affaire à des sols plutôt pauvres que riches, mais dont l'épaisseur est grande, puisque le sous-sol est sensiblement identique au sol lui-même. C'est à cette profondeur de la couche de terre végétale et aux fumures que l'on donne à la vigne, qu'il faut attribuer l'état actuel très satisfaisant du vignoble.

Dans les endroits à sous-sol humide, on a établi des drains à une profondeur de $0^m,80$ et à des distances de 10 à 11 mètres. Il y a ainsi dans le vignoble 14 kilomètres de drains qui ont entraîné une dépense de 5 000 fr.

État du vignoble. — Le vignoble de Verchant a une étendue de 70 hectares, dont une moitié est située sur les coteaux et l'autre moitié dans la plaine ; toute la surface est en production normale ; le nombre de souches est de 215 000, soit 3 200 souches à l'hectare. L'encépagement est fait de la façon suivante :

Aramon.	50 p. 100
Cinsaut	20 —
Carignan	15 —
Portugais bleu	5 —
Aspirant, alicante-bouschet et divers . . .	10 —

Ces différents cépages sont greffés moitié sur riparia, moitié sur jacquez. La reprise au greffage a été pour les deux porte-greffes de 70 à 80 p. 100.

On estime qu'avant la plantation la valeur des terrains était de 2 000 fr. l'hectare et qu'elle est, en 1895, de 7 000 fr. La création du vignoble a nécessité pour frais de défoncement, de plantation, de greffage, d'achat de plants, de culture pendant les premières années, etc., une dépense de 3 500 fr. par hectare. On a en outre dépensé 140 000 fr. pour la construction de celliers et l'achat de matériel vinaire. Pour atteindre la production normale, il faut compter, à partir du jour de la plantation, 4 ans pour les vignes greffées sur place, 3 à 4 ans pour les greffes bouturées.

Les frais annuels de culture, comprenant les façons, les traitements, les fumures, etc., sont de 70 000 fr., soit : 1 000 par hectare.

On donne généralement 4 labours en employant le fourcat dans les coteaux et la petite charrue Vernette dans la plaine. Ces labours ne sont que d'un décimètre environ de profondeur.

le 1er se fait de novembre à février ;

le 2e, en mars et avril ;

le 3e, en avril et mai ;

Ensuite on fait des sarclages à la main.

La taille se fait de novembre à mars et les sarments sont vendus à raison de 7 fr. le cent de fagots.

L'ébourgeonnement se pratique régulièrement.

Les traitements contre le mildew ont été, en 1892, au nombre de 4, dont 2 au verdet et 2 à la sulfo-stéatite, alternativement. On a employé par hectare 20 kilogr. de verdet et 50 kilogr. de sulfo-stéatite.

Les traitements contre l'anthracnose ont été faits par des badigeonnages au sulfate de fer.

Pour combattre l'oïdium on a opéré 3 soufrages :

le 1er, lorsque les bourgeons avaient 0^m,04 à 0^m,05 ;

le 2e, au moment de la floraison ;

le 3e, un mois après.

Le soufrage se fait au moyen de soufflets et avec du soufre sublimé, dont on emploie environ 100 kilogr. par hectare.

Pour fumer le vignoble, on a recours au fumier de cheval dont on emploie chaque année 950 000 à 1 000 000 de kilogr., cette quantité se rapportant au fumier frais, tel qu'il est au moment de l'achat. Comme on ne l'applique pas immédiatement, ce poids est réduit au moment de l'épandage d'environ 20 p. 100. Cette quantité totale de fumier est appliquée seulement sur la moitié du vignoble, une année sur les vignobles de la plaine, l'année suivante sur les vignes des coteaux.

De cette façon, chaque moitié de vignoble reçoit tous les 2 ans environ 28 000 kilogr. de fumier de cheval par hectare, soit 14 000 kilogr. comme fumure annuelle. Le fumier a été acheté à raison de 14 fr. la tonne, ce qui fait une somme d'environ 200 fr. par hectare pour l'achat de la fumure.

C'est là évidemment une fumure énergique et qui explique comment la végétation de la vigne et sa production peuvent se maintenir dans des terres naturellement pauvres en matières fertilisantes. Connaissant la composition du fumier de cheval, nous pouvons calculer l'apport ainsi fait annuellement à chaque hectare de vignes.

Soit :

Azote.	70 kilogr.
Acide phosphorique	31 —
Potasse.	70 —

Nous aurons à comparer plus loin ces quantités d'éléments fertilisants à celles que nous retrouvons dans les produits de la végétation de la vigne.

En 1892, les vendanges ont commencé du 1er au 8 septembre et ont duré environ un mois. Elles ont nécessité l'emploi de 70 femmes à 2 fr. par jour et de 35 hommes à 4 fr. par jour.

Pendant les 4 dernières années, la production totale en vin a été la suivante :

ANNÉES	PRODUCTION totale.	SURFACE en production.	PRODUCTION à l'hectare.
1889	4 100	52	79
1890	6 500	60	108
1891	3 600 (mildew)	65	56
1892	6 600	70	94

On estime que la production moyenne est de 105 à 110 hectolitres et que l'aramon pris isolément donne 140 hectolitres à l'hectare, tandis que les autres cépages en donnent 75. Une partie du vin se fait en rouge (vin rouge de coteau et de plaine), l'autre en blanc avec l'aramon et le cinsaut.

Les marcs sont ordinairement vendus à raison de 0 fr. 35 c. pour la quantité correspondant à l'hectolitre de vin produit.

Résultats des expériences. — Voici les observations relatives à l'année 1892 :

10 pieds moyens ont fourni 11^{kg},900 de feuilles fraîches, soit 3 808 kilogr. de feuilles fraîches ou 1 255^{kg},7 de feuilles sèches par hectare.

Les mêmes 10 pieds ont fourni 6^{kg},500 de sarments frais, soit 2 080 kilogr. de sarments frais ou 750^{kg},4 de sarments secs par hectare.

L'ensemble du vignoble a donné :

Vin rouge, 6 000 hectolitres, soit 85^{hl},7 par hectare ;

Vin blanc, 600 hectolitres, soit 8^{hl},6 par hectare.

La quantité totale des marcs a été de 66 000 kilogr. donnant 20 460 kilogr. de marcs secs, soit 943 kilogr. de marcs frais ou 292 kilogr. de marcs secs par hectare.

La quantité totale de lie épaisse, à 40 p. 100 de matière sèche, à raison de 0^{kg},60 par hectolitre a été de 3 960 kilogr., soit 56 kilogr. de lie épaisse ou 22^{kg},4 de lie à l'état sec par hectare.

Les résultats obtenus dans l'analyse de ces produits sont réunis dans les tableaux suivants :

Composition centésimale de la matière sèche.

	SARMENTS.	FEUILLES.	MARCS.	LIES.
Azote.	0.74	1.78	2.16	2.81
Cendres.	4.88	12.58	6.08	19.50
Acide phosphorique	0.27	0.31	0.64	0.56
Potasse	0.73	0.62	1.27	10.00
Chaux	1.70	5.01	1.04	1.50
Magnésie	0.16	0.15	0.25	traces.

Composition du vin, par litre.

	ROUGE.	BLANC.
Azote.	0.296	0.142
Acide phosphorique	0.230	0.123
Potasse.	1.204	1.073
Chaux.	0.114	0.178
Magnésie	0.026	0.012

Matières fertilisantes absorbées par hectare de vignes.

	AZOTE.	ACIDE PHOSPHORIQUE.	POTASSE.	CHAUX.	MAGNÉSIE
	kilogr.	kilogr.	kilogr.	kilogr.	kilogr.
Vin rouge . . . . 85^{hl},70	2,537	1,971	10,318	0,977	0,223
Vin blanc. . . . . 8 ,57	0,122	0,105	0,919	0,152	0,010
Marcs secs. . . . 292^{kg},30	6,314	1,871	3,712	3,039	0,731
Feuilles sèches . . 1255 ,70	22,351	3,893	7,785	62,910	1,883
Sarments secs. . . 750 ,40	5,553	2,026	5,478	12,757	1,201
Lies sèches. . . . 22 ,40	0,630	0,125	2,240	0,336	traces.
Totaux	37,507	9,991	30,452	80,171	4,018

On voit que, malgré une production de vin élevée, la vigne n'a absorbé que des quantités relativement faibles de principes fertilisants, ce qui tient à ce que le système foliacé et les sarments n'ont pas eu un très grand développement. Les organes de la plante ont donné un poids bien inférieur à ceux des vignobles de plaine et cependant la terre avait été abondamment fumée.

Dans de pareilles conditions, la terre ira s'enrichissant graduellement, à moins que la végétation de la vigne n'arrive à un développement beaucoup plus considérable. Il faut aussi compter avec la grande perméabilité de ces sols caillouteux, dans lesquels les engrais azotés sont rapidement nitrifiés, et par suite facilement entraînés par les eaux ; l'azote se perd ainsi en grande quantité sans avoir pu jouer un rôle utile. Quoi qu'il en soit, mettons en regard les quantités de matières fertilisantes absorbées par la vigne et celles qui sont données comme fumure :

	AZOTE.	ACIDE phosphorique.	POTASSE.
Absorbé par la vigne.	$37^{kg},5$	$10^{kg},0$	$30^{kg},5$
Donné comme fumure	70 ,0	31 ,0	70 ,0

Nous sommes donc là dans des conditions anormales, où la culture n'a rien à demander au sol et reçoit par l'apport de fumier plus qu'elle n'exige pour le développement de la vigne et la production de la récolte.

Domaine de Labrousse, commune de Montpellier (Hérault).

Ce domaine appartient à M. Grassous.

Les vins de ce vignoble appartenaient originairement au type des vins de demi-montagne à rendements peu élevés, mais ayant un assez fort degré alcoolique. Par la culture intensive, surtout par l'apport de fortes fumures, les rendements ont été augmentés jusqu'à se rapprocher de ceux des vignobles de plaine.

Composition des terres. — La propriété est entièrement en coteaux. La plus grande partie est constituée par le diluvium alpin. Le sol est assez homogène. Un échantillon n° 1 a été prélevé sur un flanc de coteau peu déclive, exposé au nord et pouvant représenter la principale partie du vignoble.

Sur une surface moins étendue, également en coteaux, le sol est formé aux dépens d'un poudingue qui surmonte les sables de Montpellier et qui arrive jusqu'à $0^m,30$ à $0^m,20$ de la surface du sol en certains points ; mais se maintient sur la plus grande partie de cette surface à $0^m,50$ ou $0^m,60$ de profondeur. Un échantillon n° 2 a été pris sur un flanc de coteau exposé au nord, à un endroit où l'on a rencontré la roche à $0^m,50$.

Échantillons n° 1.

1 000 de terre sèche contiennent :

	TERRE FINE.	CAILLOUX	
		siliceux.	calcaires.
Sol.	795.45	185.32	19.23
Sous-sol.	538.69	178.55	282.76

L'analyse de la terre fine a donné les résultats suivants pour 1 000 de terre sèche :

	SOL.	SOUS-SOL.
Azote.	0.98	1.34
Acide phosphorique	0.84	1.49
Potasse.	2.48	2.41
Carbonate de chaux	16.05	93.12
Magnésie	1.40	0.96
Sesquioxyde de fer	30.16	36.19

En rapportant à la terre naturelle 1 kilogr. contient, à l'état sec, dans les éléments fins, les proportions de principes fertilisants suivantes :

	SOL.	SOUS-SOL.
Azote.	0.78	0.72
Acide phosphorique	0.67	0.80
Potasse.	1.97	1.30
Carbonate de chaux	12.77	50.16
Magnésie	1.11	0.52
Sesquioxyde de fer	23.99	19.49

Le diluvium occupe une surface de 20 hectares, les échantillons, sol et sous-sol, pris dans cette formation, sont moins caillouteux que ne l'est généralement le diluvium et la proportion de terre fine est relativement élevée. Dans le sol, ces cailloux sont surtout siliceux. Dans le sous-sol, où d'ailleurs ils sont beaucoup plus abondants, ils sont en majeure partie calcaires.

En ne considérant que la terre fine du sol, on y trouve une quantité peu inférieure à la moyenne d'azote et d'acide phosphorique et une teneur élevée en potasse.

La terre fine du sous-sol est notablement plus riche en azote et en phosphate ; elle est également plus calcaire. Si nous considérons la terre telle qu'elle est en réalité, avec son mélange de cailloux siliceux et calcaires, nous voyons que le cube de terre offert à l'activité des racines est, en somme, peu riche en azote et en phosphate, assez riche en potasse, avec des proportions sensibles de chaux. L'oxyde de fer y est abondant.

De pareils sols ont évidemment besoin de l'apport d'engrais pour donner une végétation vigoureuse.

Les échantillons n° 2, pris sur les poudingues et représentant la partie la moins étendue du domaine, ont donné les résultats suivants :

Échantillons n° 2.

1 000 de terre sèche contiennent :

	TERRE FINE.	CAILLOUX	
		siliceux.	calcaires.
Sol.	852.68	144.46	2.86
Sous-sol.	519.28	176.08	304.64

L'analyse de la terre fine a donné les résultats suivants pour 1 000 de terre sèche :

	SOL.	SOUS-SOL.
Azote.	0.80	0.75
Acide phosphorique	0.51	1.07
Potasse.	2.34	2.11
Carbonate de chaux	10.94	205.40
Magnésie	1.31	1.02
Sesquioxyde de fer	38.81	35.19

En rapportant à la terre naturelle, 1 kilogr. contient, à l'état sec, dans les éléments fins, les proportions de principes fertilisants suivantes :

	SOL.	SOUS-SOL.
Azote.	0.68	0.39
Acide phosphorique	0.43	0.56
Potasse.	1.99	1.09
Carbonate de chaux	9.33	106.70
Magnésie	1.12	0.53
Sesquioxyde de fer	33.09	18.27

Ces terres, sol et sous-sol, sont notablement plus pauvres que les précédentes. Dans le sol la proportion de cailloux siliceux est cependant inférieure. Dans le sous-sol, au contraire, on trouve beaucoup de cailloux siliceux et surtout de cailloux calcaires. La terre fine, considérée isolément, contient peu d'azote et d'acide phosphorique, des quantités assez élevées de potasse, avec un peu de calcaire. La terre fine du sous-sol est sensiblement plus riche en phosphate et beaucoup plus calcaire. Nous voyons que dans toutes les terres de ce domaine la proportion du phosphate s'élève lorsque la chaux devient plus abondante. C'est en quelque sorte le calcaire qui apporte l'acide phosphorique avec lui.

La terre, prise dans son ensemble, avec les cailloux qu'elle renferme normalement, n'offre pour un même volume de terre que des proportions assez faibles d'azote et d'acide phosphorique et ne saurait, sans l'aide de fumure, donner d'abondantes récoltes. Ici encore nous trouvons dans le sol de grandes quantités d'oxyde de fer.

État du vignoble. — La surface du vignoble en reproduction est de 25 hectares.

Le nombre total de souches est de 94 725.

La moitié du vignoble est plantée à raison de 3 134 souches, l'autre moitié à raison de 4 444 par hectare.

L'encépagement est fait en plants greffés dont :

	P. 100.
Aramon.	70
Carignan	13
Alicante-bouschet	12
Jacquez (producteur direct)	5

Ces différents cépages sont greffés :

Sur riparia	90
Sur jacquez	8
Sur rupestris.	2

La plantation a été faite avec des plants américains racinés. Le greffage a été fait en fente simple l'année après la plantation. La reprise a été de 85 à 90 p. 100.

La valeur de l'hectare avant la plantation était estimée à 1 500 fr. Depuis la plantation, elle est estimée à 9 000 fr. (1892).

Les frais totaux de création, comprenant l'établissement du vignoble, les celliers et le matériel vinaire, ont été de 120 000 fr., soit de 4 800 fr. par hectare.

Pour atteindre la production normale, il faut compter 5 ans à partir du jour de la plantation.

Les frais annuels de culture sont de 25 000 fr., soit 1 000 fr. par hectare.

Les labours sont très fréquents; ils se font au fourcat à $0^m,08$ de profondeur, depuis novembre jusqu'au milieu de juin.

La taille se fait dès que les gelées d'hiver commencent. Un homme payé 4 fr. par jour taille 200 à 250 souches.

On ne pratique pas l'ébourgeonnement.

Contre le mildew on emploie la bouillie bordelaise, en faisant 3 traitements, fin mai, fin juin et commencement d'août. On emploie en moyenne par hectare 450 litres de bouillie contenant par hectolitre :

Sulfate de cuivre	$3^{kg},000$
Chaux	1 ,500

Pour combattre l'oïdium, on fait 3 soufrages à l'aide du soufre trituré.

Les fumures se font au fumier de ferme, à raison de 10 kilogr. par souche tous les 2 ans, soit une moyenne de 5 kilogr. par an, ce qui fait par hectare et par an une moyenne de 19 000 kilogr. de fumier de ferme.

Cette fumure correspond à :

Azote	$89^{kg},3$
Acide phosphorique	57 ,0
Potasse	99 ,0

C'est là évidemment une fumure énergique et qui explique les rendements élevés obtenus dans ce domaine. La forte proportion de potasse qu'apporte le fumier de ferme est cependant en partie inutile, puisque le sol contient déjà lui-même de notables quantités de cet élément.

Les vendanges se sont faites en 1892, du 1er au 17 septembre.

La production totale de vin, pour les 4 dernières années, les 25 hectares composant le vignoble étant en production normale, a été la suivante :

ANNÉES.	PRODUCTION	
—	totale.	par hectare.
	hectolitres.	hectolitres.
1889	2 800	112,0
1890	2 900	116,0
1891	3 409	136,4
1892	3 570	143,0

La production moyenne de ces dernières années est de 127 hectolitres à l'hectare, mais avec une tendance très marquée à l'augmentation graduelle.

Une partie des vins se fait en rouge, une autre en vin rosé ou paillet.

Les marcs sont vendus à la distillerie à raison de 2 fr. à 2 fr. 50 c. la quantité de marc correspondant à 7 hectolitres de vin.

Résultats des expériences. — Voici les données se rapportant à l'année 1892 :

Le poids des feuilles pour 10 pieds moyens a été à l'état frais de $11^{kg},200$, soit 4 243 kilogr. de feuilles fraîches, représentant $1 410^{kg},3$ de feuilles sèches par hectare.

Les sarments provenant des mêmes pieds ont pesé à l'état frais 7 kilogr., soit 2 652 kilogr. de sarments frais ou 1 052 kilogr. de sarments secs par hectare.

La quantité totale de vin a été de 3 570 hectolitres, dont 2 850 ont été faits en rouge, soit 114 hectolitres par hectare, et 720 en vin paillet, soit 29 hectolitres par hectare.

Dans cette propriété, la quantité de marcs n'a pas pu être pesée, on a dû se contenter de l'évaluer.

On a cru se rapprocher de la vérité en prenant la moyenne de la quantité de marcs produits par l'hectolitre de vin dans deux propriétés auxquelles le domaine de Labrousse peut se comparer. Nous avons ainsi calculé la quantité de marcs. Le calcul nous donne une quantité totale de marcs de :

44 625 kilogr. à l'état frais, donnant 16 266 kilogr. de marcs secs, soit 1 785 kilogr. de marcs frais ou 650^{kg},6 de marcs secs par hectare.

La quantité totale de lie épaisse (à 40 p. 100 de matière sèche), évaluée à raison de 0^{kg},750 par hectolitre de vin, a été de 2 677^{kg},5 de lie épaisse, représentant 1 071 kilogr. de lie à l'état sec, soit 42^{kg},9 de lie sèche par hectare, se décomposant comme suit :

PAR HECTARE.

Vin rouge, lie sèche	34^{kg},2
Vin paillet, lie sèche	8 ,7

Les données relatives à ce domaine sont résumées dans les tableaux suivants :

Composition centésimale de la matière sèche.

	SARMENTS.	FEUILLES.	MARCS.	LIES Vin rouge.	Vin paillet.
Azote	0.57	1.81	2.20	3.97	3.12
Cendres	4.65	12.71	7.04	12.16	21.78
Acide phosphorique. .	0.17	0.23	0.60	0.92	0.88
Potasse	0.55	0.67	1.18	6.00	5.00
Chaux.	1.67	5.31	1.05	1.34	2.01
Magnésie.	0.18	0.11	0.11	traces.	traces.

Composition du vin, par litre.

	VIN rouge.	paillet.
Azote	0^{gr},319	0^{gr},200
Acide phosphorique	0 ,178	0 ,124
Potasse.	1 ,153	0 ,933
Chaux	0 ,153	0 ,167
Magnésie	0 ,025	0 ,010

Matières fertilisantes absorbées par hectare de vignes.

	AZOTE.	ACIDE PHOSPHO-RIQUE.	POTASSE.	CHAUX.	MA-GNÉSIE.
	kilogr.	kilogr.	kilogr.	kilogr.	kilogr.
Vin rouge. . . . . . $114^{hl},0$	3,637	2,029	13,144	1,774	0,285
Vin paillet. . . . . 28 ,8	0,577	0,357	2,687	0,481	0,029
Marcs secs . . . . $650^{kg},6$	14,313	3,904	7,677	6,831	0,716
Feuilles sèches. . . 1 410 ,3	25,526	3,244	9,449	74,887	1,551
Sarments secs . . . 1 051 ,8	5,995	1,788	5,785	17,565	1,893
Lies de vin rouge sèches . . . . . 34 ,2	1,358	0,315	2,052	0,458	traces.
Lies de vin paillet sèches . . . . . 8 ,7	0,271	0,077	0,435	0,175	traces.
Totaux.	51,677	11,714	41,229	102,141	4,774

Malgré l'abondance de la récolte, qui a atteint près de 143 hecto-litres par hectare, la vigne n'a pas absorbé des quantités exception-nelles de principes fertilisants. Nous voyons en effet que, dans ce vignoble, les exigences n'ont pas été plus grandes que dans d'autres vignobles à plus faible rendement.

Les quantités de fumier sont bien supérieures à ce qui serait né-cessaire aux besoins de cette culture. Nous avons en effet :

	AZOTE.	ACIDE phosphorique.	POTASSE.
Absorbé par la vigne.	$51^{kg},7$	$11^{kg},7$	$41^{kg},2$
Donné par la fumure.	89 ,3	57 ,0	99 ,0

Le sol ira s'enrichissant rapidement en potasse et surtout en acide phosphorique. L'azote lui-même est en quantités bien supérieures à ce que la vigne peut en absorber.

Si à cet excédent de fumures on ajoute les détritus de la vigne elle-même, qui retournent à la terre, au moins partiellement, tels que les feuilles et les marcs, nous nous trouvons en présence d'un enrichissement qui permettra une culture de plus en plus inten-sive.

En comparant la somme des éléments contenus dans le vin et qui forment la seule partie exportée du domaine, nous sommes frappés de l'énorme différence qui existe entre les éléments de la récolte proprement dite et ceux existant dans la fumure.

Pour l'azote on a donné 20 fois ce qu'en renferme le vin, pour l'acide phosphorique près de 25 fois, pour la potasse plus de 6 fois.

Il y a lieu de se demander si ces fumures intensives, qui déterminent une si abondante récolte, ne sont pas de nature à transformer en véritables vins de plaine, d'un degré alcoolique peu élevé, ces vins qui, étant originairement des vins de demi-montagne, se trouvaient plus alcooliques, et si dans les nouvelles conditions où le commerce des vins se trouve placé (1894), il n'y aurait pas intérêt à interrompre ou tout au moins à diminuer les fumures, pour retourner aux vins de demi-montagne qu'en raison de leur qualité le commerce paye plus cher.

Domaine de la Provenquière (Hérault).

Ce domaine, qui est situé entre Béziers et Capestang, appartient à M. P. Teissonnière. Les vins qu'il fournit sont, par leur qualité, des vins de demi-montagne. Mais l'extraordinaire fertilité des terrains permet d'obtenir des rendements aussi élevés qu'avec les vins de plaine. Les terrains ondulés sont formés principalement par des alluvions marines très profondes ; en quelques endroits seulement on trouve des alluvions fluviatiles qui se distinguent généralement des précédentes par une couleur rougeâtre due à de l'oxyde de fer.

La majeure partie du domaine est formée d'alluvions marines, dans lesquelles on rencontre beaucoup de débris de coquillages. Nous avons prélevé des échantillons de terre dans les parties supérieures jusqu'à une profondeur de $0^m,25$ à $0^m,30$, ainsi que dans le sous-sol, jusqu'à une profondeur de $1^m,50$ et 2 mètres. Nous avons pu constater que le sous-sol est à peu près identique au sol superficiel, non seulement comme aspect et comme nature physique, mais encore comme composition. On a donc là affaire à des terres tout à fait privilégiées, qui ont une profondeur de sol fertile presque illimitée. Aussi la valeur du sol est-elle très grande ; il n'est pas rare de voir dans la région des terres à vignes très négligées, et qui sont à reconstituer, se vendre à des prix de 10 000 à 12 000 fr. l'hectare. Celles qui sont en pleine production valent jusqu'à 15 000 à 18000 fr.

En quelques points, surtout sur les coteaux, on rencontre cependant la roche calcaire à une profondeur assez faible. Là, il ne faut pas espérer obtenir une végétation aussi vigoureuse et des rendements aussi élevés. Nous avons surtout considéré ici les parties les plus productives du domaine, celles qui d'ailleurs en occupent la plus grande surface.

L'étendue du vignoble de la Provenquière est de 157 hectares. Une partie se trouve encore en vieilles vignes, qui sont remplacées graduellement par des vignes greffées.

Les fumures sont principalement constituées par des chiffons de laine, des débris d'abattoirs, des tourteaux de graines et d'autres engrais organiques azotés.

Au lieu d'opérer sur l'ensemble du domaine, nous avons choisi des pièces représentant les différents types d'encépagement et les parties les plus caractéristiques du vignoble.

C'est ainsi que nous avons étudié :

deux parcelles complantées en hybrides greffés alicante-bouschet et morastel-bouschet ;

deux parcelles complantées en aramon greffé ;

une parcelle complantée en carignan greffé ;

une parcelle complantée en carignan franc de pied (vieille vigne française).

Champ du Puits. Hybrides. — Cette pièce, d'une surface de 2 hectares, est constituée par des alluvions marines, la terre est profonde et le sous-sol est peu différent des parties superficielles.

Voici l'analyse de la couche arable de 0 à 0^m,30 de profondeur, 1 000 de terre sèche contiennent :

TERRE FINE.	CAILLOUX TRÈS CALCAIRES
921.9	78.1

L'analyse de la terre fine a donné les résultats suivants p. 100 de terre sèche :

Azote.	0.54
Acide phosphorique	1.40
Potasse.	1.78
Carbonate de chaux	213.50
Magnésie	0.70

En rapportant à la terre naturelle, 1 kilogr. contient, à l'état sec, dans les éléments fins, les proportions de principes fertilisants suivantes :

Azote.	0.50
Acide phosphorique	1.29
Potasse.	1.64
Carbonate de chaux	196.85
Magnésie	0.64

On voit que cette terre très calcaire est riche en phosphates et contient des quantités de potasse suffisantes. L'azote y est moins abondant et ce sont surtout des fumures azotées qu'il faut y apporter.

Le nombre de pieds est de 7 000, soit 3 500 pieds à l'hectare.

L'encépagement est fait en plants greffés, le solonis employé comme porte-greffe a été planté en 1886 et 1887 et greffé en 1887 et 1888, moitié avec morastel-bouschet et moitié avec alicante-bouschet.

La récolte de 1891 a été de 565 comportes d'un poids moyen de 76 kilogr., soit, en totalité, 42 940 kilogr. de vendange.

On a obtenu par hectare :

Vin soutiré : 168^{hl},5 ;

Marcs : 1 700 kilogr., soit secs, 561^{kg},9 ;

Lies : 130 kilogr., soit sèches, 50^{kg},6.

Les feuilles et les sarments ont été prélevés au moment de la vendange.

On a obtenu par hectare :

Feuilles : 3 525 kilogr., soit sèches, 1 174^{kg},9 ;

Sarments : 2 448 kilogr., soit secs, 857 kilogr.

Voici les résultats donnés par l'analyse des différents produits élaborés par la vigne :

Composition centésimale de la matière sèche.

	SARMENTS.	FEUILLES.	MARCS.	LIES.
Azote.	0.43	1.70	1.65	3.97
Cendres.	3.92	11.96	4.80	12.16
Acide phosphorique	0.16	0.33	0.56	0.92
Potasse.	0.78	0.30	0.71	6.00
Chaux	1.29	4.74	0.93	1.34
Magnésie	0.43	0.90	0.12	traces.

Composition du vin, par litre.

Azote.	$0^{gr},183$
Acide phosphorique	$0,082$
Potasse.	$1,230$
Chaux	$0,096$
Magnésie	$0,104$

En appliquant ces résultats aux quantités produites par hectare, nous pouvons calculer la proportion des diverses matières fertilisantes qui ont été enlevées à un hectare de vignes, par la végétation et la récolte de l'année 1891.

Matières fertilisantes absorbées par hectare de vignes.

		AZOTE.	ACIDE PHOSPHORIQUE.	POTASSE.	CHAUX.	MAGNÉSIE
		kilogr.	kilogr.	kilogr.	kilogr.	kilogr.
Vin.	$168^{hl},5$	3,084	1,381	20,725	1,618	1,752
Marcs secs.	$561^{kg},9$	9,271	3,147	3,989	5,226	0,674
Feuilles sèches.	1174 ,9	19,973	3,877	3,524	55,690	10,574
Sarments secs	857 ,9	3,687	1,372	6,688	11,062	3,687
Lies sèches	50 ,6	2,009	0,465	3,036	0,678	traces.
Totaux		38,024	10,242	37,962	74,274	16,687

Malgré l'abondance de la vendange, nous nous trouvons en présence d'exigences peu élevées, ce qu'il faut attribuer surtout au faible développement du système foliacé.

Champ de la Fontaine. Hybrides. — Cette pièce, d'une surface de 4 hectares, est constituée par des alluvions marines assez riches en coquilles. La terre est très profonde ; on a prélevé un échantillon du sol arable depuis la surface jusqu'à 30 centimètres de profondeur et un échantillon de sous-sol pris à 1^m,50 ; les couches intermédiaires ne sont guère différentes, ni du sol superficiel ni du sous-sol très profond.

Il n'est point étonnant qu'en présence d'une aussi grande épaisseur de la terre la fertilité soit extraordinaire et les ressources inépuisables. La profondeur de 1^m,50, à laquelle nous avons prélevé un échantillon, n'est pas d'ailleurs la limite de la couche de terre. Celle-ci a une épaisseur considérable et nous n'avons pas pu en trouver la fin. Il y a eu là un apport d'alluvions marines qui ont constitué par leur superposition des sols d'une extrême fertilité.

Voici l'analyse de la partie superficielle et des couches profondes prises à 1^m,50.

1 000 de terre sèche contiennent :

	TERRE FINE.	CAILLOUX TRÈS CALCAIRES.
Sol	903.70	96.30
Sous-sol	934.40	65.60

L'analyse de la terre fine a donné pour 1 000 de terre sèche :

	SOL.	SOUS-SOL.
Azote.	0.59	1.36
Acide phosphorique	1.35	1.69
Potasse.	1.59	2.27
Carbonate de chaux	279.00	224.00
Magnésie	1.41	1.80

En rapportant à la terre naturelle, un kilogramme contient, à l'état sec, dans les éléments fins, les proportions de principes fertilisants suivantes :

	SOL.	SOUS-SOL.
Azote.	0.53	1.27
Acide phosphorique	1.22	1.58
Potasse.	1.44	2.12
Carbonate de chaux	252.22	209.21
Magnésie	1.27	1.78

Ces terres se rapprochent beaucoup des engrais marins si fréquemment employés sous le nom de *tangues* et de *mœrls*. Elles sont fortement calcaires, riches en acide phosphorique, avec une teneur assez élevée en potasse. L'azote, qui est très abondant dans les parties profondes, l'est moins dans la couche superficielle, ce qui tient certainement aux labours qui, ne remuant que les couches supérieures, y favorisent la nitrification. Le nitrate formé est enlevé par les pluies, et il se produit ainsi un appauvrissement en matières azotées. Dans de pareils sols, il semble inutile de faire un apport de phosphates ou de potasse ; mais des engrais azotés, surtout sous la forme de fumier ou d'autres engrais organiques, sont de nature à augmenter la production, quoique le sous-sol offre de grandes ressources pour l'avenir.

Le nombre de pieds est de 14 000, soit 3 500 par hectare. L'encépagement est fait de la façon suivante : le porte-greffe est principalement du jacquez planté en 1885 ; il a été greffé en morastel-bouschet.

La récolte de 1891 a été de 1 285 comportes du poids moyen de 76 kilogr., soit, en totalité, 97 660 kilogr. de vendange.

On a obtenu par hectare :

Vin soutiré : 191^{hl},6 ;

Marcs : 1 927^{kg},2, soit secs, 642^{kg},4 ;

Lies : 143^{kg},7, soit sèches, 57^{kg},5.

Les feuilles et les sarments prélevés au moment de la vendange ont donné par hectare :

Feuilles : 6 767 kilogr., soit sèches, 2 368^{kg},4 ;

Sarments : 5 290 kilogr., soit secs, 1 851^{kg},5.

L'analyse des différents produits élaborés par la vigne a conduit aux résultats suivants :

Composition centésimale de la matière sèche.

	SARMENTS.	FEUILLES.	MARCS.	LIES.
Azote	0.46	1.89	1.65	3.97
Cendres	3.32	12.46	4.80	12.16
Acide phosphorique	0.17	0.36	0.56	0.92
Potasse	0.83	0.59	0.71	6.00
Chaux	0.78	3.92	0.93	1.34
Magnésie	0.37	1.00	0.12	traces.

Composition du vin, par litre.

Azote.	$0^{gr},183$
Acide phosphorique.	0 ,082
Potasse.	1 ,230
Chaux	0 ,096
Magnésie	0 ,104

En appliquant ces chiffres aux quantités produites par hectare, nous obtenons la proportion des diverses matières fertilisantes qui ont été enlevées par la végétation et la récolte de l'année 1891 :

Matières fertilisantes absorbées par hectare de vignes.

	AZOTE.	ACIDE PHOSPHO-RIQUE.	POTASSE.	CHAUX.	MA-GNÉSIE.
	kilogr.	kilogr.	kilogr.	kilogr.	kilogr.
Vin. . . . . $191^{hl},6$	3,506	1,571	23,567	1,839	1,993
Marcs secs. . . . . $642^{kg},4$	10,600	3,597	4,561	5,974	0,771
Feuilles sèches . . . 2 368 ,4	44,763	8,526	13,973	92,841	23,684
Sarments secs . . . 1 851 ,5	8,517	3,147	15,367	14,442	6,850
Lies sèches . . . . 57 ,5	2,283	0,529	3,450	0,771	traces.
Totaux.	69,669	17,370	60,918	115,867	33,298

Dans cette vigne le développement du système foliacé a nécessité l'intervention de plus grandes quantités de substances fertilisantes.

Champ de Caïrat. — Cette pièce, d'une contenance de $1^{ha},42$, est constituée également par des alluvions marines extrêmement profondes, avec une quantité notable de cailloux et de coquillages.

Le sol est pareil à celui des champs précédemment examinés, on n'en a pas fait l'analyse, mais comme il a une grande épaisseur, on en a pris un échantillon à 2 mètres de profondeur.

Voici l'analyse de ce sous-sol :

1 000 de terre sèche contiennent :

TERRE FINE.	CAILLOUX TRÈS CALCAIRES.
860.10	139.9

L'analyse de la terre fine a donné pour 1 000 de terre sèche :

Azote.	0.38
Acide phosphorique	0.77
Potasse.	1.88
Carbonate de chaux	350.50
Magnésie	1.20

En rapportant à la terre naturelle, un kilogramme contient, à l'état sec, dans les éléments fins, les proportions de principes fertilisants suivantes :

Azote.	0.33
Acide phosphorique.	0.66
Potasse	1.62
Carbonate de chaux.	301.00
Magnésie	1.03

L'épaisseur de la couche permet d'attendre de ce champ une grande fertilité.

Le nombre de pieds est de 5 000, soit 3 500 à l'hectare. L'encépagement est fait en plants greffés ; le porte-greffe est du riparia planté en 1884 et le cépage de l'aramon greffé en 1885.

La récolte de 1891 a été de 492 comportes d'un poids moyen de 76 kilogr., soit 37 392 kilogr. de vendange.

On a obtenu par hectare :

Vin soutiré : 197^{hl},6.

Marcs : 2 789 kilogr., soit secs, 1 018 kilogr.

Lies : 148^{kg},2, soit sèches, 59^{kg},3.

Les produits de la vendange ont été réunis en un seul lot pour avoir la moyenne de la parcelle. Mais pour les feuilles et les sarments, observant qu'une moitié de la parcelle, dite *Caïrat long,* avait une végétation moins vigoureuse que l'autre partie, dite *Caïrat grand,* on a prélevé des échantillons séparés ; on a ainsi obtenu :

Pour Caïrat long, par hectare :

Feuilles : 4 036^{kg},5, soit sèches, 1 225 kilogr.

Sarments : 1 702^{kg},4, soit secs, 631^{kg},8.

Et pour Caïrat grand :

Feuilles : 4 826^{kg},3, soit sèches, 1 405^{kg},8.

Sarments : 2 211^{kg},3, soit secs, 891^{kg},5.

Les feuilles et les sarments des deux parcelles ont été analysés séparément.

Les tableaux suivants résument les données obtenues :

Champ de Caïrat long. Aramon.

Composition centésimale de la matière sèche.

	SARMENTS.	FEUILLES.	MARCS.	LIES.
Azote.	0.53	1.92	1.94	3.97
Cendres.	4.39	10.21	8.22	12.16
Acide phosphorique.	0.37	0.35	0.67	0.92
Potasse.	1.07	0.86	1.04	6.00
Chaux	1.12	3.63	1.70	1.34
Magnésie	0.55	0.94	0.18	traces.

Composition du vin, par litre.

Azote.	$0^{gr},264$
Acide phosphorique.	0 ,122
Potasse.	0 ,881
Chaux	0 ,070
Magnésie.	0 ,080

Nous avons ainsi, pour la partie la moins vigoureuse du champ, les quantités suivantes de principes fertilisants absorbées par hectare :

Matières fertilisantes absorbées par hectare de vignes.

		AZOTE.	ACIDE PHOSPHO-RIQUE.	POTASSE.	CHAUX.	MAGNÉSIE.
		kilogr.	kilogr.	kilogr.	kilogr.	kilogr.
Vin	$197^{hl},6$	5,217	2,410	17,408	1,383	1,581
Marcs secs	$1\,018^{kg},0$	19,749	6,821	10,587	17,306	1,832
Feuilles sèches	1 225 ,0	23,520	4,287	10,535	44,467	11,515
Sarments secs.	631 ,8	3,348	2,338	6,760	7,076	3,475
Lies sèches.	59 ,3	2,354	0,545	3,558	0,795	traces.
Totaux.		54,188	16,401	48,848	71,027	18,403

Champ de Caïrat grand. Aramon.

Composition centésimale de la matière sèche.

	SARMENTS.	FEUILLES.	MARCS.	LIES.
Azote.	0.48	1.96	1.94	3.97
Cendres.	4.23	9.81	8.22	12.16
Acide phosphorique	0.17	0.33	0.67	0.92
Potasse.	0.92	0.87	1.04	6.00
Chaux	1.22	3.62	1.70	1.34
Magnésie	0.43	0.62	0.18	traces.

Composition du vin, par litre.

Azote	$0^{gr},264$
Acide phosphorique.	0 ,122
Potasse.	0 ,881
Chaux	0 ,070
Magnésie	0 ,080

Voici, d'après ces chiffres, la somme des principes fertilisants absorbés par hectare de vignes dans la partie la plus vigoureuse du champ :

Matières fertilisantes absorbées par hectare de vignes.

		AZOTE.	ACIDE PHOSPHORIQUE.	POTASSE.	CHAUX.	MAGNÉSIE.
		kilogr.	kilogr.	kilogr.	kilogr.	kilogr.
Vin	$197^{hl},6$	5,217	2,410	17,408	1,383	1,581
Marcs secs	$1018^{kg},0$	19,749	6,821	10,587	17,306	1,832
Feuilles sèches	1405 ,8	27,554	4,639	12,230	50,890	8,716
Sarments secs.	891 ,5	4,279	1,515	8,202	10,876	3,833
Lies sèches.	59 ,3	2,354	0,545	3,558	0,795	traces.
Totaux.		59,153	15,930	51,985	81,250	15,962

On voit que, malgré la végétation plus vigoureuse de cette dernière parcelle, la quantité d'éléments fertilisants absorbés n'a pas sensiblement augmenté.

Champ devant Ramjean. — Cette pièce, d'une contenance de 1ʰᵃ,71, est constituée par des alluvions marines. La terre arable a donné à l'analyse les résultats suivants :

1 000 de terre sèche contiennent :

TERRE FINE.	CAILLOUX TRÈS CALCAIRES.
935.80	64.20

L'analyse de la terre fine a donné pour 1 000 de terre sèche :

Azote.	0.60
Acide phosphorique.	0.74
Potasse.	1.33
Carbonate de chaux.	217.50
Magnésie	0.70

En rapportant à la terre naturelle, un kilogramme contient, à l'état sec, dans les éléments fins, les proportions de principes fertilisants suivantes :

Azote.	0.56
Acide phosphorique	0.69
Potasse.	1.30
Carbonate de chaux	203.58
Magnésie	0.65

Cette terre est un peu moins riche que ne le sont ordinairement ses similaires, mais ne s'en éloigne pas notablement ; elle est également très profonde.

Le nombre de pieds est de 6 000, soit 3 500 à l'hectare. L'encépagement est fait en plants greffés, le porte-greffe est du jacquez planté de 1886 à 1888 et le cépage du carignan greffé de 1887 à 1890. Il y a également de l'aramon, mais seulement dans une proportion de 20 p. 100.

La récolte de 1891 a donné 414 comportes de vendange d'un poids total de 31 464 kilogr.

On a obtenu par hectare :

Vin soutiré : 146ʰˡ,6.

Marcs : 2 600 kilogr., soit secs, 1 035 kilogr.

Lies : 110 kilogr., soit sèches, 44 kilogr.

Les feuilles et les sarments prélevés au moment de la vendange ont donné par hectare :

Feuilles : 4 966^{kg},6, soit sèches, 1 621^{kg},6.

Sarments : 3 843^{kg},4, soit secs, 1 660^{kg},8.

L'analyse a donné les résultats suivants :

Composition centésimale de la matière sèche.

	SARMENTS.	FEUILLES.	MARCS.	LIES.
Azote.	0.38	1.89	1.94	3.97
Cendres.	3.27	12.92	8.22	12.16
Acide phosphorique	0.22	0.36	0.67	0.92
Potasse.	0.75	0.55	1.04	6.00
Chaux	0.89	5.26	1.70	1.34
Magnésie	0.31	0.64	0.18	traces.

Composition du vin, par litre.

Azote.	0^{gr},264
Acide phosphorique	0 ,122
Potasse.	0 ,881
Chaux	0 ,070
Magnésie	0 ,080

Nous trouvons d'après ces chiffres que la somme des principes fertilisants absorbée, dans un hectare, par la végétation et la récolte, est la suivante :

Matières fertilisantes absorbées par hectare de vignes.

		AZOTE.	ACIDE PHOSPHORIQUE.	POTASSE.	CHAUX.	MAGNÉSIE.
		kilogr.	kilogr.	kilogr.	kilogr.	kilogr.
Vin	146^{hl},6	3,870	1,789	12,915	1,026	1,173
Marcs secs . . .	1 035^{kg},0	20,080	6,934	10,764	17,600	1,863
Feuilles sèches .	1 621 ,6	30,648	5,838	8,919	85,296	10,378
Sarments secs. .	1 660 ,8	6,318	3,654	12,456	14,781	5,148
Lies sèches. . .	44 ,0	1,747	0,405	2,640	0,590	traces.
Totaux		62,663	18,620	47,694	39,293	18,562

Quoique la récolte soit inférieure à celle des parcelles précédentes, l'épuisement a été plus grand, à cause de la vigueur des bois et des feuilles et aussi à cause d'une plus grande abondance de marcs, abondance due principalement à la nature du cépage. Le carignan, en effet, est ordinairement moins juteux que l'aramon.

Champ de Malviès.

Composition centésimale de la matière sèche.

	SARMENTS.	FEUILLES.	MARCS.	LIES.
Azote.	0.58	2.67	2.20	3.97
Cendres.	5.72	13.76	7.04	12.16
Acide phosphorique	0.44	0.82	0.60	0.92
Potasse.	2.13	3.60	1.18	6.00
Chaux	0.86	3.16	1.05	1.34
Magnésie	0.24	0.47	0.11	traces.

Composition du vin, par litre.

Azote.	$0^{gr},319$
Acide phosphorique.	0 ,178
Potasse.	1 ,153
Chaux	0 ,153
Magnésie	0 ,025

Matières fertilisantes absorbées par hectare de vignes.

		AZOTE.	ACIDE PHOSPHORIQUE.	POTASSE.	CHAUX.	MAGNÉSIE.
		kilogr.	kilogr.	kilogr.	kilogr.	kilogr.
Vin.	$145^{hl},5$	4,641	2,590	16,776	2,226	0,364
Marcs secs. . . .	$1\,176^{kg},9$	25,892	7,061	13,887	12,357	1,294
Feuilles sèches .	656 ,6	17,531	5,384	23,638	20,749	3,086
Sarments secs. .	529 ,0	3,068	2,328	11,268	4,549	1,260
Lies sèches. . .	43 ,6	1,731	0,401	2,616	0,584	traces.
Totaux		52,863	17,764	68,185	40,465	6,004

Il est à remarquer que, malgré sa végétation relativement chétive, cette vigne a eu d'assez grandes exigences, ce qui tient surtout à ce que les feuilles, beaucoup moins développées, ont eu une richesse tout à fait extraordinaire en azote, en acide phosphorique et surtout en potasse. C'est un fait digne de remarque que cette accumulation de substances fertilisantes dans ces organes maladifs. Il semble qu'ils aient eu toute leur activité pour l'évaporation qui a fait passer dans leurs tissus les aliments tirés du sol, mais que leurs fonctions d'assimilation pour les matériaux venant de l'atmosphère, particulièrement le carbone, aient été considérablement entravées. Ce fait est d'autant plus remarquable que les feuilles qui n'ont pas pu fixer dans leurs tissus les proportions normales de matières carbonées ont cependant eu la faculté d'élaborer des quantités assez grandes de ces substances pour produire une abondante récolte. Cette activité de feuilles qui se trouvent dans un état peu prospère est certainement accrue par la forte proportion de protoplasme et d'autres matériaux qui interviennent dans la vie de la plante.

Si nous jetons un coup d'œil d'ensemble sur les diverses parcelles à grands rendements, choisies dans le domaine de la Provenquière, nous constatons d'abord une épaisseur de terre considérable qui met à la disposition des vignes de grandes quantités de matières fertilisantes, qui permettent d'espérer que ce vignoble se maintiendra pendant fort longtemps dans un état très prospère et qu'il pourrait fournir des récoltes même avec des fumures très réduites. Des divers éléments dont la vigne a besoin, c'est l'azote qui est le moins abondant. La potasse et surtout l'acide phosphorique existent en notables proportions. Les fumures qui sont les plus indiquées sont donc les fumures azotées et, eu égard à la grande perméabilité de la terre, c'est sous la forme organique, c'est-à-dire sous celle de fumiers et plutôt encore sous celle de chiffons et déchets de laine, de corne, de viande ou sang desséchés, qu'il convient de les appliquer. Ces derniers engrais, en effet, n'apportent avec eux que l'élément le moins abondant dans le sol, l'azote, et sous une forme qui en évite la déperdition rapide. Ils apportent aussi avec eux une certaine proportion d'humus qui, dans de pareils sols, a toujours une influence favorable.

L'appauvrissement du sol de la Provenquière, par le fait de l'exportation des principes fertilisants, est d'autant moins à craindre que les feuilles, et ensuite les marcs, sont consommés par un troupeau de moutons dont le fumier retourne à la terre. Malgré les belles récoltes que donne cette exploitation, il n'y a donc pas d'inquiétude à avoir pour l'épuisement de ses réserves.

CHAPITRE V

VIGNES DE MONTAGNE

La qualité des vins varie considérablement suivant la disposition des terrains. En général sur les coteaux, surtout quand ceux-ci sont pierreux, les vins sont plus colorés, plus alcooliques, ils ont plus de corps et de nerf.

Le plus souvent c'est aux dépens des rendements que s'obtient cette supériorité, et les vins de coteaux, ordinairement dits vins de montagne, donnent une récolte moins abondante. Cependant de bonnes fumures peuvent relever considérablement les rendements sans diminuer notablement la qualité.

Ces vins de montagne sont très appréciés comme vins de table et généralement très fruités. Ils n'ont pas besoin d'être relevés par des coupages et peuvent être consommés directement. Il est regrettable que ces vins, si francs, n'entrent pas plus souvent, à l'état naturel, dans la consommation courante.

Nous avons choisi deux vignobles de cette catégorie, l'un qui représente le type des vins de Saint-Georges, bien connus pour leur qualité supérieure, l'autre appartenant au type des vins de la Costière, qui fournissent la plus grande quantité des vins dits de *montagne*.

Domaine de Saint-Georges-d'Orques (Hérault).

Ce domaine appartient à M. E. Courty.

On n'a pas opéré sur le domaine entier, mais on y a choisi une parcelle, dite les Serres, sur laquelle ont porté les expériences.

Cette parcelle est située sur un coteau exposé sud-ouest et faiblement déclive.

L'échantillon de terre a été obtenu en faisant deux prises : l'une dans la moitié inférieure, où l'on a rencontré la roche à 0^m,60, et l'autre vers le sommet, où la roche arrive à 0^m,38 de la surface. Cette roche est formée par le mélange d'argile rouge plastique et de cailloux qui caractérise le diluvium.

Ces cailloux se présentent à Saint-Georges sous forme de silice poreuse. Dans le pays on les appelle des « charveyrons ».

1 000 de terre sèche contiennent :

	TERRE FINE.	CAILLOUX		
		siliceux.	calcaires.	
Sol. . .	333.91	666.09	très peu.	très petites quantités de calcaire.
Sous-sol.	247.77	752.23	traces.	traces de calcaire.

L'analyse de la terre fine a donné les résultats suivants pour 1 000 de terre sèche :

	SOL.	SOUS-SOL.
Azote	0.91	0.63
Acide phosphorique.	0.87	0.73
Potasse.	0.98	1.04
Carbonate de chaux.	13.77	5.76
Magnésie.	1.01	1.25
Sesquioxyde de fer.	19.55	25.74

En rapportant à la terre naturelle, un kilogramme contient, à l'état sec, dans les éléments fins, les proportions de principes fertilisants suivantes :

	SOL.	SOUS-SOL.
Azote	0.30	0.16
Acide phosphorique.	0.29	0.18
Potasse	0.33	0.26
Carbonate de chaux.	4.60	1.43
Magnésie.	0.34	0.31
Sesquioxyde de fer.	6.52	6.38

Le sol et le sous-sol, qui ont des compositions sensiblement identiques, constituent des terres pauvres et que la grande quantité de cailloux, qui dépasse notablement les 2/3 du poids de la terre, encombre d'une masse inerte considérable, comme cela arrive généralement dans le diluvium alpin.

De pareilles terres ne peuvent évidemment porter de bonnes récoltes que si elles sont suffisamment aidées par les fumures.

État du vignoble. — La surface du vignoble sur laquelle a porté l'expérience est d'un hectare, en production normale; le nombre de souches est de 3 250.

L'encépagement est fait de la façon suivante :

Cinsaut.	70 p. 100
Aramon.	20 —
Carignan	10 —

Ces différents cépages sont greffés sur riparia. La reprise au greffage, fait sur place, a été de 85 p. 100.

On estimait la valeur de l'hectare avant la plantation à 5 000 fr.; elle était en 1892 de 10 000 fr.

La création du vignoble a nécessité, par hectare, pour frais de défoncement ($0^m,45$), de plantation, de greffage, d'achat de plants, de culture des premières années, etc., une dépense de 1 500 fr. Le cellier et le matériel vinaire existaient.

Les frais annuels de culture, comprenant les façons, les traitements, les fumures, etc., sont de 600 fr.

On donne 3 labours croisés de $0^m,10$ de profondeur à l'aide du fourcat.

Le premier se fait en janvier-février;

les deux autres de mars à juin.

La taille se fait de novembre à mars et revient à 20 fr. par hectare; les sarments sont vendus à raison de 7 fr. le cent de fagots, prix de vente qui ne dépasse guère les frais de mise en fagots.

On ébourgeonne les aramons lorsqu'ils ont 10 à 12 ans.

Les traitements contre le mildew se font au moyen du verdet, 2 kilogr. dissous dans 100 litres d'eau.

En 1892, le 1er traitement s'est fait au commencement de mai ;

le 2e traitement s'est fait au milieu de juin;

le 3e traitement s'est fait en août.

On a employé 200 litres pour le 1er sulfatage et 700 litres pour chacun des suivants.

Pour combattre l'oïdium on a fait 3 soufrages à l'aide du soufre trituré :

Le 1er, fin avril et commencement de mai ;

le 2e, après floraison ;

le 3e, au commencement d'août.

On fume tantôt au fumier de ferme, à raison de $2^{kg},5$ par pied tous les deux ans, tantôt à l'aide du fumier de bergerie à raison de $1^{kg},25$ par pied tous les deux ans ; ce qui fait comme fumure annuelle par hectare pour le fumier de ferme 4 062 kilogr. ou pour le fumier de bergerie 2 031 kilogr.

Le premier revient à 20 fr. la tonne, y compris les frais de transport et d'épandage ; le second à 25 fr. la tonne, y compris les mêmes frais.

Cette fumure est peu abondante ; elle représente avec le fumier de ferme par hectare et par an :

Azote.	19 kilogr.
Acide phosphorique	12 —
Potasse	21 —

et avec le fumier de bergerie :

Azote	$19^{kg},3$
Acide phosphorique	7 ,1
Potasse	17 ,5

Ce sont là des fumures peu intensives. Il est probable que le désir de conserver à ce crû sa supériorité entre pour beaucoup dans la parcimonie avec laquelle on applique l'engrais. Ces frais de fumure atteignent cependant le prix de 50 à 80 fr. par année.

Les vendanges se font vers le 15 septembre et nécessitent par hectare 16 journées de femmes et 4 journées d'hommes.

Pendant les années 1889, 1890, 1891, 1892, la production moyenne a été de 80 hectolitres. Le cinsaut, pris isolément, donne 80 hectolitres à l'hectare, l'aramon 90, le carignan 70.

Le vin, fait en rouge, appartient au type des bons vins de Saint-Georges.

Les marcs servent à faire la piquette pour les besoins de l'exploitation.

Les études faites sur la parcelle en expérience pendant l'année 1892 ont donné les résultats suivants :

Le poids des feuilles pour 10 souches moyennes prises proportionnellement à l'encépagement ont pesé fraîches 7^{kg},750, soit 2519 kilogr. de feuilles fraîches ou 846^{kg},9 de feuilles sèches par hectare.

Les sarments provenant des mêmes pieds ont pesé frais 4^{kg},100, soit 1 332^{kg},5 de sarments frais ou 497^{kg},6 de sarments secs par hectare.

La récolte de vin pour l'hectare en expérience a été de 80 hectolitres.

La quantité de marc a été de 2 300 kilogr. à l'état frais, soit 780^{kg},2 à l'état sec par hectare.

Il y a eu en outre une quantité de lie épaisse (à 40 p. 100 de matière sèche) évaluée à 48 kilogr., soit 19^{kg},2 de lie sèche par hectare.

Voici le résultat des observations :

Composition centésimale de la matière sèche.

	SARMENTS.	FEUILLES.	MARCS.	LIES.
Azote	0.54	1.85	2.05	4.33
Cendres	4.01	11.03	5.13	9.24
Acide phosphorique	0.19	0.28	0.64	1.00
Potasse	0.77	0.66	1.24	3.20
Chaux	1.28	4.28	0.88	1.40
Magnésie	0.18	0.26	0.15	traces.

Composition du vin, par litre.

Azote	0^{gr},343
Acide phosphorique	0 ,258
Potasse	1 ,015
Chaux	0 ,081
Magnésie	0 ,009

Matières fertilisantes absorbées par hectare de vignes.

		AZOTE.	ACIDE PHOSPHORIQUE.	POTASSE.	CHAUX.	MAGNÉSIE.
		kilogr.	kilogr.	kilogr.	kilogr.	kilogr.
Vin	80^{hl},0	2,744	2,064	8,120	0,648	0,072
Marcs secs	780^{kg},2	15,994	4,993	9,674	6,866	1,170
Feuilles sèches	846 ,9	15,668	2,371	5,589	36,247	2,202
Sarments secs	497 ,6	2,687	0,945	3,831	6,369	0,896
Lies sèches	19 ,2	0,831	0,192	0,614	0,269	traces.
Totaux		37,924	10,565	27,828	50,399	4,340

Les quantités d'éléments fertilisants absorbés par la vigne, pour sa végétation et la production de la récolte, sont peu élevées, ce qui s'explique par l'infériorité des rendements et la végétation moins plantureuse. Les fumures d'ailleurs sont peu abondantes et bien inférieures à ce que la vigne demande, surtout en azote et en potasse.

Domaine de Bellevue, commune de Gallician (Gard).

Ce domaine appartient à M. Camille Bastide.

Les vins qu'il fournit appartiennent au type des vins de la Costière ou *vins de montagne*.

La propriété est presque entièrement située en pente régulière sur le versant sud de la Costière de Vauvert. Le sol est entièrement formé de diluvium alpin qui atteint dix mètres d'épaisseur dans le puits foré au mas de Bellevue. Il est formé à la surface de gros cailloux roulés qui constituent ce que les gens du pays appellent le « gress ou grès ». Puis, à une certaine profondeur, ces cailloux sont cimentés par une argile rouge et plastique constituant le « gapan ».

Ces terrains appartiennent au type des terrains pauvres du diluvium alpin.

Le sol étant très uniforme, on n'a pris qu'un seul échantillon moyen de sol et de sous-sol.

1 000 de terre sèche contiennent :

	TERRE FINE.	CAILLOUX	
	—	siliceux.	calcaires.
Sol	229.31	770.69	traces.
Sous-sol	168.30	831.70	—

L'analyse de la terre fine a donné les résultats suivants pour 1 000 de terre sèche :

	SOL.	SOUS-SOL.
Azote	0.79	0.30
Acide phosphorique.	0.28	0.19
Potasse	0.94	1.06
Carbonate de chaux.	5.56	2.62
Magnésie.	1.39	1.45
Sesquioxyde de fer.	15.10	16.77

En rapportant à la terre naturelle, un kilogramme contient, à l'état

sec, dans les éléments fins, les proportions de principes fertilisants suivantes :

	SOL.	SOUS-SOL.
Azote	0.18	0.05
Acide phosphorique.	0.06	0.03
Potasse.	0.22	0.18
Carbonate de chaux.	1.27	0.44
Magnésie.	0.32	0.24
Sesquioxyde de fer.	3.46	2.83

On voit que ces terres, celles du sous-sol principalement, sont presque entièrement formées de cailloux siliceux et que la proportion de terre fine est très peu élevée. Même entièrement séparée de ses matériaux inertes, la terre est d'une pauvreté remarquable. L'acide phosphorique surtout se trouve en proportion tout à fait minime.

Quant au sous-sol, il est notablement plus pauvre encore. Alors même que la terre serait entièrement constituée par les éléments fins, elle devrait encore être regardée comme étant bien inférieure à la moyenne des terres arables. Mais si nous l'envisageons telle qu'elle est en réalité, avec l'énorme quantité de cailloux inertes qui l'encombrent, nous trouvons dans un cube de terre donné une si infime proportion de substances fertilisantes que nous comprenons difficilement que la vigne puisse y prospérer. Il est vrai que ces sols sont profonds et qu'ils rachètent dans une certaine mesure leur extrême pauvreté par le volume relativement grand qu'ils offrent au développement des racines. Il est nécessaire d'ailleurs de leur donner des fumures, pour y introduire les éléments fertilisants qui leur manquent.

État du vignoble. — Le vignoble de Bellevue a une surface totale de 200 hectares, comprenant 800 000 pieds, soit 4 000 à l'hectare. 80 hectares seulement sont en production normale en 1892.

L'encépagement est fait de la façon suivante :

Aramon.	30 p. 100
Carignan	20 —
Alicante-bouschet.	20 —
Petit-bouschet	10 —
Jacquez (producteur direct).	20 —

Les cépages français sont greffés :

Sur jacquez	90 p. 100
Sur riparia	10 —

La valeur de l'hectare avant la plantation, coïncidant avec le maximum de dépréciation des terres à vigne, causée par la crise phylloxérique, était estimée à 800 fr. Depuis la plantation elle est estimée à 4 000 fr. (1892).

Les frais de création ont été de 74 000 fr. en ne comptant que les défoncements, la plantation, le greffage et l'achat de plants.

Soit à l'hectare :

Défoncement à $0^m,40$	200 fr.
Plantation	50
Greffage.	100
Achat de plants.	20

La plantation a été faite avec des boutures, le greffage a été exécuté sur place ; on a employé la greffe en fente en coin. Les porte-greffes ont été greffés à des âges différents.

Le nombre de reprises des greffes sur vignes de 1 an de plantation a été de 75 p. 100 ; de 2 ans, 95 p. 100 ; de 3 ans, 95 p. 100 ; de 10 ans, 95 p. 100.

En moyenne, les greffes sur riparias ont donné 75 p. 100 de reprises, sur jacquez, 95 p. 100.

Pour atteindre la production normale, il faut 5 années à partir de l'époque de la plantation.

Les frais totaux de culture pour l'année 1892 ont été de 100 000 francs, soit 500 fr. l'hectare.

Les labours se font au nombre de 6 :

Le 1er, de novembre à mars ;

le 2e, en mars-avril ;

Ensuite un labour par mois jusqu'à ce que les pampres recouvrent le sol.

Le 1er labour se fait à $0^m,10$ de profondeur à la charrue Dombasle ;

les 2e, 3e, 4e et 5e à $0^m,08$ de profondeur au fourcat ;

le 6e à $0^m,03$ à la raclette.

La taille se fait de novembre à mars et représente une dépense de 40 fr. par hectare. Les sarments sont mis en fagots; ce travail se fait à raison de 5 fr. les 100 fagots, qu'on vend ensuite à 7 fr. Les 80 hectares en production donnent 3 000 fagots.

Les traitements contre le mildew se font presque mensuellement, à partir du mois de mai, à la bouillie bordelaise, à l'aide de pulvérisateurs à traction et à grand travail.

Le 1er traitement consomme 250 litres par hectare et les suivants 400 litres.

Les frais des traitements à la bouillie bordelaise sont évalués à 5 460 fr.

Pour l'anthracnose, on traite à la chaux grasse.

Contre l'oïdium on fait 3 soufrages : le 1er en mai, le 2e fin juin, le 3e fin juillet, en employant du soufre sublimé à raison de 75 kilogr. par hectare pour les trois soufrages, qui se font à l'aide de paniers en jonc. La main-d'œuvre représente 6 fr. par hectare et par an, soit une dépense totale de 20 fr. pour ce traitement.

Les fumures se font de la façon suivante :

Chaque année 15 hectares reçoivent 16 000 kilogr. de fumier à l'hectare; 50 hectares reçoivent 4 000 kilogr. d'excréments de poules à l'hectare, et 135 hectares reçoivent 12 000 kilogr. de balayures de ville à l'hectare.

On alterne ces fumures.

Les frais d'achat sont :

	LES 100 KILOGR.
Fumier de cheval (gendarmerie)	1 fr.
Excréments de poules	5
Balayures	0 fr. 50

Ces engrais sont transportés par les animaux de l'exploitation.

Les frais d'épandage sont de 10 fr. par hectare.

La composition moyenne des excréments de poules, relativement secs, tels qu'on les trouve dans le commerce, est la suivante :

Azote	1.5 p. 100
Acide phosphorique.	1.4 —
Potasse.	1.0 —

Quant aux balayures, leur composition est en moyenne de :

Azote	0.5 p. 100
Acide phosphorique	0.5 —
Potasse	0.1 —

Ce qui nous permet de calculer l'apport en éléments fertilisants, comme fumure annuelle pour la totalité du vignoble.

		AZOTE.	ACIDE phosphorique.	POTASSE.
	kilogr.	kilogr.	kilogr.	kilogr.
Fumier de cheval . . .	240 000	1 200	528	1 200
Excréments de poules .	200 000	3 000	2 800	2 000
Balayures de rues. . .	1 620 000	8 100	8 100	1 620
		12 300	11 428	4 820
Soit par hectare et par an . . .		61,5	57,1	24,1

Cette fumure apporte donc au sol des quantités notables d'azote et d'acide phosphorique, mais seulement de faibles quantités de potasse.

En 1892 les vendanges ont commencé le 29 août et ont été terminées le 19 septembre. Les frais pour les 80 hectares en production ont été de 7 200 fr., soit 90 fr. par hectare. Ces frais comprennent 1 002 journées d'hommes à 4 fr. et 1 381 journées de femmes à 2 fr.

La production pendant les 4 dernières années a été :

ANNÉES.	PRODUCTION.	SURFACE de production correspondante.	PRODUCTION par hectare.
	hectolitres.	hectares.	hectolitres.
1889	2 000 [1]	50	40
1890	6 000	80	75
1891	4 000	50 [2]	80
1892	6 000	80	75

On peut estimer que la production moyenne à l'hectare est de 75 hectolitres.

---

1. Une forte atteinte de mildew a baissé la production.

2. Le nombre d'hectares en production a diminué parce que 30 hectares plantés en jacquez comme producteurs directs ont été greffés.

Les différents cépages pris isolément donnent comme production moyenne à l'hectare :

Aramon.	100 hectolitres.	Petit-bouschet . . .	70 hectolitres.
Carignan	80 —	Jacquez.	50 —
Alicante-bouschet . .	70		

Ces vins se font en rouge ; ils appartiennent au type des vins de coteau (Costière de Vauvert) ; ils ont notablement plus de qualité et plus de richesse alcoolique (11 à 12°) que les vins de plaine.

Le marc après le pressurage est placé dans des cuves en ciment, recouvert avec des cailloux de rivière et arrosé avec de l'eau. La piquette ainsi obtenue a été en 1892 de 1 100 hectolitres qui ont donné par distillation 60 hectolitres de 3/6.

Voici les données recueillies pour l'année 1892 :

10 pieds moyens comme végétation et comme production et représentant la relation de l'encépagement de la propriété ont donné : $11^{kg},500$ de feuilles à l'état frais, soit 4 600 kilogr. de feuilles à l'état frais ou $1 437^{kg},2$ de feuilles sèches par hectare.

Les sarments provenant des mêmes pieds ont donné : $8^{kg},200$ de sarments à l'état frais, soit 3 280 kilogr. de sarments à l'état frais ou 1 330 kilogr. de sarments secs par hectare.

L'ensemble du vignoble a produit 6 000 hectolitres de vin, soit 75 hectolitres à l'hectare.

La quantité totale de marc a été de 106 250 kilogr. de marc frais donnant 38 792 kilogr. de marc à l'état sec, soit 1 328 kilogr. de marc frais ou $484^{kg},9$ de marc sec à l'hectare.

La quantité de lies évaluée à raison de $0^{kg},750$ de lies épaisses (à 40 p. 100 de matière sèche) par hectolitre de vin, a été par hectare de $56^{kg},2$ de lies épaisses, soit $22^{kg},5$ de lies à l'état sec.

Les tableaux suivants résument les données recueillies :

Composition centésimale de la matière sèche.

	SARMENTS.	FEUILLES.	MARCS.	LIES.
Azote.	0.56	1.71	1.72	3.97
Cendres.	4.64	12.12	7.34	12.16
Acide phosphorique	0.17	0.24	0.49	0.92
Potasse.	0.77	1.09	2.60	6.00
Chaux	1.51	5.19	1.04	1.34
Magnésie	0.05	0.12	0.25	traces.

Composition du vin, par litre.

Azote.	0^{gr},347
Acide phosphorique.	0 ,263
Potasse.	1 ,452
Chaux	0 ,126
Magnésie	0 ,029

Matières fertilisantes absorbées par hectare de vigne.

		AZOTE.	ACIDE PHOSPHO-RIQUE.	POTASSE.	CHAUX.	MAGNÉSIE.
		kilogr.	kilogr.	kilogr.	kilogr.	kilogr.
Vin	75^{hl},0	2,602	1,972	10,890	0,945	0,218
Marcs secs . . .	484^{kg},9	8,340	2,376	12,607	5,043	1,212
Feuilles sèches .	1 437 ,2	24,576	3,449	15,665	74,591	1,725
Sarments secs .	1 330 ,0	7,448	2,261	10,241	20,083	0,665
Lies sèches . .	22 ,5	0,893	0,207	1,350	0,301	traces.
Totaux		43,859	10,265	50,753	100,963	3,820

Cette exigence en principes fertilisants est relativement élevée, quand on la compare à celle d'autres vignobles à plus grand rendement.

DEUXIÈME PARTIE

LES CONDITIONS DE LA PRODUCTION DU VIN
ET LES EXIGENCES DE LA VIGNE EN PRINCIPES FERTILISANTS
DANS LE ROUSSILLON

Considérations générales.

Le Roussillon constitue une région viticole à part ; le triangle formé par les Corbières au nord, par les Albères, dernières ramifications des Pyrénées, au sud, et par la mer à l'est, comprend deux parties très dictinctes : les vallées, avec des alluvions riches et profondes, abondamment arrosées par les eaux torrentielles qui descendent des montagnes ; les coteaux plus ou moins ondulés, constitués surtout par des terres de glissement venant de la partie montagneuse, et qui sont privés d'eaux courantes.

Les terres formant les vallées sont dites *à l'arrosage*, celles constituées par des terrains en coteaux sont dites *à l'aspre*. Il existe une autre partie qui s'étend le long de la mer, à un niveau peu élevé au-dessus de celle-ci, formée surtout par des dépôts marins : on lui donne le nom de *Salanque*. Cette dernière région ne fait pas partie du Roussillon proprement dit ; c'est une sorte de continuation des plaines basses de l'Aude et les vins qu'elle fournit, avec des rendements élevés, ont moins de qualité et de degré alcoolique que ceux du Roussillon proprement dit.

Je n'ai pas cru devoir étendre mes recherches à la Salanque ; ce que j'ai dit au sujet des vignes de plaines à grands rendements s'applique à cette partie du département des Pyrénées-Orientales. Je me suis attaché à l'étude des deux types caractéristiques du Roussillon proprement dit : les terres *à l'arrosage* et les terres *à l'aspre*. J'ai installé dans chacune d'elles de vastes champs d'expériences dans lesquels j'ai pu suivre de très près la culture et l'exploitation de la vigne.

Avant l'invasion phylloxérique, le Roussillon n'était pas un pays à grande production viticole. Certains coteaux, tels que ceux de Banyuls, de Collioure, etc., fournissaient des vins rouges très estimés, avec beaucoup de finesse et un degré alcoolique très élevé. Le climat chaud et sec, la nature rocailleuse du sol et le choix des cépages, dans lesquels le grenache dominait, donnaient à ces vins leurs qualités exceptionnelles. Dans d'autres parties du Roussillon, telles que Rivesaltes, on produisait des vins blancs liquoreux, principalement des muscats.

Mais la grande surface du département était consacrée à la culture des fourrages et des céréales, à celle de l'olivier et des chênes-liège. Dans les terres où l'arrosage pouvait se faire, on obtenait d'abondantes coupes de luzerne, et même sur les terrains ondulés, les céréales donnaient de très beaux rendements.

Mais le prix élevé des vins, après les premières années de l'invasion phylloxérique, a porté presque tous les propriétaires à planter de la vigne et aujourd'hui cette culture est devenue prédominante. De grands sacrifices ont été faits pour constituer le vignoble en plants greffés; mais aussi une grande prospérité a été la conséquence de ces efforts, car le Roussillon a profité des prix élevés des vins pendant une série d'années. Aujourd'hui (1894), cette situation s'est modifiée : les bas prix des vins ont déterminé une crise dont il est difficile de prévoir la fin.

Bien des propriétaires regrettent d'avoir défriché leurs luzernes ou leurs olivettes, dont le revenu était moins aléatoire. Mais il faut accepter la situation faite par les circonstances et chercher à en tirer le meilleur parti possible.

Quoi qu'il en soit, l'aspect du pays s'est complètement modifié et la vigne a pris la place des fourrages dans les vallées, des oliviers et des chênes-liège sur les coteaux. Les vins du Roussillon ne sont plus exclusivement ces vins de qualités exceptionnelles que nous avons cités plus haut, mais ils comprennent aussi et surtout des vins communs destinés à entrer dans la consommation courante.

Ces vins communs, dont je m'occupe surtout ici, en raison de l'importance de leur production, ressemblent, sous bien des rapports, aux vins du Midi ; mais ils sont généralement plus chauds, plus riches en alcool, avec plus de corps et de couleur.

Ceux qui sont produits dans les vallées sont, sous ce rapport, sensiblement inférieurs aux vins des coteaux produits par les vignobles situés à l'aspre ; mais ils sont cependant d'un degré alcoolique élevé montant jusqu'à 11° et 12°, quand les vignes sont en production depuis quelques années. Quant aux vins produits à l'aspre, ils vont jusqu'à 13° et 14°. Ces vins semblent surtout destinés, dans l'avenir, à remplacer les vins d'Espagne dans les coupages ; ils ont en effet de grandes analogies avec ces derniers.

Mais de grands progrès sont encore à réaliser dans la fabrication de ces vins, qui n'a pas atteint le degré de perfection qu'on lui a donné dans d'autres régions viticoles. Plus de soins apportés à la vinification et à la conservation des vins feront certainement mieux apprécier dans ceux-ci les qualités qui leur sont propres.

Les vignobles sur lesquels ont porté mes recherches sont :

1° Le domaine du Mas-Déous, situé à l'aspre ;

2° Le domaine de Sainte-Eugénie, situé à l'arrosage.

Tous les deux appartiennent à M. Auguste Dreyfus, qui les a obligeamment mis à ma disposition pour toutes les recherches nécessaires à mes études.

CHAPITRE I

VIGNES SITUÉES A L'ASPRE

Dómaine du Mas-Déous.

État du vignoble. — Le Mas-Déous constitue une des plus belles propriétés du Roussillon. Il est situé à 12 kilomètres de Perpignan, près de la route d'Espagne allant de Perpignan à Girona. Il est bordé au sud par la rivière du Réart, qui descend de la haute montagne et qui, par suite, est torrentielle, mais dont les eaux passent sous le sable la plus grande partie de l'année.

Les bâtiments d'habitation et d'exploitation, qui remontent au moyen âge, se trouvent placés au centre même de l'exploitation. La contenance des terres plantées actuellement en vignes est d'environ 330 hectares. Une partie de la propriété est occupée par une forêt composée de chênes verts, de chênes blancs et de chênes-liège. Un immense ravin, dit Correc del Gall (ravin du Coq), garni d'arbres et d'épais fourrés, coupe une partie de la propriété. Ce ravin sert d'écoulement à la plus grande partie des eaux pluviales, qui se rendent, de là, dans le Réart.

Le Mas-Déous est situé *à l'aspre*, c'est-à-dire sur des coteaux peu élevés, non arrosables naturellement. Cette expression est usitée par opposition avec les terres dites *à l'arrosage*, constituant une grande partie des larges vallées du Roussillon, où un système d'arrosage habilement pratiqué et dont on fait remonter l'origine à la domination arabe, permet d'utiliser les eaux abondantes qui viennent des Pyrénées et des Corbières et donne à ces alluvions profondes une prodigieuse fertilité.

La région des aspres s'étend depuis les contreforts du Canigou jusqu'à la Méditerranée, au nord de la chaîne des Albères.

Les vignes situées à l'aspre ont donné de tout temps des vins renommés. Déjà les Templiers en récoltaient de grandes quantités, comme le montre l'étendue de leurs caves existant encore aujourd'hui, tant au Mas-Déous qu'à Villemolaque, village voisin. Mais plus tard, les vignes ont été en grande partie remplacées par des cultures de fourrages et de céréales, surtout à la suite de l'invasion phylloxérique et, au moment de l'acquisition du domaine par le propriétaire actuel, en 1890, il n'existait qu'une cinquantaine d'hectares de vignes qui venaient d'être reconstituées. Mais ce domaine ayant été destiné à être entièrement transformé en vignoble, on a procédé sans retard à sa reconstitution. Le premier travail a consisté à nettoyer les terres, à défricher les garrigues et à opérer les défoncements à l'aide d'une charrue défonceuse, fouillant à une profondeur de $0^m,50$ à $0^m,60$.

La reconstitution a été faite en plants américains greffés, le riparia étant le porte-greffe le plus généralement employé, en raison de la nature du terrain. Dans certains points seulement, on a cru devoir employer du Solonis, du Jacquez et du Rupestris.

Dans le but de faire des vins de qualité, on a surtout greffé avec des cépages fins ; 75 p. 100 en Carignan et près de 15 p. 100 en Grenache. Une surface de quelques hectares a été réservée aux cépages qui donnaient autrefois les crus spéciaux et réputés du Mas-Déous, crus surtout connus à l'étranger, le muscat, le xérès et le Saint-Antoine, produisant des vins liquoreux très estimés, propres au Roussillon. Une faible partie du vignoble a reçu des cépages à grande production, l'aramon et l'alicante-bouschet.

Cette surface de 330 hectares a été très rapidement transformée en vignoble, puisqu'à l'heure actuelle, mai 1895, elle est entièrement plantée, que les greffages sont faits et que le domaine va entrer sous peu en pleine production.

Des précautions spéciales ont été prises pour la sélection des bois de greffage.

Pour que tous les ceps soient en bonne production, on a eu soin de marquer dans le vignoble les souches abondamment chargées de beaux fruits et avec une marque différente celles qui, au contraire, étaient peu productives. Tous les greffons ont été pris sur les premières. Un intérêt considérable s'attache à cette sélection, tant au point de vue de la qualité qu'à celui du rendement, car le greffon porte avec lui les propriétés du pied sur lequel il a été pris.

Quant aux souches qui donnaient de faibles rendements, on les surveille, et si elles continuent à donner des résultats peu satisfaisants, on les remplace. Le moyen le plus pratique pour les remplacer, c'est de procéder à un recépage, c'est-à-dire de couper la souche et d'y souder un ou deux greffons prélevés sur une souche de bon rapport. De cette façon, il n'y a pas de replantation à faire et la production n'est pour ainsi dire pas interrompue.

Effets des arbres dans les vignes. — De nombreux arbres, oliviers, amandiers, chênes verts et chênes-liège, servant surtout à l'ornementation, avaient été d'abord conservés dans les vignes. Mais leur effet nuisible sur la végétation étant manifeste, on a procédé à leur abatage. Non seulement ces arbres faisaient du tort à la vigne par leur ombrage, mais encore par leurs racines, qui s'étendent à de très grandes distances, comme on peut s'en assurer en fouillant le sol, et qui entravent le développement des racines de la vigne. Autour de chaque arbre, en effet, et à une distance de plus de 10 mètres pour des arbres moyens, et souvent de plus de 50 mètres pour les gros arbres, la vigne végète péniblement, elle est incapable de porter de bonnes récoltes et les soins qu'on lui donne sont en pure perte. D'après mes observations, un arbre moyen dont la couronne a un diamètre de 6 à 8 mètres, nuit à la vigne sur une surface de plus de trois ares et entrave, par suite, le développement d'environ 130 pieds de vigne (de 4 000 à l'hectare). Mais si nous prenons les gros arbres, comme les chênes verts, dont de magnifiques spécimens existaient en grand nombre dans le vignoble et dont la couronne a souvent un diamètre de plus de 20 mètres, leur action nuisible s'étend sur une surface d'environ 75 ares et peut annihiler la récolte de 3 000 pieds de vigne. On voit quel sacrifice énorme s'impose le viticulteur en gardant de pareils parasites dans sa vigne. En outre, la distribution des arbres, soit dans l'intérieur de la vigne même, soit sur ses bords, entrave considérablement le labour et plus encore le maniement des grands appareils servant aux traitements.

Au point de vue économique, on doit donc proscrire les arbres dans la vigne, aussi bien que sur ses bords ; ceux qu'on est obligé de conserver, pour donner de l'ombre aux ouvriers pendant les heures de repos, doivent être placés en dehors de la vigne ou tout au moins, s'ils sont dans la vigne même, est-il à déconseiller de faire des plantations dans la surface sur laquelle ces arbres étendent leur action, et qui affecte généralement la forme d'une ellipse dont l'axe est dirigé du sud au nord et dont l'arbre occupe le foyer du côté sud.

Composition des terres. — Le domaine est tout entier en coteaux à pente très douce, qui s'étendent vers le sud jusqu'au lit du Réart.

Les terres sont en général silico-argileuses et très profondes, quelquefois pierreuses ; en certains points, on voit affleurer des marnes.

L'ensemble, cependant, présente une grande uniformité de composition, le sol étant essentiellement constitué par des terres de glissement provenant des contreforts du Canigou. Ce qui distingue entre elles les diverses parties du domaine, c'est bien plutôt la proportion de matières pierreuses que la composition de la terre arable proprement dite. Là où les pierres dominent, la vigne ne dispose que d'une faible quantité de terre végétale.

Souvent, ces pierres ne sont que superficielles, et c'est le cas pour une grande partie du domaine. Pour s'en débarrasser, on procède à un épierrement, c'est-à-dire à l'enlèvement à la main, qu'on répète de temps en temps à mesure que de nouvelles pierres sont ramenées à la surface par les labours. La main-d'œuvre ainsi dépensée se paie en partie par la valeur des pierres, qui servent pour les constructions et pour l'empierrement des chemins. On n'a d'ailleurs intérêt à enlever que les plus grosses, qui gênent les façons culturales.

Mais, dans certaines parties du domaine, les pierres ne sont pas seulement superficielles, mais existent à toutes les profondeurs, formant ainsi la masse du sol.

Ces pierres sont presque entièrement siliceuses, provenant de roches granitiques et schisteuses. Elles sont là comme des matériaux inertes, qui ne jouent aucun rôle dans la nutrition des végétaux et qui prennent la place de la terre végétale proprement dite. Lorsqu'elles forment la grande masse du sol, il est impossible de procéder à leur enlèvement, qui demanderait un travail extrèmement coûteux et qui finirait par déchausser la vigne à force d'enlever ce qui constitue la plus grande partie du support de la plante.

Ces considérations sur la proportion de pierres nous amènent à la conclusion suivante : les pieds de vigne qui vivent dans les sols contenant peu de pierres ont à leur disposition de la terre proprement dite en grande quantité et peuvent s'y nourrir sans exiger de fortes fumures. Les pieds de vigne qui vivent dans les sols où les parties pierreuses dominent, n'ont à leur disposition qu'une faible quantité de terre végétale et ne peuvent produire d'abondantes récoltes que si on leur aide par des fumures.

Ainsi qu'il est dit plus haut, la terre proprement dite présente une grande analogie de composition, ce qui tient à son mode de formation. Elle est essentiellement silico-argileuse ; cependant en certains points c'est la silice qui prédomine ; alors les terres sont légères et sableuses. Dans d'autres parties et en différents points du domaine, mais sans jamais occuper de grandes surfaces, se trouvent des affleurements de marne. Ces terres marneuses ne sont pas de bonnes terres à vigne et la chlorose s'y développe facilement. On peut les corriger par l'apport de terres prises dans les garrigues et dans les fossés d'écoulement.

L'analyse de ces diverses terres est donnée plus loin, mais il convient dès maintenant de signaler un fait rassurant pour l'avenir de l'exploitation, c'est la profondeur de la couche de terre, profondeur pour ainsi dire indéfinie et qui, permettant aux racines de la vigne de pénétrer à plusieurs mètres dans le sol, met à leur disposition les matières nutritives qui sont contenues dans les couches profondes. L'épaisseur de la terre est générale dans tout le domaine, même sur les garrigues qui ont été défrichées et où l'on eût pu craindre de rencontrer des sous-sols rocheux.

Ces terres des couches profondes ont d'ailleurs à peu près la même composition que le sol superficiel. Si les analyses montrent qu'en général les terres du Mas-Déous n'ont pas une grande teneur centésimale en principes fertilisants, cette infériorité est compensée par la masse énorme de terre qui est à la disposition des racines des vignes et qui contient un stock considérable d'éléments nutritifs.

En général, ces terres doivent donc être regardées comme des terres de grandes ressources.

Échantillon n° 1.

Parties très pierreuses et siliceuses, pierres formées surtout de quartz, de schiste, de granit, terre maigre et peu productive. Le sous-sol est analogue aux parties superficielles.

1 000 de terre sèche contiennent :

	CAILLOUX	
TERRE FINE.	siliceux.	calcaires.
183.50	816.50	0

L'analyse de la terre fine a donné les résultats suivants pour 1 000 de terre sèche :

Azote.	0.60
Acide phosphorique	0.39
Potasse	1.24
Carbonate de chaux	traces.

En rapportant ces données à la terre naturelle, un kilogramme contient, à l'état sec, dans les éléments fins, les proportions de principes fertilisants suivantes :

Azote.	0.11
Acide phosphorique	0.07
Potasse	9.23
Carbonate de chaux	traces.

La terre est donc en majeure partie formée de gros cailloux ; la terre fine est peu abondante, pauvre en azote et en acide phosphorique, assez pauvre en potasse, presque entièrement dépourvue de calcaire.

L'énorme quantité de cailloux qui encombrent cette terre produit une dilution très grande des éléments fertilisants. Ces terres ont besoin de fumures énergiques et particulièrement de fumier de ferme, car elles manquent d'humus. La qualité des vins, dans ces terres très maigres, se montre toujours supérieure ; on les réserve d'ailleurs à la culture des cépages les plus fins, tels que le grenache, le muscat, etc.

Échantillon n° 2.

Il représente la plus grande partie du domaine, beaucoup moins pierreuse que la précédente et formant une bonne terre de culture, dans laquelle la vigne est très prospère. Ces terres sont profondes et la composition du sous-sol ne s'éloigne pas de celle du sol proprement dit.

1 000 de terre sèche contiennent :

TERRE FINE.	CAILLOUX	
	siliceux.	calcaires.
850.40	149.60	0

L'analyse de la terre fine a donné les résultats suivants pour 1 000 de terre sèche :

Azote.	0.81
Acide phosphorique	0.54
Potasse.	2.19
Carbonate de chaux	traces.

En rapportant à la terre naturelle, un kilogramme contient, à l'état sec, dans les éléments fins, les proportions de principes fertilisants suivantes :

Azote.	0.69
Acide phosphorique	0.46
Potasse.	1.86
Carbonate de chaux	traces.

La terre fine, considérée isolément, loin d'être riche, contient cependant une certaine quantité d'éléments fertilisants et, même considérée à l'état brut, elle peut passer pour une terre à vigne de composition moyenne. Le calcaire y fait entièrement défaut.

De pareils sols, lorsque leur épaisseur est grande, comme c'est ici le cas, ne doivent pas être regardés comme des terres pauvres ; en réalité, la vigne disposant d'un cube considérable de terre, peut y trouver en suffisance sa nourriture. Des fumures, surtout des fumures azotées, en augmentent cependant la productivité.

Échantillon n° 3.

Il a été pris dans les parties où existent des affleurements de marne. Cette dernière est recouverte d'ailleurs presque partout par une couche d'épaisseur variable d'une terre argilo-siliceuse analogue à la précédente. Ces terres sont les moins favorables à la végétation des vignes greffées.

1 000 de terre sèche contiennent :

	CAILLOUX	
TERRE FINE.	siliceux.	calcaires.
924.20	48.80	27.00

L'analyse de la terre fine a donné les résultats suivants p. 1 000 de terre sèche :

Azote	0.53
Acide phosphorique.	0.42
Potasse	1.39
Carbonate de chaux.	211.00

En rapportant à la terre naturelle, un kilogramme contient, à l'état sec, dans les éléments fins, les proportions de principes fertilisants suivantes :

Azote	0.49
Acide phosphorique	0.39
Potasse	1.28
Carbonate de chaux	195.01

On voit apparaître ici de notables quantités de calcaire. Cette couche est donc très différente de la terre qui constitue la grande partie du domaine.

En examinant dans leur ensemble les terres du Mas-Déous, on est surtout frappé de la faible proportion d'azote et d'acide phosphorique qu'elles renferment ; leur fertilité est donc due bien plus à leur profondeur qu'à leur composition chimique.

Ces terres sont labourées aussi fréquemment que le permettent l'état du sol et le nombre des attelages ; les labours sont croisés et on en donne ordinairement trois en long et trois en travers ; les plus tardifs, faits au fourcat, sont destinés surtout à maintenir la fraîcheur du sol et à détruire les mauvaises herbes.

Fumures. — Nous avons vu plus haut qu'eu égard à la grande masse de terre dont dispose la vigne dans les terrains peu pierreux, les apports d'engrais peuvent être minimes ou même nuls certaines années ; mais que dans les parties très pierreuses, où la vigne ne dispose que de très peu de terre proprement dite, il faut des fumures énergiques et répétées pour obtenir d'abondantes récoltes.

On utilise d'abord les fumiers de l'étable et de la bergerie, qui font un bon effet partout, mais qui servent surtout à améliorer graduellement les terres maigres. Là où l'on emploie ces fumiers, il est inutile de recourir aux engrais chimiques, l'azote et l'acide phosphorique, qui manquent le plus à ces terres, leur étant ainsi donnés en suffisance. Mais toute l'étendue du domaine ne peut être fumée par les fumiers produits dans l'exploitation et de temps en temps il est nécessaire de faire intervenir des engrais achetés au dehors.

Quelquefois on emploie les crottins de moutons et de chèvres, dits *Migon,* que les bergers des Pyrénées fournissent et qui ont la composition moyenne suivante :

	EAU.	AZOTE.	ACIDE phosphorique.	POTASSE.	CHAUX.
Crottins de chèvres.	22.07	1.83	0.58	1.13	5.22
Croûte de crottins de chèvres (nettoyage d'écuries) . . .	64.37	0.95	0.35	0.86	2.81
Crottins de moutons	33.33	1.77	0.84	1.93	6.57

Ces produits se vendent à des prix variables, allant jusqu'à 3 et 4 fr. les 100 kilogr.

Lorsque ces produits peuvent être achetés à bas prix, il faut les préférer aux engrais chimiques. Mais ils sont peu abondants et on est forcé de s'adresser à d'autres engrais. Ceux qui sont le plus désignés, eu égard à la composition chimique du sol, et qui répondent le mieux aux besoins réels de la vigne, sont les engrais azotés organiques sous forme de sang ou de viande desséchés, de tournures de cornes, de chiffons de laine, de lies de vin, etc...

Ces engrais ont en outre l'avantage de ne pas être éliminés par les eaux pluviales et de rester dans le sol à la disposition des récoltes suivantes, lorsque les influences climatériques les ont empêchés de produire tout leur effet l'année de leur application. C'est donc à cette sorte d'engrais qu'il faut s'adresser. Une faible application de superphosphates est également utile.

Dans les meilleures terres, où la végétation est vigoureuse, on peut se passer temporairement de l'apport d'engrais; mais pour avoir d'une façon continue une production abondante de récolte, il y a lieu de les faire intervenir dès que la végétation de la vigne montre le moindre fléchissement. Une surveillance très grande s'impose donc à ce sujet, car une économie mal entendue sur les engrais peut entraîner de grandes déceptions dans les récoltes.

Au printemps de l'année 1893 on a employé, outre le fumier de ferme, dans les parties qui en avaient le plus besoin, les engrais chimiques suivants :

Viande desséchée dosant 10.65 p. 100 d'azote; sang desséché dosant 14.82 p. 100 d'azote, et en outre des tourteaux de lies de diverses provenances dont voici la composition moyenne :

	AZOTE.	ACIDE phosphorique.	POTASSE.
Nos 1.	5.33	0.56	0.30
2.	2.60	»	»
3.	3.73	»	»

Des superphosphates ont été appliqués à faible dose.

Ces engrais n'ont pas produit beaucoup d'effet dans l'année 1893 à cause de la grande sécheresse; mais, comme ils sont de leur nature même insolubles, ils sont restés dans le sol et fourniront la nourriture des récoltes suivantes.

Résultats des essais d'engrais chimiques. — Une série d'essais spéciaux a été entreprise dans le but de rechercher l'influence des engrais sur l'augmentation et sur la qualité des vendanges. On a choisi une vigne bien homogène, plantée en carignan, qu'on a divisée en parcelles comprenant chacune 400 pieds.

12 parcelles ainsi établies ont reçu les fumures suivantes par pied de vigne :

1re parcelle : 10 kilogr. fumier de ferme ;

2e parcelle : 10 kilogr. fumier de ferme et 1 kilogr. plâtre ;

3e parcelle : témoin sans engrais ;

4e parcelle : superphosphate de chaux 25 gr., sulfate de potasse 65 gr., viande desséchée 100 gr., nitrate de soude 100 gr. ;

5e parcelle : superphosphate 125 gr., sulfate de potasse 65 gr., viande desséchée 100 gr. ;

6e parcelle : superphosphate 125 gr., sulfate de potasse 65 gr. ;

7e parcelle : superphosphate 125 gr., viande desséchée 100 gr. ;

8e parcelle : sulfate de potasse 65 gr., viande desséchée 100 gr. ;

9^u parcelle : sulfate de potasse 65 gr., viande desséchée 100 gr., nitrate de soude 100 gr. ;

10e parcelle : superphosphate 125 gr., sulfate de potasse, 65 gr., viande desséchée 150 gr. ;

11e parcelle : superphosphate 125 gr., sulfate de potasse 65 gr., nitrate de soude 100 gr. ;

12e parcelle : témoin sans engrais.

On avait ainsi réalisé les diverses combinaisons possibles, en variant les fumures. On a récolté à part la vendange de ces différentes parcelles. Il ressort clairement des résultats obtenus, que, pendant l'année 1893, aucun de ces engrais n'a agi, ce qui doit être attribué à la sécheresse. Il est même arrivé que des parcelles sans engrais ont donné des récoltes supérieures à celles qui avaient été fumées, particulièrement avec le fumier d'écurie, ce qui tient à ce que celui-ci, ayant soulevé et ameubli le sol, en a favorisé la dessiccation.

On aurait tort de conclure de cet essai à l'inefficacité des engrais, car on sait que les grandes sécheresses ne leur permettent pas d'agir.

Ces expériences ont été continuées en 1894, sans addition nouvelle d'engrais et ils ont donné des résultats exactement pareils aux précédents, c'est-à-dire que la récolte des parcelles fumées n'a pas été supérieure à celle des parcelles non fumées. L'année 1894 a eu également un été très sec, ce qui doit avoir provoqué l'inefficacité des engrais.

Quant à la qualité des vins obtenus sous l'influence des divers engrais, elle s'est montrée tout à fait constante. Les engrais, immobilisés par la sécheresse, n'ont donc agi ni sur la quantité, ni sur la qualité.

Dans l'état transitoire de reconstitution où se trouve actuellement le vignoble, il n'est donc pas nécessaire de faire de grandes dépenses d'engrais ; mais lorsque toutes les vignes seront en production, il faudra, outre les fumures d'étables et de bergeries, appliquer des engrais azotés et quelque peu d'engrais phosphatés. De forts rendements ne sauraient être maintenus sans cet apport d'engrais chimiques.

Épuisement par les récoltes et restitution par les fumures. — Pendant les années 1892 et 1893, des expériences suivies ont été faites pour déterminer ce qui est enlevé au sol par la production de la vigne pour les principaux cépages. Nous donnons ci-dessous les déterminations qui ont été faites à ce sujet sur des parties du vignoble en production normale et représentant la moyenne des terres du domaine.

Résultats obtenus en 1892. — En 1892, les vignes en production ont reçu des fumures de superphosphate de chaux, de chlorure de potassium et de nitrate de soude, en quantités variables suivant l'état de la vigne et la nature du sol.

A la vendange, on a récolté séparément le carignan, l'aramon et l'alicante-bouschet, ce qui a permis de suivre les rendements et les exigences de chacun de ces cépages pris séparément. Nous rapportons les données à un hectare de surface.

Carignan. — Le poids des feuilles fraîches a été de 3583 kilogr., soit un poids de matière sèche de 1 194^{kg},3 ;

Le poids des sarments frais a été de 3695 kilogr., soit un poids de matière sèche de 1 552^{kg},1 ;

La quantité de vin a été de 57^{hl},80 ;

Le poids des marcs frais est de 693 kilogr., soit secs 251 kilogr. ;

Les lies à l'état sec ont pesé 17^{kg},3.

Composition centésimale de la matière sèche.

	SARMENTS.	FEUILLES.	MARCS.	LIES.
Azote	0.47	1.74	1.86	1.73
Cendres	3.08	14.92	10.39	24.78
Acide phosphorique. . .	0.19	0.27	0.49	0.60
Potasse	0.71	0.97	2.66	10.85
Chaux.	0.79	4.68	0.87	2.96
Magnésie.	0.21	0.95	0.14	traces.

Composition du vin, par litre.

Azote.	0^{gr},342
Acide phosphorique	0 ,207
Potasse	1 ,490
Chaux	0 ,129
Magnésie	0 ,080

Matières fertilisantes absorbées par hectare de vignes.

DÉSIGNATION.		AZOTE.	ACIDE PHOSPHO- RIQUE.	POTASSE.	CHAUX.	MAGNÉSIE.
		kilogr.	kilogr.	kilogr.	kilogr.	kilogr.
Vin	57^{hl},80	1,977	1,196	8,612	0,746	0,462
Marcs secs . . .	251^{kg},7	4,682	1,233	6,695	2,190	0,352
Feuilles sèches. .	1 194 ,3	20,781	3,225	11,585	55,893	11,346
Sarments secs. .	1 552 ,1	7,295	2,949	11,020	12,261	3,259
Lies sèches . . .	17 ,3	0,299	0,104	1,877	0,512	traces.
Totaux		35,034	8,707	39,789	71,602	15,419

Les exigences de cette récolte, d'ailleurs peu abondante, n'ont pas
été considérables, puisqu'elles ne dépassent pas 35 kilogr. d'azote,
9 kilogr. d'acide phosphorique et 40 kilogr. de potasse par hectare.

La végétation de la vigne était d'ailleurs très satisfaisante, sans
cependant atteindre l'exubérance qu'on constate dans les vignobles
des plaines du Midi. Le rendement n'a pas été très élevé, mais cela
tient, d'un côté à la nature du cépage, moins productif, comme le
sont généralement les cépages fins ; de l'autre à la nature du terrain,
qui est en coteaux et quelque peu pierreux, comme nous l'avons vu
plus haut.

Aramon. — Le poids des feuilles fraîches a été de 3 951 kilogr., soit un poids de matière sèche de 1 317 kilogr. par hectare;

Le poids des sarments à l'état frais a été de 2 958 kilogr., soit un poids de matière sèche de 1 183^{kg},2 ;

La quantité de vin a été de 84^{hl},50 ;

Le poids des marcs frais a été de 1 250 kilogr., soit secs 448 kilogr.

Les lies à l'état sec ont pesé 25^{kg},3.

Composition centésimale de la matière sèche.

	SARMENTS.	FEUILLES.	MARCS.	LIES.
Azote	0.56	1.65	1.87	1.73
Cendres	4.98	16.25	11.10	24.78
Acide phosphorique. . .	0.22	0.28	0.51	0.60
Potasse	0.99	1.28	2.40	10.85
Chaux.	1.48	4.82	0.74	2.96
Magnésie.	0.33	0.88	0.13	traces.

Composition du vin, par litre.

Azote.	0^{gr},229
Acide phosphorique	0 ,265
Potasse	1 ,497
Chaux.	0 ,142
Magnésie	0 ,099

Matières fertilisantes absorbées par hectare de vignes.

DÉSIGNATION.	AZOTE.	ACIDE PHOSPHO-RIQUE.	POTASSE.	CHAUX.	MAGNÉSIE.
	kilogr.	kilogr.	kilogr.	kilogr.	kilogr.
Vin . . . . 84^{hl},5	1,935	2,239	12,650	1,200	0,837
Marcs secs. . . . 448^{kg},0	8,400	2,200	10,800	3,325	0,584
Feuilles sèches . . 1 317 ,0	21,730	2,688	16,858	63,479	11,590
Sarments secs . . 1 183 ,2	6,626	2,603	11,714	17,511	3,904
Lies sèches. . . . 25 ,3	0,438	0,152	2,745	0,749	traces.
Totaux	39,129	9,882	54,767	86,264	16,915

Ici encore, malgré une plus forte récolte, nous nous trouvons en présence d'exigences relativement faibles, ce qui tient surtout à ce que, même pour ce cépage plus vigoureux, le développement des organes foliacés et des bois a été plus faible que dans les plaines des régions à grande production. La potasse cependant est en quantité assez élevée.

Alicante-bouschet. — Le poids des feuilles fraîches a été de $3\,484^{kg},8$ par hectare, soit un poids de matière sèche de $1\,161^{kg},8$;

Le poids des sarments à l'état frais a été de $2\,695^{kg},3$, soit à l'état sec $1\,078^{kg},1$;

La quantité de vin a été de $76^{hl},50$;

Le poids des marcs frais a été de $1\,144^{kg},4$, soit secs $465^{kg},2$;

Les lies à l'état sec ont pesé $22^{kg},9$.

Composition centésimale de la matière sèche.

	SARMENTS.	FEUILLES.	MARCS.	LIES.
Azote	0.51	1.77	1.68	1.73
Cendres	4.61	16.32	9.24	24.78
Acide phosphorique. . .	0.19	0.33	0.50	0.60
Potasse	0.92	1.04	2.15	10.85
Chaux.	1.29	4.39	0.88	2.96
Magnésie.	0.40	0.85	0.14	traces.

Composition du vin, par litre.

Azote.	$0^{gr},298$
Acide phosphorique	$0\ ,248$
Potasse	$1\ ,493$
Chaux	$0\ ,142$
Magnésie	$0\ ,076$

Matières fertilisantes absorbées par hectare de vignes.

DÉSIGNATION.		AZOTE.	ACIDE PHOSPHO- RIQUE.	POTASSE.	CHAUX.	MAGNÉSIE.
		kilogr.	kilogr.	kilogr.	kilogr.	kilogr.
Vin	$76^{hl},50$	2,280	1,897	11,421	1,086	0,581
Marcs secs. . . .	$465^{kg},2$	7,815	2,326	10,002	4,094	0,651
Feuilles sèches . .	$1\,161\ ,6$	20,560	3,833	12,081	50,994	9,874
Sarments secs. . .	$1\,078\ ,1$	5,498	2,048	9,918	13,907	4,312
Lies sèches. . . .	$22\ ,9$	0,396	0,137	2,485	0,678	traces.
Totaux		36,549	10,241	45,907	70,759	15,418

Comme le carignan et l'aramon, l'alicante-bouschet a donc eu de faibles exigences.

A la suite de ces déterminations, on peut admettre que la végétation annuelle a enlevé, en moyenne, aux terres du Mas-Déous en 1892 par hectare environ :

Azote.	36 kilogr.
Acide phosphorique	9 —
Potasse.	45 —

L'azote et l'acide phosphorique, peu abondants dans le sol, devront être remplacés ; mais non la potasse qui existe en assez grande quantité.

Résultats obtenus en 1893. — La vigne avait assez souffert de la sécheresse et des fortes chaleurs pendant l'été de 1893. La végétation était moins développée que les années normales et, peu de temps avant la maturité complète, les feuilles étaient pendantes et d'un vert plus terne. Les grains, nombreux, étaient peu développés. Au début de la vendange, des pluies, tombées par intermittences, ont gonflé les grains et ont redressé les feuilles, amenant à ce dernier moment un regain de végétation. En définitive, la récolte a été normale comme quantité.

Dans ces conditions, on a étudié d'une façon spéciale une partie du vignoble dite « Champ du Comte », d'une contenance de 4 hectares et demi et située dans la partie du domaine où les terres sont très profondes et peu pierreuses. Cette pièce, plantée en 1884, est tout entière en carignan greffé sur riparia et en pleine production.

La composition de la terre est la suivante :

	POUR 1 000 de terre naturelle sèche.	
	Terre fine.	Cailloux siliceux.
Sol	818	182
Sous-sol	1000	0

Le sol est donc peu caillouteux et le sous-sol ne l'est pas du tout.

POUR 1 000 DE TERRE FINE SÈCHE.

	Azote.	Acide phospho-rique.	Potasse.	Carbonate de chaux.	Magnésie.	Fer à l'état mé-tallique.
Sol	0.61	0.40	2.10	3.30	0.60	12.1
Sous-sol . . .	0.48	0.31	2.30	9.80	0.40	12.1

Si l'on tient compte des cailloux mêlés à la terre et si on l'envisage telle qu'elle est en réalité, on trouve :

POUR 1 000 DE TERRE BRUTE SÈCHE.

	Azote.	Acide phospho-rique.	Potasse.	Carbonate de chaux.	Magnésie.	Fer à l'état mé-tallique.
Sol	0.50	0.52	1.71	2.70	0.49	9.9
Sous-sol	0.48	0.31	2.30	9.80	0.40	12.1

Les terres du sol et du sous-sol, soit que l'on considère seulement les éléments fins, soit qu'on les considère avec les cailloux qui y sont mélangés, doivent être regardées comme ayant une très faible teneur en azote et en acide phosphorique, une teneur moyenne en potasse.

A ne considérer que leur composition chimique, on serait tenté de les ranger dans la catégorie des terres extrêmement pauvres, dans lesquelles la culture ne saurait être rémunératrice. Et pourtant une végétation très puissante et des rendements exceptionnellement élevés s'y produisent, même quand elles ne reçoivent aucune fumure ou qu'on donne seulement une fumure très légère.

En 1891, elles n'avaient pas été fumées.

En 1892, elles avaient reçu une fumure peu abondante, savoir par hectare :

Sang desséché, 250 kilogr., soit azote 36 kilogr.;

Superphosphate de chaux, 200 kilogr., soit acide phosphorique 28 kilogr.

En 1893 et en 1894 on n'a pas donné de fumure.

La production élevée de cette partie du vignoble et sa belle végétation m'ont engagé à l'étudier de plus près, comme représentant le maximum de ce qu'on peut espérer obtenir dans des terres à l'aspre, avec un cépage plus fin que productif, comme le carignan.

Voici quels ont été les résultats obtenus en 1893 par hectare :

Les feuilles ont pesé fraîches 4 440 kilogr. et sèches 1 376^{kg},11 ;

Les sarments ont pesé frais 3 450 kilogr. et secs 1 381^{kg},7 ;

La quantité de vin a été de 130 hectolitres ;

Les marcs ont pesé frais 1 558 kilogr. et secs 566 kilogr. ;

Les lies ont pesé sèches 38^{kg},8.

Composition centésimale de la matière sèche.

	SARMENTS.	FEUILLES.	MARCS.	LIES.
Azote.	0.54	1.66	1.86	1.73
Cendres	3.60	14.70	10.39	24.78
Acide phosphorique . .	0.19	0.25	0.49	0.60
Potasse	0.95	1.43	2.66	10.85
Chaux	1.03	4.38	0.87	2.96
Magnésie	0.12	0.11	0.14	traces.

Composition du vin, par litre.

Azote.	0^{gr},442
Acide phosphorique	0 ,282
Potasse	1 ,474
Chaux	0 ,148
Magnésie	0 ,080

Matières fertilisantes absorbées par hectare de vignes.

DÉSIGNATION.	AZOTE.	ACIDE PHOSPHORIQUE.	POTASSE.	CHAUX.	MAGNÉSIE.
	kilogr.	kilogr.	kilogr.	kilogr.	kilogr.
Vin. . . . . 130^{hl}	5,746	3,666	19,162	1,924	1,040
Feuilles sèches . . 1 376^{kg},4	22,848	3,441	19,683	60,286	1,514
Sarments secs . . 1 381 ,7	7,461	2,625	13,126	14,231	1,658
Marcs secs. . . . 566 ,0	10,528	2,773	15.056	4,924	0,792
Lies sèches . . . 38 ,8	0,671	0,233	4,210	1,148	traces.
Totaux	47,254	12,738	71,237	82,513	5,004

Quoique la récolte ait été très belle, bien supérieure à celle de l'ensemble du vignoble, nous ne constatons pas des exigences notablement plus élevées, sauf cependant pour la potasse qui augmente toujours avec la quantité de vin.

En 1894, quoique la sécheresse fût très grande, la vigne avait une très puissante végétation, plus intense que celle de l'année précédente et la quantité de vendange a été encore plus élévée. En effet, on a obtenu en moyenne par hectare 133 hectolitres de vin. Malgré la faible quantité d'éléments fertilisants contenus dans le sol et malgré l'absence de fumure, cette terre est donc extraordinairement productive.

CHAPITRE II

VIGNES SITUÉES A L'ARROSAGE

Domaine de Sainte-Eugénie.

Ce domaine appartient à M. Auguste Dreyfus. Les vins qu'il donne sont des vins de plaine, comme ceux de la riche vallée qui s'étend depuis la mer jusqu'à Prades. Les vignes sont à grand rendement; mais par le choix du cépage, en majeure partie formé de carignan, ils ont une richesse alcoolique notablement supérieure aux vins de plaine du Midi, ainsi qu'aux vins que donne la Salanque, région basse du Roussillon qui s'étend le long de la mer. Les vignes de Sainte-Eugénie sont plantées dans des alluvions profondes et fertiles et peuvent être soumises à l'arrosage, comme toute cette vallée plantureuse qui reçoit les eaux des Pyrénées et des Corbières. Aussi ces vignes sont-elles dites *à l'arrosage,* quoique, à proprement parler, on ne pratique l'arrosage qu'accidentellement, le but recherché étant surtout de faire des vins de qualité.

Le domaine est tout entier en plaine et s'étend le long du torrent de la Têt. Il est traversé par plusieurs canaux d'arrosage qui fournissent de l'eau en abondance pendant toute l'année.

Il n'y a pas longtemps que cette vallée, d'une richesse exceptionnelle, est plantée en vignes. Auparavant, elle était presque tout entière en terres cultivées. Les prairies artificielles jouaient un rôle considérable dans l'assolement, on y obtenait des luzernes qui, par des arrosages répétés, donnaient 4 ou 5 coupes.

L'élévation du prix des vins, à la suite de la crise phylloxérique, a porté les propriétaires à planter de la vigne dans ces terres privilégiées, où toutes les cultures peuvent prospérer. Aussi, à l'heure actuelle, est-ce la vigne qui occupe la plus grande surface de ces admirables vallées. On ne peut voir sans quelque regret la disparition de la culture des céréales et des fourrages, qui donnait de si beaux résultats.

Composition des terres. — Les terres de Sainte-Eugénie, qui sont surtout des terres d'alluvions ou de dépôts d'anciens étangs ou marais, ne présentent pas une grande uniformité. En général, elles sont silico-argileuses, avec de très faibles quantités de calcaire. En beaucoup d'endroits elles sont pierreuses; quelquefois elles reposent sur des couches d'une argile noirâtre complètement imperméable; la marne n'y apparaît que rarement. On peut les diviser en 3 types très distincts :

1° Les terres fortement pierreuses, qui sont assez arides et donnent plutôt des vins de qualité que d'abondantes récoltes;

2° Les terres peu pierreuses et qui ont une grande épaisseur. Elles peuvent donner de fortes récoltes, et produisent des vins ordinaires, moins colorés et moins riches en alcool que les précédents;

3° Les terres à sous-sol argileux imperméable, où la racine de la vigne ne peut pénétrer qu'à une faible profondeur et où des fumures sont nécessaires pour maintenir la vigne en état de végétation et de production.

La composition même de la couche arable proprement dite varie beaucoup. Souvent on a affaire à des sols riches, souvent à des sols très pauvres.

Voici l'examen des divers types de terres :

N° 1.

Sol assez pierreux, sous-sol très pierreux, mais entièrement perméable.

1 000 de terre sèche contiennent :

	TERRE FINE.	CAILLOUX	
		siliceux.	calcaires.
	777.40	222.60	traces.

L'analyse de la terre fine a donné les résultats suivants pour 1 000 de terre sèche :

Azote.	1.49
Acide phosphorique	1.15
Potasse.	2.33
Carbonate de chaux	0.60

En rapportant à la terre naturelle, un kilogramme contient, à l'état sec, dans les éléments fins, les proportions de principes fertilisants suivantes :

Azote.	1.16
Acide phosphorique	0.89
Potasse.	1.81
Carbonate de chaux	0.47

Cette terre est assez riche en elle-même ; mais le **sous-sol** est pierreux et par suite on ne doit pas s'attendre à y voir un développement végétal considérable. C'est plutôt de la qualité que de la quantité qu'il faut attendre d'un pareil sol.

N° 9.

Alluvions profondes, très belle végétation.
1 000 de terre sèche contiennent :

	CAILLOUX	
TERRE FINE.	siliceux.	calcaires.
811.20	188.80	0

L'analyse de la terre fine a donné les résultats suivants pour 1 000 de terre sèche :

Azote.	1.35
Acide phosphorique	1.34
Potasse.	2.51
Carbonate de chaux	10.10

En rapportant à la terre naturelle, un kilogramme contient, à l'état

sec, dans les éléments fins, les proportions de principes fertilisants suivantes :

Azote.	1.09
Acide phosphorique	1.08
Potasse	2.04
Carbonate de chaux	8.19

Ce sont là des terres de très bonne qualité ; la profondeur de la couche d'alluvion produit une végétation exceptionnellement vigoureuse et des rendements élevés.

N° 10 A.

Terre végétale, d'une profondeur de $0^m,35$ à $0^m,40$, reposant sur une couche d'argile noire tout à fait imperméable. En beaucoup d'endroits les feuilles se flétrissent.

1 000 de terre sèche contiennent :

TERRE FINE.	CAILLOUX	
	siliceux.	calcaires.
974.00	26.00	0

L'analyse de la terre fine a donné les résultats suivants pour 1 000 de terre sèche :

Azote.	0.36
Acide phosphorique	0.07
Potasse.	0.79
Carbonate de chaux	0.20

En rapportant à la terre naturelle, un kilogramme contient, à l'état sec, dans les éléments fins, les proportions de principes fertilisants suivantes :

Azote.	0.35
Acide phosphorique	0.07
Potasse.	0.77
Carbonate de chaux	0.19

Cette terre est extrêmement pauvre en éléments fertilisants ; elle manque totalement d'acide phosphorique. On comprend que la vigne y souffre, surtout en considérant que la couche arable est peu profonde et que le sous-sol est formé par une argile imperméable. De fortes fumures seront nécessaires pour amener la vigne à un état de végétation normale.

N° 10 B.

Dans cette même parcelle n° 10, on a prélevé un échantillon de terre à une profondeur de $0^m,40$ reposant également sur la couche imperméable et où les feuilles se flétrissent quelquefois et se bordent souvent de rouge.

1 000 de terre sèche contiennent :

TERRE FINE.	CAILLOUX	
	siliceux.	calcaires.
963.20	36.80	traces.

L'analyse de la terre fine a donné les résultats suivants pour 1 000 de terre sèche :

Azote.	0.86
Acide phosphorique	0.33
Potasse.	1.37
Carbonate de chaux	traces.

En rapportant à la terre naturelle, un kilogramme contient, à l'état sec, dans les éléments fins, les proportions de principes fertilisants suivantes :

Azote	$0^{gr},83$
Acide phosphorique.	0 ,32
Potasse.	1 ,32
Carbonate de chaux.	traces.

Cette terre, quoique moins pauvre que la précédente, est cependant ingrate et on doit s'attendre à y constater quelques accidents dans la végétation.

N° 10 *bis* A.

Sol assez profond, sous-sol peu pierreux et perméable. Végétation assez belle.

1 000 de terre sèche contiennent :

TERRE FINE.	CAILLOUX	
	siliceux.	calcaires.
862.90	137.10	0

L'analyse de la terre fine a donné les résultats suivants pour 1 000 de terre sèche :

Azote.	0.56
Acide phosphorique	0.63
Potasse	3.15
Carbonate de chaux	traces.

En rapportant à la terre naturelle, un kilogramme contient, à l'état sec, dans les éléments fins, les proportions de principes fertilisants suivantes :

Azote.	0.48
Acide phosphorique	0.54
Potasse	2.72
Carbonate de chaux	traces.

Ici encore, il y a dans le sol peu de matières fertilisantes ; mais la perméabilité et la profondeur du sous-sol, qui est surtout constitué par de la terre fine, permettent à la végétation d'atteindre un développement suffisant pour une bonne récolte.

N° 10 bis B.

Dans la même parcelle 10 bis, on a prélevé un échantillon dans les parties où la végétation paraissait un peu inférieure.

1 000 de terre sèche contiennent :

TERRE FINE.	CAILLOUX	
	siliceux.	calcaires.
967.00	33.00	0

L'analyse de la terre fine a donné les résultats suivants pour 1 000 de terre sèche :

Azote.	0.53
Acide phosphorique	0.44
Potasse	3.05
Carbonate de chaux	traces.

En rapportant à la terre naturelle, un kilogramme contient, à l'état sec, dans les éléments fins, les proportions de principes fertilisants suivantes :

Azote.	0.51
Acide phosphorique	0.42
Potasse	2.95
Carbonate de chaux	traces.

La composition de cette terre est très voisine de la précédente. Dans les deux le calcaire manque presque totalement.

N° 12.

Sol peu pierreux. Végétation peu vigoureuse.

1 000 de terre sèche contiennent :

	CAILLOUX	
TERRE FINE.	siliceux.	calcaires.
949.90	50.10	0

L'analyse de la terre fine a donné les résultats suivants pour 1 000 de terre sèche :

Azote.	0.43
Acide phosphorique	0.42
Potasse	3.76
Carbonate de chaux	traces.

En rapportant à la terre naturelle, un kilogramme contient, à l'état sec, dans les éléments fins, les proportions de principes fertilisants suivantes :

Azote.	0.41
Acide phosphorique	0.39
Potasse	3.57
Carbonate de chaux	traces.

Cette terre n'est riche qu'en potasse ; comme les précédentes, elle a besoin d'engrais azotés et phosphatés. Les différences existant dans l'intensité de la végétation doivent être regardées comme fortuites et ne sont pas dues à la nature du sol.

N° 12 bis.

Sol très pierreux. Végétation peu vigoureuse.

1 000 de terre sèche contiennent :

	CAILLOUX	
TERRE FINE.	siliceux.	calcaires.
571.80	428.20	0

L'analyse de la terre fine a donné les résultats suivants pour 1 000 de terre sèche :

Azote.	0.73
Acide phosphorique	0.28
Potasse.	1.88
Carbonate de chaux	traces.

En rapportant à la terre naturelle, un kilogramme contient, à l'état sec, dans les éléments fins, les proportions de principes fertilisants suivantes :

Azote.	0.42
Acide phosphorique	0.16
Potasse.	1.07
Carbonate de chaux	traces.

Ici nous sommes en présence d'une terre que le mélange d'une grande quantité de pierres rend encore moins fertile.

N° 14.

Sol pierreux et sableux.

1 000 de terre sèche contiennent :

	CAILLOUX	
TERRE FINE.	siliceux.	calcaires.
626.10	373.90	0

L'analyse de la terre fine a donné les résultats suivants pour 1 000 de terre sèche :

Azote.	0.63
Acide phosphorique	0.54
Potasse.	2.10
Carbonate de chaux	traces.

En rapportant à la terre naturelle, un kilogramme contient, à l'état sec, dans les éléments fins, les proportions de principes fertilisants suivantes :

Azote.	0.39
Acide phosphorique	0.34
Potasse.	1.31
Carbonate de chaux	traces.

N° 16.

Sol assez caillouteux et très sableux.

1 000 de terre sèche contiennent :

	CAILLOUX	
TERRE FINE.	siliceux.	calcaires.
762.10	237.90	0

L'analyse de la terre fine a donné les résultats suivants pour 1 000 de terre sèche :

Azote.	0.59
Acide phosphorique	0.34
Potasse.	1.78
Carbonate de chaux	traces.

En rapportant à la terre naturelle, un kilogramme contient, à l'état sec, dans les éléments fins, les proportions de principes fertilisants suivantes :

Azote.	0.45
Acide phosphorique	0.26
Potasse.	1.36
Carbonate de chaux	traces.

Ces deux sols sont analogues au précédent.

N° 20.

Sol profond et fertile, belle végétation.

1 000 de terre sèche contiennent :

	CAILLOUX	
TERRE FINE.	siliceux.	calcaires.
797.10	202.90	0

L'analyse de la terre fine a donné les résultats suivants pour 1 000 de terre sèche :

Azote.	0.86
Acide phosphorique	0.76
Potasse.	2.56
Carbonate de chaux	traces.

En rapportant à la terre naturelle, un kilogramme contient, à l'état sec, dans les éléments fins, les proportions de principes fertilisants suivantes :

Azote.	0.68
Acide phosphorique	0.60
Potasse	2.04
Carbonate de chaux	traces.

Ici nous avons affaire à une terre qui, sans être abondamment pourvue de principes fertilisants, doit surtout à sa profondeur l'état satisfaisant des vignes qu'elle nourrit.

En résumé, les terres formant le domaine de Sainte-Eugénie sont des terres pauvres. Cependant presque partout la vigne y est vigoureuse et porte de belles récoltes, surtout là où la profondeur du sol et sa perméabilité permettent aux racines de s'étendre. D'ailleurs, avant la plantation de la vigne, ces terres, si peu pourvues des principaux éléments de la fertilité, donnaient de magnifiques récoltes de luzernes et de céréales.

État du vignoble. — L'étendue du vignoble de Sainte-Eugénie est de 150 hectares, dont 120 plantés en vignes. Il reste encore quelques hectares d'une vieille vigne française, plantée il y a quinze ans et qui est atteinte par le phylloxéra ; les parties où cette vigne est encore vigoureuse sont maintenues à l'aide de traitements au sulfure de carbone ; celles dont la végétation a fléchi sont remplacées à mesure par des plants greffés. Mais l'ensemble du vignoble est en réalité constitué par des greffes françaises sur racines américaines. Une partie du vignoble est en production normale ; l'autre, plantée depuis 2 ans et 3 ans, va entrer graduellement en production. Mais tous les essais ayant trait à la production des récoltes et aux exigences des principes fertilisants ont été faits sur des vignes greffées en production normale, c'est-à-dire âgées d'au moins 5 ans et qui peuvent être considérées comme représentant le vignoble tel qu'il sera dans un avenir peu éloigné.

L'encépagement est fait principalement en carignan, cépage fin, donnant de bons vins. Les parties pierreuses du domaine sont complantées en grenache, destiné à être mélangé au reste de la vendange et à en augmenter la qualité, la couleur et le degré alcoolique. Quelques hectares seulement sont occupés par l'aramon et par l'alicante-bouschet, cépages plus grossiers, mais à plus grands rendements.

Les pratiques culturales sont les mêmes que dans les plaines de l'Aude et de l'Hérault. Les soufrages et les traitements à la bouillie bordelaise doivent, en général, être assez fréquents. Ils sont ordinairement au nombre de trois. On est guidé, pour l'opportunité du traitement, par les conditions climatériques. Quand soufflent les vents du nord, très fréquents dans cette région, les maladies cryptogamiques ne sont pas à craindre et les traitements peuvent être interrompus. Au contraire, le vent de mer et le vent d'Espagne favorisent le développement de ces maladies et quand ils se font sentir, une surveillance très active est nécessaire.

Les labours et les sarclages sont fréquents, car les mauvaises herbes se développent rapidement.

Les terres reçoivent tout le fumier produit par les animaux de l'exploitation, ainsi que celui que donnent les moutons qui viennent pacager les feuilles, après la vendange, et qui séjournent dans l'exploitation jusqu'à ce qu'elles soient épuisées ou que les premiers froids les aient rendues impropres à la consommation. Pendant la journée ces moutons, en parcourant la vigne, y déposent leur fumier ; pendant la nuit, remisés dans une étable, ils y laissent encore des crottins qui viennent s'ajouter au fumier de ferme. Le troupeau, d'ailleurs, n'appartient pas à l'exploitation ; il paie pour droit de pacage une faible redevance, soit 200 à 400 fr. et laisse à l'étable de 40 000 à 60 000 kilogr. de fumier.

Outre ces fumures, on donne encore des engrais azotés organiques : sang et viande desséchés, tourteaux de lies, etc., des superphosphates et quelquefois du nitrate de soude.

Résultats des expériences de 1892. — On a étudié séparément les trois principaux cépages, au point de vue de leurs exigences en éléments fertilisants. Les résultats sont rapportés à un hectare de vignes.

Carignan. — Les feuilles ont pesé fraîches 3 198 kilogr. et sèches 1 066 kilogr.;

Les sarments ont pesé frais 2 697 kilogr. et secs 1 078^{kg},8 ;

La quantité de vin a été de 51^{hl},90 ;

Les marcs à l'état frais ont pesé 703^{kg},2 et secs 209^{kg},3 ;

Les lies à l'état sec ont pesé 15^{kg},6.

Composition centésimale de la matière sèche.

	SARMENTS.	FEUILLES.	MARCS.	LIES.
Azote.	0.51	2.01	2.09	1.75
Cendres.	2.92	14.07	6.86	25.94
Acide phosphorique	0.17	0.27	0.58	0.55
Potasse.	0.41	0.48	1.38	11.85
Chaux	0.92	5.18	0.69	2.88
Magnésie	0.35	1.28	0.08	traces.

Composition du vin, par litre.

Azote.	0^{gr},375
Acide phosphorique	0 ,205
Potasse.	1 ,256
Chaux	0 ,142
Magnésie	0 ,062

Matières fertilisantes absorbées par hectare de vignes.

DÉSIGNATION.		AZOTE.	ACIDE PHOSPHORIQUE.	POTASSE.	CHAUX.	MAGNÉSIE.
		kilogr.	kilogr.	kilogr.	kilogr.	kilogr.
Vin.	51^{hl},90	1,946	1,064	6,519	0,737	0,322
Marcs secs.	209^{kg},3	4,374	1,214	2,888	1,444	0,167
Feuilles sèches	1 066 ,0	21,427	2,878	5,117	55,219	13,645
Sarments secs	1 078 ,8	5,502	1,834	4,423	9,925	3,776
Lies sèches	15 ,6	0,273	0,086	1,819	0,449	traces.
Totaux		33,522	7,076	20,796	67,774	17,910

Ce sont là de très faibles exigences; on est frappé surtout de là faible quantité de potasse absorbée.

Aramon. — Les feuilles ont pesé fraîches 4225^{kg},5 et sèches 1 408^{kg},5 ;

Les sarments ont pesé frais 2 712^{kg},7 et secs 1 085^{kg},1 ;

La quantité de vin a été de 93^{hl},90 ;

Les marcs ont pesé à l'état frais 1 312^{kg},2 et secs 329^{kg},7 ;

Les lies à l'état sec ont pesé 28^{kg},2.

Composition centésimale de la matière sèche.

	SARMENTS.	FEUILLES.	MARCS.	LIES.
Azote.	0.64	2.02	1.64	1.75
Cendres.	4.83	18.09	7.60	25.94
Acide phosphorique	0.22	0.38	0.55	0.55
Potasse.	0.66	0.60	0.88	11.85
Chaux	1.68	5.98	0.71	2.88
Magnésie	0.52	1.24	0.11	traces.

Composition du vin, par litre.

Azote.	0^{gr},357
Acide phosphorique	0 ,176
Potasse.	0 ,778
Chaux	0 ,077
Magnésie	0 ,064

Matières fertilisantes absorbées par hectare de vignes.

DÉSIGNATION.		AZOTE.	ACIDE PHOSPHORIQUE.	POTASSE.	CHAUX.	MAGNÉSIE.
		kilogr.	kilogr.	kilogr.	kilogr.	kilogr.
Vin.	93^{hl},90	3,352	1,653	7,305	0,723	0,601
Marcs secs.	329^{kg},7	5,407	1,813	2,901	2,341	0,363
Feuilles sèches.	1 408 ,5	28,452	5,352	8,451	84,228	17,465
Sarments secs	1 085 ,1	6,945	2,387	7,162	18,230	5,642
Lies sèches	28 ,2	0,493	0,155	3,342	0,812	traces.
Totaux		44,649	11,360	29,161	106,334	24,071

Nous nous trouvons en présence d'exigences moyennes, sensiblement supérieures à celles du carignan, ce qui tient surtout au plus grand développement du système foliacé.

Alicante-bouschet. — Les feuilles ont pesé fraîches 3 943^{kg},2 et sèches 1 314^{kg},4 ;

Les sarments ont pesé frais 3 735 kilogr. et secs 1 494 kilogr. ;

La quantité de vin a été de 108^{hl},9 ;

Les marcs ont pesé à l'état frais 1 570^{kg},2 et secs 571 kilogr. ;

Les lies, à l'état sec, ont pesé 32^{kg},7.

Composition centésimale de la matière sèche.

	SARMENTS.	FEUILLES.	MARCS.	LIES.
Azote.	0.54	2.31	2.01	1.75
Cendres.	4.70	17.34	7.76	25.94
Acide phosphorique	0.18	0.41	0.51	0.55
Potasse.	0.86	0.95	1.52	11.85
Chaux	1.52	5.80	0.71	2.88
Magnésie	0.36	0.93	0.06	traces.

Composition du vin, par litre.

Azote.	0^{gr},393
Acide phosphorique	0 ,178
Potasse.	1 ,083
Chaux	0 ,129
Magnésie	0 ,071

Matières fertilisantes absorbées par hectare de vignes.

DÉSIGNATION.		AZOTE.	ACIDE PHOSPHO-RIQUE.	POTASSE.	CHAUX.	MAGNÉSIE.
		kilogr.	kilogr.	kilogr.	kilogr.	kilogr.
Vin.	108^{hl},90	4,280	1,938	11,794	1,405	0,773
Marcs secs.	571^{kg},0	11,477	2,912	8,679	4,054	0,343
Feuilles sèches.	1 314 ,4	30,363	5,389	12,487	76,235	12,224
Sarments secs	1 494 ,0	8,068	2,689	12,848	22,709	5,378
Lies sèches	32 ,7	0,572	0,180	3,875	0,942	traces.
Totaux		54,760	13,108	49,683	105,345	18,718

Ces exigences sont assez fortes ; elles tiennent en partie à l'abondance de la récolte, en partie au développement des bois et des feuilles.

Résultat des expériences en 1893. — Les conditions climatériques ont été à Sainte-Eugénie les mêmes qu'au Mas-Déous, c'est-à-dire que de fortes chaleurs et une grande sécheresse ont régné pendant tout l'été. Dans les parties qui avaient paru le plus souffrir, on avait pratiqué quelques arrosages très modérés. La végétation n'a pas été aussi vigoureuse que dans les années normales et les feuilles étaient pendantes jusque vers la fin d'août, où quelques pluies d'orages ont relevé l'apparence de la vigne.

On se trouvait donc dans des circonstances un peu différentes de celles des années ordinaires, au point de vue du développement des feuilles et des bois. Mais les raisins avaient cependant acquis, à l'époque de la vendange, un développement pouvant être regardé comme normal.

Voici les résultats obtenus pour un hectare :

Carignan. — Les feuilles ont pesé fraîches 1 370 kilogr. et sèches 467^{kg},3 ;

Les sarments ont pesé frais 1 320 kilogr. et secs 486^{kg},9 ;

La quantité de vin a été de 51^{hl},9 ;

Les marcs ont pesé frais 652^{kg},6 et secs 209^{kg},3 ;

Les lies à l'état sec ont donné 15^{kg},6.

Composition centésimale de la matière sèche.

	FEUILLES.	SARMENTS.	MARCS.	LIES.
Azote.	1.75	0.70	2.06	1.75
Cendres.	12.50	4.30	7.18	25.94
Acide phosphorique . . .	0.23	0.21	0.56	0.55
Potasse.	1.07	0.98	1.70	11.85
Chaux	4.40	1.46	0.80	2.88
Magnésie	0.26	0.20	0.03	traces.

Composition du vin, par litre.

Azote.	0^{gr},586
Acide phosphorique	0 ,329
Potasse.	1 ,333
Chaux	0 ,203
Magnésie	0 ,062

Matières fertilisantes absorbées par hectare de vignes.

DÉSIGNATION.	AZOTE.	ACIDE PHOSPHO-RIQUE.	POTASSE.	CHAUX.	MAGNÉSIE.
	kilogr.	kilogr.	kilogr.	kilogr.	kilogr.
Vin . . . . 51^{hl},9	3,041	1,707	6,918	1,079	0,322
Marcs secs . . . . 209^{kg},3	4,312	1,172	3,558	1,674	0,063
Feuilles sèches. . . 467 ,3	8,178	1,075	5,000	20,561	1,215
Sarments secs . . . 486 ,9	3,408	1,022	4,772	7,109	0,974
Lies sèches . . . . 15 ,6	0,273	0,086	1,849	0,449	traces.
Totaux	19,212	5,062	22,097	30,872	2,574

Ces chiffres sont très faibles, ce qui tient plus au faible développement des feuilles et des bois qu'à la récolte, qui a été peu inférieure à ce qu'on peut attendre normalement du carignan.

Aramon. — Les feuilles ont pesé fraîches 1 960 kilogr. et sèches 666^{kg},2 ;

Les sarments ont pesé frais 1 400 kilogr. et secs 382 kilogr. ;

La quantité de vin a été de 93^{hl},9 ;

Les marcs ont pesé frais 1 173 kilogr. et secs 329^{kg},7 ;

Les lies à l'état sec ont donné 28^{kg},2.

Composition centésimale de la matière sèche.

	FEUILLES.	SARMENTS.	MARCS.	LIES.
Azote.	1.88	0.58	2.13	1.75
Cendres.	14.04	3.75	8.18	25.94
Acide phosphorique . . .	0.29	0.27	0.54	0.55
Potasse.	1.13	0.82	2.38	11.85
Chaux	4.68	1.12	0.79	2.88
Magnésie	0.24	0.20	0.06	traces.

Composition du vin, par litre.

Azote.	0^{gr},605
Acide phosphorique	0 ,265
Potasse.	1 ,337
Chaux	0 ,139
Magnésie	0 ,065

Matières fertilisantes absorbées par hectare de vignes.

DÉSIGNATION.	AZOTE.	ACIDE PHOSPHORIQUE.	POTASSE.	CHAUX.	MAGNÉSIE.
	kilogr.	kilogr.	kilogr.	kilogr.	kilogr.
Vin . . . . 93^{hl},9	5,681	2,488	12,554	1,305	0,610
Marcs secs. . . . . 329^{kg},7	7,023	1,780	7,847	2,605	0,198
Feuilles sèches. . . 666 ,2	12,524	1,932	7,528	31,178	1,599
Sarments secs . . . 382 ,0	2,216	1,031	3,132	4,278	0,764
Lies sèches . . . . 28 ,2	0,493	0,155	3,342	0,812	traces.
Totaux	27,937	7,386	34,403	40,178	3,171

Ici encore, il y a eu des exigences peu considérables, surtout eu égard à l'abondance de la récolte.

Alicante. — Les feuilles ont pesé fraîches 1 303 kilogr. et sèches 422^{kg},9 ;

Les sarments ont pesé frais 1 360 kilogr. et secs 501^{kg},2 ;

La quantité de vin a été de 108^{hl},9 ;

Les marcs ont pesé frais 1 878 kilogr., soit secs 571 kilogr. ;

Les lies à l'état sec ont donné 32^{kg},7.

Composition centésimale de la matière sèche.

	FEUILLES.	SARMENTS.	MARCS.	LIES.
Azote.	2.18	0.64	2.21	1.75
Cendres.	10.67	2.90	7.40	25.94
Acide phosphorique . . .	0.36	0.18	0.59	0.55
Potasse.	1.17	0.72	2.39	11.85
Chaux	3.30	0.84	0.90	2.88
Magnésie	0.33	0.14	0.04	traces.

Composition du vin, par litre.

Azote.	0^{gr},656
Acide phosphorique	0 ,297
Potasse.	1 ,261
Chaux	0 ,119
Magnésie	0 ,070

Matières fertilisantes absorbées par hectare de vignes.

DÉSIGNATION.	AZOTE.	ACIDE PHOSPHORIQUE.	POTASSE.	CHAUX.	MAGNÉSIE.
	kilogr.	kilogr.	kilogr.	kilogr.	kilogr.
Vin . . . . $108^{hl},9$	7,144	3,234	13,732	1,296	0,762
Marcs secs. . . . . $571^{kl},0$	12,619	3,369	13,647	5,139	0,228
Feuilles sèches. . . 422 ,9	9,219	1,522	4,948	13,956	1,396
Sarments secs . . . 501 ,2	3,208	0,902	3,609	4,210	0,702
Lies sèches . . . . 32 ,7	0,572	0,180	3,875	0,942	traces.
Totaux	32,762	9,207	39,811	25,543	3,088

L'alicante également n'a enlevé du sol que de faibles quantités de substances fertilisantes, et cependant il a donné une forte récolte.

On voit qu'en 1893 la vigne a absorbé par hectare de surface une quantité d'éléments fertilisants beaucoup moindre qu'en 1892. Cela tient à ce que les feuilles et les sarments avaient un développement n'atteignant que la moitié ou même le tiers du poids obtenu l'année précédente. C'est à la sécheresse exclusivement qu'il faut attribuer ce fait, car les fumures avaient été aussi abondantes en 1893 qu'en 1892 ; mais l'absence des pluies ne leur a pas permis d'exercer leur action. Ces engrais, essentiellement composés de matières organiques azotées et de superphosphates, sont restés inertes dans le sol ; aussi a-t-on cru inutile de recourir en 1894 à des engrais commerciaux et s'est-on borné à répandre le fumier produit à la ferme, en l'appliquant aux parties dont la végétation laissait le plus à désirer. Ce qui frappe surtout, c'est que, malgré le plus faible développement du système foliacé, la production de vendange a été aussi abondante que l'année précédente.

CHAPITRE III

VIGNOBLES EN TERRASSES[1]

Dans la partie qui précède, nous avons envisagé la production viticole du Roussillon dans les conditions générales dans lesquelles elle est placée actuellement, c'est-à-dire avec son territoire presque entièrement planté de vignobles, tant dans les plaines et les vallées que sur des coteaux plus ou moins élevés. Cette région produit ainsi de grandes quantités de vins communs, se rapprochant de ceux de l'Aude et de l'Hérault ; ils ont cependant une richesse alcoolique notablement plus élevée, une coloration plus intense et plus de corps, surtout dans les terrains appelés *aspres* (*arides*) et les coteaux de certaines localités telles qu'Estagel, Maury, Teutavel, qui donnent des vins se rapprochant de ceux produits dans le territoire de Banyuls, dont nous nous occupons surtout ici. L'énorme développement pris par la culture de la vigne dans les Pyrénées-Orientales doit faire compter ce département parmi les plus grands producteurs de vins ordinaires.

Autrefois, il n'en était pas ainsi. Nous avons signalé, au début de la précédente étude, l'importance agricole du Roussillon qui, avant l'invasion phylloxérique, ne produisait pas de très grandes quantités de vin, mais dont le territoire était principalement occupé par la culture des céréales, des oliviers, des chênes-liège et des fourrages. Le prix élevé des vins, après les premières années de l'invasion, avait porté les propriétaires à planter de la vigne et dès lors l'aspect du pays s'était rapidement modifié.

1. Étude faite avec le concours de M. Eug. Rousseaux, préparateur de chimie à l'Institut agronomique.

A l'époque où le Roussillon était plutôt un pays agricole, les coteaux de Banyuls à Collioure et d'autres terrains en pente, formaient la plus grande partie du vignoble. La vigne y était cultivée en terrasses, maintenues par des murs de soutènement en pierres sèches, cette disposition étant indispensable à cause de la rapidité des pentes. Alors les vins du Roussillon étaient surtout connus comme vins de qualité et étaient obtenus avec des cépages fins tels que le grenache, le muscat, le Saint-Antoine ; le carignan, quoique inférieur aux précédents, était aussi cultivé fréquemment.

D'ailleurs l'ensemble des conditions dans lesquelles ces vignes se développaient, c'est-à-dire un climat et une exposition favorables, des terres arides et rocailleuses sur lesquelles on n'obtenait que de faibles rendements, l'âge des vignes, constituées surtout par de vieilles souches, la maturation parfaite à laquelle on laissait arriver le raisin, les soins apportés à la vinification permettaient de produire ces vins si estimés, remarquables par leur bouquet, leur vinosité, leur aptitude à la conservation. Ces vins d'élite, doux et liquoreux, ne sont pas à proprement parler des vins de consommation, mais plutôt des vins de liqueur ; ils gagnent encore par le vieillissement et se dépouillent de leur couleur, formant alors ce qu'on appelle des vins *rancios*.

Les plus connus parmi les vins de cette catégorie sont ceux de Banyuls et de Collioure, dont le grenache forme la base et dont la richesse alcoolique peut s'élever jusqu'à plus de 17°.

Lors de l'invasion phylloxérique, vers 1881, l'ensemble de ces vignobles, plantés dans des terres maigres et sèches où la vigne offrait peu de résistance et où l'insecte se trouvait dans les conditions les plus favorables à son développement, a été détruit dans l'espace de deux à trois ans et les coteaux se sont trouvés incultes. A peine a-t-on cherché, en quelques points, à remplacer cette richesse disparue, par l'olivier ou par le chêne-liège, et les vins si renommés de cette région ont alors presque entièrement disparu de la consommation.

La plus grande partie des vignes restait en friches, dans celles qui le sont encore on fait paître des troupeaux de chèvres, très abondants dans toute cette contrée, d'où les vaches sont exclues ; ces troupeaux n'appartiennent pas au propriétaire du terrain ; celui-ci le loue moyennant un droit de pâture fort peu élevé et qui ne dépasse pas 10 fr. par an et par hectare. Cette redevance est d'ailleurs le plus souvent payée en crottin de ces chèvres, ce qui permet aux cultivateurs peu aisés de fumer leurs jeunes vignes sans débourser d'argent. Ces montagnes qui, il y a peu d'années encore, étaient couvertes de si riches vignobles, n'offraient donc plus, comme trace de leur richesse passée, que les quelques milliers de kilomètres de murs attestant l'importance de leur développement antérieur.

Mais aujourd'hui (1894), cet abandon n'est plus aussi complet ; ces coteaux ont recouvré une partie de leur prospérité, bien que les terrains devenus incultes occupent encore de vastes surfaces. Si la reconstitution est relativement plus lente que dans d'autres régions en plaines ou en coteaux, cela tient surtout aux lourds sacrifices qu'elle entraîne pour les défoncements, la fabrication ou la réfection des murs de soutènement. Aussi ce sont surtout les petits propriétaires, travaillant par eux-mêmes et n'ayant pas à faire d'avances d'argent, qui utilisent le temps dont ils disposent pour reconstituer de leurs propres mains leurs propriétés ruinées. C'est grâce à leurs efforts soutenus, avec des alternances de succès et de revers et malgré les difficultés qu'offre le terrain, que se reconstituent peu à peu ces riches vignobles, qui feront revivre la vieille renommée des vins du Roussillon et auxquels il nous a semblé intéressant de consacrer une étude spéciale.

La propriété est très morcelée et les 1 500 hectares replantés actuellement sur le territoire de Banyuls appartiennent au moins à 500 propriétaires différents et sur le nombre il n'y en a que deux ayant replanté 10 à 12 hectares et moins de dix ayant chacun 5 hectares de vignes nouvelles. Les propriétaires ont en réalité relativement peu d'argent ; le phylloxéra a non seulement ruiné le pays, qui avait de l'aisance, mais la population a dû vivre pendant 10 ans sans les produits de la vigne, qui sont les seuls que la terre puisse donner. La reconstitution a d'ailleurs absorbé les dernières ressources et ce n'est que maintenant que la vigne commence à promettre et à produire.

Nous avons choisi comme type le vignoble de Banyuls-sur-Mer, où la reconstitution, faite en plants greffés sur racines américaines, a été poussée très activement : sur une surface totale naguère en vignes de 4 000 hectares environ, fournissant en moyenne 50 000 à 60 000 hectolitres de vin, 1 500 sont déjà reconstitués, dont environ 1 000 sont actuellement en production presque normale et 400 à 500 en jeunes plantations qui ne vont pas tarder à produire ; on obtient 14 000 à 15 000 hectolitres de vin. Le vignoble de Banyuls est celui où la reconstitution est le plus avancée. A Collioure, où la pêche utilise beaucoup de bras, à peine 250 hectares sont replantés ; la surface reconstituée est minime à Port-Vendres, sauf dans certaines portions du territoire (telles que Cospérons et Paulilles) qui appartiennent en grande partie à des propriétaires de Banyuls.

La vigne est également cultivée dans les vallons, où les terres fines se sont accumulées et forment des couches profondes d'une grande fertilité ; elle y prospère et y donne d'abondantes récoltes, trois fois supérieures à celles qu'elle fournit sur les coteaux, mais avec un vin d'une qualité beaucoup moindre. Ces vallons rentrent, au point de vue de la production, dans la catégorie des terres qui occupent la plus grande surface du Roussillon et que nous avons étudiées plus haut ; cependant les vins qu'ils produisent sont notablement supérieurs aux vins ordinaires de la région. Quant aux pentes des coteaux pierreux, c'est sur elles que sont cultivées, jusqu'à l'altitude de 500 mètres, ces vignes à végétation moins puissante, à rendement moins élevé qui donnent les vins de qualité supérieure.

Nos études ont porté sur les vignes de cette dernière catégorie, qui occupent d'ailleurs de beaucoup la principale surface de ce territoire. Nous avons opéré dans une propriété appartenant à M. R. March, qui a bien voulu nous prêter son concours et mettre à notre disposition sa connaissance approfondie de la culture de la vigne dans la région ; d'autres viticulteurs, MM. Casimir et Isidore Sagols, nous ont également aidé de leurs conseils. Nous leur adressons ici tous nos remerciements.

Situation. — Les vignobles de Banyuls, auxquels on peut rattacher ceux de Collioure, Port-Vendres et Cerbère, sont situés sur les flancs des monts Albères, appartenant à la chaîne des Pyrénées-Orientales, et qui, commençant au cap Cerbère, se terminent au

Perthus, dépression profonde, de 200 mètres seulement d'altitude, par laquelle on a tracé la route carrossable de Perpignan à Gérone (Espagne). Ces monts hérissent, au début de leur parcours, de pointes et d'anses rocheuses, la côte de la Méditerranée ; leurs sommets arrondis sont, au bord de la mer, peu élevés (600 mètres environ), mais plus loin ils atteignent 1 000 mètres.

Les plus importants de ces promontoires sont le cap Cerbère et le cap Béar ; c'est sur le flanc méridional de ce dernier, au bord de la mer, qu'est situé Banyuls, et c'est sur le flanc septentrional que se trouvent Port-Vendres et Collioure.

C'est sur les coteaux abrupts des Albères, près de la Méditerranée et assez avant dans les montagnes, que sont les vignobles dont nous nous occupons.

Climat. — Le climat est celui dit méditerranéen. Dans le climat spécial de la région que nous étudions, les chaleurs de l'été sont souvent très fortes, mais tempérées par les brises de mer et le vent sec et violent du nord-nord-ouest ; le vent du sud est au contraire très chaud. Là poussent à l'état spontané les plantes du bassin méditerranéen, telles que l'agave, le figuier de Barbarie, le vitex (*agnus castus*) ; l'oranger et le citronnier y sont cultivés en pleine terre. En outre, les montagnes protègent les vignobles contre les vents d'ouest et du nord-ouest ; la température y est donc élevée, ce qui peut contribuer à l'augmentation de la richesse alcoolique du vin.

Dans cette région des Albères, les pluies sont peu fréquentes. Les viticulteurs considèrent une année comme bonne lorsqu'ils ont eu des pluies abondantes en hiver et au printemps et que la sécheresse ne se fait pas encore sentir en juin ; quoique le plus souvent privées de pluie du 20 juin aux vendanges, si les vents d'est, c'est-à-dire les vents de mer, qui sont chargés d'humidité, dominent, les grappes de raisin se développent et arrivent à maturité parfaite. Les vents secs, au contraire, entravent le développement du grain ; ils dessèchent quelquefois les raisins, que brûlent aussi les coups de soleil lorsque les feuilles ne les abritent pas suffisamment ; ces vents influent donc défavorablement sur la qualité et sur le rendement. Le vent sec du nord est pourtant le plus sain pour le pays qui, grâce à lui, est indemne d'épidémies; il est le plus sain aussi pour les vignes, qui ont peu à souffrir des maladies cryptogamiques, mildiou, oïdium, etc.

Quand les pluies se produisent au moment de la floraison, la vendange est notablement réduite, par suite de la coulure qui est d'autant plus à craindre que le plant dominant, le grenache, qui a fait la réputation des vins de cette région, est sujet plus que tous les autres à cet accident, qui constitue pour ce pays le fléau le plus redoutable ; lorsque la coulure sévit, la récolte se trouve réduite de la moitié ou même des trois quarts.

Nous n'avons à insister ni sur les gelées d'hiver, relativement rares, ni sur celles de printemps qui, dans la zone que nous considérons, ne se font jamais sentir.

En 1892, la grêle a ravagé le tiers du vignoble ; en 1893, la sécheresse a été très grande et les raisins ont été grillés par le soleil. L'année 1894 a été caractérisée par une forte coulure au printemps et, depuis le mois de mai, par une grande sécheresse, qui s'est prolongée jusqu'au milieu de novembre, rendant impossibles jusqu'à cette époque l'enfouissement des engrais et la replantation des plants greffés.

Constitution et composition des sols. — Les monts Albères, depuis le Perthus jusqu'au cap Cerbère, sont constitués par les terrains primitifs et primaires ; les premiers forment principalement la partie ouest ; la partie est, jusqu'au bord de la mer, c'est-à-dire dans la région qui nous intéresse, comprend les trois étages du silurien inférieur, moyen et supérieur, constitués par des schistes plus ou moins noirâtres.

C'est sur ces ramifications schisteuses, que les Albères projettent jusqu'à la mer, que sont établies les vignes en terrasses que nous étudions ici. La région est formée par une série de coteaux à pentes abruptes, séparés par des vallons étroits où la terre végétale provenant de la décomposition des roches schisteuses s'accumule. Sur les pentes, au contraire, le sol est rocailleux, mélangé seulement de petites quantités de terre fine. Mais les roches présentent de nombreuses fissures permettant aux racines de la vigne de s'enfoncer ;

dans les couches profondes, la vigne trouve, outre sa nourriture, la fraîcheur dont elle a besoin aux époques où la sécheresse se fait sentir.

A ce sujet, nous devons faire remarquer que les viticulteurs ne pratiquent leurs défoncements sur les coteaux qu'à une profondeur de 0^m,20 à 0^m,30 ; quand ils sont plus profonds et atteignent par exemple 0^m,60, remuant le schiste friable du sous-sol, non seulement ils entraînent à de grands frais, mais aussi ils produisent de mauvais effets ; le sol profondément remué ne garde pas autant la fraîcheur et l'humidité si utiles à la végétation dans ce climat sec et chaud et la sécheresse peut faire souffrir davantage la vigne. Si, en général, les défoncements profonds sont avantageux, et même indispensables dans certains cas, si, dans d'autres, ils sont inutiles, ici ils doivent être regardés comme nuisibles ; c'est une circonstance heureuse, car elle dispense d'une pratique qui, dans ce sol rocailleux, serait particulièrement coûteuse. On trouve d'ailleurs dans les parties supérieures du sol assez de matériaux pierreux pour la construction des murailles qui soutiennent les gradins ; les schistes fournissent en abondance et gratuitement ces matériaux sur les lieux mêmes.

Sur ces rampes rapides, où la culture ne peut se faire qu'en gradins, les murs de soutènement sont d'autant plus rapprochés que la pente est plus forte ; dans ce cas, les gradins ne portent que deux ou trois rangs de vignes et ont par conséquent une largeur de 3 à 5 mètres ; là où les versants sont moins escarpés, les murs, plus éloignés, laissent entre eux des terrasses avec 4 à 6 rangs de ceps, soit d'une largeur de 5 à 10 mètres. Les murs eux-mêmes sont d'autant plus épais et plus élevés que la pente est plus raide et qu'il y a plus de matériaux grossiers dont on cherche à débarrasser la surface cultivée. On pratique la fondation jusqu'à la roche et c'est sur celle-ci qu'est construite la muraille par une simple superposition, habilement exécutée, des pierres les unes sur les autres, sans aucun ciment. Les murs ont une hauteur moyenne d'à peu près 75 centimètres et une épaisseur qui est le plus souvent de 0^m,50.

Le travail est complété par la construction de rigoles d'écoulement. Si ces dernières faisaient défaut, le sol serait vite raviné par les eaux, la terre végétale, qu'il y a si grand intérêt à conserver dans la vigne, serait entraînée dans les bas-fonds et dans les ravins du pied des collines et des montagnes, qui conduisent à la rivière et à la mer ; la plus grande partie de cette terre serait perdue. D'ailleurs on n'évite jamais complètement, par les fortes averses, cet entraînement qui accumule dans les vallons une partie de la bonne terre enlevée aux coteaux.

En l'absence de rigoles, les fumures seraient également enlevées au sol par les eaux pluviales et la vigne n'en profiterait pas ; les murs eux-mêmes seraient sérieusement compromis par le ravinement. Ces rigoles d'écoulement sont d'autant plus nombreuses que la pente est plus rapide ; elles ont une direction telle que les eaux descendant des parties supérieures sont arrêtées dans leur trajet et dirigées dans un collecteur qui les déverse dans les ravins.

La construction des murs de soutènement, complétée par celle des rigoles d'écoulement, est une dépense de premier établissement assez importante, comme l'indiquent les chiffres suivants établis par hectare :

Dans les cas les plus favorables, les dépenses sont :

Pour le défonçage.	200 fr.
Pour la construction des murs de soutènement et des rigoles d'écoulement	1 200
Soit	1 400 fr.

Dans les cas ordinaires :

Pour le défonçage.	250 à 300 fr.
Pour la construction des murs et des rigoles . .	2 000
Soit	2 250 à 2 300 fr.

Dans les cas où la pente est très rapide :

Pour le défonçage.	400 à 500 fr.
Pour les murs et les rigoles	2 000 à 3 500
Soit	2 400 à 4 000 fr.

Ces chiffres montrent que la dépense occasionnée par la construction de ces milliers de kilomètres de murailles qui soutiennent les vignobles en terrasses et par l'établissement des rigoles qui leur servent de compléments représente un capital considérable.

Lorsque les vignes ont été abandonnées, comme cela a été le cas après leur destruction par le phylloxéra, la solidité des murs a été compromise par le ravinement des eaux, par le manque d'entretien et le parcours des troupeaux de chèvres. En reconstituant la vigne, il faut ordinairement de grands travaux de réfection, sinon une reconstruction complète. Il faut aussi transporter dans la vigne la terre végétale accumulée dans les interstices que les pierres laissent entre elles et celle qui a été entraînée dans les bas-fonds. Suivant l'état d'abandon des murs, la dépense est plus ou moins forte ; lorsqu'ils sont encore en bon état, on l'évite en grande partie lors de la reconstitution du vignoble.

Étudions maintenant la composition des sols dans lesquels ces vignes se développent. Plusieurs échantillons ont été prélevés de façon à représenter les types de terrains les plus caractérisés du vignoble de Banyuls. Les uns ont été pris dans la vigne du Mas-Baills, sur les flancs, ainsi que dans le bas du coteau ; les autres, à flanc de coteau, dans une vigne éloignée de la précédente de 4 kilomètres et dite « la Soulane » ; le sous-sol a été prélevé à environ 0^m,30 de profondeur. Dans la vigne du Mas-Baills, au bas du coteau, le sol meuble a une plus grande profondeur qui dépasse 1^m,20 ; il n'a pas été jugé à propos d'y prendre un échantillon de sous-sol.

Les résultats des analyses sont donnés ci-dessous :

		POUR 1 000 de terre naturelle sèche.	
		Terre fine.	Cailloux schisteux.
Vigne du Mas-Baills.	Terre du sol du coteau	283	717
	— sous-sol du coteau. .	144	856
	Sol du bas du coteau [1]	323	677
Vigne « la Soulane »	Sol	242	758
	Sous-sol (à 0^m,30 environ) . .	339	661

Comme on le voit, les cailloux sont extrêmement abondants, puisqu'ils constituent plus des 2/3 de la masse et en atteignent dans certains cas les 4/5.

La quantité de terre végétale proprement dite est donc très faible

---

1. Le sous-sol est à plus de 1^m,20 de profondeur.

dans un mètre cube de terre et la vigne n'a que peu d'éléments nutritifs à sa disposition.

Le tableau ci-dessous se rapporte à la composition de la terre fine :

| | POUR 1 000 DE TERRE FINE SÈCHE. | | | | | |
	AZOTE.	ACIDE phosphorique.	POTASSE.	CARBONATE de chaux.	MAGNÉSIE.	FER calculé à l'état métallique.
Vigne du Mas-Baills. — Coteau. Sol . . .	0.87	1.17	4.75	0.4	1.1	30.5
Vigne du Mas-Baills. — Coteau. Sous-sol.	0.65	1.07	3.75	0.0	0.8	32.1
Vigne du Mas-Baills. — Sol du bas du coteau	0.90	1.36	4.90	1.1	1.2	32.1
Vigne « la Soulagne ». Sol . . .	1.24	1.86	4.20	2.0	0.7	40.5
Vigne « la Soulagne ». Sous-sol.	1.27	1.71	2.90	6.5	0.6	39.6

Toutes ces terres ne contiennent que des traces ou très peu de carbonate de chaux, toutes sont riches en potasse, pauvres en azote, assez bien pourvues d'acide phosphorique ; les terres de la vigne « la Soulane » sont mieux partagées que celles du Mas-Baills.

Mais si l'on tient compte de la proportion des cailloux existant dans la terre naturelle, les chiffres qui représentent la quantité des principes fertilisants dans un poids de terre brute s'abaissent considérablement.

On trouve en effet pour 1 000 de terre brute, envisagée telle qu'elle est en réalité, les proportions suivantes d'éléments fertilisants :

| | POUR 1 000 DE TERRE NATURELLE SÈCHE. | | | | | | |
	AZOTE.	ACIDE phosphorique.	POTASSE.	CARBONATE de chaux fin.	CARBONATE de chaux pierreux.	MAGNÉSIE.	FER à l'état métallique.
Mas-Baills — Coteau. Sol . . .	0.25	0.33	1.34	0.01	0	0.31	8.63
Mas-Baills — Coteau. Sous-sol .	0.09	0.15	0.54	0.00	0	0.01	4.62
Mas-Baills — Sol du bas du coteau	0.29	0.44	1.58	0.35	0	0.36	10.37
« La Soulane » Sol . . .	0.30	0.45	1.01	0.48	0	0.17	9.80
« La Soulane » Sous-sol.	0.43	0.57	0.98	2.20	0	0.20	13.42

On voit d'après ces chiffres que les quantités de principes fertilisants que la vigne peut trouver dans un cube déterminé sont extrêmement minimes, sauf pour la potasse. Aussi est-il nécessaire de recourir à des fumures assez élevées pour augmenter les récoltes.

Culture de la vigne. — Le cépage qui domine de beaucoup dans la région, le seul dont nous nous occupions ici est le grenache ; c'est un cépage à souche vigoureuse dans les terres riches, mais dans les vignobles rocailleux de Banyuls, il n'atteint pas le même développement.

Il résiste mieux que la plupart des autres cépages à l'oïdium, il résiste également aux vents qui soufflent parfois avec violence ; son moût est riche en sucre et donne des vins alcooliques et colorés bien supérieurs comme finesse aux cépages ordinaires du Midi. Mais il est très sensible au mildiou et surtout à la coulure. On remarque, sans pouvoir l'expliquer jusqu'à présent, que, dans les mêmes conditions de culture, de sol et d'exposition, certains pieds résistent très bien à la coulure, tandis que d'autres y sont très sujets et ne produisent presque jamais de récolte ; on les désigne en catalan sous le nom de *folls*[1]. Il semble rationnel de conseiller le recépage de ces pieds stériles en employant des greffes prises sur les pieds à bonne production.

La reconstitution se fait toujours avec des plants américains enracinés généralement, plus rarement en boutures, jamais en greffés, ces derniers n'étant employés que pour remplacer les manquants ; ces plants sont toujours greffés en pépinière. Le sol est défoncé à 25, à 30 centimètres seulement dans les terrains en pente ; la plantation se pratique au moyen du pal en fer pour les boutures et les plants racinés non greffés ; on fait des cuvettes pour planter les pieds racinés et greffés.

Le riparia constitue le porte-greffe dominant. Cependant, depuis quelques années, on emploie le rupestris pour les coteaux et cela de plus en plus, car les racines de ce porte-greffe sont plus plongeantes et la souche est plus vigoureuse et moins grêle que celle du riparia, par suite, peut se passer plus aisément de tuteurs ; mais on

---

1. On dit pieds « folls » ou souches « folles ».

n'est pas encore fixé sur les résultats qu'il donne comme production. Les autres espèces américaines sont beaucoup moins employées.

Presque tous les propriétaires font eux-mêmes leurs plants dans une petite pépinière.

Le greffage sur place ne réussit pas toujours ; on obtient parfois de bons résultats (85 à 90 p. 100 de réussite), dans d'autres cas, beaucoup de greffes manquent, ce qui élève considérablement les frais de la reconstitution. L'ensemble de ces frais, comprenant les travaux préliminaires du sol, la plantation, le greffage et les soins durant les premières années est variable ; quand les murs de soutènement sont en bon état et n'exigent pas de réfection, que les plantations réussissent et que le sol est facile à travailler, l'hectare revient à environ 1 500 fr., mais ces cas si favorables sont rarement réalisés, et il faut compter sur une moyenne de 3 000 à 3 500 fr., chiffre qui peut s'élever, en cas d'insuccès répétés, jusqu'à 5 000 fr. l'hectare.

La vigne étant reconstituée et en production, les opérations culturales se font dans l'ordre suivant, que nous résumons brièvement :

Après la vendange, en novembre, on creuse à la pioche les trous destinés à recevoir les plants greffés par lesquels on remplace de préférence les manquants ; à défaut de plants greffés, on les remplace par des plants enracinés qu'on met le plus souvent dans des trous faits au pal. Après les premières pluies, on défonce et on prépare les terrains destinés à être plantés en américains, ce qui se pratique au pal en janvier et février suivant.

On procède aussi à la mise en terre des fumures, enfouies dans un cercle en demi-lune creusé au-dessus de chaque souche. Les terres amoncelées sur les murs de soutènement par deux ou trois années de culture sont rapportées par les ouvriers, au moyen de petites corbeilles, au pied du mur supérieur le plus voisin.

La taille s'effectue en décembre, janvier et février ; les viticulteurs la pratiquent de préférence aux pleines lunes, attribuant une influence à la lunaison au point de vue de la conservation des sarments qui, dans ce pays peu boisé, sont employés à alimenter les foyers domestiques et que l'on met à cet effet en fagots pour les laisser sécher. La taille a lieu plus tard et jusqu'en mars, à l'époque du débourrage, pour les vignes situées à une altitude de 300 à

500 mètres et, par leur situation, exposées plus que les autres aux froids tardifs.

La taille usitée est la taille courte, les coursons sont taillés à deux yeux, le nombre de coursons est variable suivant la vigueur de la souche et sa grosseur, on laisse 4 à 5 coursons sur les coteaux, 6 à 7 en plaine.

Les vignes ne sont pas échalassées ; tous les travaux du sol se font à la main, la disposition de ces vignes en terrasses ne permettant pas d'opérer autrement.

Les vignes, taillées en décembre, reçoivent immédiatement après leur première façon, le bêchage, et cette opération se continue concurremment avec la taille jusqu'à fin mars.

Dès les premiers jours d'avril, lorsque les nouvelles pousses atteignent 25 centimètres, on commence le soufrage et on le continue en mai vers l'époque de la floraison ; le soufre est répandu à l'aide d'une boîte métallique en forme de tronc de cône, dont la partie inférieure est percée de trous. Le plus souvent, à l'époque de la véraison, on pratique un autre soufrage.

Les vignes plantées dans les terrains secs n'exigent qu'un seul soufrage ; il en faut deux, trois, et quelquefois quatre pour celles situées dans les bas-fonds ou le long des ravins.

En avril se fait le binage et, si le sol ne produit pas de nouvelles herbes, les travaux indispensables sont considérés comme terminés, sauf en ce qui concerne le sulfatage (mai ou juin) qui est appliqué spécialement aux bas-fonds, rarement aux coteaux où la sécheresse et les vents assez fréquents préservent la vigne des atteintes du mildiou.

On n'effeuille pas la vigne et on ne la rogne pas, à moins que ce ne soit dans la crainte d'un fort coup de vent qui pourrait la ravager. Pour tous ces divers travaux, les salaires sont, pour les hommes, de 2 fr. 50 c. et pour les femmes de 1 fr. 50 c. ; tout se fait à la journée, il n'y a pas de tâcherons.

Fumures. — Le fumier le plus employé est le crottin de chèvres, appelé cherri ou migon suivant les localités ; il est produit par les troupeaux qui vivent dans les métairies ou sur les pâturages de la montagne. En outre, il vient pendant l'hiver des troupeaux de certaines localités du département qui se trouvent sous la neige ; ils pacagent sous le climat plus doux de Banyuls et augmentent cette production de fumier. Ce cherri est ramassé, plus ou moins sec et sans mélange de substances étrangères ; l'hectolitre pèse environ 30 kilogr. Celui qu'on emploie dans les vignes en expériences a la composition suivante, lorsqu'il est desséché à l'air :

Azote	2.69 p. 100
Acide phosphorique.	0.77 —
Potasse.	3.23 —
Chaux	2.45 —
Magnésie	0.57 —

Il contient à cet état 11 p. 100 d'eau et 23 p. 100 de cendres. Mais les cultivateurs l'emploient rarement à un état aussi sec ; le plus souvent il est plus ou moins humide et sa richesse, à poids égal, varie en raison inverse de sa teneur en eau. Les quantités employées n'étant pas pesées, mais mesurées approximativement dans la petite corbeille qui sert à les transporter il y a, à volume égal, la même quantité de matières fertilisantes, quel que soit le degré d'humidité. On peut admettre qu'en moyenne on en met par souche de 1 kilogr. à 1 kilogr. et demi (séché à l'air) ; cette fumure se donne ordinairement tous les 4 ou 5 ans, elle est particulièrement réservée aux vignes jeunes ; on fume moins les vignes âgées, dont les racines peuvent chercher leur nourriture à une plus grande profondeur. La fumure en effet est très coûteuse, car à la dépense d'achat il faut ajouter le prix du transport à dos de mulet et le coût de l'enfouissement, pour lequel on pratique des trous souvent pénibles à faire à cause de la roche.

En réalité, cette fumure correspond à $0^{kg},278$ de crottin sec de chèvres par an et par souche ou 1 779 kilogr. par hectare et par an, apportant au sol les quantités suivantes d'éléments fertilisants :

Azote.	$47^{kg},85$
Acide phosphorique	13 ,70
Potasse.	57 ,46
Chaux	43 ,58
Magnésie	10 ,14

C'est là une fumure assez considérable et, en donnant les quantités de cherri indiquées ci-dessus, les viticulteurs fument la terre plus qu'ils ne se l'imaginent. Il est vrai que la perméabilité du sol, sa disposition en pente rapide et l'effet des eaux pendant l'hiver sont une cause de déperdition et d'entraînement mécanique des engrais, qu'il est prudent de renouveler pour maintenir la fertilité.

Le cherri se vend ordinairement à l'hectolitre, pesant environ 30 kilogr. En 1893-1894, le prix de l'hectolitre était de 0 fr. 75 c., soit 2 fr. 50 c. les 100 kilogr., ce qui porte le prix de la fumure annuelle à 44 fr. 50 c. par hectare. Le prix d'achat était, en 1894, très peu élevé, ce qui tenait en partie à la situation créée par le bas prix des vins de la récolte de 1893. Les années précédentes, les prix du cherri étaient de 1 fr. à 1 fr. 25 c. l'hectolitre, soit en moyenne 3 fr. 75 c. les 100 kilogr. Avec ce prix, la fumure annuelle moyenne atteint la somme de 67 fr.

Les fumiers d'étable sont également utilisés, mais il s'en produit peu dans le pays et il n'en est pas importé ; ils n'entrent donc que pour une faible part dans la fumure. On ne fait pas usage de composts ; l'amendement le plus employé est la terre accumulée dans les ravins et les rigoles. Les transports dans la vigne se font le plus souvent à dos de mulet.

Dans beaucoup de vignes on n'apporte pas d'engrais, les propriétaires reculant devant la dépense et préférant se contenter de plus faibles récoltes que de faire des avances d'argent, et aussi dans la pensée que la qualité du vin est supérieure en l'absence d'engrais ; ce dernier scrupule est excessif. C'est surtout la question d'économie qui domine ; aussi, en 1894, les quantités de fumier de chèvres et de moutons produites dans la localité n'ont-elles pu être écoulées malgré le taux minime auquel on les offrait.

Les quantités de matières fertilisantes indiquées plus haut doivent être regardées comme s'appliquant seulement aux vignes qui reçoivent le plus de soins. Les engrais chimiques dont la concentration diminue les frais de transport ne sont pas encore entrés dans la pratique de la région.

Vinification. — Les vendanges se font tardivement, environ trois semaines après celles des vins ordinaires du pays ; elles ne sont effectuées que lorsque les raisins ont dépassé la maturité et que les grains commencent à se flétrir sur pieds.

Les vendangeurs, par équipes de 6 à 7 environ, cueillent le raisin dans des paniers, ceux-ci sont vidés dans des comportes que des ouvriers portent sur les épaules et qu'ils chargent, à raison de deux, sur les bâts des mulets stationnant à proximité et qui se rendent de là au cuvier. Quand dans le fond des ravins il est possible de conduire une charrette, les comportes y sont placées. Chaque comporte pleine de vendange a un poids brut d'environ 73 kilogr.

Les mules utilisées dans ces vignobles sont des mules de la Cerdagne ou d'Espagne. Les mulets à bâts se payent environ 500 fr., les gros mulets pouvant être attelés 700 à 800 fr. Les mulets à bâts destinés au transport de la vendange se louent pour cet usage 10 à 12 fr. par jour, dont 2 fr. pour la nourriture et 10 fr. pour la location de la mule et le salaire du muletier, tandis qu'en temps ordinaire on ne paie que 5 à 6 fr. par jour, tout compris. Quant aux hommes qui transportent les comportes d'un poids brut de 73 kilogr., ils sont payés 6 fr. par jour, tout compris.

Les mules portent un poids brut de 145 kilogr., dont 125 kilogr. de vendange. Lorsque les vignes sont très éloignées, elles ne peuvent faire que deux ou trois voyages dans la journée, ce qui fait revenir très cher les frais de transport. Comme elles font en moyenne cinq ou six voyages par jour, elles transportent ainsi environ 700 kilogr. de vendange pour 12 fr.

Le raisin, à son arrivée au vendangeoir, est foulé, le plus souvent aux pieds, dans une sorte de pétrin à double fond dont le supérieur constitue une claie distante du fond de 5 à 6 centimètres. Ce pétrin, légèrement en pente, laisse écouler le moût dans des comportes qu'on transvase dans la cuve, en y ajoutant les grappes foulées. Quelquefois, mais rarement, on égrappe auparavant. Le foulage se fait aussi, mais plus rarement encore, à l'aide d'un fouloir.

C'est l'usage à Banyuls de laisser le marc en contact avec le vin pendant 30 à 40 jours. Comme le raisin n'est récolté que lorsqu'une partie des grains sont flétris, le moût a une concentration très grande et cette richesse saccharine du début, comme la richesse alcoolique qui la suit, retardent beaucoup la fermentation qui se continue longtemps. On attend, pour faire le décuvage, que le vin soit entièrement refroidi et déjà devenu limpide. Il reste une certaine proportion de sucre, 8 p. 100 environ, qui donne au vin de la douceur. La proportion d'alcool s'élève jusqu'à 16 à 17 p. 100. Le vinage de ces vins est une des conditions de leur bonne fabrication.

Le prix des vins est variable suivant leur qualité ; celui des vins récoltés dans les bas-fonds, complantés surtout en carignan, a été, en 1893, année peu favorable, de 30 fr. l'hectolitre. Les vins des coteaux, où le grenache prédomine de beaucoup, valaient 50 fr. l'hectolitre. Pour la fabrication des vins de grenache, on additionne la vendange dans la cuve de 3 p. 100 d'alcool. Le vrai vin de Banyuls doux se fait en vinant à 8 p. 100 ; il vaut, dans ce dernier cas, 55 à 60 fr. l'hectolitre.

Les bas-fonds donnent un vin sec ordinaire de table ou de coupage, à 12 à 15 p. 100 d'alcool ; les vins fins ont 15 à 18°.

On vend les vins en février et mars de l'année qui suit la récolte, quelquefois avant mars pour retirer en mars.

On les laisse exceptionnellement vieillir ; pourtant certains propriétaires ont des vins très vieux de coteaux.

Après la vendange qui, en 1894, a commencé fin septembre et a duré trois semaines environ, les prix de vente étaient en 1894-1895 de 38 à 40 fr. l'hectolitre pour les vins des bas-fonds, de 55 à 60 fr. l'hectolitre pour les vins de coteaux, les seuls qu'on laisse vieillir. Après vieillissement, l'hectolitre se vend en général 10 fr. de plus par année. Ainsi ceux de 10 ans se vendent 1 fr. 60 c. le litre, ceux de 20 ans 2 fr. 50 c. à 3 fr.

L'intérieur de la France est le principal débouché : les hospices et les hôpitaux militaires de la marine, les fabricants de liqueurs spéciales (Banyuls Trills, Byrrh, etc.); autrefois l'Amérique du Sud, l'Italie et l'Angleterre en consommaient également.

Quelques propriétaires font des vins muscats blancs et très liquoreux, avec le cépage dit muscat de Frontignan.

Exigences de la vigne en principes fertilisants. — La surface de la vigne en expérience est de 1^{ha},50 en production, sur 2 hectares plantés peu à peu depuis 8 ans. Le cépage est le grenache et les porte-greffes le riparia et le rupestris, ce dernier dans la partie la plus jeune plantée depuis 4 ans. Le nombre de souches par hectare est de 6 400.

La vendange commencée fin septembre a duré environ trois semaines, le temps l'a favorisée et le vin a été de bonne qualité.

La quantité de vendange a été en 1894 de 2 770 kilogr. qui ont fourni :

Vin total . . . .   21^{hl},62 soit par hectare   14^{hl},41

Poids total de marc après 2 expressions. . .   392^{kg},00
   —   de marc desséché à 100°. . . .   141 ,00   —   94^{kg},00
   —   des feuilles desséchées à 100°. .   1 017 ,60   —   678 ,40
   —   des sarments desséchés à 100°. .   1 041 ,60   —   694 ,40
Quantité approximative de lie desséchée à 100°.   4 ,32   —   2 ,88

Dans un vignoble voisin, également planté en grenache, en pleine production, très homogène, et dont la végétation représentait assez bien la moyenne des vignes de coteau, la proportion des feuilles et des sarments par hectare a été la suivante :

Poids total de feuilles desséchées à 100°. . . . .   534 kilogr.
   —   de sarments desséchés à 100°. . . . .   390 —

Voici les résultats analytiques de ces divers produits de la végétation de la vigne, en ne tenant compte que des éléments fertilisants :

Composition centésimale de la matière sèche.

DÉSIGNATION.	VIGNOBLE EN EXPÉRIENCE.				VIGNOBLE VOISIN.	
	SARMENTS.	FEUILLES.	MARCS.	LIES.	SARMENTS.	FEUILLES.
Azote.	0.520	1.690	1.550	1.73	0.420	1.730
Cendres.	3.105	11.047	11.947	24.78	2.490	11.615
Acide phosphorique .	0.157	0.211	0.371	0.60	0.143	0.263
Potasse.	0.649	0.760	3.760	10.85	0.421	0.567
Chaux	0.773	3.220	0.635	2.96	0.523	2.370
Magnésie	0.554	1.640	0.419	traces.	0.612	1.910

Composition du vin, par litre.

Azote.	0^{gr},195
Acide phosphorique	0 ,278
Potasse	1 ,250
Chaux	0 ,177
Magnésie	0 ,111

On peut, d'après ces chiffres, calculer l'exportation des principes fertilisants par an et par hectare

DÉSIGNATION.	AZOTE.	ACIDE PHOSPHORIQUE.	POTASSE.	CHAUX.	MAGNÉSIE
	kilogr.	kilogr.	kilogr.	kilogr.	kilogr.
Vin . . . . 14^{hl},41	0,281	0,401	1,801	0,255	0,160
Marc desséché à 100°. 94^{kg},00	1,457	0,349	3,534	0,597	0,394
Feuilles desséchées à 100°. . . . . . 678 ,40	11,465	1,431	5,156	21,844	11,126
Sarments desséchés à 100°. . . . . . 694 ,40	3,611'	1,090	4,507	5,368	3,847
Lies desséch. à 100°. 2 ,88	0,050	0,017	0,312	0,085	traces.
Total.	16,864	3,288	15,310	28,149	15,527

Nous rappelons ici ce que nous avons constaté, fréquemment, que ce n'est pas la production du vin qui immobilise de grandes quantités de substances fertilisantes, celles-ci étant en majeure partie contenues dans les feuilles et les sarments.

Dans le vignoble voisin, dont on a pris seulement les feuilles et les sarments, on a pour les exigences de ces organes :

DÉSIGNATION.	AZOTE.	ACIDE PHOSPHORIQUE.	POTASSE.	CHAUX.	MAGNÉSIE
	kilogr.	kilogr.	kilogr.	kilogr.	kilogr.
Feuilles desséchées à 100°. . . . . . 534^{kg},00	9,238	1,404	3,028	12,656	10,199
Sarments desséchés à 100°. . . . . 390 ,00	1,638	0,558	1,642	2,040	2,287

Dans ce dernier cas, même si l'on tenait compte des éléments contenus dans le vin et qui sont peu importants, les exigences ont été encore plus faibles. La végétation de la vigne et la production du vin n'ont donc mis en œuvre que de minimes quantités de principes fertilisants.

L'année 1894 a été une année de faible production à cause de la coulure qui a sévi avec intensité sur les grenaches, aussi la récolte du vignoble en expérience n'a-t-elle pas dépassé 14^{hl},5 par hectare ; cette quantité est notablement inférieure à la moyenne, qui peut être regardée comme très voisine de 25 hectolitres dans les vignes plantées en plants greffés et qui sont en production normale. Dans les bas-fonds, les vignes donnent deux et demie à trois fois plus de récolte.

Si nous substituons cette quantité de 25 hectolitres à celle de 14^{hl},5 obtenue en 1894, tout en maintenant la même quantité de feuilles et de sarments sur laquelle la coulure ne saurait avoir d'influence, nous trouvons que dans les années normales les exigences de la vigne sont les suivantes :

DÉSIGNATION.	AZOTE.	ACIDE PHOSPHORIQUE.	POTASSE.	CHAUX.	MAGNÉSIE.
	kilogr.	kilogr.	kilogr.	kilogr.	kilogr.
Vin . . . . 25^{hl},00	0,487	0,695	3,122	0,442	0,277
Marc desséché à 100° . . 162^{kg},93	2,524	0,605	6,126	1,034	0,683
Feuilles desséchées à 100° 678 ,40	11,465	1,431	5,156	21,844	11,126
Sarments desséchés à 100° 694 ,40	3,611	1,090	4,507	5,368	3,847
Lies desséchées à 100°. . 5 ,00	0,087	0,029	0,541	0,147	traces.
Totaux.	18,174	3,850	19,452	28,835	15,933

Ces chiffres sont peu différents des précédents, sauf en ce qui concerne la potasse, que le vin, les marcs et les lies contiennent en proportion relativement élevée.

Nous voyons que, même dans les années qu'on peut regarder comme normales, la consommation des éléments fertilisants est minime.

Mettons en regard de ces derniers chiffres moyens ceux qui expriment la fumure reçue moyennement par an et par hectare :

DÉSIGNATION.	AZOTE.	ACIDE PHOSPHO- RIQUE.	POTASSE.	CHAUX.	MAGNÉSIE
	kilogr.	kilogr.	kilogr.	kilogr.	kilogr.
Enlevé au sol.	18,174	3,850	19,452	28,835	15,933
Apporté par la fumure	47,850	13,700	57,460	43,580	10,140

Dans ces conditions, la fumure ainsi employée apporte donc au sol des quantités de principes fertilisants supérieures aux besoins de la vigne ; elles sont deux fois plus élevées pour l'azote, trois fois plus élevées pour l'acide phosphorique et trois fois plus élevées pour la potasse que celles dont la vigne a besoin pour sa végétation annuelle.

Doit-on conseiller aux viticulteurs de cette région de diminuer les fumures ? Nous ne le pensons pas, car dans ces terres très pauvres et extrêmement perméables et en outre en pente rapide, les engrais sont exposés à des déperditions notables par infiltration dans le sous-sol ou par entraînement mécanique.

D'ailleurs dans ces sols, quoique le calcaire fasse pour ainsi dire absolument défaut, la nitrification et la combustion de la matière organique peuvent cependant s'exercer normalement, car ces terres ne sont point acides, la magnésie et les silicates alcalins peuvent jouer le rôle basique qui favorise la nitrification.

Si l'on voulait donner à ces sols, où l'azote est l'élément qui manque le plus, des engrais azotés autres que ceux qu'on emploie le plus généralement, il conviendrait de s'adresser aux engrais organiques tels que le sang et la viande desséchés, les chiffons de laine, les cornailles, etc.... Le nitrate de soude et le sulfate d'ammoniaque risquent d'être enlevés lorsque des pluies abondantes se produisent avant qu'ils aient pu jouer un rôle utile ; lorsque les pluies n'interviennent pas après l'épandage de l'engrais, ces sels restent sans action et sont entraînés par les pluies de l'hiver suivant.

Mais au prix où se trouvent actuellement les crottins de chèvres et de moutons produits dans le pays même, il y a peu d'intérêt à s'adresser aux fumures importées du dehors, dont l'emploi serait plus onéreux. Outre l'azote, les crottins apportent des quantités notables d'acide phosphorique et de potasse qui, s'ils sont moins utiles dans ces sols assez bien pourvus de ces deux éléments, n'en ont pas moins une certaine valeur ; ils apportent aussi de la matière humique et améliorent ainsi la terre.

L'azote qu'ils renferment est payé à un prix notablement inférieur à celui auquel le livrent les engrais chimiques ou commerciaux. Il y a donc tout lieu de conseiller aux viticulteurs de cette région de s'adresser de préférence à ce produit local.

En examinant la composition du vin et des différentes parties de la vigne, nous sommes frappés de la quantité extraordinairement élevée de magnésie qu'on y rencontre, ce fait est anormal et mérite d'être signalé ; dans ces terres magnésiennes et pauvres en chaux, il semblerait que la magnésie peut remplacer au moins partiellement cette dernière base ; dans la plupart des autres cas, nous avons vu les proportions de chaux dépasser de beaucoup celles de la magnésie. Ici nous les trouvons peu différentes.

En résumé, l'intéressant vignoble que nous étudions ici doit compter parmi ceux dans lesquels les proportions de matières fertilisantes exigées par la culture de la vigne sont les plus minimes, ce qu'il faut attribuer en grande partie aux conditions dans lesquelles la vigne se développe : sol rocailleux et peu profond, sécheresse et température élevée du climat qui ne lui permettent pas de se développer vigoureusement et de porter d'abondantes récoltes.

TROISIÈME PARTIE

LES CONDITIONS DE LA PRODUCTION DU VIN
ET LES EXIGENCES DE LA VIGNE EN PRINCIPES FERTILISANTS
DANS LA BOURGOGNE[1]

Considérations générales.

La région viticole qu'on désigne ordinairement sous le nom de
Bourgogne est plus célèbre par la qualité de ses vins que par l'importance de sa production. Quoique ce vignoble comprenne, à côté
des vins fins auxquels il doit sa réputation, beaucoup de crus de
moindre valeur et même des vins ordinaires, les rendements ne sont
jamais très considérables, pour diverses causes, dont les principales
sont la rigueur du climat, la nature des cépages, la parcimonie avec
laquelle on applique les fumures.

Les vignes d'ailleurs n'occupent pas, comme dans d'autres régions
viticoles, des surfaces très importantes ; elles sont localisées en certains points privilégiés, où l'expérience a montré que la qualité ou
la production étaient plus satisfaisantes.

De plus, il n'y a qu'un petit nombre de grandes exploitations, les
propriétés étant très morcelées.

La surface occupée par les vignes comprend une ligne de faible
largeur, qui s'étend sur les flancs des coteaux, depuis Dijon jusqu'à
Santenay, en passant par Beaune et par Nuits. Cette bande étroite,
presque ininterrompue, est parallèle à la ligne du chemin de fer.

---

1. Études faites avec le concours de M. Eug. Rousseaux, préparateur de chimie à
l'Institut agronomique.

L'exposition générale est est-sud-est. Les vignes sont garanties des vents du nord et de ceux de l'ouest et du nord-ouest par la série des coteaux sur les flancs desquels elles s'appuient. C'est cette disposition qui favorise la culture de la vigne dans un climat assez rigoureux. Les terres cultivées en vignes ne sont pas des terres à grande production végétale ; les fumures qu'on donne sont peu abondantes et les cépages, choisis avec soin, sont peu productifs. C'est à cet ensemble de circonstances qu'on attribue en grande partie la finesse des vins et qu'on peut avec plus de raison attribuer la faiblesse de la production.

Il était intéressant d'étudier le rôle de la composition du sol et celui de l'intervention des fumures dans la végétation et dans la production de ces vignobles, ainsi que les exigences de la plante en principes fertilisants, afin de déterminer les conditions pratiques dans lesquelles doivent se faire les apports d'engrais.

Ces études ont pu être entreprises grâce à l'obligeance de M. le baron A. Thénard qui a bien voulu nous aider dans l'exécution de ces recherches, autant par ses conseils que par son concours effectif. Son préparateur, M. Beucler, s'est chargé avec beaucoup de zèle et d'intelligence de recueillir les documents et de prélever les échantillons nécessaires à ces études, qui ont pu être ainsi menées à bonne fin.

Nous avons choisi quelques-uns des crus les plus connus de la Bourgogne, pouvant servir de types de la culture de cette région. Pour les cépages rouges, nous avons opéré sur les terroirs de Gevrey-Chambertin, de Beaune, de Pommard et de Givry ; pour les cépages blancs, nous avons pris le terroir de Montrachet, qui représente les vins blancs les plus renommés de la Bourgogne.

Situation et exposition du vignoble. — A l'exception de Givry, les vignobles en expérience sont, comme d'ailleurs la plupart des grands crus de Bourgogne, situés dans le département de la Côte-d'Or, ainsi nommé de la chaîne de coteaux qui s'étend du nord-est au sud-ouest de Dijon à Santenay, sur une longueur de plus de 60 kilomètres et dont les versants sont couverts de riches vignobles. A l'est de cette chaîne s'étend, jusqu'aux premiers contreforts du Jura, une vaste plaine de 60 kilomètres environ de largeur moyenne. Quant aux coteaux couverts de vignes, ils présentent deux étages; les grands crus sont sur le premier versant, les vins inférieurs ou vins d'arrière-côte sont sur le versant du second étage. Ajoutons que cette chaîne est coupée perpendiculairement à sa direction par les nombreuses vallées des affluents de la Saône.

L'exposition générale est sud-est et est-sud-est, les vignobles étant placés à mi-côte; la qualité du vin change suivant l'exposition. Le fait s'observe entre autres à Pommard, dont le terroir est sur le versant d'une colline à direction générale nord-sud. Une petite vallée transversale, dirigée de l'est à l'ouest, l'interrompt de telle sorte qu'à l'entrée de cette vallée, à droite et à gauche, on a deux expositions différentes, l'une sud-est, l'autre nord-est; les vins de cette dernière sont moins appréciés que ceux de la première. Comme la nature du sol est identique, c'est à l'exposition seule que tient cette différence dans la qualité des vins.

Aperçu géologique. — Les coteaux vignobles s'étendent, comme nous l'avons vu, entre la plaine à l'est et, à l'ouest, la partie montagneuse dont le faîte forme la ligne de partage des bassins de l'Océan et de la Méditerranée.

La plaine est constituée par les terrains tertiaires supérieurs (pliocène) et les alluvions anciennes et modernes, formées par des limons argileux et argilo-calcaires. Signalons la présence d'un limon ferrugineux extrêmement abondant dans toute la plaine, renfermant des grains de minerai de fer hydroxydé.

Si l'on gagne la région des coteaux qui comprend les vignobles, on rencontre successivement les diverses formations de l'oolithe inférieure et de l'oolithe moyenne, principalement l'oxfordien et le corallien.

Ces diverses formations présentent entre elles de notables différences de constitution, qui donnent aux vins des caractères spéciaux. En ce qui concerne l'oxfordien, base de la presque totalité des vignobles de Bourgogne, la nature du sol varie suivant qu'on se trouve sur l'oxfordien inférieur, moyen ou supérieur. Le premier, sur lequel sont situés plusieurs des grands crus, forme des terres rouges ; le sous-sol est constitué par une roche de calcaire cristallin se détachant par feuillets et que les vignerons appellent « roches pourries ». Sur l'oxfordien moyen, qui forme la base de la partie supérieure des vignobles, le sous-sol est marneux, quelquefois avec beaucoup de calcaire, et provient probablement des épanchements de marnes blanches oxfordiennes qui sont au haut de la colline.

Climat. — La Côte-d'Or est comprise dans la partie la plus septentrionale du climat rhodanien, mais l'abri des montagnes la place dans des conditions très favorables à la culture de la vigne. Dans la plaine, les gelées d'hiver sont assez fréquentes, tandis que dans les vignobles de la côte elles ne font jamais de dégâts sérieux, même dans les hivers très rigoureux, comme celui de 1892-1893, où la température est descendue jusqu'à — 18 degrés.

En été la température est très élevée sur les coteaux, bien exposés aux rayons du soleil ; en août on observe parfois une température de 35 degrés à l'ombre au pied des collines.

En 1893 des températures élevées se sont maintenues pendant plusieurs semaines consécutives ; la sécheresse qui en est résultée n'a pas causé à la vigne d'aussi grands dommages qu'aux autres cultures, mais en favorisant le développement du phylloxéra, elle a diminué la récolte de vin.

Les maladies cryptogamiques ne se sont presque pas fait sentir ; dans la plupart des vignobles, un seul traitement au sulfate de cuivre a suffi.

Culture de la vigne. — Les cépages cultivés en Bourgogne sont les pineaux noir et blanc ; le plus répandu est le pineau noir ; c'est lui qui donne les vins de Chambertin, Beaune, Pommard, Givry. Le terroir de Montrachet est planté en pineau blanc.

Pour la plantation des vignes, on n'emploie plus aujourd'hui, ce qui était autrefois couramment en usage, la mise en place directe de simples boutures. Cependant quelques propriétaires plantent des vignes françaises, après les avoir fait raciner en pépinière. Dans ce cas, on défend le vignoble contre le phylloxéra par des traitements au sulfure de carbone, comme on le fait pour les anciennes vignes. Les plantations en place, par plants racinés, ne se font que lorsqu'on veut reconstituer un vignoble sur un terrain d'où la vigne a disparu par suite du manque de traitements au sulfure de carbone. Mais pour les crus où l'on a conservé les anciennes vignes, le seul mode de multiplication en usage est le provignage. Cette opération se pratique au printemps, au moment de la taille, au commencèment de mars (en 1893 par exemple) ; les branches (deux ou trois) des ceps qu'on doit provigner sont couchées en terre, chacune dans une fosse de $0^m,40$ à $0^m,45$ de profondeur et de façon qu'il ne sorte de terre que deux ou trois yeux à l'endroit où on veut faire développer un cep ; une des branches est toujours ramenée à la place du pied-mère qu'elle est destinée à remplacer. Pour cela on lui fait décrire un arc de cercle pour ne pas la casser en la ramenant. Pendant l'été les yeux qu'on a laissés hors de terre se développent. Ces provins donneront une récolte l'année suivante. Au printemps (1894), on ne conserve qu'une des branches parmi celles qui se sont développées et on effectue sur elle la taille ordinaire, c'est-à-dire qu'on coupe la branche à 1 centimètre environ au-dessus du premier œil inférieur et au-dessus du deuxième et du troisième ensuite, au fur et à mesure que le sujet augmente de vigueur.

Dans le terroir de Montrachet, quand la branche provignée en mars 1893 a développé les yeux qu'on a laissés, au lieu de conserver, au printemps 1894, une seule branche, qu'on taille à un œil, on en conserve deux et on s'arrange pour que la fourche reste en terre ; de cette façon, chaque souche porte deux branches qui semblent appartenir à deux pieds distincts, leur point de jonction étant dans le sol. Chacune de ces branches est maintenue par un échalas, le nombre des échalas est donc double du nombre des ceps.

Dans la plupart des terroirs, à Chambertin, à Beaune, à Pommard, à Montrachet, on cherche, par la taille, à élever le cep le plus possible ; on en trouve dont les branches à fruit sont à $0^m,40$ et $0^m,50$ de hauteur.

A Givry, on se contente de maintenir le cep à une certaine hauteur, de $0^m,25$ à $0^m,30$, au-dessus du sol ; en outre, la taille qu'on pratique est un peu différente de celle usitée dans le reste de la côte bourguignonne. Chaque année il y a sur le cep deux coursons, l'un qu'on taille à deux yeux, et qui forme ce qu'on appelle *le billon*, l'autre qu'on taille à sept ou huit yeux, c'est-à-dire sur une longueur de 0^m,40 environ et qui constitue *la plaine*. Cette dernière est recourbée aussitôt et attachée par son extrémité à l'échalas, ce sera la branche à fruit de l'année. Au printemps suivant, on supprime la plaine, en la taillant le plus près possible du vieux bois et sur les deux yeux développés du billon on prend la plaine et le billon. Quand la vigueur le permet, on a deux plaines et deux billons sur le même cep.

Nous avons parlé de la multiplication par le provignage des anciennes vignes françaises, mais actuellement, dans plusieurs terroirs, on reconstitue les vignobles par des plants greffés sur cépages américains, le porte-greffe étant choisi d'après la nature du sol où il devra végéter (riparia, solonis). On greffe ordinairement sur table, en fente anglaise, des greffons sélectionnés de pineau ou de gamay, provenant des terroirs à reconstituer. Le greffon est un sarment de 5 à 6 centimètres de longueur et de 5 millimètres de diamètre, portant un œil ; le sujet a 15 centimètres environ de longueur, il est de même diamètre que le greffon. Les greffes effectuées au printemps, dans les mois de mars et avril, sont mises aussitôt en pépinière. Le sol de ces dernières étant bien fumé et bien ameubli, on fait au *fichon* (plantoir), sur une même ligne, des trous distants de 5 à 8 centimètres les uns des autres et dans lesquels on place les greffes, de façon qu'elles affleurent le sol ; on fait couler dans le trou, autour des greffes, un peu de sable ; les lignes sont distantes entre elles de 0^m,20 à 0^m,25. Sur les greffes on répand une couche de sable qui les recouvre entièrement. Pendant l'été, sur le greffon poussent des branches et des feuilles et sur le sujet des racines. Vers le mois de juillet, un homme creuse à la main, le long des lignes de greffes, une petite tranchée qui a pour but de mettre à découvert, pour les faire sécher et les détruire, les racines adventives qui se développent sur le bourrelet de la greffe. Cette opération s'appelle *sevrage ;* si on la néglige, beaucoup de greffes s'affranchissent, c'est-à-dire que les racines développées sur le greffon prennent le dessus.

Quelques arrosages, si la saison est trop sèche, et des binages suffisamment fréquents, sont les seuls soins qu'exige la pépinière.

Au printemps suivant (1894 par exemple), on arrache les greffes ; on rafraîchit les racines, c'est-à-dire qu'on enlève les parties meurtries et on plante en place sur un terrain défoncé et bien fumé.

Si le porte-greffe a été bien choisi, et si la plantation est faite convenablement, la vigne se développe normalement et donne, dès la troisième année, une récolte. Suivant sa vigueur, au moment de la taille, on laisse sur chaque cep 2 ou 3 coursons qu'on taille à deux yeux.

Nous venons de décrire les opérations de la plantation et de la taille, voyons maintenant les autres opérations qui se font dans le vignoble.

Après la taille, mais avant le développement des bourgeons, on procède, à Chambertin, à l'*écorçage* et à l'*échaudage,* opérations qui ne se pratiquent pas dans les autres terroirs en expérience.

Au moment du premier piochage, on opère le fichage des échalas. Le premier piochage, de 15 centimètres de profondeur environ, se fait à la main, fin mars ou au commencement d'avril.

Le deuxième, à 10 centimètres de profondeur, dans le courant de mai.

On fait un troisième piochage léger en juillet et un binage au mois d'août.

L'*ébourgeonnement* se fait en mai dans les terroirs de Chambertin, de Pommard et de Montrachet ; on néglige cette opération à Beaune et à Givry.

L'*accolage* se fait à la mi-juin. Cette opération consiste à lier, avec de la paille, les pousses contre l'échalas. On fait un nouveau liage en juillet.

En juillet, on fait le *rognage* des ceps au niveau des échalas, c'est-à-dire à 1^m,30 au-dessus du sol. Mais là où la végétation est faible, on se dispense de cette opération.

Dans les terrains sur lesquels nous avons opéré, l'ancienne vigne française est conservée par des traitements au sulfure de carbone, qu'on applique plus fréquemment les années où la vigne paraît souffrir, surtout aux endroits qui sont plus malades. En général, à Beaune et à Chambertin, on fait un traitement en juillet, à raison de 16 gr. par mètre carré ou d'environ 5 gr. par cep, et un autre traitement en octobre, après la vendange, avec une quantité plus forte, variant de 24 à 30 gr. par mètre carré.

A Montrachet le premier traitement au sulfure de carbone se fait en mars et avril, avant le premier piochage, à raison de 4 gr. par cep et le deuxième en octobre après la vendange à la même dose.

Les traitements au sulfate de cuivre se font généralement à raison de 2 ou de 3, répartis sur les 4 mois qui précèdent la vendange.

La vendange s'est faite, en 1893, quinze jours à trois semaines avant l'époque ordinaire, qui est fin septembre. Partout elle s'est effectuée dans les meilleures conditions, le temps était beau et la température était assez élevée.

Les raisins, aussitôt coupés, sont placés dans un petit panier que chaque vendangeur a auprès de lui et vidés dans de grands paniers contenant environ 40 kilogr. de raisin et que l'on charge sur des voitures. Après les avoir pesés, on les vide dans les cuves à fermentation, en les faisant passer entre deux cylindres cannelés, qui écrasent les grains et remplacent ainsi le travail autrefois fait par des hommes qui entraient dans les cuves pour fouler le raisin. On dispose alors au-dessus de la cuve une grille en bois, qui a pour but d'enfoncer le chapeau dans le moût et d'empêcher ainsi son acétification. Cette grille est maintenue au moyen de vis de pression ou d'arcs-boutants venant buter au plafond du cuvage. Aussitôt que la fermentation commence à se ralentir, on opère un foulage, puis le lendemain un deuxième foulage. La fermentation se ranime un peu; dès qu'elle cesse, on soutire le vin ; on obtient ainsi ce qu'on appelle le vin de pieds ou vin de cuvée.

A Givry les marcs restants sont placés sur la maie d'un pressoir ; dès que l'écoulement du jus diminue, on desserre le pressoir, on bêche le marc et on presse à nouveau ; ces deux pressées donnent le vin de presse. Dans le terroir de Chambertin, où on fait trois pressées, c'est-à-dire où l'on bêche le marc deux fois, les différents vins de presse sont immédiatement mélangés au vin de cuvée. On opère de la même façon à Pommard et à Beaune.

D'une façon générale, en Bourgogne, on mélange le vin de presse au vin de pieds; ce mélange donne de la solidité au vin; on le regarde comme nécessaire à sa bonne conservation.

Nous venons de décrire les différentes opérations pratiquées pour la préparation du vin rouge; voyons maintenant le mode opératoire pour le vin blanc de Montrachet.

Les raisins étant placés dans les grands paniers dont nous avons parlé et qui contiennent 40 kilogr. environ, sont amenés dans le cuvage, pesés et écrasés entre deux cylindres cannelés disposés au-dessus du pressoir. Pendant le transport, on évite avec soin de blesser les grains, ce qui donnerait au vin une couleur jaunâtre qui le déprécierait.

On dispose sur la maie du pressoir 700 kilogr. de raisin qu'on presse immédiatement. Quand l'écoulement du jus diminue, on desserre le pressoir, on bêche et on recommence à presser; ce second vin est mélangé au premier et reçu dans le même récipient, qui est une feuillette contenant 114 litres, dans laquelle le vin fermentera. On n'emploie pas de cuves analogues à celles qui servent à la préparation du vin rouge, afin d'éviter une coloration jaunâtre qui se produirait si la fermentation se faisait au contact de l'air. Il est indispensable que ces diverses opérations se fassent le plus rapidement possible, toujours pour éviter une coloration du vin.

Fumures et amendements. — Les fumures les plus généralement employées dans le vignoble bourguignon sont les fumiers de mouton, de cheval et d'étable.

Très variables sont les quantités en usage dans les différents terroirs, mais elles sont ordinairement peu élevées.

Les anciennes vignes, celles qui sont traitées au sulfure de carbone, doivent recevoir de plus fortes fumures pour maintenir leur végétation en bon état. Autrefois l'usage était de ne recourir qu'exceptionnellement au fumier, dans la conviction qu'en augmentant la quantité du vin on en diminue la finesse. Aujourd'hui les idées ne sont plus aussi absolues sur ce point.

A Chambertin, dans le vignoble en expérience, on emploie actuellement 50 000 kilogr. de fumier à l'hectare au provignage, mais la fumure fondamentale est un compost qu'on répand à raison de 150 000 kilogr. à l'hectare tous les six ans, soit par an 25 000 kilogr. Cette fumure est distribuée de façon à ne fumer chaque année que le sixième du terroir.

Ces composts sont faits dans des fosses en maçonnerie de 10 mètres de long, de 5 mètres de large et de $1^m,60$ de profondeur. On dispose au fond une couche de terre de $0^m,15$ à $0^m,20$ d'épaisseur (cette terre est prise dans la plaine sur le territoire de Gevrey), puis dessus une couche de fumier de même épaisseur ; le fumier de mouton est celui qu'on emploie de préférence. A mesure qu'on élève le tas, les couches de terre diminuent et celles de fumier augmentent d'épaisseur ; on ajoute 100 kilogr. de phosphate de chaux par couche de fumier ; la dernière couche est une couche de terre de $0^m,20$. Le compost étant ainsi établi, on mélange, après trois ou quatre mois, ses différentes couches deux ou trois fois et on l'emploie au bout d'un an.

Répandu sur le sol à l'automne ou pendant l'hiver, il est enfoui par le travail ordinaire de la vigne.

Ce compost contient les proportions suivantes de principes fertilisants, pour 1 000 de matière telle qu'elle est employée :

Azote	2.22
Acide phosphorique.	6.61
Potasse.	2.19
Carbonate de chaux.	402.60
Magnésie.	1.99
Fer à l'état métallique	9.31

Il apporte chaque année par hectare :

Azote.	$55^{kg},5$
Acide phosphorique	165 ,3
Potasse.	54 ,7

C'est là une fumure très énergique, avec une exagération de phosphate, dont on a peine à s'expliquer la raison.

A Beaune, on met à l'hectare, tous les trois ou quatre ans,

25 000 kilogr. de fumier de cheval ou de mouton, soit par an environ 7 150 kilogr. qui apportent :

Azote.	$46^{kg},47$
Acide phosphorique	22 ,88
Potasse.	53 ,62

A Montrachet on emploie annuellement 20 000 kilogr. de fumier d'étable et d'écurie à l'hectare sur toute la surface du vignoble, soit :

Azote.	$102^{kg},0$
Acide phosphorique	64 ,0
Potasse.	130 ,0

Dans ces deux domaines encore, la proportion d'éléments fertilisants donnés à la terre est élevée ; nous sommes loin de l'époque où les fumures étaient systématiquement proscrites et on constate le besoin d'aider la vigne à se maintenir. Cette introduction de fumures intensives, qui remonte déjà à quelques années et qui est la conséquence de la situation où la crise phylloxérique a placé la vigne, est-elle de nature à modifier, comme on le craignait autrefois, la qualité des vins ? On ne peut pas encore, à l'heure qu'il est, se prononcer sur ce point. Cependant les récoltes de quelques-unes des dernières années ne paraissent pas avoir donné des produits inférieurs à ceux qu'on produisait autrefois sans fumure ou avec des fumures très légères.

On ne saurait donc blâmer les viticulteurs de la Bourgogne d'être entrés dans une nouvelle voie, commandée par de nouvelles conditions économiques, autant que par le besoin de maintenir la vigne à l'aide de principes fertilisants, qui lui permettent de résister aux maladies auxquelles elle est exposée.

La légende de la production des vins sans apport d'engrais disparaît graduellement et les régions qui étaient les plus réfractaires à l'emploi des matières fertilisantes entrent aujourd'hui dans une voie que toutes les branches de l'agriculture se trouvent forcées de suivre.

La Bourgogne, tout au moins en ce qui concerne les crus réputés, ne paraît pas encore s'adresser fréquemment aux engrais chimiques et semble vouloir se borner à employer les fumiers de ferme ou des composts dans lesquels entrent ces derniers. Cette manière de procéder semble judicieuse, car s'il ressort de l'ensemble de nos études sur ce sujet que les matières fertilisantes, même données avec exagération sous forme de fumiers de ferme ou de composts, n'ont pas d'action nuisible sur le bouquet et sur les autres qualités spéciales des vins fins ; il semble cependant que sous les formes rapidement assimilables, comme sous celles de nitrate de soude, il y a un développement végétatif exagéré qui est de nature à modifier la finesse et le bouquet, si facilement impressionnés par de légères modifications dans le milieu ambiant.

CHAPITRE I

VIGNOBLES PRODUISANT DES VINS ROUGES

Terroir de Gevrey-Chambertin.

Gevrey-Chambertin, chef-lieu de canton de l'arrondissement de Dijon, est situé à 13 kilomètres environ de cette ville.

L'étendue totale du terroir de Chambertin est de 25 hectares.

Le vignoble en expérience est le clos de Bèze, dont la surface est de 1^{ha}88^a,32 et appartient à M. Paul Guillemot. Il est planté en pineau noir.

L'endroit où les échantillons de terre ont été prélevés n'a pas reçu d'engrais depuis deux ans.

Nous donnons ci-après l'analyse des échantillons de sols et soussols.

Le sol n° 1 est argilo-calcaire, d'une profondeur de 1 mètre à 1^m,10, en d'autres endroits 0^m,70. Le sous-sol est formé par des roches que les vignerons appellent « roches pourries », parce qu'elles se détachent par feuillets ; les pierres du sol sont de même nature que celles du sous-sol.

L'échantillon de sol n° 2 est pris à la partie supérieure du vignoble ; ce sol est argilo-calcaire, d'une profondeur de 0^m,70. Le sous-sol est marneux.

	POUR 1 000 DE TERRE SÈCHE.		
	Terre fine.	Cailloux	
		siliceux.	calcaires.
Sol n° 1	683	3	314
Sol n° 2	778	2	220
Sous-sol n° 2	531	7	462

La composition de la terre fine passée au tamis de 0^m,001 est la suivante :

DÉSIGNATION.	POUR 1 000 DE TERRE FINE SÈCHE.					
	AZOTE.	ACIDE phospho-rique.	POTASSE.	CAR-BONATE de chaux.	MAGNÉSIE.	FER calculé à l'état métallique.
Sol n° 1	1.13	2.25	3.65	127.5	1.40	35.6
Sol n° 2	1.18	1.73	3.90	320.0	1.25	26.0
Sous-sol n° 2	0.67	1.52	3.55	449.0	1.55	24.0

En tenant compte des cailloux mêlés à la terre, c'est-à-dire en envisageant la terre telle qu'elle est en réalité, on trouve, pour 1 000 de terre brute, la composition suivante :

DÉSIGNATION.	POUR 1 000 DE TERRE BRUTE SÈCHE.						
	AZOTE.	ACIDE phospho-rique.	POTASSE.	CARBONATE de chaux		MAGNÉ-SIE.	FER calculé à l'état métallique.
				fin.	pierreux.		
Sol n° 1	0.77	1.54	2.49	87.08	314.0	0.96	24.3
Sol n° 2	0.92	1.34	3.03	248.96	220.0	0.77	20.2
Sous-sol n° 2 . .	0.35	0.81	1.88	238.40	462.0	0.82	12.7

Ces terres renferment une assez forte proportion d'éléments pierreux, par conséquent inertes, qui abaissent sensiblement la teneur de la terre brute en principes fertilisants. Leur teneur en azote est assez faible.

Le nombre des souches à l'hectare est de 23 000.

L'âge moyen de la vigne est de 60 ans.

La vendange de 1893, qui s'est faite le 5 septembre, a donné le rendement suivant :

Quantité totale de vendange. . . .   7 175 kilogr.

qui ont produit :

Vin total. . . . . . .   21 pièces de 228 litres.

comprenant :

Vin de pieds.   34^{hl},2
    — 1re presse. . . . .   9 ,12
    — 2e presse . . . .   3 ,42
    — 3e presse . . . .   1 ,14

Lorsque le raisin est vendu en nature, le prix en est d'environ
3 fr. le kilogramme.

Poids total de marc. . . . .   900^{kg},00
    —   — séché à 100°. . . . .   374 ,13
    — des feuilles desséchées à 100° . . . . .   2 041 ,76
    — des sarments desséchés à 100° . . . . .   1 446 ,67 [1]

Voici les résultats analytiques de ces divers produits de la végétation de la vigne, en ne tenant compte que des éléments fertilisants :

Analyse des vins, par litre.

	VINS			
	de pieds.	de 1re presse.	de 2e presse.	de 3e presse.
Azote.	0^{gr},748	0^{gr},787	0^{gr},847	0^{gr},711
Acide phosphorique.	0 ,456	0 ,597	0 ,477	0 ,451
Potasse.	1 ,729	1 ,818	1 ,678	1 ,632
Chaux	0 ,077	0 ,122	0 ,094	0 ,094
Magnésie	0 ,005	0 ,002	0 ,004	0 ,008

Analyse des sarments, des feuilles et des marcs.

	POUR 100 DE LA MATIÈRE SÉCHÉE A 100°.		
	Sarments.	Feuilles.	Marcs.
Azote.	0.62	1.81	2.10
Cendres.	3.80	12.90	7.10
Acide phosphorique . . .	0.25	0.41	0.61
Potasse.	1.01	1.44	2.52
Chaux	1.25	5.66	1.19
Magnésie	0.03	0.21	0.03

---

1. Il n'y a pas lieu de tenir compte des lies, les vins ayant été analysés après
l'écoulage à un moment où les lies n'étaient pas déposées. Les éléments qu'elles renferment se trouvent donc dans le vin.

Matières fertilisantes absorbées par hectare de vigne.

DÉSIGNATION.		AZOTE.	ACIDE PHOSPHORIQUE.	POTASSE.	CHAUX.	MAGNÉSIE.
		kilogr.	kilogr.	kilogr.	kilogr.	kilogr.
Vin de pieds	18^{hl},16	1,358	0,828	3,319	0,140	0,009
— 1re presse	4 ,84	0,381	0,289	0,880	0,059	traces.
— 2e presse	4 ,81	0,153	0,086	0,304	0,017	traces.
— 3e presse	0 ,60	0,043	0,027	0,097	0,006	traces.
Total	25^{hl},41					
Marcs secs	198^{kg},6	4,171	1,211	5,005	2,263	0,059
Feuilles sèches	1 084 ,2	19,624	4,445	15,612	61,366	2,276
Sarments secs.	768 ,2	4,763	1,920	7,759	9,602	0,230
Totaux. . .		30,493	8,806	33,796	73,553	2,574

Terroir de Beaune.

Beaune, chef-lieu d'arrondissement, est à 38 kilomètres de Dijon.

Le vignoble en expérience a une surface de 2^{ba}43^a,96 ; il appartient à M. Ad. Bouchard.

Le cépage cultivé est le pineau noir.

Nous donnons ci-dessous l'analyse de deux échantillons de sols et de sous-sols.

Le sol des Grèves, d'une profondeur de 0^m,55 à 0^m,60, est argilocalcaire ; le sous-sol est formé par une marne calcaire.

Le sol des Aigrots, d'une profondeur de 0^m,60 environ, est argilocalcaire, rougeâtre ; le sous-sol est un calcaire cristallin compact, rougeâtre, à points brillants.

DÉSIGNATION DES PARCELLES.		POUR 1 000 DE TERRE SÈCHE.		
			Cailloux.	
		Terre fine.	siliceux.	calcaires.
Aux Grèves. .	Sol	471	0	529
	Sous-sol . . .	520	0	480
Aux Aigrots .	Sol	606	7	387

La composition de la terre fine est la suivante :

DÉSIGNATION DES PARCELLES.	POUR 1 000 DE TERRE FINE SÈCHE.					
	AZOTE.	ACIDE phospho-rique.	POTASSE.	CAR-BONATE de chaux.	MAGNÉ-SIE.	FER. calculé à l'état mé-tallique.
Aux Grèves. Sol. . . .	1.18	2.69	2.70	237.0	1.15	26.1
Aux Grèves. Sous-sol. .	0.52	1.07	2.50	497.5	1.45	17.5
Aux Aigrots. Sol. . . .	0.92	2.27	2.70	165.0	1.15	32.6

En tenant compte des cailloux mêlés à la terre, on trouve pour 1 000 de terre brute la composition suivante :

DÉSIGNATION DES PARCELLES.	POUR 1 000 DE TERRE SÈCHE.						
	AZOTE.	ACIDE phospho-rique.	PO-TASSE.	CARBONATE de chaux fin.	CARBONATE de chaux siliceux.	MAGNÉ-SIE.	FER calculé à l'état mé-tallique.
Aux Grèves. Sol. . .	0.55	1.27	1.27	111.6	529.0	0.54	12.3
Aux Grèves. Sous-sol.	0.27	0.56	1.30	258.5	480.0	0.75	9.1
Aux Aigrots. Sol. . .	0.56	1.37	1.64	100.0	387.0	0.70	19.7

Ces terres, comme les précédentes, très caillouteuses et très calcaires, sont assez pauvres en azote, mais, sauf le sous-sol des Grèves, d'une richesse assez élevée en acide phosphorique et en potasse.

Le vignoble comprend une partie conservée en vieilles vignes françaises, une autre partie en jeunes vignes greffées sur pieds américains.

Le nombre de souches à l'hectare est de 9 000 pour les plants greffés et de 22 000 pour les plants non greffés. Les surfaces respectives occupées par les plants greffés et par les plants non greffés sont égales.

Le porte-greffe est le riparia.

Les anciennes vignes sont âgées de 50 ans, les vignes greffées de 5 ans.

La vendange de 1893, effectuée les 30 et 31 août, a fourni :

Quantité totale de vendange. . . .   5 475 kilogr.

qui ont produit :

Vin total . . . .   41^{hl},61.

Le prix du kilogramme de raisin a été de 1 fr. 20 c.
On a obtenu :

Poids total de marc sec . . . .   750^{kg},00
—   — desséché à 100° . . . .   296 ,70
— feuilles séchées à 100° pour les vignes { greffées. . . . 1 521 ,60 / non greffées. . 1 822 ,10
— sarments séchés à 100° pour les vignes { greffées. . . . 2 900 ,40 / non greffées. . 1 508 ,20

Voici les résultats analytiques de ces divers produits de la végétation de la vigne :

Analyse du vin, par litre.

Azote . . . .   0^{gr},858
Acide phosphorique. . . . .   0 ,388
Potasse. . . . .   1 ,103
Chaux . . . .   0 ,056
Magnésie . . . .   0 ,002

Analyse des sarments, des feuilles, des marcs et des lies.

DÉSIGNATION.	POUR 100 DE LA MATIÈRE SÉCHÉE A 100°.				POUR 100 DE LIES humides.
	SARMENTS DES VIGNES		FEUILLES DES VIGNES		
	greffées.	non greffées.	greffées.	non greffées.	
Azote.	0.56	0.66	1.55	1.57	0.63
Cendres	3.65	3.70	12.30	12.30	»
Acide phosphorique. .	0.22	0.21	0.41	0.46	0.15
Potasse.	0.89	0.83	1.13	1.30	0.32
Chaux	1.24	1.25	5.42	5.59	0.06
Magnésie	0.05	0.06	0.18	0.23	0.005
Eau	»	»	»	»	87.07

Matières fertilisantes absorbées par hectare de vignes (plants greffés).

(Le nombre des souches étant de 9 000 à l'hectare.)

DÉSIGNATION.		AZOTE.	ACIDE PHOSPHO-RIQUE.	PO-TASSE.	CHAUX.	MAGNÉ-SIE.
		kilogr.	kilogr.	kilogr.	kilogr.	kilogr.
Vin[1]	17[hl],06	1,464	0,662	1,882	0,096	0,003
Marcs secs[1]	121[kg],60	2,590	0,851	2,444	1,289	0,024
Feuilles sèches. . . .	623 ,70	9,667	2,557	7,047	33,804	1,122
Sarments secs	1 188 ,90	6,658	2,615	10,581	14,742	0,594
Lies humides.	40[l] ,94	0,258	0,061	0,131	0,024	0,001
Totaux. . . .		20,637	6,746	22,085	49,955	1,744

1. La vendange a été en quantité sensiblement égale dans la partie greffée et dans la partie conservée en vieilles vignes ; on a admis pour chacune de ces parcelles une même production et une même composition du vin et du marc.

Matières fertilisantes absorbées par hectare de vignes (plants francs de pied).

(Le nombre des souches étant de 22 000 à l'hectare.)

DÉSIGNATION.		AZOTE.	ACIDE PHOSPHO-RIQUE.	PO-TASSE.	CHAUX.	MAGNÉ-SIE.
		kilogr.	kilogr.	kilogr.	kilogr.	kilogr.
Vin.	17[hl],06	1,464	0,662	1,882	0,096	0,003
Marcs secs.	121[kg],60	2,590	0,851	2,444	1,289	0,024
Feuilles sèches	746 ,90	11,726	3,436	9,710	41,752	1,718
Sarments secs	618 ,20	4,080	1,298	5,131	7,727	0,371
Lies humides.	40[l], 94	0,258	0,061	0,131	0,024	0,001
Totaux. . . .		20,118	6,308	19,298	50,888	2,117

Malgré les différences qui existent entre les vieilles vignes et les jeunes vignes greffées sur plants américains, différences qui portent surtout sur le nombre de pieds à l'hectare, sur le rapport des feuilles aux sarments, la quantité d'éléments fertilisants absorbés dans les deux cas est sensiblement identique.

Terroir de Pommard.

Pommard est situé dans le canton de Beaune, à 4 kilomètres de cette ville.

La surface du vignoble en expérience est de $0^{ha}64^a,20$; il appartient à M. Trouiller.

La composition de divers échantillons de sols et sous-sols du terroir est donnée ci-dessous.

Aux Rugiens, le sol est argilo-calcaire, léger, d'une profondeur d'environ $0^m,45$; le sous-sol est de même nature.

Aux Arvelets, le sol est argilo-calcaire d'une profondeur de $0^m,45$; le sous-sol a une constitution analogue.

Aux Bœufs, le sol, d'une profondeur de $0^m,50$, est argilo-calcaire ; le sous-sol est calcaire.

Aux Épenots, le sol, d'une profondeur de $0^m,60$, est également argilo-calcaire ; le sous-sol est un cailloutis calcaire.

DÉSIGNATION DES PARCELLES.		POUR 1 000 DE TERRE SÈCHE.		
		Terre fine.	Cailloux	
			siliceux.	calcaires.
Les Rugiens	Sol.	702	5	293
	Sous-sol.	728	2	270
Les Arvelets	Sol.	667	9	324
	Sous-sol.	688	6	306
Les Bœufs	Sol.	684	4	312
	Sous-sol.	549	1	450
Les Épenots	Sol.	763	10	227
	Sous-sol.	475	6	519

La composition de la terre fine est la suivante :

DÉSIGNATION DES PARCELLES.	POUR 1000 DE TERRE FINE SÈCHE.					
	AZOTE.	ACIDE phospho-rique.	POTASSE.	CARBONATE de chaux.	MAGNÉ-SIE.	FER calculé à l'état métallique.
Les Rugiens . Sol. . . .	0.78	2.59	2.20	364.0	3.65	24.0
Les Rugiens . Sous-sol. .	1.05	2.35	3.40	362.0	2.75	23.7
Les Arvelets . Sol. . . .	1.18	4.62	3.40	347.5	4.85	40.0
Les Arvelets . Sous-sol. .	1.03	4.54	4.05	361.0	3.70	42.4
Les Bœufs . . Sol. . . .	1.36	1.16	5.25	241.5	1.00	32.9
Les Bœufs . . Sous-sol. .	0.77	0.90	5.40	445.0	0.60	22.2
Les Épenots . Sol. . . .	1.14	1.95	3.45	220.0	traces.	26.3
Les Épenots . Sous-sol. .	0.85	1.24	4.40	242.5	traces.	12.9

En tenant compte des cailloux mêlés à la terre, on trouve :

DÉSIGNATION DES PARCELLES.	POUR 1000 DE TERRE BRUTE SÈCHE.						
	AZOTE.	ACIDE phosphorique.	POTASSE.	CARBONATE de chaux fin.	CARBONATE de chaux pierreux.	MAGNÉ-SIE.	FER calculé à l'état métallique.
Les Rugiens. Sol. . .	0.55	1.82	1.54	255.5	293.0	2.55	16.8
Les Rugiens. Sous-sol.	0.76	1.71	2.47	263.5	270.0	2.00	17.2
Les Arvelets. Sol. . .	0.79	3.08	2.27	231.7	324.0	3.23	26.7
Les Arvelets. Sous-sol.	0.71	3.12	2.78	248.4	306.0	2.54	29.2
Les Bœufs. . Sol. . .	0.93	0.79	3.59	165.2	312.0	0.68	22.5
Les Bœufs. . Sous-sol.	0.42	0.49	2.96	244.3	450.0	0.33	12.2
Les Épenots. Sol. . .	0.87	1.49	2.63	167.8	227.0	traces.	20.1
Les Épenots. Sous-sol.	0.40	0.59	2.09	115.2	519.0	traces.	6.13

Toutes ces terres sont peu riches en azote, mais l'acide phosphorique et la potasse y existent en assez forte proportion. Elles sont riches en oxyde de fer.

Le cépage cultivé est le pineau noir. Le nombre des souches à l'hectare est de 10 000, greffées par moitié sur riparia et sur solonis. L'âge de la vigne est de trois ans.

En 1893, la vendange s'est effectuée les 25 et 26 août; elle a donné le rendement suivant :

Quantité totale de vendange. . . .   2 135 kilogr.

qui ont produit :

Vin total . . . . 15^{hl},96

Le prix du kilogramme de raisin a été de 1 fr. 20 c.

Poids total de marc. . . . .   320 kilogr.
—   —   desséché à 100°.   140   —
—   des feuilles desséchées a 100°. . . . . 272^{kg},2.

Cette jeune vigne ne peut pas être considérée comme étant dans un état de production normale.

Analyse des feuilles et des marcs [1].

	POUR 100 de la matière séchée à 100°.	
	Feuilles.	Marcs.
Azote	1.61	2.05
Cendres	11.30	6.67
Acide phosphorique.	0.31	0.61
Potasse.	1.19	2.75
Chaux	4.81	1.03
Magnésie.	0.21	0.05

Matières fertilisantes absorbées par hectare de vignes.

DÉSIGNATION.	AZOTE.	ACIDE PHOSPHORIQUE.	PO-TASSE.	CHAUX.	MA-GNÉSIE.
	kilogr.	kilogr.	kilogr.	kilogr.	kilogr.
Vin . . . . 24^{hl},85	2,132	0,964	2,741	0,139	0,005
Marc secs. . . . . . . 218^{kg},10	4,471	1,330	5,998	2,246	0,109
Feuilles sèches. . . . . 424 ,00	6,826	1,314	5,046	20,394	0,890
Sarments secs . . . . . 816 ,00	4,570	1,795	7,262	10,118	0,408
Lies humides.. . . . . 59^{l},54	0,376	0,089	0,191	0,036	0,003
Totaux.	18,375	5,492	21,238	32,933	1,415

1. On a admis, pour la composition du vin, des sarments et des lies, celle des vignes de Beaune, distantes seulement de 4 kilomètres et qui se produisent dans des conditions identiques de culture, de sol, de fumures et d'encépagement.

Terroir de Givry.

Givry est situé dans l'arrondissement de Chalon-sur-Saône, canton de Givry, à 9 kilomètres de Chalon.

Le vignoble en expérience s'appelle le Boischevaux; il appartient à M. le baron Thénard.

Sa surface est de $1^{ha}02$.

Le sol n° 1, à la partie inférieure du vignoble, est argilo-calcaire, d'une profondeur de $0^m,25$ à $0^m,30$. Le sous-sol est de même nature que le sol.

Le sol n° 2, de la partie supérieure du domaine, est aussi argilo-calcaire; le sous-sol est de même nature.

Voici leur composition :

		POUR 1 000 de terre naturelle sèche.	
DÉSIGNATION DES PARCELLES.		Cailloux	
	Terre fine.	siliceux.	calcaires.
Sol n° 1.	839	0	161
Sous-sol n° 1	758	13	229
Sol n° 2.	740	5	255
Sous-sol n° 2.	720	22	258

La composition de la terre fine est la suivante :

DÉSIGNATION DES PARCELLES	POUR 1 000 DE TERRE FINE SÈCHE.					
	AZOTE.	ACIDE phospho-rique.	POTASSE.	CARBO-NATE de chaux.	MAGNÉ-SIE.	FER calculé à l'état métallique.
Sol n° 1	0.91	2.89	5.25	non dosé.	traces.	34.2
Sous-sol n° 1	1.28	3.04	5.40	id.	id.	33.6
Sol n° 2	1.15	1.71	4.85	317.0	id.	24.0
Sous-sol n° 2	1.23	1.64	4.90	334.0	id.	21.7

En tenant compte des cailloux mêlés à la terre, on trouve :

DÉSIGNATION DES PARCELLES.	POUR 1 000 DE TERRE BRUTE SÈCHE.						
	AZOTE.	ACIDE phosphorique.	POTASSE.	CARBONATE de chaux		MAGNÉSIE.	FER calculé à l'état métallique.
				fin.	pierreux.		
Sol n° 1.	0.76	2.42	4.40	non dosé.	161.0	traces.	28.7
Sous-sol n° 1	0.97	2.30	4.09	id.	229.0	id.	25.5
Sol n° 2.	0.85	1.26	3.59	234.6	255.0	id.	17.8
Sous-sol n° 2	0.88	1.18	3.53	240.5	258.0	id.	15.6

Ici encore il n'y a pas beaucoup d'azote, mais une teneur assez élevée en acide phosphorique et en potasse. Les échantillons de la partie inférieure du champ sont sensiblement plus riches que ceux de la partie supérieure, surtout en ce qui concerne l'acide phosphorique et le fer.

Le cépage cultivé est le pineau noir greffé sur riparia.

Le nombre de souches à l'hectare est de 10 000. L'âge de la vigne est de trois ans, c'est-à-dire qu'elle n'est pas encore en production normale.

La vigne antérieure avait été défendue longtemps avec le sulfure de carbone.

La vendange de 1893, effectuée les 25 et 26 août, a donné :

Quantité totale de vendange. . . .   5 700 kilogr.

soit :

Vin total . . . .   46^{hl},74

comprenant :

Vin de pieds . . . .   43^{hl},32
— presse. . . . .   3 ,42

Le kilogramme de raisin a été coté 0 fr. 50 c.

On a obtenu :

Poids total de marc. . . . .   837^{kg},0
— — séché à 100°. . . . .   371 ,0
— feuilles desséchées à 100°. . . . .   700 ,0
— sarments desséchés à 100°. . . . . . .   782 ,6

Voici les résultats analytiques de ces divers produits de la vigne :

Analyse des vins, par litre.

	VIN	
	de pieds.	de pressurage.
Azote.	0,698	0,669
Acide phosphorique	0,253	0,288
Potasse.	0,706	0,752
Chaux	0,053	0,064
Magnésie	0,060	0,100

Analyse des sarments, des feuilles, des marcs et des lies.

	POUR 100 de la matière séchée à 100°.			POUR 100 de lies humides	
	Sarments.	Feuilles.	Marcs.	de pieds.	de presse.
Azote	0.55	1.72	2.06	0.26	1.13
Cendres.	3.70	12.65	7.15	»	»
Acide phosphorique. .	0.19	0.40	0.64	0.06	0.26
Potasse	0.81	1.01	2.31	0.69	1.01
Chaux	1.28	5.72	1.25	0.15	0.18
Magnésie.	0.07	0.21	0.03	0.006	0.023
Eau	»	»	»	91.64	76.44

Matières fertilisantes absorbées par hectare de vignes.

DÉSIGNATION.		AZOTE.	ACIDE PHOSPHO-RIQUE.	PO-TASSE.	CHAUX.	MAGNÉ-SIE.
		kilogr.	kilogr.	kilogr.	kilogr.	kilogr.
Vin de pieds.	42^{hl},47	2,964	1,074	2,998	0,225	0,255
— presse	3 ,35	0,224	0,096	0,252	0,021	0,033
Marcs secs	363^{kg},70	7,492	2,328	8,401	4,546	0,109
Feuilles sèches. . . .	686 ,30	11,804	2,745	6.932	39,256	1,441
Sarments secs	767 ,30	4,220	1,458	6,215	9,821	0,537
Lies humides de vin de pieds.	93 ,43	0,243	0,056	0,645	0,140	0,005
Lies humides de vin de presse	11 ,72	0,132	0,030	0,118	0,021	0,027
Totaux.		27,079	7,787	25,561	54,030	2,407

CHAPITRE II

VIGNOBLES PRODUISANT DES VINS BLANCS

Terroir de Montrachet.

Montrachet est situé dans la commune de Puligny.

Suivant que les vignes sont situées en haut, au milieu ou au bas de la colline, les vins ont des qualités variables ; à la partie supérieure, ce sont les Chevalier-Montrachet, au milieu c'est le vrai Montrachet, enfin à la partie inférieure le Bâtard-Montrachet.

L'étendue totale du vignoble du vrai Montrachet est de 5 hectares environ.

Le vignoble en expérience, qui se rapporte à ce dernier cru, a une superficie de $1^{ha}79^a,76$; il appartient à M. le baron Thénard.

Il est planté en pineau blanc, franc de pied ; ses vins blancs comptent parmi les plus réputés de la Bourgogne.

Nous donnons ci-dessous l'analyse de divers échantillons de sols et de sous-sols.

Le sol n° 1 (au bas du vignoble en expérience) est un peu argileux, d'une profondeur de $0^m,50$. Le sous-sol est formé d'une roche calcaire nacrée.

Le sol n° 2 (partie supérieure du champ en expérience) est également un peu argileux, d'une profondeur d'environ $0^m,50$. Le sous-sol est marneux.

		POUR 1 000 DE TERRE SÈCHE.	
DÉSIGNATION DES PARCELLES.	Terre fine.	Cailloux	
		siliceux.	calcaires.
Sol n° 1.	770	15	215
Sol n° 2.	718	6	276
Sous-sol n° 2.	928	15	57

La composition de la terre fine est la suivante :

DÉSIGNATION.	POUR 1 000 DE TERRE FINE SÈCHE.					
	AZOTE.	ACIDE phospho-rique.	POTASSE.	CARBO-NATE de chaux.	MAGNÉ-SIE.	FER calculé à l'état métallique.
Sol n° 1	1.40	2.03	4.55	208.0	traces.	23.2
Sol n° 2	1.03	1.58	3.05	450.0	traces.	14.2
Sous-sol n° 2	0.49	0.62	4 90	585.0	traces.	12.2

En tenant compte des cailloux mêlés à la terre, on trouve, pour 1 000 de terre brute, la composition suivante :

DÉSIGNATION.	POUR 1 000 DE TERRE BRUTE SÈCHE.						
	AZOTE.	ACIDE phos-pho-rique.	PO-TASSE.	CARBONATE de chaux fin.	pier-reux.	MAGNÉ-SIE.	FER calculé à l'état métallique.
Sol n° 1	1.08	1.56	3.50	160.2	215.0	traces.	17.8
Sol n° 2.	0.74	1.14	2.19	323.1	276.0	traces.	10.2
Sous-sol n° 2.	0 45	0.57	4.55	542.9	57.0	traces.	11.3

Comme nous l'avons déjà observé précédemment, ces terres ne sont pas très riches en azote, mais elles contiennent notablement d'acide phosporique et surtout de potasse. La teneur en carbonate de chaux est très élevée, comme dans les précédents échantillons.

Le nombre de souches à l'hectare est de 20 000.

L'âge moyen de la vigne est de 70 ans.

La vendange a eu lieu le 9 septembre et a donné 720 kilogr. de raisins, qui ont produit 4^{hl},96 de vin. Autrefois, la récolte était de 25 hectolitres.

Le vignoble s'est trouvé, en 1893, dans un état très peu satisfaisant ; le phylloxéra a sévi avec d'autant plus d'intensité que la sécheresse a été plus grande. En outre, le gribouri a fait beaucoup de ravages ; aussi la récolte a-t-elle été extrêmement faible, beaucoup de pieds ne portaient pas de raisins.

Le prix du kilogramme de raisin était de 2 fr. 25 c.

Poids total de marc . . . . 102^{kg},0
— — séché à 100° . . . . 45 ,0
— feuilles desséchées à 100° . . . . . . 1 630 ,8
— sarments desséchés à 100° . . . . . . 1 178 ,5

Voici les résultats analytiques de ces divers produits de la vigne :

Analyse des vins, par litre.

Azote . . . . 0^{gr},509
Acide phosphorique. . . . . 0 ,186
Potasse . . . . 0 ,677
Chaux. . . . . 0 ,047
Magnésie. . . . . 0 ,067

Analyse des sarments, des feuilles, des marcs et des lies.

	POUR 100 de la matière séchée à 100°.			POUR 100 de lies humides.
	Sarments.	Feuilles.	Marcs.	
Azote.	0.61	1.87	2.16	0.60
Cendres.	3.60	10.55	5.45	»
Acide phosphorique	0.27	0.35	0.69	0.15
Potasse.	0.83	1.37	1.35	1.17
Chaux..	1.24	4.19	1.28	0.42
Magnésie	0.08	0.13	0.04	0.006
Eau	»	»	»	84.53

Le tableau suivant est rapporté à 1 hectare de vignes.

Matières fertilisantes absorbées par hectare de vignes.

DÉSIGNATION.		AZOTE.	ACIDE PHOSPHORIQUE.	POTASSE.	CHAUX.	MAGNÉSIE.
		kilogr.	kilogr.	kilogr.	kilogr.	kilogr.
Vin	2^{hl},76	0,140	0,051	0,187	0,013	0,018
Marcs secs	25^{kg},00	0,540	0,172	0,337	0,320	0,010
Feuilles sèches.	907 ,20	16,965	3,175	12,428	38,011	1,179
Sarments secs.	655 ,60	3,999	1,770	5,441	8,129	0,524
Lies.	6^{l},07	0,036	0,009	0,071	0,025	0,0004
Totaux. . . .		21,680	5,177	18,464	46,498	1,731

De l'ensemble des observations faites sur la Bourgogne, on peut conclure, d'une façon générale, qu'eu égard aux rendements des vignes, la proportion de matière fertilisante nécessaire à la végétation annuelle est relativement élevée. Ce fait serait encore plus frappant si, au lieu de considérer une année, exceptionnellement favorable comme l'année 1893, nous avions considéré une année normale, où, dans les crus que nous avons étudiés, la moyenne de rendement ne dépasse pas 18 hectolitres par hectare.

L'emploi des fumures, tel qu'il se fait actuellement, permet de maintenir la richesse du sol et de fournir amplement aux besoins de la végétation de la vigne.

Cette région est encore dans une période de transition ; une partie des vieilles vignes sont conservées à l'aide de traitements insecticides et de fumures relativement élevées ; une autre partie est reconstituée en cépages greffés sur plants américains.

Le manque d'homogénéité du vignoble de la Bourgogne ne permet donc pas de tirer, des études que nous venons d'exposer, des conclusions générales ; nous ne pouvons qu'enregistrer les résultats obtenus dans la période que nous traversons et qui semble devoir aboutir au remplacement complet des vignes françaises par des plants greffés.

[illegible] ... [illegible]

[illegible] ... solaire ... [illegible]

[illegible] les rayons ... latitude ... [illegible]

[illegible]

QUATRIÈME PARTIE

LES CONDITIONS DE LA PRODUCTION DU VIN
ET LES EXIGENCES DE LA VIGNE EN PRINCIPES FERTILISANTS
DANS LE BEAUJOLAIS [1]

Considérations générales.

Le Beaujolais constitue une région viticole en quelque sorte intermédiaire entre les vignobles du Midi, dont il se rapproche quelque peu par des rendements élevés, et les vignobles de la Bourgogne, auxquels ses vins empruntent quelques-unes de leurs qualités. Les vins du Beaujolais n'ont pas le bouquet de ceux de la Côte-d'Or; mais en général ils ont une certaine finesse qui les rend bien supérieurs à ce qu'on appelle les vins communs.

Le Beaujolais est compris presque entièrement dans le département du Rhône (arrondissement de Villefranche). La série de coteaux sur lesquels sont établis les vignobles fait suite aux coteaux de la Côte-d'Or et rejoint ceux du Lyonnais. C'est une région assez nettement limitée, avec des caractères généraux très tranchés, tant pour les conditions de culture de la vigne que pour la qualité des vins obtenus.

Nous avons choisi dans cette région le vignoble de Villié-Morgon, qui compte parmi les meilleurs crus, et qui peut servir de type.

Ce domaine appartient à M. Sornay, dont la compétence dans les questions viticoles est bien connue, et qui a bien voulu le

---

1. Études faites avec le concours de M. Eug. Rousseaux, préparateur de chimie à l'Institut agronomique.

mettre à notre disposition ; un grand nombre de documents dont nous nous sommes servis nous ont été fournis par cet agronome distingué.

Situation et exposition du vignoble. — Le vignoble du Beaujolais est situé sur le versant Est des collines du Beaujolais qui longent la Saône, s'étendant dans la direction générale nord-sud, parallèlement à la Saône sur une longueur de 40 kilomètres environ. La chaîne du Beaujolais, dont l'altitude moyenne est de 500 à 600 mètres, limite le vignoble à l'ouest, la vallée de la Saône à l'est, la vallée de la Moyenne-Azerques au sud ; quant à la limite nord, elle est relativement mal définie par la séparation entre les départements du Rhône et de Saône-et-Loire. Les deux rivières du Morgon au sud et de l'Arlois au nord limitent le véritable Beaujolais, qui, d'ailleurs, peut se diviser en Haut-Beaujolais, entre l'Arlois et la Vauxonne, et en Bas-Beaujolais, entre la Vauxonne et le Morgon.

La topographie du Beaujolais se partage en trois zones distinctes : la plaine, qui s'étend de la base des coteaux à la Saône, cultivée surtout en céréales et prairies ; les vignes y sont peu abondantes, parce qu'elles sont exposées aux gelées ; au sommet des coteaux, à partir de l'altitude de 450 à 500 mètres environ, les bois dominent, principalement constitués par le châtaignier, le bouleau, puis le sapin, le sol étant couvert de bruyères.

Quant à la falaise qui relie la vallée au sommet de la chaîne, c'est essentiellement la zone viticole, interrompue en de nombreux points par des vallons qu'y creusent un grand nombre de rivières ; la vigne est abritée par les hauteurs qui la dominent.

Les vignobles du Beaujolais appartiennent à l'arrondissement de Villefranche, aux cantons de Beaujeu, Belleville, Villefranche, Anse et Bois-d'Oingt. Dans quelques communes, la vigne est peu cultivée, soit à cause de l'altitude, de l'exposition, soit à cause de la situation dans la plaine.

La surface totale des vignes est, à l'heure actuelle, d'environ 21 000 hectares. Ce sont surtout les cantons les plus septentrionaux de la région qui renferment les meilleurs crus (cantons de Beaujeu et de Belleville) ; les communes de Chenas, Fleurie, Villié-

Morgon, Odenas-Brouilly et Saint-Lager comptent parmi les premiers crus.

Villié-Morgon, où se trouve le vignoble en expérience, est une commune dont l'altitude moyenne est de 250 à 300 mètres; elle comprend un hameau appelé Morgon, séparé du village par une petite colline, le mont Py, sur les pentes de laquelle sont situées les vignes.

Climat. — Le Beaujolais est dans la partie septentrionale du climat rhodanien; le climat spécial de la région est caractérisé par une différence très notable entre les températures de l'hiver et celles de l'été. L'hiver est souvent extrêmement froid et ses gelées ont causé de véritables désastres dans certaines années, telles que 1869-1870, 1879-1880, où le thermomètre est descendu jusqu'à — 20°. L'été est généralement très chaud.

Le printemps commence d'assez bonne heure, avec des températures douces; vers cette époque, des gelées viennent souvent causer des dégâts importants, surtout dans les vignes du bas des coteaux.

La quantité d'eau de pluie se répartit assez régulièrement pour les différents mois de l'année; on peut classer ainsi à ce point de vue les diverses saisons dans l'ordre suivant : automne, printemps, été et hiver. La quantité totale d'eau tombée par an est, en moyenne, d'environ 950 millimètres, par suite relativement élevée, et se répartit en un nombre de jours peu considérables, car les pluies sont abondantes.

Ajoutons qu'en 1893 la quantité d'eau tombée a été très inférieure à la moyenne ; la sécheresse a été, comme partout ailleurs, très générale dans la région ; en ce qui concerne la vigne, ce fut une circonstance favorable qui a produit une récolte abondante et de qualité.

Les vents du Nord, de l'Est et du Sud sont les plus fréquents ; ceux de l'Ouest et du Sud-Ouest se font plus rarement sentir ; comme le vent du Sud, ils indiquent la pluie ; les vents du Nord et de l'Est, au contraire, indiquent un beau temps ; le premier a soufflé presque constamment durant l'année 1893.

Les orages, qui viennent le plus souvent de l'Ouest ou quelquefois du Sud, s'engouffrent, entre les contreforts transversaux, dans les vallons, en suivant des lignes bien définies, de direction générale S.-N.-N.-E., et qui convergent vers l'Est, épargnant plus ou moins les villages situés au pied d'un contrefort entre deux lignes orageuses. Ainsi à Villié-Morgon, la partie sud-est de la commune est à peine touchée par les orages.

Souvent la grêle accompagne les orages, produisant alors des dégâts très importants. En 1893, à Villié-Morgon, il en est tombé à deux reprises différentes, mais sans compromettre la récolte.

Aperçu géologique. — Les bords de la Saône sont formés par les alluvions modernes, limon argileux, et les alluvions post-glaciaires. A gauche de la Saône, c'est-à-dire vers l'Est, s'étendent les Dombes, vaste plateau incliné vers le nord. La partie ouest, à droite de la Saône, constitue le Beaujolais ; c'est une région montagneuse et accidentée, certains sommets ont une altitude voisine de 1 000 mètres ; le sommet de la chaîne forme la ligne de partage des eaux des bassins de l'Océan et de la Méditerranée.

Les cailloutis et limons anciens, consistant en cailloux, sables et argiles généralement très altérés, s'étendent à l'ouest de la route de Lyon à Paris jusqu'à l'altitude de 250 à 300 mètres.

La partie montagneuse que nous avons surtout à considérer est formée par les terrains anciens.

Le granit forme principalement la région s'étendant par Chenas, Fleurie, Chiroubles, Villié, Loutignié, Durette et, plus au sud, par Odenas à Saint-Étienne-la-Varenne.

Ces régions granitiques sont traversées de nombreux filons de quartz de l'âge des arkoses triasiques et liasiques, généralement N.-O ; et par d'innombrables filons de porphyrites micacées et amphiboliques N.-S. et N.-N.-O. ; enfin de nombreux filons de granulites.

A côté de ces régions granitiques, se trouvent les schistes granulitiques et les schistes micacés et maclifères ; puis les schistes pyroxénites et amphiboliques. Enfin, comme formation également importante de la région, les tufs orthophyriques et, à l'ouest, la microgranulite.

Le lias, le calcaire à entroques, la terre à foulon, la grande oolithe affleurent principalement au sud de Villefranche, entre cette ville et Charnay et aux environs de Ville-sur-Jarnoux.

En ce qui concerne spécialement Villié-Morgon, les cailloutis et limons anciens bordent la partie orientale et sud-ouest de la commune. A l'ouest, c'est le granit qui constitue la base de la majeure partie du territoire, avec ses nombreux filons de porphyre micacé et amphibolique. Quant à la montagne de Morgon, dite colline du Py, elle est formée à l'est, au sud et au sud-est par les schistes micacés, qui sont plantés en vignes et fournissent les meilleurs crus. Au sud-est de la commune, on observe une bande de schistes noirs pyriteux. Les terrains primaires et secondaires ne sont pas représentés dans la commune. Le sol et le sous-sol sont très caillouteux ; les cailloux sont utilisés dans les drainages et pour l'entretien des routes. Les analyses que nous donnons plus loin de divers échantillons nous renseigneront sur leur contenance en principes fertilisants ; nous verrons que ces cailloux, qui doivent être regardés comme inertes, abaissent dans une forte proportion la teneur en éléments nutritifs du sol et du sous-sol.

Le territoire de la commune est très allongé dans la direction du sud-est au nord-ouest. L'altitude est comprise entre 236 et 685 mètres ; c'est vers l'altitude de 300 mètres que l'on récolte les meilleurs vins. A 500 mètres, le raisin n'atteint souvent pas sa maturité complète et ne donne qu'un vin âpre. La culture de la vigne n'y est plus dès lors avantageuse.

Culture de la vigne. — Le Beaujolais a comme cépage spécial le gamay. Autrefois la région comprenait, outre le gamay, un grand nombre de cépages différents : pinots, chenins, aligotés, mornins et mondeuses. Les vignerons ont su faire un choix parmi ces nombreux cépages et se sont arrêtés au gamay, parce qu'il donne une production plus abondante que les pinots ; ils sacrifient ainsi la qualité au rendement. Les pinots, d'ailleurs, réussissent surtout dans les terrains calcaires ; or, la chaux manque totalement dans une grande partie du Beaujolais. L'aligoté, cépage blanc, est trop exposé à la pourriture dans ce climat pluvieux. Le chenin mûrit tardivement et imparfaitement dans les régions fraîches ; quant à la mondeuse, elle est moins estimée que le gamay. Ce dernier est fertile, peu sujet à la coulure et à la pourriture, résiste bien à l'anthracnose et au black-rot, est facile à défendre contre le mildew, enfin mûrit de bonne heure ; cependant, il est sensible à l'oïdium ; il est d'un débourrement hâtif qui l'expose aux gelées.

Il est bien adapté au climat et à la constitution du sol du Beaujolais ; il ne produit dans aucune autre région un vin aussi estimé ; c'est dans les sols granitiques, où le calcaire fait défaut, qu'il donne les vins les meilleurs et les plus délicats, tels que ceux de Fleurie, Villié, Brouilly, Juliénas et Saint-Étienne ; dans la région schisteuse, les vins moins appréciés (Villefranche, Rivolet) ; enfin les vins plus ordinaires sont fournis par la région calcaire (Bois-d'Oingt, Chassagne).

D'ailleurs le gamay a été l'objet d'améliorations notables d'où sont sortis : le gamay des gamays, les plants Picard, Nicolas, Geoffray, Monternier, Magny, obtenus par sélections de boutures.

Le mode d'exploitation du sol le plus usité est l'exploitation à moitié fruit, désignée sous le nom de vigneronnage. Tous les produits sont partagés par moitié. Le vigneron reçoit du propriétaire environ 2 à 3 hectares de vignes qu'il doit cultiver et, pour subvenir à ses besoins, une certaine étendue, variable, de prairies et de terres de culture. La maison d'habitation, les étables, deux ou trois vaches lui sont données par le propriétaire, auquel il doit quelques redevances.

Quant aux outils, instruments de travail, attelages, ils appartiennent au vigneron ; les domestiques que ce dernier emploie lors des travaux pressants sont à sa charge.

Le vigneron enlève la vendange et la transforme en vin à ses frais ; les vins sont partagés à la sortie de la cuve. Le matériel de vinification est fourni par le propriétaire. Quand le raisin est vendu sur pied, le montant de la livraison est immédiatement partagé.

Les achats de foin, de paille, d'engrais sont payés en commun. Les impôts, achats d'insecticides, d'échalas sont le plus souvent à la charge du propriétaire. Depuis l'introduction des cépages américains, le propriétaire fournit les plants greffés et soudés.

Les tâcherons sont surtout employés au labour de défoncement, à raison de 500 fr. à 1 000 fr. par hectare suivant la profondeur, qui est ordinairement de 0^m,50 à 0^m,55.

Les domestiques à gages, loués généralement pour un an, reçoivent, outre la nourriture et le logement, 130 à 200 fr. par an de 15 à 17 ans, 200 à 350 fr. pour un âge plus élevé. Pour les travaux de la vigne, les hommes adultes reçoivent environ 400 fr., souvent davantage.

Les journaliers nourris gagnent : l'été, les hommes 2 fr. 50 c., les femmes 1 fr. ; l'hiver, les hommes 1 fr. 75 c., les femmes 1 fr.

Les journaliers non nourris reçoivent : l'été, les hommes 3 fr. 50 c. ; l'hiver, 2 fr. 75 c. ; les femmes gagnent, été comme hiver, 2 fr.

C'est à Villié-Morgon qu'on a observé, en 1872, la première tache phylloxérique de la région ; en 1879, l'insecte avait rayonné dans tout le Beaujolais, produisant dès lors chaque année de véritables désastres ; mais depuis 1886 les dégâts ne se sont plus étendus aussi rapidement.

Dans le début de la crise, on a employé diverses substances insecticides, qui sont ordinairement restées sans efficacité. Aussi le phylloxéra a-t-il étendu ses ravages ; dans le courant de 1878, des syndicats se sont fondés et deux champs d'expériences ont été établis, l'un à Saint-Germain, au Mont-d'Or, en 1879 ; l'autre en 1880 à Villié-Morgon, pour étudier principalement l'application des traitements au sulfure de carbone et la replantation par les vignes américaines.

De 1881 à 1888, la surface des vignes a suivi une marche décroissante ; en 1889, la reconstitution par les plants américains était plus active que la destruction par l'insecte ; à partir de cette époque, la surface plantée en vignes a augmenté chaque année.

Le sulfure de carbone a d'abord été employé sur une vaste échelle, aujourd'hui on s'adresse plus souvent aux plants américains ; les surfaces replantées en vignes américaines dépassent aujourd'hui celles que l'on traite au sulfure de carbone.

A Villié-Morgon, qui nous intéresse particulièrement, la reconstitution est facilitée, comme dans toutes les régions analogues, par la nature du sol. Elle est entreprise très activement, surtout depuis trois ans. Au début, on a employé principalement, comme porte-greffes, le solonis et le riparia ; on utilise aujourd'hui de préférence le rupestris et le vialla.

Avant la plantation, le terrain reste généralement quelques années en jachère ou en cultures diverses.

Le défoncement du sol s'appelle *minage*. Il se pratique presque exclusivement à la main, à l'aide d'instruments variant avec le terroir (pioche, bêche, triandine). Le travail est d'une difficulté plus ou moins grande suivant la nature du sol. Quand ce dernier est d'une consistance moyenne, le prix est d'environ 600 fr. l'hectare ; si le sol est dur et rocailleux, le minage atteint des prix beaucoup plus élevés.

Les minages commencent en octobre et se pratiquent jusqu'aux gelées qui rendent le sol inaccessible aux instruments. En général, le fumier est répandu sur le sol et enterré lors du défoncement.

Avant de parler de la plantation, disons quelques mots de la production des greffes. La vigne américaine greffée étant plus vigoureuse que la vigne franche de pied, on choisit le bois sur des sarments fertiles ayant porté du fruit. Les ceps les plus fructifères ont été soigneusement marqués par les vignerons lors de la vendange et les boutures sont sélectionnées avec soin sur des bois se présentant dans des conditions satisfaisantes.

Les bois américains sont produits d'ordinaire par chaque viticulteur. Ces bois, choisis par boutures après la vendange, sont les sarments de l'année les mieux aoûtés et les plus sains ; ils sont coupés en baguettes d'environ 1 mètre de long ; un ouvrier peut faire en 12 heures environ 600 bois ; ils sont stratifiés dans du sable fin. Le tas de greffons est placé dans une cave ; quant aux bois américains, on les laisse dehors pour que leur végétation soit plus avancée que celle des bois français. On a également recours, dans le Beaujolais, pour la conservation, au trempage, qui consiste à laisser les boutures réunies en paquets de 500 dans une eau qu'on renouvelle souvent.

Au printemps, vers mars ou avril, a lieu le greffage sur les boutures débitées en fragments de 20 à 25 centimètres ; ce greffage s'effectue chez les propriétaires dans des ateliers de greffage. On emploie la greffe en fente anglaise ; les sarments choisis pour greffons sont taillés en fragments de 4 à 5 centimètres munis de un ou deux yeux (détaillage). La formation des biseaux et des languettes et l'ajustage sont exécutés par des hommes, les femmes étant spécialement chargées de la ligature, effectuée surtout en raphia généralement sulfaté. Un greffeur peut faire dans une journée de 800 à 1 000 greffes non compris le détaillage et la ligature.

On plante généralement les boutures en pépinières ; elles sont à une distance de $0^m,20$, les lignes ayant entre elles $0^m,50$, et elles reçoivent les soins qui leur sont nécessaires (arrosages, sevrage des racines, enlevage des pousses du porte-greffe, binages). En moyenne, on compte de 40 à 60 p. 100 de bonnes soudures.

La bouture, mise en pépinière en avril, est arrachée du sol en avril de l'année suivante pour être plantée définitivement. On plante à 1 mètre en tous sens, soit 10 000 pieds à l'hectare.

Les pieds qui, durant la première année, périssent pour diverses causes (soudure insuffisante, mauvaise reprise, vers blancs, gelées, etc.), sont remplacés au printemps suivant.

Les greffons sont buttés à la pioche dès l'automne de la première année. Quand la vigne arrive à sa troisième feuille, on échalasse ; les échalas sont le plus souvent en sapin ou en châtaignier, quelquefois en saule ou en frêne. Les premiers coûtent environ 30 à 40 fr. le mille, rendus à domicile.

Dans quelques vignobles, on pratique l'ébourgeonnage ou suppression des jeunes sarments infertiles. A la troisième feuille, en automne, on butte et on enlève les échalas.

La taille commence les opérations annuelles ; c'est la taille en gobelet qui est la plus usitée. A une faible distance du sol, la souche se divise le plus souvent en trois bras ou cornes, quelquefois quatre ou cinq dans les vignes vigoureuses. Chaque bras porte un courson à deux yeux francs. Dans ce mode de taille, les vignes reçoivent plus de chaleur, le raisin mûrit plus tôt et plus complètement, mais il est plus exposé aux gelées de printemps.

Le sol est partagé en compartiments ou razes, composés de sept à huit rangées de ceps chacun. Ces razes sont séparés par des rigoles d'assainissement de 0ᵐ,50 de large qui servent en même temps de chemins de communication, et sont dirigées dans le sens de la plus grande pente.

Les pentes étant souvent fortes, il faut remonter la terre qui a été entraînée dans les parties basses; c'est l'opération du terrage, pratiquée au commencement de l'hiver.

La vigne reçoit trois et même quatre façons, exécutées à la main le plus souvent.

La première se donne en mars ou avril, on l'exécute de manière différente, suivant que le sol est perméable ou compact; dans le premier cas, on l'exécute à plat; dans le deuxième, on déchausse le pied des ceps et on forme entre les lignes de petits tas de terre appelés *darbons*.

La deuxième façon s'exécute en mai; à ce moment, on abat les darbons.

En juillet, on exécute la troisième façon; c'est un binage tout à fait superficiel destiné à supprimer les mauvaises herbes et à briser la surface plus ou moins durcie du sol. Suivant les années, on effectue d'autres binages avec la raclette, d'autant plus nombreux que l'année est plus humide.

Enfin, en juillet-août, on relève et on attache aux échalas, à l'aide de paille sulfatée, les pampres qui traînent à terre.

Le rognage n'est pas pratiqué d'une façon générale. Les traitements insecticides sont le sulfatage, qui se pratique à trois reprises différentes le plus généralement. Le premier traitement est effectué quand les pousses ont une vingtaine de centimètres, le second à la fin de juin, le troisième en août.

Le sulfure de carbone s'emploie dans ces terrains à la dose de 200 kilogr. à l'hectare; on fait environ 40 000 trous à l'hectare, le pal étant dosé à 5 gr. par trou.

A la vendange, les raisins sont versés dans des récipients appelés bennes, contenant environ 80 kilogr. et dans lesquels des ouvriers écrasent le raisin à la main sans rejeter la rafle. La fermentation s'opère généralement dans des cuves ouvertes. Pour éviter que le chapeau de la vendange s'aigrisse, on opère le foulage, et plusieurs fois par jour on soutire une certaine quantité de vin de la cuve et on le verse à la partie supérieure. On fait cinq pressées, c'est-à-dire qu'on bêche le marc quatre fois et le vin de presse est toujours mélangé avec le vin de cuvée ; on admet qu'une cuvaison bien faite donne deux tiers de vin de tire et un tiers de vin de presse.

Terroir de Villié-Morgon.

Villié-Morgon est situé dans l'arrondissement de Villefranche.

Le vignoble de M. Sornay comprenait en 1893 :

1° En vignes en état de production, 25 hectares ;

2° En vignes de deux années ou d'une année, 5 hectares, soit en tout 30 hectares.

Sur ces 30 hectares, 28 sont plantés en vignes américaines greffées et 2 en vignes françaises plus ou moins maintenues au moyen des traitements au sulfure de carbone.

Mais nos observations n'ont porté que sur une parcelle de $0^{ha}79^a,75$ désignée sous le nom de *le Py* ; nous donnons ci-après des analyses du sol et du sous-sol.

Composition des terres. — Le sol n° 1 est siliceux, léger, d'une profondeur d'environ $0^m,25$.

Le sous-sol est également siliceux, mais un peu plus caillouteux.

Le sol n° 2 (partie supérieure du vignoble) est argileux, sa profondeur est de $0^m,30$ à $0^m,35$; le sous-sol est moins argileux que le sol.

L'analyse a fourni les résultats suivants :

| | POUR 1000 DE TERRE SÈCHE. | | |
| | Terre fine. | Cailloux | |
		siliceux.	calcaires.
Sol n° 1.	528	472	0
Sous-sol n° 1.	533	467	0
Sol n° 2.	684	301	15
Sous-sol n° 2.	643	357	0

La composition de la terre fine passée au tamis de $0^m,001$ est la suivante :

DÉSIGNATION.	POUR 1 000 DE TERRE FINE SÈCHE.					
	AZOTE.	ACIDE phospho-rique.	POTASSE.	CARBO-NATE de chaux.	MAGNÉ-SIE.	FER calculé à l'état mé-tallique.
Sol n° 1	0.57	0.88	2.70	traces.	3.3	24.0
Sous-sol n° 1	0.71	0.62	2.70	traces.	1.4	24.0
Sol n° 2	0.59	0.56	3.20	traces.	0.8	26.0
Sous-sol n° 2	0.59	0 47	3.45	traces.	1.6	23.8

En tenant compte des cailloux mêlés à la terre, c'est-à-dire en envisageant la terre telle qu'elle est en réalité, on trouve pour 1 000 de terre naturelle la composition suivante :

DÉSIGNATION.	POUR 1 000 DE TERRE BRUTE SÈCHE.						
	AZOTE.	ACIDE phos-pho-rique.	PO-TASSE.	CARBONATE de chaux		MAGNÉ-SIE.	FER calculé à l'état mé-tallique.
				fin.	pier-reux.		
Sol n° 1	0.30	0.46	1.42	traces.	0	1.70	12.7
Sous-sol n° 1	0.38	0.33	1.44	traces.	0	0.74	12.8
Sol n° 2	0.40	0.38	2.19	traces.	15	0.55	17.8
Sous-sol n° 2	0.38	0.30	2.22	traces.	0	1.03	15.3

Il y a, comme on le voit, une notable proportion d'éléments pierreux, qui sont essentiellement siliceux.

La potasse seule est en proportion assez élevée; quant aux autres principes fertilisants, azote et acide phosphorique, ils sont, même dans la terre fine, en proportion très faible; ces terres doivent donc être considérées comme très pauvres en ces éléments; le calcaire n'y existe qu'à l'état de traces.

Fumures et amendements. — En plantant les jeunes vignes, on met au pied de chaque cep une petite quantité de terreau uniquement pour assurer la reprise ; l'effet de ce terreau est peu important sur la végétation.

A la fin de la première année de plantation, la vigne est fumée à raison de 50 000 kilogr. du fumier de bêtes bovines.

Cette fumure dure 4 ans.

A la fin de la quatrième année, on fait une nouvelle fumure dans les mêmes conditions et on continue ainsi à raison de 50 000 kilogr. tous les 4 ans, soit par an et par hectare 12 500 kilogr.

Cette fumure apporte les quantités suivantes de principes fertilisants par hectare et par an :

	AZOTE.	ACIDE phospho- rique.	POTASSE.
12 500 kilogr., fumier de bêtes bovines .	58^{kg},75	37^{kg}.5	75^{kg},0

La fumure précédemment indiquée est celle qu'on applique sur les 25 hectares soumis au vigneronnage, c'est-à-dire cultivés à moitié fruits par des vignerons.

Les cinq autres hectares que M. Sornay fait cultiver par des domestiques reçoivent une fumure plus forte, donnée de la façon suivante :

A la fin de la première année 50 000 kilogr. de fumier de vaches qui apportent :

Azote	235 kilogr.
Acide phosphorique.	150 —
Potasse	300 —

A la fin de la troisième année on donne 1 400 kilogr. à l'hectare d'un engrais chimique contenant pour 100 :

Azote organique	2.5
Acide phosphorique.	5.4 (superphosphate d'os).
Potasse.	7.0 (sulfate de potasse).
Plâtre	25.0

et qui apporte par hectare :

Azote.	35^{kg},0
Acide phosphorique	75 ,6
Potasse	98 ,0
Plâtre.	350 ,0

Cette fumure est donnée pour la quatrième et la cinquième année, soit pour deux ans. A la fin de la cinquième année, on fait une nouvelle fumure de 50 000 kilogr. de fumier de bêtes bovines, puis 3 années après la fumure à l'engrais chimique et ainsi de suite.

En résumé,

	AZOTE.	ACIDE phospho- rique.	POTASSE.
	kilogr.	kilogr.	kilogr.
la fumure à l'engrais chimique (1 400 kilogr.) apportant.	35	75,6	98
et celle au fumier de bêtes bovines (50 000 kilogr.) apportant	235	150,0	200
	270	225,6	298

sont données pour 5 ans, c'est donc par an et par hectare l'apport suivant de matières fertilisantes :

Azote	$54^{kg},0$
Acide phosphorique.	45 ,1
Potasse	79 ,6

Résultat des expériences. — Le cépage cultivé est le gamay-Geoffray.

Le nombre de souches à l'hectare est de 10 000. L'âge de la vigne est de 8 ans, les porte-greffes sont des vialla, des riparia et des york.

La vendange totale de la propriété (30 hectares) a atteint en 1893 390 000 kilogr., qui ont donné 2 795 hectolitres de vin, soit une moyenne de $93^{hl},1$ par hectare. Nous devons ajouter que cette récolte a été extraordinairement abondante. Les vins ont atteint les prix suivants, calculés pour vins non logés.

	PAR HECTOLITRE.
1891.	55 fr.
1892.	65
1893.	40

En ce qui concerne la parcelle en expérience, la vendange effectuée le 2 septembre a fourni 12 925 kilogr. de raisin et $100^{hl},58$ de vin. Cette parcelle a donc donné une vendange très notablement supérieure à l'ensemble du vignoble.

Poids total de marc . . . . 1 252^{kg},0
— — desséché à 100°. . . . . 471 ,0
— feuilles desséchées à 100° . . . . 1 142 ,8
— sarments desséchés à 100°. . . . . . . 1 083 ,8

Voici les résultats analytiques de ces divers produits de la vigne :

Analyse des vins, par litre.

Azote. . . . . 0^{gr},343
Acide phosphorique . . . . 0 ,278
Potasse. . . . . 0 ,787
Chaux . . . . 0 ,166
Magnésie . . . . 0 ,036

Analyse des sarments, des feuilles, des marcs et des lies.

	POUR 100 de la matière séchée à 100°.			POUR 100 de lies humides.
	Sarments.	Feuilles.	Marcs.	
Azote.	0.54	1.61	2.04	0.36
Cendres.	4.15	18.00	10.20	»
Acide phosphorique	0.23	0.33	0.68	0.09
Potasse.	0.94	1.31	3.48	0.33
Chaux	1.33	6.17	0.94	0.19
Magnésie	0.12	0.24	0.07	0.012
Eau	»	»	»	91.27

Matières fertilisantes absorbées par hectare de vignes.

DÉSIGNATION.		AZOTE.	ACIDE PHOSPHORIQUE.	POTASSE.	CHAUX.	MAGNÉSIE.
		kilogr.	kilogr.	kilogr.	kilogr.	kilogr.
Vin.	123^{bl},11	4,326	3,506	9,925	2,093	0,454
Marcs secs.	590^{kg},50	12,046	4,015	20,549	5,551	0,413
Feuilles sèches. . . .	1 433 ,00	23,071	4,729	18,772	88,416	3,439
Sarments secs	1 359 ,00	7,339	3,126	12,775	18,075	1,631
Lies	302^{l},66	1,090	0,272	0,999	0,575	0,036
Totaux.		47,872	15,648	63,020	114,710	5,973

La parcelle en expérience a donné une production supérieure à la moyenne du vignoble; mais nous pouvons calculer les matières fertilisantes absorbées par hectare de vignes pour la production moyenne de 93^{hl},1 qu'a donné l'ensemble du vignoble de M. Sornay en 1893.

DÉSIGNATION.	AZOTE.	ACIDE PHOSPHO- RIQUE.	PO- TASSE.	CHAUX.	MAGNÉ- SIE.
	kilogr.	kilogr.	kilogr.	kilogr.	kilogr.
Vin. . . . . 93^{hl},1	3,270	2,650	7,503	1,580	0,343
Marcs. . . . . 446^{kg},4	9,107	3,034	15,535	4,196	0,312
Feuilles sèches. . . . . 1 433 ,0	23,071	4,729	18,772	88,416	3,439
Sarments secs. . . . . 1 359 ,0	7,339	3,126	12,775	18,075	1,631
Lies. . . . . 228^{l},8	0,824	0,204	0,755	0,435	0,027
Totaux. . . .	43,611	13,743	55,340	112,702	5,752

A la suite du tableau précédent, qui donne les quantités de matières fertilisantes absorbées annuellement par hectare de vignes, pour la production des feuilles, des sarments et du raisin, plaçons les quantités de ces mêmes principes fertilisants qui sont apportées en moyenne chaque année par les fumures.

1° Sur les 25 hectares fumés au fumier seul :

	AZOTE.	ACIDE phosphorique.	POTASSE.
Absorbé par hectare de vignes et par an . . .	47^{kg},872	15^{kg},648	63^{kg},020
Apporté par le fumier, par hectare de vignes et par an.	58 ,750	37 ,500	75 ,000

2° Sur les 5 hectares recevant les engrais chimiques :

	AZOTE	ACIDE phosphorique.	POTASSE.
Apporté par les engrais chimiques par hectare de vignes et par an.	54^{kg},0	45^{kg},1	79^{kg},6

Comme le montrent ces chiffres, les principes fertilisants sont fournis à la vigne en proportions qui n'excèdent pas notablement celles qui lui sont nécessaires. L'acide phosphorique seul est apporté en quantité telle qu'elle dépasse le double et atteint même le triple de ce que la vigne a exigé ; c'est l'élément pour lequel la vigne a les moindres exigences et c'est lui qui, relativement, est fourni le plus copieusement. Dans la fumure au fumier de ferme, on ne peut en diminuer l'apport ; mais dans le cas où l'engrais chimique intervient, il y aurait lieu de réduire la teneur en acide phosphorique et de donner en plus forte proportion l'azote, élément d'une importance plus grande. L'engrais complexe dont nous avons donné la teneur contient une proportion d'azote évidemment trop faible.

Le vignoble du Beaujolais se rapproche déjà, tant par les exigences de sa culture que par les rendements qu'il donne, des vignobles du Midi. On doit le regarder comme étant, sous ce rapport, intermédiaire entre la Bourgogne et la région méridionale, comme il l'est par sa situation. Ses rendements moyens ne sont cependant pas aussi élevés que ceux qui ont été obtenus en 1893, cette année ayant été dans cette région, comme dans toute la région de l'Est, exceptionnellement favorable.

Les fumures données dans le vignoble en expérience sont assez élevées ; elles ne dépassent cependant pas les besoins de la vigne et on pourrait encore les augmenter sans être taxé d'exagération.

[illegible] ... the phenomenon [illegible]
[illegible] due [illegible] to the [illegible]
[illegible]
[illegible]
[illegible]
[illegible]
[illegible]
[illegible]

[illegible]
[illegible]
[illegible]
[illegible]
[illegible]
[illegible]
[illegible]

CINQUIÈME PARTIE

LES CONDITIONS DE LA PRODUCTION DU VIN
ET LES EXIGENCES DE LA VIGNE EN PRINCIPES FERTILISANTS
DANS LA CHAMPAGNE

CHAPITRE Ier

RECHERCHES FAITES EN 1892

Les conditions de la production du vin dans les terroirs de la Champagne sont bien différentes de celles où sont placés la plupart des autres vignobles de la France, et notamment le vignoble du Midi, qui produit la plus grande partie des vins de consommation courante.

Dans la Champagne, la vigne se trouve dans un milieu qui semble peu favorable à son développement, surtout à cause de la rigueur de son climat et la constitution géologique de son sol, auxquelles il faut attribuer les faibles rendements et les récoltes aléatoires, tandis que le vignoble méridional, situé dans une région où la température active la végétation et souvent dans des terres d'alluvion riches et profondes, donne des rendements élevés et réguliers. Mais c'est peut-être précisément parce que, dans la Champagne, la vigne est en quelque sorte contrariée par le milieu ambiant, que les produits qu'elle donne ont des qualités exceptionnelles de bouquet et de finesse, comme on voit les plantes des hautes altitudes, avec leur végétation chétive, plus aromatiques que celles qui se développent plantureusement dans les plaines. La valeur qu'atteignent les produits, par suite de cette supériorité, par suite aussi de l'exiguïté des rendements et de la faible étendue de la zone de production, permet d'ailleurs aux viticulteurs de la Champagne de donner des soins exceptionnels à ces vignes d'un si grand rapport, d'y consacrer une main-d'œuvre coûteuse, nécessitée par un mode de culture spécial, de faire des apports de terre et d'engrais pour augmenter ou maintenir la richesse du sol ; le morcellement extrême de la propriété facilite ce mode d'exploitation.

Dans le vignoble méridional, au contraire, le bas prix des vins communs oblige, malgré les rendements élevés et réguliers, à rechercher les économies dans la culture de la vigne.

Les conditions économiques sont donc aussi différentes que les conditions de sol et de climat. Il faut donc s'attendre à trouver des comparaisons intéressantes dans l'étude de cette même culture, suivant les milieux dans lesquels elle se développe.

Pour le moment, nous nous bornerons à l'étude du vignoble champenois ; les comparaisons trouveront leur place ultérieurement, lorsque les différents types de vignes auront été examinés isolément.

Dans ce travail, nous nous sommes proposé de déterminer la somme des éléments fertilisants qu'absorbe la vigne dans son développement normal, pour la production du bois, des feuilles et des fruits, c'est-à-dire de nous rendre compte des exigences de cette culture, dans les conditions spéciales du vignoble champenois, les résultats étant destinés à servir de base à l'application raisonnée des engrais.

Des études de cette nature doivent toujours être faites sur de grandes surfaces, permettant d'opérer dans les conditions mêmes de la pratique agricole ; elles ont en réalité pour objectif la constatation précise et scientifique des procédés que la pratique applique, ou des faits qu'elle subit, sans ordinairement en saisir la raison ou l'importance. En outre, en opérant sur l'ensemble de domaines d'une certaine étendue, on atténue les causes d'erreur qui deviennent d'une importance d'autant plus grande qu'on opère sur de plus petites surfaces.

Il faut de plus obtenir le concours des praticiens, qui sont d'ailleurs les premiers intéressés à se rendre un compte exact des causes qui influent sur les rendements et sur la qualité de la récolte.

Un des plus grands propriétaires de la Champagne, M. le comte Werlé, a mis à ma disposition, avec la complaisance la plus aimable, quelques-uns de ses terroirs les plus renommés et m'a donné le concours précieux de son expérience et les renseignements qu'on peut puiser dans une longue observation des faits.

Les terroirs de Bouzy, de Verzenay, du Mesnil-sur-Oger, qui servent de base à la production de la marque Vve Clicquot, d'une renommée déjà ancienne, ont été l'objet de mes investigations.

A vrai dire, l'année 1892 n'a pas été favorable à ces études, car les gelées de printemps 'ont considérablement réduit les récoltes. Cependant la production du bois et des feuilles, qui absorbe, comme je l'ai montré déjà[1], la proportion la plus considérable des éléments fertilisants, ne semble pas avoir été contrariée d'une façon appréciable par l'effet des gelées, car la végétation des vignes fortement atteintes n'a pas été moins luxuriante que celle des vignes restées indemnes.

C'est surtout sur la production du fruit que l'effet des gelées de printemps se fait sentir, alors que les gelées d'hiver atteignent le bois et, par suite, dépriment beaucoup la végétation ligneuse et foliacée.

Nous donnerons d'abord un aperçu général du vignoble champenois, en insistant surtout sur le climat, la nature géologique et agronomique des terrains, le mode de plantation et de culture, les fumures et les traitements, les particularités de la vendange.

Situation. — Les grands vignobles de la Champagne sont situés dans le département de la Marne, dans les arrondissements d'Épernay et de Reims ; seul Vertus, dont le territoire en vignes est d'environ 365 hectares, appartient à l'arrondissement de Châlons, mais se trouve à la limite (3 kilomètres de celui d'Épernay).

Ils comprennent 3 grands groupes principaux, qui en allant du sud

---

1. Recherches sur les exigences de la vigne (culture du sud-ouest), *Annales agronomiques,* t. XVIII, p. 145.

au nord sont les suivants : 1° le groupe de la vallée de la Marne, qu'on subdivise en 3 ramifications: *a*) la côte d'Avize (Vertus, le Mesnil-sur-Oger, Oger, Avize et Cramant); *b*) la côte d'Épernay (Vinay, Moussy, Pierry, Épernay); *c*) la rivière de Marne proprement dite (Cumières, Hautvilliers, Dizy, Ay, Mareuil); 2° le groupe des coteaux de Bouzy et d'Ambonnay, situé entre la Marne et la montagne de Reims; 3° celui de la montagne de Reims comprenant les crus de la Haute-Montagne, au sud et sud-est de Reims (Verzy, Verzenay, Sillery, Mailly, Ludes, Chigny, Rilly). Les vignobles de la Basse-Montagne, qui s'étendent au nord-ouest de Reims (Saint-Thierry, Marcilly, Hermonville), sont beaucoup moins estimés que les précédents, qui comptent parmi les meilleurs.

Climat. — Le vignoble champenois est situé vers la limite du climat vosgien et du climat séquanien; aussi les quantités de pluie sont-elles peu élevées (475 millimètres) et les températures maxima et minima plus écartées (34° et — 12°5) qu'à l'ouest de ce dernier climat. Le climat spécial de la Marne n'est sans doute pas étranger à la qualité de ses vins, si appréciés surtout pour leur finesse et leur légèreté. Mais, dans la Champagne, la vigne n'est cultivée que sur les coteaux; ceux-ci sont recouverts d'un limon plus ou moins grossier, qui lui convient beaucoup mieux que le sol crayeux de la plaine champenoise; en outre, dans cette immense plaine, où les brouillards séjournent plus souvent et plus longtemps que sur les versants, et qui est exposée à tous les vents et sans abri suffisant, les gelées atteindraient le vignoble plus fréquemment et d'une façon plus redoutable que sur les coteaux. Il faut ajouter que ces derniers sont abrités par les forêts qui recouvrent le plateau tertiaire (bois de la Houppe, bois d'Avize, forêts d'Épernay et de Reims). D'ailleurs presque tous ces coteaux vignobles sont exposés soit en plein sud (groupes de la rivière de Marne proprement dit, et des coteaux de Bouzy et d'Ambonnay), soit au sud-est (côte d'Avize et côte d'Épernay); là où l'exposition est moins bonne, les vignobles sont plus ou moins abrités. Enfin les parties les plus élevées des coteaux renferment des formations géologiques de plusieurs mètres d'épaisseur (terre silico-argileuse rougeâtre du Mesnil, sables jaunes et cendres noires de la Montagne de Reims), activement exploitées pour l'amendement des vignes. Ces principales considérations, qui toutes ont leur importance, suffisent pour expliquer que c'est seulement sur les coteaux qu'est planté le vignoble champenois.

Conditions météorologiques spéciales à l'année. — Il s'est produit le 18 avril, dans toute la contrée, une gelée qui, en beaucoup de points, a diminué la récolte de l'année. En ne considérant que les vignobles en expériences, nous constatons les effets suivants : les environs du Mesnil-sur-Oger n'ont été que faiblement atteints par ces gelées de printemps; les vignerons n'ont pas eu à déplorer de grands dégâts.

Il n'en a pas été de même dans les autres régions : à Bouzy, surtout, ces gelées ont eu une action désastreuse et ont fortement réduit le rendement, qui a été bien inférieur aux rendements moyens.

L'effet de cette gelée ne s'est fait sentir que sur la vendange de l'année; le vignoble n'a pas été compromis : le vieux bois n'a pas souffert; seules les pousses ont été perdues pour les 4/5, mais elles ont repoussé dans la suite; vers l'automne, les bois étaient aussi beaux que les années ordinaires.

De même à Verzenay, à la même époque, la gelée a fait un tort considérable, le rendement étant, comme à Bouzy, exceptionnellement faible.

La fécondation et la fructification, d'où dépend surtout la valeur de la vendange, se sont effectuées dans des conditions des plus favorables; aussi cette année, les raisins étaient-ils tous beaux et bien développés; il n'y avait pas de grains de maturité incomplète, ou avortés, malades ou pourris, et la maturation, favorisée par la chaleur exceptionnelle de l'été, s'est opérée dans les meilleures conditions. Les opérations de triage et de nettoyage des raisins pourris ou mal venus, qui sont nécessaires presque chaque année, ont été inutiles. Il y a donc eu de ce fait une économie de main-d'œuvre et de temps, et la qualité a été supérieure. Il faut ajouter que les maladies cryptogamiques et l'effet souvent si désastreux des insectes, ne se sont fait sentir que très faiblement. Sans la gelée qui a tant abaissé le rendement, l'année 1892 eût pu être regardée, par la beauté et la qualité des raisins, comme une des meilleures.

La vendange s'est effectuée dans l'espace d'une semaine ; commencée par un temps assez beau, elle a dû être, à plusieurs reprises, interrompue par quelques giboulées ; quoi qu'il en soit, la rapidité avec laquelle elle s'est opérée, due surtout à la faible récolte, a été tout à fait inaccoutumée ; M. le comte Werlé n'avait jamais observé un pareil cas depuis plus de 30 ans qu'il s'occupe de la vendange ; en général, dans les crus en expériences, le temps nécessaire est de 18 à 21 jours et quelquefois davantage, quand les intempéries interrompent les opérations.

Aperçu géologique. — Les vignobles se trouvent à la limite de deux régions complètement distinctes, non seulement par leurs caractères géologiques et topographiques, mais encore par leurs caractères agronomiques. Ils sont situés sur les flancs des coteaux, au pied desquels s'étend la vaste plaine crayeuse de la Champagne, dont l'aridité contraste avec la fertilité du plateau, qui fait partie du bassin tertiaire parisien et dont l'altitude varie de 230 à 280 mètres.

Au fur et à mesure qu'on s'élève de la plaine au plateau on passe du crétacé supérieur des terrains secondaires, à l'étage éocène de la formation tertiaire inférieure, puis au tertiaire moyen (miocène). Au-dessus des étages crayeux on trouve l'argile plastique avec des sables, des grès et des lignites, — les sables nummulitiques du Soissonnais ; le calcaire grossier ; le calcaire de Saint-Ouen ; enfin l'étage du travertin et des meulières de Brie qui constitue le sommet du plateau.

Ces diverses assises sont, en certains points, recouvertes par le dépôt meuble sur les pentes, ou par le limon des plateaux, qui forme une couche fertile à la surface supérieure du terrain tertiaire.

Le sous-sol des vignes est formé par la craie, appelée dans le pays crayon, qui se trouve à une profondeur plus ou moins grande ; quelquefois le sol est séparé de la craie par des couches de grève ou par des couches d'argile.

Le sol des vignobles n'est donc pas constitué par la craie pure ; celle-ci est toujours à une profondeur variable, mais d'au moins 30 à 40 centimètres de la surface du sol; celui-ci est formé par un terrain argilo-siliceux, plus ou moins ferrugineux, de couleur variant du gris au rouge et contenant toujours une certaine proportion de calcaire tant à l'état fin qu'en fragments de diverses grosseurs ; c'est le dépôt meuble sur les pentes, limon grossier mélangé d'éléments remaniés provenant des terrains avoisinants, surtout de ceux qui sont descendus des couches supérieures.

Il faut ajouter que les amendements et les terres vierges apportés dans les vignes, depuis de longues années, ont encore contribué à modifier d'une façon permanente le sol de ces vignobles ; au dire des vignerons du pays, il serait difficile de trouver une parcelle de vignes où ces apports n'auraient pas été faits.

La *craie à bélemnites* forme le talus qui relie le plateau de la Brie à la plaine champenoise, constituée, elle, par la craie à micraster. Elle a près de 100 mètres de puissance dans les environs de Reims ; c'est une craie blanche, tendre et friable, dont les assises les plus résistantes sont exploitées pour la fabrication de la chaux grasse et comme moellons (Épernay, Avenay, Soulières).

La fabrication du vin de Champagne se fait dans des caves dont la température doit rester très régulière. « Or, dit M. Risler[1], ces caves sont très faciles à creuser dans la craie et il n'est pas nécessaire de les voûter en sorte qu'elles ne coûtent pas cher. Cela permet de faire le vin mousseux à un prix relativement moins élevé. Les grands fabricants ont plusieurs kilomètres de caves, ordinairement en étages superposés. La fabrication du vin de Champagne est donc une conséquence directe de la géologie de cette contrée. »

Dans tous ces vignobles c'est cet étage qui forme le sous-sol depuis la cote de 115 mètres à 120 mètres jusqu'à celle de 170 mètres environ.

Si, dépassant la zone de la culture de la vigne, l'on gagne le plateau dont l'altitude est d'à peu près 240 mètres aux environs de Mesnil-sur-Oger, 270 mètres près de Bouzy, 280 mètres à Verzenay et Verzy, on rencontre d'abord :

L'étage de l'argile plastique s'étendant sans interruption tout le

---

1. *Géologie agricole,* t. II, p. 139.

long de la falaise qui termine à l'est les terrains tertiaires. Il est très complexe et comprend surtout des marnes et des calcaires lacustres, au-dessous desquels des sables blancs très purs en couche discontinue ; des sables jaunes assez grossiers alternant avec des argiles et des marnes, puis des lits discontinus de lignites pyriteux ou cendres noires, que l'on extrait à Bouzy, Verzenay et Verzy et qui sont utilisées comme amendement pour la culture de la vigne. Nous donnons plus loin l'analyse de ces lignites pyriteux.

Les *sables nummulitiques* qui, le long de la Montagne de Reims, surmontent l'argile plastique, sont des sables fins, généralement roux, parfois agglutinés de façon à former des grès plus ou moins consistants. La puissante assise de ces sables, que l'on rencontre à Bouzy, Verzy et Verzenay, sert comme amendement, en mélange avec du fumier, ou encore dans les pépinières de boutures. Leur analyse est également donnée plus loin.

Sur les flancs des coteaux du Mesnil et d'Avize l'étage des sables nummulitiques n'existe pas : l'argile plastique est surmontée directement par le *calcaire grossier supérieur,* constitué par des alternances de marnes blanches ou verdâtres et de calcaires plus ou moins durs.

L'étage qui vient ensuite, celui du *Travertin, marnes et calcaires de Saint-Ouen,* surmonte entre Verzenay et Verzy les sables nummulitiques ; à la côte du Mesnil le calcaire grossier supérieur. Il se compose de calcaires plus ou moins siliceux, de calcaires marneux, de marnes et d'argiles. Les calcaires qui dominent à la partie supérieure passent parfois insensiblement à la meulière et sont exploités comme moellons et pour l'empierrement.

Les étages des grès et sables de Beauchamp, des marnes et calcaires siliceux du gypse, des marnes et glaises vertes que l'on rencontre plus vers l'ouest avant d'atteindre l'argile à meulières, font défaut dans les coteaux au sud d'Épernay et à l'est de la Montagne de Reims.

C'est *l'étage de l'argile à meulières de la Brie* qui constitue la plus grande partie de la surface supérieure du plateau tertiaire. C'est une argile généralement rouge, empâtant des fragments irréguliers de meulières, exploités comme moellons et pour l'empierrement des routes.

Il faut ajouter que la surface supérieure du terrain tertiaire est recouverte, en de nombreux endroits, par le limon des plateaux, argilo-sableux.

Tels sont les étages géologiques que l'on observe en passant successivement de la plaine crayeuse de la Champagne, qui fait partie du crétacé supérieur et se trouve à la base des vignes, au plateau de la Brie (270 mètres) qui les domine, et qui est constitué par les terrains tertiaires.

Sur ces coteaux crayeux la vigne réussit fort bien ; dans ses études si intéressantes, M. Risler a montré[1] qu'elle ne repose pas directement sur la craie, mais sur un terrain argilo-siliceux provenant des terrains avoisinants et profondément modifié par les amendements qu'on y incorpore depuis de nombreuses années. Sur la falaise terminale du bassin tertiaire, les affleurements de l'argile plastique et ceux de la craie sous-jacente, qui sont recouverts par des éboulis argilo-sableux ou limoneux, sont aussi propres à la culture de la vigne.

La craie ne donne qu'un très petit nombre de sources ; elle renferme pourtant quelques niveaux irréguliers qui alimentent les puits de la plaine champenoise. Il faut signaler quelques sources dont l'apparition est due à des fissures recoupant la craie ; telle est, par exemple, celle de Vertus.

L'argile plastique constitue un niveau d'eau important et fournit des sources nombreuses.

Quant aux marnes de calcaire de Saint-Ouen et du calcaire grossier, elles ne donnent lieu qu'à des suintements sur le bord des falaises où elles viennent affleurer.

Enfin le plateau constitué par l'argile à meulières compte des mares et des étangs en assez grand nombre ; l'existence de nappes d'eau sur le plateau qui domine le vignoble pourra jouer un rôle important dans l'application éventuelle des insecticides destinés à combattre le phylloxéra et dont quelques-uns, comme le sulfocarbonate de potassium, nécessitent l'emploi de grandes quantités d'eau.

---

1. *Géologie agricole,* t. II, p. 186.

Culture de la vigne. — Les cépages cultivés dans le vignoble de la Marne sont des variétés de pineaux noirs désignées sous différents noms suivant les régions ; pineau franc (Vertus), pineau noir (Avize, Oger, Cramant), vert doré (Bouzy, Ambonnay, Verzy, Verzenay), puis la variété blanche qui se rencontre surtout dans les vignobles de la côte d'Avize ; dans les autres, les pineaux noirs sont presque les seuls cultivés, le pineau blanc ne se rencontrant qu'exceptionnellement.

La maturité de ces raisins est hâtive ; le pineau blanc est plus rustique, mais plus tardif d'une huitaine de jours que le noir.

Le pineau fournit un vin d'une qualité exceptionnelle. Il demande des terres à base calcaire en coteaux ; aussi convient-il au sol de la Champagne, comme à son climat ; on estime que la couleur du sol n'est pas indifférente à la qualité du raisin et que, moins il est rouge, moins le terrain est favorable surtout aux raisins rouges ; aussi plante-t-on de préférence les raisins blancs dans les terres grises ou jaunâtres.

Le pineau noir fournit un vin moins acide et qui a plus de corps, plus de vinosité et de bouquet ; le pineau blanc donne un vin plus acide et qui a plus de mousse, qui est plus léger, plus fin, plus frais. On mélange d'ailleurs les vins des divers crus dans les proportions convenables.

On rencontre encore en Champagne, mais plus rarement, d'autres cépages, surtout le meunier, quelquefois le gamay et le gouai et quelques autres variétés ; on admet qu'associés aux pineaux, ils diminuent notablement la valeur des vins ; aussi les pineaux constituent-ils la majeure partie du vignoble de la Marne.

Pour la plantation, on emploie souvent des plants enracinés de pépinière, de deux ans, qu'on désigne sous le nom de plants levés ; quelquefois aussi on utilise ce qu'on appelle des plants coulés, obtenus, eux, par provignage.

Le procédé de multiplication par boutures est le plus utilisé dans les vignes sur lesquelles nous avons opéré, comme d'ailleurs dans presque tout le vignoble de la Champagne. Parmi les divers types de boutures, c'est celle par rameau ordinaire qui est communément employée. C'est simplement un sarment convenablement sélectionné,

parmi les plus beaux et les plus droits, coupé au-dessous d'un œil ;
on lui donne une longueur d'environ $0^m,40$ à $0^m,50$. Ces sarments
pour boutures sont choisis au moment de la taille, c'est-à-dire vers
février ou mars. On les plante dans une pépinière de terre légère,
parfaitement nettoyée, bien fumée et suffisamment fraîche ; les
lignes sont à environ 30 centimètres de distance et les boutures à
10 centimètres les unes des autres. On fait un usage courant dans
les régions qui nous intéressent de sable extrait de la montagne
(Bouzy, Ambonnay, Verzy, Verzenay, etc.). On plante la bouture
dans ce sol sableux, légèrement inclinée et de façon qu'il y ait trois
yeux hors de terre.

Les boutures mises ainsi en pépinière en février (1892 par exemple) entrent en végétation dans le cours de l'été et ne sont l'objet,
durant cette période, que de sarclages et de soins de propreté. En
février suivant (1893) on les épluche, c'est-à-dire que l'on taille contre le vieux bois toutes les pousses sauf la plus belle qu'on laisse
sans la rogner. A partir de mai et pendant le cours de la végétation,
on fait les binages nécessaires fin août, on pince à $0^m,30$ environ,
suivant la longueur de la pousse. En décembre à février suivant
(février 1894), c'est-à-dire deux ans après la plantation des boutures,
on lève le plant. Cette opération consiste à tailler les pousses à l'exception de la plus belle. La bouture qui est maintenant ce qu'on
appelle un plant levé, garni de nombreuses radicelles et d'une
pousse plus ou moins vigoureuse, est alors plantée dans la vigne
préparée. Pendant l'été, la jeune pousse entre en végétation et on
opère les binages. En février suivant (1895) on taille les pousses
contre le vieux bois sauf la plus belle qu'on taille à trois yeux. La
vigne est dès lors constituée et sera soumise désormais à la culture
telle que nous l'indiquons plus loin.

Quelquefois, au lieu de planter les boutures en pépinière pour
les « lever » après deux ans et les replanter dans le terrain préparé,
on les plante directement à demeure, à la distance usitée : les boutures sont mises en terre comme précédemment en février (par
exemple en février 1892) en laissant dépasser trois yeux ; en février
suivant (1893) on taille les pousses près du vieux bois sauf la plus
belle, on effectue pendant la végétation les binages utiles. Vers la

fin d'août, on pince à environ 0^m,30 ; en février suivant (1894), c'est-à-dire deux ans après la plantation des boutures (époque à laquelle on lève les plants dans la reproduction par plants levés), on taille les pousses près du vieux bois sauf la plus belle qu'on taille à deux ou trois yeux suivant sa force. La vigne est constituée ; on effectue chaque année les diverses opérations décrites plus bas.

On utilise aussi en Champagne, dans les vignobles de la vallée de la Marne, la reproduction par provignage. Il faut prendre les provins sur des vignes d'au moins 5 ou 6 ans. En février 1892, par exemple, au moment de la taille, on épluche les ceps et on taille à 7 ou 8 yeux, aussitôt on coule en laissant dépasser 3 yeux ; ce marcottage se fait en creusant une fosse à partir du pied mère et couchant les sarments dans la fosse ; de décembre à février suivant (février 1893), on lève les sarments ainsi coulés et pourvus de radicelles, en les taillant contre le cep et en les plantant dans la vigne préparée. On les laisse un an, en n'opérant que les binages. En février suivant (1894) on taille en réservant le plus beau bois, auquel on laisse trois yeux ; la vigne sera soumise dès lors à la culture ordinaire ; on voit qu'elle est constituée plus tôt si l'on a employé la reproduction par plants coulés ou les boutures plantées à demeure, que les boutures en pépinière (plants levés).

Pour passer en revue les diverses opérations effectuées dans les vignes, supposons que la vendange vient d'être terminée. Aussitôt après on défiche les échalas ; quand, dans certaines années, la vendange est en avance et que les vignes sont encore pourvues de toutes leurs feuilles, on ne procède pas immédiatement au défichage, car les vignes, non soutenues, seraient brisées par le vent, qui aurait sur elles une forte prise, à cause du feuillage abondant. Dans certaines communes, à Verzenay, par exemple, les échalas sont passés à la vapeur pour tuer le ver de la vendange qui se cache dans les fentes des échalas.

Durant les mois de novembre, décembre et janvier on applique les fumures ; le fumier ou les composts sont généralement déposés dans une rigole creusée entre les ceps et recouverts ensuite avec la terre ainsi enlevée ; les terrages se répandent uniformément sur le sol.

C'est de même de décembre à février que l'on effectue les plantations.

Dès février, quand le temps le permet, commence la taille. Les sarments sont taillés au ras du cep, sauf un sarment convenablement choisi et que l'on taille à trois yeux un peu au-dessus du troisième œil par une section oblique de façon que l'eau ne puisse couler sur le bourgeon.

Pour remplacer les ceps morts ou qui sont disparus accidentellement, on réserve, où c'est nécessaire, des provins, c'est-à-dire des sarments qu'on ne fait qu'émonder et qu'on taille à sept ou huit yeux.

L'opération qui suit la taille est un bêchage pratiqué à bras, à la houe, et dans lequel, après avoir dégarni les racines, on enterre le bois de l'année précédente à une profondeur d'une douzaine de centimètres environ, en ne laissant dépasser hors de terre que le sarment de l'année, taillé à trois yeux. Le bêchage (ou la bêcherie) est effectué après la taille, c'est-à-dire vers mars (Mesnil) ou avril (Bouzy). Quelquefois, à Verzenay, par exemple, on le pratique en même temps que la taille, une équipe taillant les sarments à trois yeux, pendant qu'une autre équipe suit presque immédiatement et opère le bêchage.

Après la bêcherie, on effectue (avril, mai, suivant la région) le provignage des vieilles vignes, pour obtenir une répartition à peu près régulière des ceps. Certains ceps peuvent en effet avoir manqué, ou avoir été détruits par accident durant les opérations, surtout celles qui nécessitent l'emploi d'instruments tranchants ; il y a par conséquent toujours un certain nombre de pieds à remplacer. Ces remplacements s'opèrent par provignage en laissant au moment de la taille sur le cep voisin de la place vide un provin, c'est-à-dire un sarment auquel on a laissé sept ou huit yeux.

On dégarnit les racines de la souche et on creuse une fosse dans la direction voulue, on couche dans cette fosse le sarment que l'on relève à l'endroit que devra occuper le nouveau pied, et on ne laisse sortir que trois yeux. On fume en même temps avec beaucoup de compost.

Après le provignage on opère le fichage des échalas (mai-juin), chaque cep ayant son échalas, puis les opérations se succèdent dans l'ordre suivant ; nous ne ferons que les énumérer.

Premier traitement au sulfate de cuivre (mai), immédiatement après le fichage, quelquefois avant celui-ci, suivant le cas et la région.

Premier binage. S'effectue en mai, à l'aide de la binette, pour nettoyer la vigne et ameublir le sol foulé par les ouvriers dans les précédentes opérations.

Liage, qui consiste à lier avec de la paille les pousses contre l'échalas. Il se fait en mai-juin après le premier binage, quelquefois aussi après le premier rognage.

Premier rognage. Doit s'opérer au moment de la floraison, généralement en juin ; consiste à couper à la main les sarments dépassant 50 à 60 centimètres ; il favorise la fécondation, la sève se portant dès lors sur les raisins au lieu de nourrir les prolongements ainsi supprimés.

Deuxième binage. Effectué en juillet après le liage et le premier rognage d'une façon semblable au premier binage ; il ameublit le sol tassé pendant les deux dernières opérations.

Deuxième traitement au sulfate de cuivre (juillet).

Deuxième rognage, dans lequel on coupe, vers le mois d'août, sur une longueur de 8 à 10 centimètres, les pousses qui se sont développées depuis le premier rognage.

Troisième traitement au sulfate de cuivre, quand il est nécessaire.

Troisième binage, en août-septembre, un peu avant la vendange.

Quelquefois, troisième rognage.

La vendange se fait généralement en octobre, quand le raisin est bien mûr. Elle doit être effectuée par un temps sec ; quand le temps est pluvieux et que la pluie semble devoir persister, on doit interrompre la cueillette pour ne pas abîmer la vigne. Les raisins sont vidés dans de grands paniers contenant environ 60 à 80 kilogr. et placés au bord de la vigne. Il est, certaines années, indispensable de séparer les mauvais grains, de maturité incomplète, malades ou pourris. Cette opération est faite par une équipe de femmes qui nettoient les raisins sur des claies d'osier. Cette année elle a été complètement inutile, toutes les grappes étant fort belles et de qualité supérieure. Les paniers sont chargés sur des chariots et conduits au pressoir. Les raisins sont pressés aussitôt dans les conditions suivantes : les paniers, tarés sur une bascule, reçoivent chacun un poids connu de raisin ; il est ensuite porté sur une civière au pressoir dans lequel on verse :

60 paniers contenant 80 kilogr. de raisins, soit 4 800 kilogr. au Mesnil et à Oger ;

56 paniers contenant 60 kilogr. de raisins, soit 3 360 kilogr. à Bouzy, Ambonnay, Verzy et Verzenay.

Ces raisins sont répandus en couche d'une même épaisseur et d'environ 60 centimètres ; on les couvre de madriers puis on les presse avec précaution et régularité. Quand l'écoulement du jus diminue, on effectue ce qu'on appelle une retrousse. Cette opération, que l'on aura dans la suite à répéter plusieurs fois consiste, à desserrer le pressoir, à enlever les madriers et à recouper les bords que les premières serres ont plus ou moins éloignés. On enlève ainsi tout autour une bande d'environ 20 à 25 centimètres, qu'on rejette sur le pressoir et qu'on égalise. On replace les madriers et on serre de nouveau, jusqu'à ce qu'on ait obtenu une quantité de vin de cuvée de :

12 pièces au Mesnil et à Oger, soit 1 pièce de vin de cuvée pour 400 kilogr. de raisins.

8 pièces à Ambonnay et à Bouzy, soit 1 pièce de vin de cuvée pour 420 kilogr. de raisins, Verzy et Verzenay.

C'est ce moût de cuvée provenant de raisins blancs ou de raisins noirs pressés en blanc qui servira seul à fabriquer les meilleures marques de Champagne.

Au-dessous de chaque pressoir se trouvent deux bêlons, d'une contenance de cinq pièces chacun (la pièce étant en Champagne de 200 litres), gradués à l'aide de clous à tête ronde. Au fur et à mesure qu'il a rempli successivement chaque bêlon et a été ainsi mesuré, le moût de cuvée est transvasé, à l'aide d'une pompe, dans de grandes cuves où il séjourne environ 12 heures, le temps nécessaire pour amener la séparation des lies. Quand sa surface s'est couverte d'une mousse grisâtre, qu'on appelle cotte, on le transvase dans des fûts de 200 litres étiquetés et qui sont conduits dans les celliers. Quand on soutire, on laisse le chapeau au fond de la cuve, puis on nettoie convenablement cette dernière. Le chapeau est remis dans des cuves, avec les raisins non mûrs et les vins de rebêche, pour faire du vin de boisson.

Quand par ces premières serres on a obtenu le vin de cuvée, on desserre le pressoir, on égalise et on serre de nouveau. On opère ensuite une retrousse et une nouvelle serre et on obtient ainsi, suivant la quantité de raisin en traitement, environ 1 pièce 1/2 à 2 pièces 1/2 de moût de première suite (ou de 1re taille).

On répète à peu près identiquement la même opération que pour l'obtention du moût précédent et on retire encore la même quantité de moût de deuxième suite (ou de 2e taille).

On pratique alors la rebêche du marc ; cette opération consiste à le couper à la bêche et à le piocher à l'aide de crocs. On reforme le pressoir en une couche de même épaisseur, puis on exprime à fond. On obtient encore ainsi environ 1 pièce à 1 pièce 1/2 de moût (vin de rebêche).

Le marc ainsi épuisé est ce qu'on appelle un *marc sec*, dont le poids est, suivant la quantité de raisin dont il provient (3 360 ou 4 800 kilogr.), de 650 à 850 kilogr. environ.

Les divers moûts, recueillis séparément, sont de qualités très différentes. Le vin de cuvée est destiné à la fabrication du champagne de qualité supérieure. Le vin de première suite sert à l'ouillage. Le vin de deuxième suite est vendu pour la fabrication des vins inférieurs. Enfin le moût de rebêche est vendu ou sert à faire le vin de boisson pour les ouvriers. Ces derniers liquides ont un fort goût de râpe.

Le marc épuisé, ou marc sec, est utilisé pour la fabrication de l'eau-de-vie ou pour celle du vin de sucre. Dans ce dernier cas, les aignes ou marcs sont versées dans de grandes cuves avec autant d'eau qu'on a retiré de pièces de moût. Ainsi, au Mesnil, sur un marc sec provenant de l'épuisement de 4 800 kilogr. de raisins desquels on a extrait 18 pièces 1/2 de vin, on versera 18 pièces 1/2 d'eau ; on ajoute 33 kilogr. de sucre par pièce d'eau, soit 16^{kg},5 de sucre par hectolitre.

Souvent le marc sec est donné aux vignerons ; quand il est vendu, c'est à raison de 75 à 100 fr. pour la quantité d'une pressée, soit de 650 à 850 kilogr. d'aignes.

Quelquefois, au lieu d'épuiser entièrement le marc, on ne tire que les vins de cuvée de première suite et de deuxième suite ; on ne pratique pas la rebêche, c'est-à-dire qu'on laisse dans le marc environ 1 pièce 1/2 de moût. On donne alors au résidu de l'expression des raisins le nom de *marc gras,* sur lequel on verse des vins de rebêche, qu'on laisse fermenter sur ce marc et qui acquièrent alors de la couleur. On y a ajouté le chapeau qui reste au fond des grandes cuves dans lesquelles le vin de cuvée, au sortir du pressoir, avait été transvasé et avait séjourné pendant quelques heures.

Ces divers vins de sucre ou de rebêche servent de boisson aux ouvriers.

Outre les raisins de leurs terroirs, les fabricants de vin de Champagne utilisent la vendange des vignerons des environs ; en général ils achètent le raisin au poids à des prix variables, mais ordinairement très élevés.

En 1892, les prix payés par kilogramme de raisins ont été de 2 fr. 50 c. au Mesnil-sur-Oger, 3 fr. 33 c. à Bouzy, Verzy et Verzenay.

D'après ces chiffres et d'après les rendements des raisins en vin de cuvée, la pièce de ce dernier (200 litres) aurait, en ne tenant pas compte de la valeur des vins de suite et de rebêche, les prix de revient suivants :

	PRIX du kilogramme de raisin.	PRIX de la pièce de vin de cuvée.
Au Mesnil-sur-Oger	2^f,50	1 000 fr.
A Bouzy, Verzy, Verzenay	3 ,33	1 400

Le prix du vin de première suite est estimé à la moitié du prix du vin de cuvée.

Celui du vin de deuxième suite à la moitié du vin de première suite.

La valeur de celui de rebêche est encore inférieure de moitié à celle du précédent.

Fumures et amendements. — Outre les fumiers, principalement le fumier de cheval, que l'on emploie dans le vignoble, comme partout ailleurs, il est une fumure toute spéciale à la région et à laquelle on a recours depuis déjà de longues années. Ce sont des composts, que l'on voit partout à l'entrée des vignes, sur les bords des chemins, et auxquels on donne le nom de *magasins.*

Ils sont constitués par le mélange, ou plutôt la stratification, du fumier avec des terres variant suivant les étages géologiques qui affleurent aux environs. C'est, par exemple, au Mesnil-sur-Oger, une terre silico-argileuse rouge ou jaune, extraite des coteaux du Mesnil; du sable et des lignites pyriteux aux environs de Bouzy, Verzy et Verzenay. Les assises de terre silico-argileuse et de sable ne présentent pas de caractères particuliers; il n'en est pas de même de cette importante couche de lignites, qui appartient, comme nous l'avons vu, à l'étage de l'argile plastique, et qui, désignée dans le pays sous le nom de cendres noires, renferme des éléments très divers, surtout du soufre, du fer oxydé, des débris végétaux plus ou moins décomposés, du sulfate de chaux, etc. De nombreuses et importantes extractions de ces diverses couches géologiques existent sur les flancs de la montagne de Reims et en beaucoup d'autres points du vignoble.

Souvent, on emploie les cendres noires en nature; souvent aussi, on les laisse exposées en tas; elles s'échauffent alors et subissent une combustion qui les transforme en cendres rouges.

Le fumier est stratifié soit avec ces cendres, soit avec les sables jaunâtres; des couches de 10 centimètres environ de fumier et de sable ou de cendres sont superposées alternativement de façon à former des tas rectangulaires de 3 à 4 mètres de côté et d'une hauteur moyenne de 2 mètres environ.

On fabrique ces composts pendant l'été, à l'époque où les vignerons sont relativement peu occupés. Ils sont répandus l'hiver suivant dans la vigne et enterrés par le bêchage. On en garde une partie pour les plantations d'hiver et pour le provignage de mai.

Ces divers matériaux, qui sont d'un emploi général dans le vignoble, sont regardés comme exerçant une heureuse influence, quoique quelques-uns, comme la terre argileuse et le sable, soient très pauvres en éléments fertilisants; c'est donc plutôt comme modificateurs du sol que comme engrais qu'ils agissent, par exemple au Mesnil, où la terre jaune argileuse donne du corps aux terres calcaires des coteaux des environs.

Le sable fournit aux boutures dans les pépinières et dans les jeunes plantations cette condition, nécessaire à la réussite, d'un sol essentiellement meuble où les jeunes radicelles puissent s'étendre à volonté; enfin les cendres noires agissent par les divers éléments qu'elles renferment, par les débris organiques en voie de décomposition plus ou moins avancée.

Nous donnons la composition de quelques-uns de ces produits.

	POUR 1 000.					
	AZOTE.	ACIDE phosphorique.	POTASSE.	CHAUX.	MAGNÉSIE.	FER calculé à l'état métallique.
Sable argileux jaune de la côte d'Oger (1892)	0.37	0.34	1.20	»	»	28.70
Terre silico-argileuse rouge des coteaux du Mesnil (1892) . .	0.18	0.10	0.78	»	»	41.72
Terre rouge des coteaux du Mesnil (1893)	0.41	non dosé	non dosé	»	»	24.60
Sable jaune de Bouzy (1893). .	0.21	Id.	Id.	»	»	8.20
— de Verzy (1893). .	0.18	Id.	Id.	»	»	4.45

Ces terres argileuses, si abondamment employées dans les vignes de la Champagne, ne renferment donc que des traces d'éléments fertilisants et sont en réalité beaucoup plus pauvres que la terre même qu'elles sont chargées d'améliorer.

Leur effet doit être considéré comme purement physique; formés presque en totalité par des éléments d'une extrême finesse, sorte d'argile ferrugineuse, elles ont pour fonction de donner une certaine compacité aux terres crayeuses, qui sont de leur nature même extrêmement meubles et perméables.

Elles peuvent contribuer à retenir les principes fertilisants dans le sol et à maintenir plus de fraîcheur dans celui-ci, en augmentant sa faculté de retenir l'eau.

Les grands sacrifices que s'imposent les viticulteurs, pour l'apport de ces terres, s'expliquent donc par les modifications que cet apport incessant fait subir à la nature même du sol primitif.

Quant aux cendres pyriteuses de la montagne de Reims, elles nous ont donné les résultats suivants :

DÉSIGNATION.	POUR 1000.					
	AZOTE.	ACIDE phosphorique.	POTASSE.	CHAUX.	MAGNÉSIE.	FER calculé à l'état métallique.
Pyrite noire non brûlée (1892) .	3.50	1.54	»	59.3	»	»
Pyrite rouge brûlée (1892). . .	0.93	0.15	0.75	6.0	»	9.35
Pyrite noire non brûlée de Bouzy (1892).	2.40	»	2.97	»	0.80	29.05
Pyrite rouge brûlée de Bouzy (1892).	0.78	»	1.02	»	0.75	14.90

On voit que l'azote, qui est assez abondant dans la cendre noire, disparaît en majeure partie par la combustion. Au point de vue fertilisant, il semble donc important d'éviter la transformation en cendres brûlées.

Il y a d'ailleurs de notables différences dans la composition de ces produits, qui sont loin d'être homogènes ; on y trouve fréquemment des masses de sulfate de chaux cristallisé.

Les divers produits dont nous venons de parler entrent dans la confection des composts, en mélange avec le fumier.

Au Mesnil, le fumier est stratifié avec de la terre rouge, celle-ci en proportions variables, selon que le magasin doit être employé en vignes hautes, mi-côtes ou basses vignes, le sol végétal étant plus ou moins profond ; plus il y a de terre végétale, moins on en met dans le mélange des fumiers.

Dans les magasins qui doivent servir à une plantation, on met généralement un peu plus de terre de montagne, en raison de la fraîcheur que procure celle-ci et qui favorise le développement des plants, surtout dans les années sèches.

Une forte fumure est donnée lors de la plantation ; on fume de nouveau 3 ou 4 ans après, le plus souvent 3 ans ; on fume encore avec du magasin en faisant le premier provignage et l'on est ensuite 3 ans sans mettre de fumier et sans faire de provins ; la vigne est dès lors constituée et travaillée comme telle.

Les fumures sont, suivant la quantité de provins, de 100 à 120 mètres cubes de compost à l'hectare, soit, comme fumure annuelle, de 30 à 40 mètres cubes. Ce compost est formé de terre rouge et de fumier, mélangés en proportions à peu près égales en volume, ce qui fait un poids de terre double du poids du fumier. Les fumiers sont exclusivement des fumiers venant des régiments de cavalerie. Il convient d'ajouter que dans le compost du Mesnil on incorpore depuis 2 ou 3 ans environ 5 p. 100 de sulfate de fer.

A Bouzy, on emploie des fumiers en nature et des fumiers mélangés ou magasins, formés par la stratification de fumier et de terre (sable ou cendre noire). Au moment de s'en servir, on pioche le tout de haut en bas et, à l'aide d'une griffe, on mélange le plus possible la terre et le fumier.

Pour les plantations, on emploie du fumier seul et des magasins. Au bout de 2 ans, quand la plante est bien poussée, on la provigne en la fumant avec du magasin. Au bout de 3 ans, quand la jeune vigne a déjà produit du fruit, on creuse un fossé qui descend jusqu'aux racines et qu'on remplit de fumier seul qu'on recouvre avec la terre du sol ; c'est ce qu'on appelle fumer au rayon.

Ces trois fumures faites, la vigne est dès lors amendée tous les 2 ans au moment du provignage.

Pour ces fumures, on emploie des quantités qui représentent annuellement par hectare environ 32 mètres cubes de fumier et 12 mètres cubes de terre de montagne.

A Verzy, les composts ne servent qu'à planter la vigne, et les 250 à 300 mètres cubes qu'on met par hectare, au moment de la plantation, sont composés d'un tiers de fumier et de deux tiers de sable, c'est-à-dire un poids quadruple du dernier. Une fois la vigne plantée, on ne se sert plus de magasin ; quand elle a 2 ans, on l'amende avec du fumier de cheval de préférence à tout autre, ensuite on attend 4 ans pour en mettre à nouveau, en continuant ainsi tous les

4 ans et chaque fois on en met environ 190 mètres cubes à l'hectare, ce qui représente environ 50 mètres cubes par année.

En outre, tous les 8 ou 10 ans au plus, on répand dans les vignes un mélange d'un tiers de cendre noire sulfureuse et de deux tiers de sable, à raison de 200 mètres cubes environ à l'hectare.

Voici quelle est la composition de différents types de composts, prélevés dans les vignobles en expérience et qui se trouvent mélangés de sables ou de cendres pyriteuses.

NATURE DU COMPOST.	POUR 1 000.	
	Matière sèche.	Eau.
Fumier et terre rouge du Mesnil	645	355
— cendres noires de Bouzy . . .	580	420
— sable de Bouzy.	705	295
— sable de Verzy.	820	180
	823	177

Composition des composts pour 1 000 de matière telle qu'elle est employée.

NATURE DU COMPOST.	AZOTE			ACIDE phosphorique.	CARBONATE de chaux.	POTASSE.	MAGNÉSIE.	ACIDE sulfurique.	FER calculé à l'état métallique.
	total.	ammoniacal.	nitrique.						
Fumier et terre rouge du Mesnil. .	2.39	0.150	0.0113	1.58	13.00	3.29	0.12	2.48	26.50
— cendres noires de Bouzy	2.96	0.028	0.0390	1.10	1.16	2.47	1.25	13.13	10.38
— sable de Bouzy	3.41	0.016	0.1420	2.43	52.88	2.16	2.81	3.51	8.97
— sable de Verzy	1.24	0.011	0.0101	0.84	20.50	1.40	1.21	0.98	3.65
	1.21	0.006	0.0075	0.67	12.30	1.26	1.04	0.71	3.66

Ces composts sont sensiblement moins riches que les fumiers, puisqu'ils ont été additionnés de proportions notables de substances terreuses, qui ne contiennent elles-mêmes que de faibles quantités de principes fertilisants. Ce n'est que pour le fer, apporté abondamment par quelques-unes de ces substances, que nous trouvons une augmentation notable. La composition des composts dépend donc essentiellement des quantités relatives de fumier et de sable employés à leur fabrication. Aussi les composts de Verzy, pour lesquels on emploie 2 mètres cubes de sable pour 1 de fumier, sont-ils sensiblement plus pauvres.

La nitrification de la matière azotée est, en général, peu accentuée, contrairement à ce qui se produit dans les terreaux obtenus par le mélange des fumiers avec la terre. La compacité de ces composts, due principalement à l'extrême finesse des sables employés, doit être regardée comme la cause principale de la lenteur avec laquelle se forment les nitrates.

Il y a lieu de faire remarquer qu'on introduit dans la vigne, avec ces mélanges ou avec les amendements terreux, de notables quantités de fer. Il y a lieu de croire que l'oxyde de fer joue surtout un rôle utile par la coloration qu'il donne au sol. Les terres de la Champagne sont par elles-mêmes peu colorées. L'oxyde de fer, en donnant une couleur plus foncée, favorise l'échauffemnnt du sol qui, dans ce climat, situé à la limite de la végétation de la vigne, active la maturation des raisins. Cette introduction du fer nous semble donc logique.

Le fumier de cheval frais, que l'on emploie en nature, a la composition moyenne suivante :

	PAR 1 000 kilogr.	PAR mètre cube.
Azote	$5^{kg},5$	$2^{kg},2$
Acide phosphorique.	2 ,5	1 ,0
Potasse	6 ,0	2 ,4

Avec les données qui précèdent, nous pouvons calculer les quantités de matières fertilisantes que reçoivent les vignes de la Champagne.

Au début de la plantation, avec une quantité de magasins de 300 mètres cubes à l'hectare, nous trouvons par exemple, pour le terroir de Verzy, avec des magasins d'âges différents :

	AZOTE.	ACIDE phospho- rique.	POTASSE.	CARBONATE de chaux.	MAGNÉSIE.
	kilogr.	kilogr.	kilogr.	kilogr.	kilogr.
Premier compost. .	372	252	420	6 150	363
Autre compost. . .	363	201	378	3 690	212

On voit qu'avant de planter la vigne, on modifie complètement la terre par un apport considérable de matières fertilisantes. Le compost ainsi répandu uniformément à la surface du vignoble y formerait une couche continue d'environ 3 centimètres d'épaisseur. Lorsque la végétation débute, elle se trouve donc non pas dans un sol maigre, comme on le croit généralement, mais dans une terre artificiellement enrichie, où elle trouve en abondance les substances nutritives nécessaires à son développement.

Quant aux fumures, qui sont données aux vignes en production, elles sont plus que suffisantes pour entretenir ce stock, qui a plutôt une tendance à augmenter qu'à diminuer. Ces fumures sont données tantôt tous les 2 ans, tantôt tous les 3 ou 4 ans.

Ainsi, pour le terroir de Verzy, on donne 190 mètres cubes de fumier de cheval tous les 4 ans, soit environ 50 mètres cubes pour une année.

Au Mesnil, la fumure annuelle est de 35 mètres cubes de compost, formé de fumier de cheval et de terre rouge.

A Bouzy, on met annuellement, à l'hectare, 32 mètres cubes de fumier de cheval et 12 mètres cubes de terre de montagne.

Les quantités de matières fertilisantes données comme fumure à ces terroirs, par année et par hectare, sont donc les suivantes :

	VERZY.	LE MESNIL.	BOUZY.
	kilogr.	kilogr.	kilogr.
Azote	110	83,65	73,40
Acide phosphorique. . . .	50	55,30	35,50
Potasse	120	115,15	88,80

On voit que ces fumures sont très fortes et qu'elles atteignent et dépassent même celles qu'on donne ordinairement pour les cultures qui passent pour les plus exigeantes, telles que celles des racines fourragères, des céréales, etc...

Nous comparerons plus loin les quantités d'éléments fertilisants, ainsi données à la vigne, à celles qu'exige la plante pour son complet développement et la production de ses fruits.

Analyses de divers sols et sous-sols de la Champagne. — On a vu plus haut que les vignes de la Champagne ne sont pas plantées sur la craie pure, qui n'en forme que le sous-sol. Déjà M. Risler avait appelé l'attention sur ce point[1], dans une étude du plus haut intérêt sur la constitution géologique et l'agronomie de la Champagne ; ses observations et les considérations qu'il en a déduites sont pleinement vérifiées par tous les faits que nous avons pu recueillir.

Le sol véritable est formé par un mélange provenant des terrains avoisinants, argileux ou siliceux, et se trouve en outre profondément modifié par l'apport continu d'amendements, tels que les cendres noires, les terres siliceuses et argileuses, et d'engrais, principalement de fumier. Un sol ainsi formé d'éléments hétérogènes, apportés en proportions variables d'un lieu à l'autre, ne saurait avoir une unité de composition. Aussi verrons-nous de grandes différences dans l'analyse des terres, même de celles qui sont prises en des points peu éloignés d'un même terroir.

En réalité, les vignes vivent dans un sol artificiel, qui a fini par acquérir, à force d'apports incessants, une constitution qui favorise à un haut degré leur prospérité. Leur culture peut se comparer en quelque sorte à la culture maraîchère, dans laquelle on accumule, dans un sol superficiel, les éléments fertilisants nécessaires à la production des récoltes, alors que dans les cultures ordinaires, les racines vont dans les profondeurs du sous-sol chercher les aliments qui ne se trouvent pas en suffisance dans la couche arable. Cette comparaison se justifie par la manière particulière dont se développent les vignes de la Champagne. Alors que nous sommes habitués à voir les racines de la vigne pivoter en s'enfonçant à de grandes profondeurs, non seulement dans les terres meubles, mais encore dans les fissures des roches du sous-sol, nous voyons, dans la Champagne, les racines de la vigne rester étalées dans la couche supérieure et ne pénétrer dans les fentes de la craie que par quelques radicelles. La cause principale de ce fait nous semble due à la richesse et à l'ameublissement de la couche superficielle, qui dispensent la racine des efforts nécessités pour la recherche de la nourriture. Les racines rampent ainsi presque à la surface du sol, à une profondeur d'environ 30 centimètres.

----

1. *Géologie agricole*, t. II, p. 136.

L'opération du bêchage, pratiquée au moment de la taille, et qui consiste à enterrer chaque année le bois de l'année précédente, doit contribuer à former cet enchevêtrement, qui occupe toute la couche arable et qu'il est facile d'observer en arrachant une vigne ; ces racines rampantes atteignent des longueurs de plusieurs mètres, sans tendance marquée au pivotement.

Nous donnons ci-dessous l'analyse des sols et sous-sols de quelques terroirs de la Champagne.

Nous donnerons plus loin l'analyse d'échantillons prélevés dans chacun des vignobles sur lesquels nous avons opéré.

Déjà M. Grandeau avait donné les résultats d'un certain nombre d'analyses de terres de la Champagne ; ces premières indications présentent un réel intérêt, mais dans le travail que nous avons entrepris, nous avons cru devoir reprendre à nouveau les recherches qui ont trait au vignoble champenois.

Voici les résultats des analyses que nous avons faites sur les sols et les sous-sols prélevés en divers points des vignobles de M. le comte Werlé.

Terroir de Verzenay.

Situé dans l'arrondissement de Reims, canton de Verzy, à 16 kilomètres au sud-est de Reims ; il forme, avec celui de Verzy qui est contigu, l'extrémité Est des importants vignobles de la Montagne dé Reims. Sa superficie en vignes est d'environ 280 hectares, plantés presque exclusivement en pineau noir de la variété dite vert-doré. Il compte parmi les meilleurs crus.

DÉSIGNATION DES PARCELLES.		POUR 1 000 de terre sèche.	
		Terre fine.	Cailloux.
Bâtiment n° 21	Sol, 1 mètre d'épaisseur. .	850.60	149.40
	Sous-sol.	809.60	190.40
Disse-Bernard n° 12	Sol, 1^m,20 d'épaisseur . .	913.55	86.65
	Sous-sol.	857.20	142.80
Coutures n° 24	Sol, 0^m,50 d'épaisseur . .	900.60	99.40
	Sous-sol.	795.90	204.10
Buffle n° 30	Sol, 0^m,50 d'épaisseur . .	894.40	105.60
	Sous-sol.	721.90	278.11

INDICATION DES PARCELLES.	POUR 1000 DE TERRE FINE SÈCHE.				
	AZOTE.	ACIDE phos-phorique.	POTASSE.	CAR-BONATE de chaux.	MAGNÉSIE.
Bâtiment n° 21 . . . { Sol	0.99	2.05	1.71	145.00	0.07
Sous-sol . .	0.73	1.31	2.03	455.00	0.52
Disse-Renard n° 12. . { Sol	1.06	1.34	1.86	190.00	0.36
Sous-sol . .	0.78	1.18	1.36	175.00	0.27
Coutures n° 24 . . . { Sol	1.07	2.15	2.37	175.00	0.11
Sous-sol . .	0.93	1.42	1.22	452.00	0.11
Buffle n° 30. . . . . { Sol	0.99	1.69	1.15	141.00	0.09
Sous-sol . .	0.44	0.83	0.95	303.00	0.23

Terroir de Verzy.

Verzy, chef-lieu de canton de l'arrondissement de Reims, à 20 kilomètres au sud-est de cette ville, est compris dans le groupe des vignobles de la Montagne de Reims. Sa superficie en vignes est d'environ 250 hectares, plantés en pineau noir dit vert-doré.

INDICATION DES PARCELLES.	POUR 1000 de terre sèche.	
	Terre fine.	Cailloux.
Mont de Bruyère n° 29 . { Sol, 1ᵐ,20 de profondeur.	889.45	110.50
Sous-sol.	725.00	275.00
Champs-Beaudet n° 65 . { Sol, 0ᵐ,60 de profondeur.	839.84	160.16
Sous-sol.	480.24	519.76
Clos Saint-Basle n° 45 . { Sol, 1 mètre de profondeur.	856.01	143.99
Sous-sol.	810.25	189.75
Sous-le-Mont n° 13 . . { Sol, 0ᵐ,60 de profondeur.	678,45	121.45
Sous-sol.	600.92	399.08

TABLEAU.

DÉSIGNATION DES PARCELLES.		POUR 1000 DE TERRE FINE SÈCHE.				
		AZOTE.	ACIDE phos-phorique.	POTASSE.	CAR-BONATE de chaux.	MAGNÉ-SIE.
Mont de Bruyère nº 29.	Sol	1.16	1.80	2.05	82.00	0.03
	Sous-sol . .	0.67	1.50	1.22	51.00	0.14
Champs-Beaudet nº 65.	Sol	0.99	1.86	1.36	183.00	0.07
	Sous-sol . .	1.07	1.60	1.17	418.00	0.27
Clos Saint-Basle nº 45.	Sol	0.93	2.16	1.90	102.00	0.43
	Sous-sol . .	0.41	1.38	1.46	460.00	0.40
Sous-le-Mont nº 13. . .	Sol	0.98	1.33	1.69	80.00	0.34
	Sous-sol . .	0.73	1.69	1.46	406.00	0.74

On trouve dans le terroir de Verzy des parties où la terre est beaucoup moins riche en calcaire, bien plutôt argilo-siliceuse ; la craie formant le sous-sol n'apparaît qu'à une assez grande profondeur. Voici un exemple de cette constitution particulière :

INDICATION DES PARCELLES.		POUR 1000 DE TERRE SÈCHE.	Cailloux		Débris
		Terre fine.	siliceux.	calcaires.	organiques.
Les Bayons. .	Sol. . . .	915.80	76.20	8.00	1.12
	Sous-sol. .	754.80	229.40	15.80	1.72

INDICATION DES PARCELLES.		POUR 1000 DE TERRE FINE SÈCHE.				
		Azote.	Acide phospho-rique.	Potasse.	Carbonate de chaux.	Magnésie.
Les Bayons . .	Sol . . .	0.97	0.95	1.35	17.40	0.91
	Sous-sol .	0.54	0.74	1.20	14.70	3.09

Terroir de Villers-Marmery.

Situé dans l'arrondissement de Reims, canton de Verzy, à 20 kilomètres au sud-est de Reims et à 3 kilomètres de Verzy.

Sa superficie en vignes est d'environ 160 hectares, plantés en vert-doré.

		POUR 1000 de terre sèche	
DÉSIGNATION DES PARCELLES.		Terre fine.	Cailloux.
Chemin de Saint-Basle n° 34.	Sol	906.15	93.85
	Sous-sol . .	903.91	96.09
Les Croix n° 22	Sol	874.01	125.99
	Sous-sol . .	912.20	87.80
Les Voies n° 21	Sol	890.90	109.10
	Sous-sol . .	921.38	78.62
Les Essaires n° 6.	Sol	917.24	82.76
	Sous-sol . .	959.05	40.95
Les Cœurets n° 37.	Sol	800.40	199.60
	Sous-sol . .	839.44	160.56
Les Béguignes n° 31	Sol	842.28	157.72
	Sous-sol . .	862.19	131.81
Le Camp n° 35	Sol	882.06	117.94
	Sous-sol . .	913.22	86.78

DÉSIGNATION DES PARCELLES.		POUR 1000 DE TERRE FINE SÈCHE.				
		AZOTE.	ACIDE phosphorique.	POTASSE.	CARBONATE de chaux.	MAGNÉSIE.
Chemin de St-Basle n° 34.	Sol . . .	1.51	1.86	2.41	93.00	0.92
	Sous-sol .	1.17	1.55	1.91	78.00	0.86
Les Croix n° 22	Sol . . .	1.29	1.70	2.19	125.00	1.01
	Sous-sol .	1.02	1.45	1.52	102.00	0.70
Les Voies n° 21	Sol . . .	1.46	1.95	2.78	140.00	1.06
	Sous-sol .	1.13	1.72	2.13	174.00	0.79
Les Essaires n° 6. . . .	Sol . . .	1.21	1.42	2.52	23.00	0.86
	Sous-sol .	0.96	0.91	2.05	18.00	0.74
Les Cœurets n° 37 . . .	Sol . . .	2.04	2.42	2.58	252.00	1.39
	Sous-sol .	1.76	2.19	2.05	252.00	0.99
Les Béguignes n° 31 . .	Sol . . .	1.61	2.64	1.80	268.00	0.97
	Sous-sol .	1.46	2.79	1.56	311.00	0.75
Le Camp n° 35	Sol . . .	1.18	2.00	1.68	196.00	0.48
	Sous-sol .	1.41	2.07	2.27	190.00	0.64

Terroir de Pargny.

Se trouve dans le canton de Ville-en-Tardenois, à 7 kilomètres à l'ouest de Reims. Sa superficie en vignes n'est que d'une trentaine d'hectares environ; le cépage dominant est le pineau noir.

DÉSIGNATION DES PARCELLES.		POUR 1000 de terre sèche.	
		Terre fine.	Cailloux.
Les Ormissets. . . .	Sol.	878.38	121.62
	Sous-sol. . . .	916.24	83.76
Les Croix du Midi . .	Sol.	946.00	54.00
	Sous-sol. . . .	943.12	56.88
Les Montées.	Sol.	929.35	70.65
Les Noues	Sol.	818.36	181.64
Les Écus.	Sol.	909.64	90.36
Les Jards.	Sol.	982.52	17.48

DÉSIGNATION DES PARCELLES.		POUR 1000 DE TERRE FINE SÈCHE.				
		AZOTE.	ACIDE phos-phorique.	POTASSE.	CAR-BONATE de chaux.	MAGNÉ-SIE.
Les Ormissets. . . .	Sol	1.26	1.53	1.86	321.00	1.64
	Sous-sol . .	0.99	1.22	1.72	339.00	0.87
Les Croix du Midi . .	Sol	1.48	1.23	1.68	278.00	1.37
	Sous-sol . .	0.77	1.09	1.47	306.00	1.75
Les Montées.	Sol	1.30	1.11	2.46	145.00	2.88
Les Noues	Sol	1.09	0.58	»	360.00	»
Les Écus.	Sol	1.32	0.89	2.30	165.00	2.05
Les Jards.	Sol	0.75	0.61	1.44	40.01	1.08

Terroir de Villedomange.

Situé dans l'arrondissement de Reims, canton de Ville-en-Tardenois, à 10 kilomètres au sud-ouest de Reims.

La surface en vignes est d'environ 90 hectares plantés surtout en pineau noir dit vert-doré.

DÉSIGNATION DES PARCELLES.		POUR 1000 de terre sèche.	
		Terre fine.	Cailloux.
Les Moussets	Sol	954.74	45.26
	Sous-sol	971.09	28.91
Les Quartiers	Sol	950.19	49.81
	Sous-sol	935.65	64.35

	POUR 1000 DE TERRE FINE SÈCHE.				
	Azote.	Acide phosphorique.	Potasse.	Carbonate de chaux.	Magnésie.
Les Moussets Sol	1.04	1.65	2.63	93.00	2.62
Les Moussets Sous-sol	1.00	1.47	2.95	92.00	1.62
Les Quartiers Sol	1.00	1.30	2.81	133.00	2.49
Les Quartiers Sous-sol	1.00	1.35	2.86	131.00	3.23

Terroir de Courmas.

Fait partie du canton de Ville-en-Tardenois et se trouve à 12 kilomètres au sud-ouest de Reims. Sa superficie en vignes est d'environ 30 hectares, plantés surtout en pineau noir.

	POUR 1000 de terre sèche.	
	Terre fine.	Cailloux.
Vigne n° 1, sol 0^m,30 à 0^{m}35 de profondeur	892.31	107.69
Vigne n° 2 — —	916.40	83.60

Le sous-sol de ces deux terres est glaiseux.

	POUR 1000 DE TERRE FINE SÈCHE.				
	Azote.	Acide phosphorique.	Potasse.	Carbonate de chaux.	Magnésie.
Vigne n° 1	1.47	0.94	5.34	305.00	1.46
Vigne n° 2	1.46	0.80	6.22	225.00	11.24

Ce qui frappe surtout, dans cette longue série d'analyses, c'est l'inégalité de la répartition du calcaire dans les divers terroirs, ou même dans les diverses parties d'un même terroir. En général, cependant, la chaux est abondante et ce n'est que d'une façon exceptionnelle que nous voyons prédominer les éléments argileux et siliceux. Nous pouvons cependant dire que quelques-unes de ces terres doivent être regardées comme très peu calcaires, puisqu'il y en a qui en ont moins de 2 à 5 p. 100.

L'acide phosphorique, aa contraire, se répartit avec une assez grande uniformité dans toutes ces terres et même dans le sous-sol. Sa proportion y est assez élevée pour qu'on puisse dire que les terres de la Champagne sont riches en phosphates. Fréquemment, la proportion d'acide phosphorique s'élève au-dessus de 2 millièmes ; la moyenne générale est supérieure à 1 millième et demi. Cette forte teneur d'acide phosphorique, non seulement dans la couche arable, mais encore dans les couches sous-jacentes, permet de dire que d'abondantes provisions de ce principe fertilisant se trouvent à la disposition des vignes. On sait que les calcaires sont souvent riches en phosphates, il n'y a donc là rien dont il y ait lieu de s'étonner. Nous voyons d'ailleurs que les terres les plus pauvres en calcaire sont précisément celles où l'acide phosphorique est en moindre proportion.

Quant à la potasse, qui est ordinairement si peu abondante dans les terrains calcaires, nous la trouvons ici en quantité notable, souvent supérieure à 2 millièmes et généralement voisine de 1 millième et demi.

L'existence en proportion notable de cet élément fertilisant est attribuable en grande partie à l'apport de terres argileuses.

Une partie sensible de cette potasse est soluble à froid dans les acides faibles et se trouve donc à un grand dégré d'assimilabilité. En traitant quelques-unes des terres de la Champagne par l'eau froide, simplement acidulée pour détruire les propriétés absorbantes de la terre, suivant le procédé de M. Th. Schlœsing, nous avons obtenu les résultats suivants :

		POTASSE POUR 1 000.	
		Soluble à chaud dans l'acide azotique concentré.	Soluble à froid dans l'acide chlorhydrique étendu.
Terre de Verzenay	Sol.	1.15	0.41
	Sous-sol.	0.97	0.34
Terre de Verzy	Sol.	1.69	0.46
	Sous-sol.	1.46	0.43

L'azote n'est abondant que d'une façon exceptionnelle, ce qu'il y a lieu d'attribuer à l'énergie avec laquelle les matières organiques sont nitrifiées dans ce sol calcaire essentiellement perméable, dans lequel l'élimination des nitrates formés est une cause de déperdition incessante d'azote. En donnant de fortes fumures à l'aide de fumier de ferme, transformé en compost, les viticulteurs cherchent à maintenir la matière azotée dans le sol. Jusqu'à présent, on ne paraît pas y avoir appliqué de nitrate de soude et de sulfate d'ammoniaque, qui conviendraient d'ailleurs mal à ces terres où les composés solubles de l'azote sont éliminés rapidement.

En réalité, la terre de ces vignes est une terre relativement riche et ne participe point de cette aridité spéciale à la formation crayeuse, qui occupe la plus grande partie de la Champagne. La vigne est cultivée dans des îlots privilégiés, sur lesquels se concentrent les efforts des viticulteurs et qui sont incessamment enrichis par des amendements et des fumures.

Ces terres contiennent presque toujours des cailloux très calcaires, provenant évidemment du sous-sol, constitué par la craie. Par leur effritement, qui s'opère assez rapidement en raison de leur peu de dureté, ils contribuent à la formation de la terre végétale, à laquelle ils s'incorporent dans la suite des temps.

Nous avons cru intéressant d'examiner la composition chimique de ces éléments rocheux, formant l'assise géologique de toute la Champagne.

Voici les résultats que nous avons obtenus, en opérant tant sur les fragments disséminés dans le sol que sur ceux retirés du sous-sol :

		POUR 1 000.			
		Carbonate de chaux.	Acide phosphorique.	Potasse.	Magnésie.
Terroir de Villers-Marmery. . . .	Sous-sol.	375	1.23	0.83	0.39
Les Ormissets .	Sol. . .	894	0.74	0.98	0.59
	Sous-sol.	866	0.48	non dosée.	non dosée.
— de Pargny. Les Montées. .	Sol. . .	820	0.67	»	»
Les Noues . .	Sol. . .	651	0.36	1.17	13.1
— de Courmas.	Sol. . .	654	0.51	non dosée.	non dosée.

Quant à l'azote, il n'existe qu'en très minime proportion.

Quoi qu'il en soit, ces fragments de la roche sous-jacente ne sont pas entièrement dépourvus d'éléments fertilisants et peuvent contribuer, par leur désagrégation lente, à l'entretien de la fertilité du sol.

Quant aux trois terroirs qui ont servi à nos expériences, le Mesnil-sur-Oger, Bouzy et Verzenay, et dont nous parlerons exclusivement dans ce qui va suivre, nous les avons choisis intentionnellement, en raison de leur situation, qui nous permet de les regarder comme pouvant servir de types aux principales régions viticoles de la Champagne.

En parcourant l'ensemble du vignoble champenois avec le comte Werlé, qui le connaît jusque dans ses moindres détails, et avec M. G. Couanon, inspecteur général des services phylloxériques au Ministère de l'Agriculture, qui a bien voulu nous aider de ses conseils si autorisés, c'est à ces trois importants vignobles que nous nous sommes arrêtés.

1° Le Mesnil-sur-Oger représente le groupe de la côte d'Avize, qui fait partie des vignobles de la vallée de la Marne (Vertus, Mesnil-sur-Oger, Oger, Avize et Cramant).

Les centres d'opérations des établissements de M. le comte Werlé sont le Mesnil-sur-Oger et Oger, où d'importants vendangeoirs sont installés et où sont traités les raisins provenant de ces deux communes et des communes avoisinantes ; cette année, par exemple, de nombreuses livraisons ont été prises, comme de coutume, à Vertus, distant du Mesnil de 5 à 6 kilomètres ; d'autres fois, on fait de même de nombreux achats à Avize et à Cramant.

2° Bouzy représente, avec Ambonnay, le groupe intermédiaire entre la Marne et la Montagne de Reims. Des installations, non moins bien aménagées que les précédentes, existent dans ces deux centres ; c'est même Bouzy qui fut le point de départ de l'universelle réputation de la maison Vᵛᵉ Clicquot.

3° Enfin Verzenay et Verzy comptent de même plusieurs pressoirs et sont situés dans le groupe de la Haute-Montagne de Reims avec Sillery, Mailly, etc., jusque Rilly-la-Montagne. Leurs crus sont également très appréciés.

Nous examinerons l'un après l'autre ces trois principaux terroirs.

Avant de donner les résultats de nos observations, nous croyons utile de décrire sommairement la façon dont les échantillons nécessaires à ces études ont été prélevés. Pour connaître les quantités d'éléments fertilisants dont la vigne a eu besoin pour son développement, il était indispensable de déterminer la quantité totale de substances végétales produite à l'hectare, se subdivisant en vins, en marcs, lies, en feuilles et en bois ou sarments.

Prélèvements des échantillons de feuilles. — Pour avoir un échantillon représentant autant que possible la moyenne du vignoble, il a été nécessaire de le prélever avec des précautions particulières. On a choisi vingt ceps distants les uns des autres, dans les diverses parties du vignoble, et parmi ceux de vigueur moyenne, en écartant les pieds ou trop forts ou trop faibles. Aussitôt la vendange faite, on a enlevé les feuilles avec leurs pétioles. Elles ont été pesées et ensuite soumises à la dessiccation. Le nombre de souches à l'hectare étant déterminé, on avait ainsi un échantillon représentant l'ensemble des feuilles du terroir et permettant de calculer le poids total à l'hectare.

Prélèvements des sarments. — Les mêmes 20 pieds de chaque terroir ont été, après l'enlèvement des feuilles, soumis à la taille usitée dans le pays, c'est-dire qu'on a coupé au sécateur tous les sarments contre le vieux bois, sauf le plus beau et le mieux placé qu'on a taillé à 3 yeux. Ces sarments ainsi enlevés ont été pesés, coupés en morceaux et séchés.

Prélèvements des marcs. — On a prélevé dans plusieurs pressées un échantillon moyen de marc, qu'on a mélangé et dont on a pesé 5 kilogr. qui ont été séchés.

Quant à la détermination du poids total des marcs, elle résulte de la pesée de plusieurs pressées et du compte du nombre des pressées. En opérant ainsi, on était assuré d'une approximation suffisante.

Prélèvements des vins. — La quantité de vin est obtenue d'après le nombre de pièces, dont le volume est constant. Les échantillons ont été pris au soutirage.

Le prélèvement des échantillons a été opéré par M. Rousseaux, préparateur à l'Institut agronomique, qui a apporté le plus grand soin à ce travail délicat.

Terroir du Mesnil-sur-Oger.

Situation. — Le Mesnil-sur-Oger est situé dans l'arrondissement d'Épernay, canton d'Avize, à 16 kilomètres environ au sud d'Épernay, sur la ligne de chemin de fer d'Oiry à Romilly. La surface du terroir en vignes est d'environ 300 hectares plantés en pineau blanc.

Le sol est généralement constitué, dans le terroir du Mesnil, par un mélange en proportions variables de calcaire, d'argile et de sables. Son épaisseur n'est tantôt que d'une quarantaine de centimètres, tantôt elle atteint et dépasse même 1 mètre.

Le sous-sol est formé par la craie appelée dans le pays crayon.

Nous donnons ci-dessous l'analyse de deux échantillons de sols et de sous-sols :

POUR 1000 DE TERRE SÈCHE.

		Terre fine.	Cailloux siliceux.	Cailloux calcaires.	Débris organiques.
Coullemest	Sol . .	843.00	64.10	92.40	2.26
	Sous-sol.	446.60	0.00	553.40	»
Mournouard	Sol . .	869.80	35.40	102.80	1.09
	Sous-sol.	256.60	0.00	743.40	»

POUR 1000 DE TERRE FINE SÈCHE.

		Azote.	Acide phosphorique.	Potasse.	Carbonate de chaux.	Magnésie.
Coullemest	Sol . . .	1.32	1.86	1.78	289.50	0.25
	Sous-sol. .	0.56	1.25	1.42	863.00	0.75
Mournouard	Sol . . .	1.03	1.57	1.69	416.50	0.93
	Sous-sol. .	1.16	1.31	1.35	706.00	0.99

POUR 1000 DE TERRE BRUTE SÈCHE.

		Azote.	Acide phosphorique.	Potasse.	Carbonate de chaux fin.	Carbonate de chaux pierreux.	Magnésie.
Coullemest	Sol . .	1.11	1.57	1.50	244.05	92.40	0.21
	Sous-sol.	0.25	0.56	0.63	385.41	553.40	0.33
Mournouard	Sol . .	0.89	1.36	1.47	362.27	102.80	0.81
	Sous-sol.	0.29	0.33	0.34	181.16	743.40	0.25

La proportion de fer, calculé à l'état métallique, est de 19.4 dans le sol et de 18.6 dans le sous-sol p. 1 000 de terre, c'est-à-dire d'environ 2 p. 100.

Le sol proprement dit est riche en calcaire, bien pourvu d'éléments fertilisants, presque entièrement constitué par de la terre fine ; mais le sous-sol est du crayon formant une roche compacte.

La superficie du vignoble en expérience est de 28 hectares 58 ares 63 centiares.

Le nombre de souches à l'hectare est de 40 000 en moyenne.

L'âge moyen de la vigne est de 70 ans environ.

La vendange, qui a duré en 1892 du 28 septembre au 5 octobre, a donné les rendements suivants :

Quantité de vendange. . . . . 61 748 kilogr.[1].

Les chiffres exprimant les quantités de vendange, de vin et de marc se rapportent, comme celui des feuilles et des sarments, à la production du vignoble en expérience.

Il convient d'ajouter que, comme cela se fait d'habitude, les raisins des vignes avoisinantes ont été achetés aux propriétaires ; nous n'avons eu à tenir aucun compte, dans ce travail, de cette vendange venue du dehors et qui, traitée séparément, n'a point été une cause de trouble pour nos essais.

Ajoutons que cette année ce raisin a été payé au prix de 2 fr. 50 le kilogramme.

Résultats obtenus pour l'ensemble du vignoble. — Étant donné que de 4 800 kilogr. de raisin on tire 12 pièces de vin de cuvée, 2 pièces et demie de première suite, 2 pièces et demie de deuxième suite et 1 pièce un quart de rebêche, on obtient pour les 61 748 kilogr. de vendange :

Vin de cuvée . . .	154	pièces de 200 litres, soit 308 hectolitres.
— 1re suite . .	32,5	— — 65 —
— 2e suite . . .	32,5	— — 65 —
— rebêche. . .	18	— — 36 —

---

1. Ce chiffre a été obtenu directement par la pesée de l'ensemble de la vendange. Celle-ci étant parfaitement mûre et non avariée, il n'a pas été nécessaire de faire le triage habituel des grains non mûrs ou pourris.

Poids total du marc sec[1].	11 050 kilogr.
— du marc séché à 100°.	3 226 —
— des feuilles fraîches	84 501 —
— des feuilles desséchées à 100° pour l'ensemble du do- maine	27 071 —
— des sarments frais pour l'ensemble du domaine. . . .	24 041 —
— des sarments desséchés à 100° pour l'ensemble du do- maine	12 320 —

Voici les résultats analytiques de ces divers produits de la végétation de la vigne, en ne tenant compte que des éléments fertilisants :

Analyse des vins, par litre.

	VINS			
	de cuvée.	de 1re suite.	de 2e suite.	de rebêche.
	gr.	gr.	gr.	gr.
Azote.	0,239	0,242	0,231	0,221
Cendres.	2,430	2,400	2,870	4,920
Acide phosphorique. .	1,118	0,134	0,184	0,435
Potasse.	0,561	0,617	0,740	1,432
Chaux	0,054	0,055	0,048	0,083
Magnésie	0,049	0,048	0,063	0,027

Nous voyons, dans ce tableau, que les éléments de la plus grande importance, l'acide phosphorique et la potasse, augmentent d'une façon progressive et très notable, à mesure que le vin reste plus longtemps en contact avec le marc. C'est un fait sur lequel il nous paraît intéressant d'appeler l'attention.

Analyse des sarments, des feuilles et des marcs.

	POUR 100 DE MATIÈRE SÉCHÉE A 100°.		
	Sarments.	Feuilles.	Marcs.
Azote	0.57	1.77	1.81
Cendres	3.94	11.36	6.51
Acide phosphorique. . .	0.23	0.38	0.78
Potasse	0.74	1.10	2.36
Chaux.	1.32	4.78	0.92
Magnésie.	0.19	0.46	0.07

---

1. On entend par marc sec le produit de l'expression complète du raisin.

C'est toujours dans les feuilles et dans les marcs que nous trouvons l'accumulation de l'azote et de l'acide phosphorique.

Les résultats qui précèdent sont calculés pour le vin en nature, et pour les autres produits pour la matière sèche. Il n'est pas sans intérêt de donner l'analyse des cendres elles-mêmes.

Composition centésimale des cendres.

	SARMENTS.	FEUILLES.	MARCS.	VINS			
				de CUVÉE.	de 1re SUITE.	de 2e SUITE.	de REBÊCHE.
Acide phosphorique . .	5.74	3.38	12.02	4.85	5.57	6.39	8.83
Potasse	18.80	9.68	36.30	23.08	25.68	25.79	29.09
Chaux.	33.60	42.12	14.10	2.23	2.29	1.67	1.67
Magnésie.	4.80	4.04	1.10	2.00	2.01	2.18	0.54

Les vins ayant été pris au soutirage, il n'y a pas lieu de se préoccuper du tartre qu'ils déposent dans la suite et qui est d'environ 100 gr. par hectolitre ; mais nous devons tenir compte des lies qui ne sont plus contenues dans le vin soumis à l'analyse.

Nous donnons l'analyse d'un tartre déposé dans les tonneaux des caves de Reims.

	POUR 100 de tartre sec.			POUR 100 de tartre sec.
Azote	0.30		Chaux.	0.70
Acide phosphorique. . .	0.01		Magnésie.	traces.
Potasse	17.50			

Un hectolitre dépose donc à l'état de tartre 17 gr. de potasse.

Quant aux lies, leur proportion a varié entre 1 litre et 1 litre et demi de lie épaisse, déposée pendant un mois.

A cet état, la lie contient pour 100 :

Eau.	67.00	Potasse	3.70
Azote	0.60	Chaux.	3.00
Acide phosphorique. . .	0.20	Magnésie.	traces.

Toutes les données que nous venons de recueillir, tant sur le terrain que dans le vendangeoir et le laboratoire, permettent de calculer la proportion de principes fertilisants que la plante a absorbés dans le cours de sa végétation, pour la production de son bois, de ses feuilles et de ses fruits.

Le tableau suivant est rapporté à 1 hectare de vignes.

Matières fertilisantes absorbées par hectare de vignes.

		AZOTE.	ACIDE PHOSPHORIQUE.	POTASSE.	CHAUX.	MAGNÉSIE.
		kilogr.	kilogr.	kilogr.	kilogr.	kilogr.
Vin de cuvée.	10^{hl},77	0,257	0,127	0,602	0,058	0,053
Vin de 1re suite.	2 ,62	0,063	0,035	0,164	0,014	0,012
Vin de 2e suite.	2 ,62	0,060	0,048	0,194	0,012	0,016
Vin de rebèche	1 ,26	0,028	0,055	0,180	0,010	0,003
Total . . .	17^{hl},27					
Marcs secs.	112^{kg},858	2,043	0,880	2,663	1,038	0,079
Feuilles sèches.	947 ,000	16,745	3,595	10,406	45,221	4,352
Sarments secs	431 ,000	2,458	0,992	3,191	5,691	0,819
Lies	21 ,600	0,150	0,050	0,800	0,650	traces.
Totaux. . . .		21,804	5,782	18,200	52,694	5,334

Terroir de Bouzy.

Bouzy est situé dans l'arrondissement de Reims, canton d'Ay, à environ 24 kilomètres au sud de Reims. La surface totale du terroir en vignes est d'à peu près 160 hectares. Le cépage dominant est le pineau noir dit vert-doré.

Le sol est formé d'un mélange d'argile, de calcaire et de sable. Le sous-sol immédiat n'est pas toujours la craie compacte, mais un mélange de calcaire et d'argile, cette dernière dominant en beaucoup d'endroits.

Nous donnons ci-après quelques analyses de sols et de sous-sols.

DÉSIGNATION DES PARCELLES.	POUR 1 000 DE TERRE SÈCHE.			
	TERRE fine.	CAILLOUX		DÉBRIS orga-niques.
		siliceux.	calcaires.	
Voie de Bulon . . { Sol, 0^m,35 de profondeur.	851.90	94.50	53.60	1.54
Voie de Bulon . . { Sous-sol.	835.00	75.10	89.90	1.37
Vandaillon . . . { Sol, 0^m,35 de profondeur.	901.10	81.50	17.40	1.16
Vandaillon . . . { Sous-sol.	853.30	125.90	20.80	0.95

POUR 1 000 DE TERRE FINE SÈCHE.

	Azote.	Acide phospho-rique.	Potasse.	Carbonate de chaux.	Magnésie.
Voie de Bulon. { Sol . . .	1.07	1.61	1.39	113.50	2.95
Voie de Bulon. { Sous-sol.	1.13	1.71	1.94	191.00	1.85
Vandaillon . . { Sol . . .	1.02	1.40	2.57	88.50	0.16
Vandaillon . . { Sous-sol.	0.91	1.50	1.93	177.00	1.99

DÉSIGNATION des PARCELLES.	POUR 1 000 DE TERRE BRUTE SÈCHE.					
	AZOTE.	ACIDE phos-phorique.	POTASSE.	CARBONATE de chaux		MAGNÉ-SIE.
				fin.	pierreux.	
Voie de Bulon . { Sol . . .	0.91	1.37	1.18	96.69	53.60	2.51
Voie de Bulon . { Sous-sol.	0.95	1.42	1.62	159.50	89.90	1.54
Vandaillon. . . { Sol . . .	0.92	1.26	2.31	79.75	17.40	0.14
Vandaillon. . . { Sous-sol.	0.77	1.28	1.65	151.00	20.80	1.70

Ici le sol et le sous-sol sont constitués par des éléments fins ; les racines de la vigne ont donc une couche de terre plus épaisse à leur disposition. Le crayon n'apparaît qu'à une profondeur plus grande.

La proportion de fer calculé à l'état métallique est en moyenne de 15.6 pour le sol et de 18.2 pour le sous-sol, c'est-à-dire un peu moins de 2 p. 100.

Le sol contient beaucoup plus d'éléments sableux et argileux que de calcaire ; il en est de même du sous-sol, qui se confond avec le sol lui-même, dont il possède l'ameublissement et la composition chimique, qui est satisfaisante.

La superficie du vignoble en expérience est de 28 hectares 28 ares 48 centiares.

Le nombre de souches à l'hectare est d'environ 45 000.

L'âge moyen de la vigne est d'environ 70 à 75 ans.

La vendange, effectuée du 28 septembre au 5 octobre, a donné :

> Quantité de vendange. . . . .   21 600 kilogr.

D'une pressée de 3 360 kilogr. on retire : 8 pièces de vin de cuvée, 1 pièce et demie de première suite, 1 pièce et demie de deuxième suite, et 1 pièce et demie de rebêche, ce qui donne pour les 21 600 kilogr. de vendange exprimée à fond et pour l'ensemble du domaine :

Vin de cuvée . . .	51	pièces de 200 litres, soit 102 hectolitres.			
Vin de 1re suite . .	9	—	200	—	18 —
Vin de 2e suite . .	9	—	200	—	18 —
Vin de rebêche. . .	9	—	200	—	18 —

Poids total de marc sec	4 851 kilogr.
— de marc séché à 100°	1 763 —
— des feuilles fraîches.	137 011 —
— des feuilles desséchées à 100° pour l'ensemble du domaine.	37 421 —
— des sarments frais pour l'ensemble du domaine. . .	67 657 —
— des sarments desséchés à 100° pour l'ensemble du domaine.	32 120 —

Voici les résultats analytiques de ces divers produits de la vigne, en ne tenant compte que des éléments fertilisants.

Analyse des vins, par litre.

	VINS			
	de cuvée.	de 1re suite.	de 2e suite.	de rebêche [1].
	gr.	gr.	gr.	gr.
Azote.	0,315	0,238	0,263	0,281
Cendres.	2,620	1,870	2,690	4,655
Acide phosphorique . .	0,139	0,171	0,235	0,380
Potasse.	0,589	0,798	1,044	1,528
Chaux	0,082	0,090	0,084	0,075
Magnésie	0,038	0,018	0,020	0,021

---

1. Moyenne du Mesnil-sur-Oger et de Verzenay.

Nous voyons de même, dans ce tableau, que l'acide phosphorique et la potasse augmentent d'une façon notable et progressive, à mesure que le vin reste plus longtemps en contact avec le marc.

Analyse des sarments, des feuilles et des marcs.

	POUR 100 DE MATIÈRE SÉCHÉE A 100°.		
	Sarments.	Feuilles.	Marcs.
Azote	0.59	1.80	1.93
Cendres	4.30	13.86	7.36
Acide phosphorique. . .	0.24	0.46	0.76
Potasse	0.88	1.93	2.51
Chaux.	1.25	4.51	0.71
Magnésie.	0.19	0.21	0.08

C'est encore dans les feuilles et dans les marcs que nous trouvons l'accumulation de l'azote et de l'acide phosphorique.

Ces résultats sont également calculés pour le vin en nature et pour les autres produits, pour la matière sèche. Voici l'analyse des cendres elles-mêmes.

Composition centésimale des cendres.

	SARMENTS.	FEUILLES.	MARCS.	VINS			
				de OUVÉE.	de 1re SUITE.	de 2e SUITE.	de REBÊCHE.[1]
Acide phosphorique . .	5.62	3.36	10.32	5.31	9.11	8.71	8.11
Potasse	20.60	13.96	34.10	22.49	42.67	38.78	33.04
Chaux.	29.00	32.52	9.60	3.14	4.81	3.14	1.61
Magnésie.	4.35	1.52	1.15	1.43	0.97	0.75	0.45

1. Moyenne du Mesnil-sur-Oger et de Verzenay.

Le tableau suivant est rapporté à un hectare de vignes.

Matières fertilisantes absorbées par hectare de vignes.

		AZOTE.	ACIDE PHOSPHO- RIQUE.	PO- TASSE.	CHAUX.	MAGNÉ- SIE.
		kilogr.	kilogr.	kilogr.	kilogr.	kilogr.
Vin de cuvée.	3^{hl},60	0,113	0,050	0,212	0,029	0,014
Vin de 1re suite.	0 ,63	0,015	0,011	0,050	0,006	0,001
Vin de 2e suite.	0 ,63	0,016	0,015	0,066	0,005	0,001
Vin de rebêche. . . . :	0 ,63	0,018	0,024	0,096	0,005	0,001
Total . . .	5^{hl},49					
Marcs secs.	62^{kg},370	1,204	0,474	1,565	0,443	0,050
Feuilles sèches. . .	1 323 ,000	23,814	6,086	25,534	59,667	2,778
Sarments secs . . .	1 135 ,575	6,700	2,725	9,993	14,195	2,157
Lies	8 ,000	0,050	0,017	0,270	0,220	traces.
Totaux. . . .		31,930	9,402	37,784	74,570	5,002

Terroir de Verzenay.

Le terroir de Verzenay se trouve dans l'arrondissement de Reims, canton de Verzy, à 16 kilomètres au sud-est de Reims.

Il forme, avec celui de Verzy qui est contigu, l'extrémité Est des importants vignobles de la Montagne de Reims.

Sa superficie en vignes est d'environ 380 hectares plantés presque exclusivement en pineau noir de la variété dite vert-doré.

Il compte parmi les meilleurs crus.

La superficie du vignoble en expérience est de 35 hectares.

Le sol est constitué par un mélange d'argile, de calcaire et de sable; dans le sous-sol le calcaire est plus abondant, mais la craie pure ne se trouve que plus profondément.

Voici l'analyse d'un échantillon de sol et de sous-sol.

DÉSIGNATION DES PARCELLES.	POUR 1000 DE TERRE SÈCHE.			
	TERRE fine.	CAILLOUX		DÉBRIS orga-niques.
		siliceux.	calcaires.	
Le Perthois. . . Sol, 0^m,35 de profondeur.	940.60	27.90	31.50	1.09
Sous-sol.	814.10	88.90	97.00	2.00

	POUR 1000 DE TERRE FINE SÈCHE.				
	Azote.	Acide phospho-rique.	Potasse.	Carbonate de chaux.	Magnésie.
Le Perthois . . Sol. . .	1.07	1.22	1.86	101.50	1.26
Sous-sol.	0.98	1.48	1.64	245.50	1.11

DÉSIGNATION des PARCELLES.	POUR 1000 DE TERRE BRUTE SÈCHE.					
	AZOTE.	ACIDE phos-phorique.	POTASSE.	CARBONATE de chaux		MAGNÉ-SIE.
				fin.	pierreux.	
Le Perthois . . Sol. . .	1.00	1.14	1.75	95.40	31.50	1.18
Sous-sol.	0.79	1.20	1.33	199.80	97.00	0.90

Le terroir de Verzenay est moyennement calcaire; le sous-sol l'est beaucoup plus.

La proportion de fer calculé à l'état métallique est, dans le sol, de 14.5 et, dans le sous-sol, de 14.9 p. 1 000 de terre. Dans les sols de Verzenay, de Villers-Marmery, etc., la quantité de fer est en moyenne de 18 p. 1 000.

On voit que dans ces terres, ainsi que dans les précédentes que nous avons examinées, la proportion de débris organiques est assez sensible. Ce sont surtout des matériaux de fumier non entièrement décomposés; ils peuvent contribuer dans une certaine mesure à l'allégement du sol et à l'entretien de sa fraîcheur.

Le nombre de souches à l'hectare est d'environ 45 000.

Le cépage dominant est le pineau noir dit vert-doré.

L'âge moyen de la vigne est de 35 à 40 ans.

La vendange, effectuée du 28 septembre au 5 octobre, a donné :

Quantité de vendange. . . . .   30 000 kilogr.

Vin de cuvée		71 pièces de 200 litres, soit 142 hectolitres.		
— 1re suite . . .	12	—	—	24	—
— 2e suite . . .	14	—	—	28	—
— rebêche. . . .	16	—	—	32	—

Poids total de marc sec . . . .   5 688 kilogr.
— de marc desséché à 100° . . . .   1 913 —
— de feuilles fraîches . . . .   180 967 —
— des feuilles desséchées à 100° pour l'ensemble du domaine. . . . .   52 526 —
— des sarments frais pour l'ensemble du domaine . . .   77 962 —
— des sarments desséchés à 100° pour l'ensemble du domaine. . . . .   38 351 —

Voici les résultats analytiques de ces divers produits de la vigne, en ne tenant compte que des éléments fertilisants.

Analyse des vins, par litre.

	VINS			
	de cuvée.	de 1re suite.	de 2e suite.	de rebêche.
	gr.	gr.	gr.	gr.
Azote.	0,242	0,259	0,270	0,342
Cendres.	3,410	4,780	3,430	4,390
Acide phosphorique. .	0,142	0,179	0,182	·0,325
Potasse.	0,665	0,865	0,854	1,624
Chaux	0,095	0,096	0,061	0,068
Magnésie	0,042	0,050	0,027	0,016

Nous remarquons encore que l'acide phosphorique et la potasse sont en quantité d'autant plus grande, que le vin est resté plus longtemps en contact avec le marc.

Analyse des sarments, des feuilles et des marcs.

	POUR 100 DE MATIÈRE SÉCHÉE A 100°.		
	Sarments.	Feuilles.	Marcs.
Azote	0.62	1.91	1.92
Cendres	4.40	14.06	8.52
Acide phosphorique. . .	0.23	0.51	0.74
Potasse	0.88	1.89	2.71
Chaux.	1.27	4.82	0.76
Magnésie.	0.18	0.19	0.08

C'est, comme pour les précédentes analyses, dans les feuilles et les marcs que nous trouvons les plus grandes quantités d'azote et d'acide phosphorique.

Les résultats qui précèdent sont calculés pour le vin en nature et, pour les autres produits, pour la matière sèche. Voici la composition centésimale des cendres.

Composition centésimale des cendres.

	SARMENTS.	FEUILLES.	MARCS.	VINS de CUVÉE.	de 1re SUITE.	de 2e SUITE.	de REBÊCHE.
Acide phosphorique . .	5.30	3.66	8.64	4.15	3.73	5.29	7.39
Potasse	20.10	13.44	31.80	19.49	18.09	24.89	36.99
Chaux.	28.80	34.28	8.90	2.79	1.99	1.77	1.56
Magnésie.	4.00	1.36	0.97	1.21	1.05	0.79	0.35

Le tableau suivant est rapporté à un hectare de vignes.

Matières fertilisantes absorbées par hectare de vignes.

		AZOTE.	ACIDE PHOSPHORIQUE.	POTASSE.	CHAUX.	MAGNÉSIE.
		kilogr.	kilogr.	kilogr.	kilogr.	kilogr.
Vin de cuvée.	4hl,05	0,098	0,057	0,269	0,038	0,017
Vin de 1re suite.	0 ,68	0,018	0,012	0,059	0,006	0,003
Vin de 2e suite.	0 ,80	0,022	0,014	0,068	0,005	0,002
Vin de rebêche.	0 ,91	0,031	0,029	0,148	0,006	0,001
Total . . .	6hl,44					
Marcs secs.	54kg,600	1,048	0,404	1,480	0,415	0,044
Feuilles sèches . . .	1 500 ,525	28,660	7,653	28,360	72,325	2,851
Sarments secs . . .	1 095 ,525	6,792	2,520	9,641	13,913	1,972
Lies	8 ,200	0,060	0,022	0,330	0,265	traces.
Totaux. . . .		36,729	10,711	40,355	86,973	4,890

Nous avons dit plus haut que les gelées printanières avaient fortement atteint deux des vignobles en expérience, dont la récolte a été ainsi considérablement diminuée ; le Mesnil seul a donné une récolte à peu près moyenne.

Quoi qu'il en soit, mettons en regard les quantités d'éléments fertilisants qui ont été nécessaires au développement végétatif, dans les conditions que nous venons d'indiquer :

Somme des éléments fertilisants absorbés par chaque hectare de vignes.

	RENDEMENT.	AZOTE.	ACIDE PHOSPHORIQUE.	POTASSE.	CHAUX.	MAGNÉSIE.
	hectol.	kilogr.	kilogr.	kilogr.	kilogr.	kilogr.
Terroir du Mesnil	17,27	21,804	5,782	18,200	52,694	5,334
— de Bouzy	5,49	31,930	9,402	37,784	74,570	5,002
— de Verzenay . . .	6,44	36,729	10,711	40,355	86,973	4,890

En rapprochant ces résultats de ceux que nous avons donnés dans les tableaux précédents, nous voyons que la presque totalité des éléments fertilisants, azote, acide phosphorique, potasse, chaux et magnésie, est concentrée dans les sarments et dans les feuilles et surtout dans ces dernières.

Ce n'est donc pas la quantité de vendange qui modifie d'une façon appréciable la somme des éléments enlevés à la vigne, c'est bien plutôt le développement des organes ligneux et foliacés. Ce fait ressort clairement de la comparaison des terroirs où les rendements ont été si inégaux. Celui du Mesnil, avec un rendement à peu près moyen, et qui n'a presque pas souffert de la gelée, a en somme épuisé la vigne beaucoup moins que ceux de Bouzy et de Verzenay. Cela tient à la végétation plus luxuriante de ces deux derniers, attribuable à la nature du cépage ; le Mesnil est en effet planté de pineaux blancs, cépage plus grêle que les pineaux noirs de Bouzy et de Verzenay.

Nous voyons encore que, dans tous les cas, l'azote a été absorbé en proportion notable et que par suite les fumures azotées ne doivent pas être négligées.

Quant à la potasse, sa proportion est considérable dans toutes les parties de la plante ; les feuilles ont une saveur aigrelette, probablement due au bitartrate de potasse, qui existe également en grande quantité dans le vin.

Une des caractéristiques des vins venus à la limite septentrionale de la végétation de la vigne, paraît être une prédominance des sels de potasse à acides végétaux.

L'acide phosphorique est absorbé en petite quantité seulement ; il est loin d'être l'élément prédominant.

Ces considérations, tirées de données directement observées, ne seraient pas infirmées si, au lieu des rendements anormaux que nous avons constatées, on avait obtenu des rendements moyens. Nous pouvons en effet calculer, sans crainte de commettre une erreur appréciable, quelle serait la somme des éléments fertilisants absorbés par la vigne, avec une production moyenne de 25 hectolitres à l'hectare, et en admettant que le développement ligneux et foliacé fût le même et que la composition centésimale du vin et des marcs ne fût pas différente de celle que nous avons trouvée avec les données recueillies.

Voici les résultats que l'on obtiendrait ainsi :

Matières fertilisantes absorbées par hectare de vignes pour un rendement théorique de 25 hectolitres à l'hectare.

		AZOTE.	ACIDE PHOSPHORIQUE.	POTASSE.	CHAUX.	MAGNÉSIE.
		kilogr.	kilogr.	kilogr.	kilogr.	kilogr.
Le Mesnil-sur-Oger.						
Vin total	25 hectolitres	0,589	0,383	1,650	0,136	0,121
Marcs secs	163ᵏᵍ,400	2,957	1,274	3,855	1,502	0,114
Feuilles sèches	947 ,000	16,745	3,595	10,406	45,221	4,352
Sarments secs	431 ,000	2,458	0,992	3,191	5,691	0,819
Lies	31 ,250	0,225	0,075	1,200	0,970	traces.
Total		24,974	6,319	20,302	53,620	5,406

	AZOTE.	ACIDE PHOSPHORIQUE.	POTASSE.	CHAUX.	MAGNÉSIE.
	kilogr.	kilogr.	kilogr.	kilogr.	kilogr.
Bouzy.					
Vin total. . . . . . 25 hectolitres	0,737	0,455	1,930	0,204	0,077
Marcs secs . . . . 293^{kg},100	5,482	2,158	7,126	2,017	0,227
Feuilles sèches . . 1 323 ,000	1,432	6,086	25,534	59,667	2,778
Sarments secs. . . 1 135 ,575	6,700	2,725	9,993	14,195	2,157
Lies. . . . . . . 31 ,250	0,225	0,075	1,200	0,970	traces.
Total.	36,958	11,499	45,783	77,053	5,239
Verzenay.					
Vin total . . . . . 25 hectolitres	0,656	0,434	2,111	0,213	0,089
Marcs secs . . . . 211^{kg},700	4,064	1,566	5,737	1,609	0,169
Feuilles sèches . . 1 500 ,525	28,660	7,653	28,360	72,325	2,851
Sarments secs. . . 1 095 ,525	6,792	2,520	9,641	13,913	1,972
Lies. . . . . . . 31 ,250	0,225	0,075	1,200	0,970	traces.
Total.	40,397	12,248	47,849	89,030	5,082

Si nous comparons la quantité d'éléments fertilisants absorbés par la vigne, pour son complet développement et la production normale de la vendange, à celle des éléments fertilisants donnés dans la fumure, nous sommes frappés de l'abondance au milieu de laquelle se produisent les crus renommés de la Champagne. Sans tenir compte de l'enrichissement du sol au début de la plantation, nous pouvons dire que les fumures d'entretien apportent au sol le double, le triple et même, pour certains éléments, le quadruple de ce que la vigne peut utiliser. C'est, comme nous l'avons déjà dit, une véritable culture maraîchère, dans laquelle on cherche à accumuler dans le sol de grandes quantités d'engrais, en vue de récoltes plantureuses. Si, dans le vignoble champenois, les rendements sont faibles et aléatoires, ce n'est pas dans la pauvreté du sol qu'il faut en chercher la cause, mais dans la rigueur du climat, dans la nature du cépage, dans le mode de culture, conditions qui d'ailleurs offrent

comme compensation ces qualités de finesse et de bouquet, auxquelles ses vins doivent leur universelle réputation. Doit-on blâmer
les vignerons champenois de donner si copieusement les fumures?
Je ne le crois pas, car la vigne qui ne les recevrait pas serait dans une
situation d'infériorité. Les considérations économiques, qui seraient
à leur place s'il s'agissait de la production d'autres cultures, telles
que les céréales, les racines, les fourrages, dont la valeur marchande est maintenue entre des limites très rapprochées, ne s'ap-
pliquent plus ici, où le produit de la récolte atteint des chiffres
énormes. Peu importe le gaspillage des fumiers, s'il offre la certitude d'une alimentation copieuse, excessive même, donnée à une
récolte d'un si grand rapport, dont la moindre augmentation paie
largement les avances faites avec prodigalité. D'ailleurs, les pratiques que nous examinons ici remontent à de longues années ; c'est
dire qu'elles n'ont aucune influence fâcheuse sur la qualité des vins,
qui s'est affirmée et maintenue dans les conditions de culture encore
en usage actuellement.

Pour la production du vin, les terres maigres de la Champagne
ne constituent en réalité qu'un support, dont la composition importe
peu, puisque nous avons vu des crus également appréciés vivre
dans des terres dans lesquelles les éléments constituants sont très
variables. Ce sont les fumures qui apportent l'aliment, c'est le cépage, c'est l'exposition, ce sont les pratiques culturales qui, dans
ce climat approprié, donnent aux vins de la Champagne les qualités
qui les distinguent entre tous.

Nous ne tirerons pas actuellement de conclusions générales de
cet ensemble de recherches. Ce n'est qu'après avoir effectué les
mêmes déterminations sur les vignobles des autres régions que nous
pourrons établir des comparaisons d'où sortiront certainement des
données intéressantes.

CHAPITRE II

RÉSULTATS DES RECHERCHES FAITES EN 1893[1]

———

Les études faites dans l'année 1892 sur quelques-uns des terroirs les plus renommés de la Champagne se rapportent, non pas à une vendange normale, mais bien à une récolte exceptionnellement faible (par hectare : Le Mesnil, 17^{hl},3 ; Bouzy, 5^{hl},5 ; Verzenay, 6^{hl},4), les gelées de printemps ayant causé beaucoup de dégâts. Il y avait donc intérêt à reprendre ce travail dans des conditions moins défavorables, et en 1893 nous avons effectué les mêmes déterminations relatives à la végétation, aux exigences de la vigne et à la répartition des éléments fertilisants dans les divers organes de la plante, ainsi que dans les produits obtenus.

L'année 1893 a offert des conditions bien différentes de celles de l'année précédente. En effet si, en 1892, la récolte a été bien au-dessous de la moyenne, en 1893 elle l'a dépassée très notablement, étant une des plus abondantes qu'on ait observées en Champagne.

Nous avons donc, comme termes de comparaison, des résultats extrêmes, dont la moyenne se rapproche sensiblement d'une moyenne normale.

Dans cette année, si favorable au rendement et à la qualité des vins, nous avons refait sur les terroirs que M. le comte Werlé avait si obligeamment mis à notre disposition, les constatations nécessaires à de nouvelles recherches et nous avons étendu celles-ci à d'autres crus renommés faisant partie des propriétés de la maison Moët et Chandon. Il nous a été possible d'étudier de très près ces dernières,

———

1. Avec le concours de M. Eug. Rousseaux, préparateur de chimie à l'Institut agronomique.

grâce au concours obligeant de M. Raoul Chandon de Briailles, à qui nous sommes heureux d'adresser tous nos remerciements.

Il y avait d'autant plus d'intérêt à étudier un plus grand nombre de vignobles, que les conditions de culture offrent une certaine variété, notamment en ce qui concerne la multiplication des pieds qui, dans la vallée de la Marne, est obtenue par le provignage, c'est-à-dire par le couchage des sarments dans des fosses, pratique inusitée sur la montagne de Reims.

Nous commencerons par l'étude des terroirs appartenant à M. le comte Werlé et dont les récoltes forment la base de la marque Vve Clicquot. C'est sur ces mêmes terroirs qu'avaient été faites nos recherches sur les vendanges de 1892.

Nous n'avons pas à revenir sur les considérations exposées dans le précédent travail et qui ont trait au climat, à la constitution géologique et à la composition des sols, à la culture de la vigne, aux fumures et aux amendements, aux opérations de la vendange, etc..., ne nous attachant qu'aux différences produites par les conditions spéciales de l'année 1893.

Terroir du Mesnil-sur-Oger.

Pendant l'année 1893, la vigne a présenté une végétation très vigoureuse ; elle n'a pas souffert de la sécheresse et les feuilles sont restées d'un beau vert ; aucune trace de mildiou n'a été constatée, le traitement à la bouillie bordelaise n'a été fait qu'une fois, après la floraison. Il y avait cependant eu une forte gelée au printemps ; on estime que de ce fait la récolte a été diminuée de 20 hectolitres par hectare.

La superficie du vignoble est de 28^{ha},73^{a},59.

Le nombre des souches par hectare est de 40 000 en moyenne.

La quantité de vendange a été de 107 575 kilogr. qui ont fourni :

Vin de cuvée.	269 pièces de 200 litres, soit 538 hectolitres.			
— 1re suite . . .	56	—	—	112 —
— 2e suite . . .	60	—	—	120 —
— rebêche. . . .	33	—	—	66 —
		Total.		836 hectolitres.

Poids total de marc sec [1]	21 375 kilogr.
— — séché à 100°	7 908 —
— des feuilles desséchées à 100° . . .	37 069 —
— sarments desséchés à 100° . . .	16 655 —
— lies desséchées à 100°	182 —

Voici les résultats analytiques de ces divers produits de la végétation de la vigne, en ne tenant compte que des éléments fertilisants :

Analyse des vins, par litre.

	VIN			
	de cuvée.	de 1re suite.	de 2e suite.	de rebêche.
	gr.	gr.	gr.	gr.
Azote.	0,279	0,292	0,376	0,244
Acide phosphorique . .	0,200	0,217	0,325	0,367
Potasse	0,576	0,668	0,745	1,440
Chaux	0,065	0,054	0,054	0,077
Magnésie	0,043	0,039	0,037	0,021

Analyse des sarments, des feuilles, des marcs et des lies.

	POUR 100 DE LA MATIÈRE SÉCHÉE A 100°.			
	Sarments.	Feuilles [2].	Marcs [3].	Lies.
Azote	0.78	1.77	1.81	4.47
Cendres	4.54	11.36	6.50	»
Acide phosphorique. . . .	0.24	0.38	0.78	1.44
Potasse	1.08	1.10	2.36	8.23
Chaux	1.42	4.78	0.92	1.23
Magnésie	0.05	0.46	0.07	0.18

---

1. On entend par marc sec le produit de l'expression complète du raisin.

2. La composition des feuilles est prise d'après les analyses du même terroir en 1892.

3. Pour les marcs, la composition est celle des marcs de l'année 1892.

TABLEAU.

Matières fertilisantes absorbées par hectare de vignes.

DÉSIGNATION.		AZOTE.	ACIDE PHOSPHORIQUE.	POTASSE.	CHAUX.	MAGNÉSIE.
		kilogr.	kilogr.	kilogr.	kilogr.	kilogr.
Vin de cuvée.	18^{hl},7	0,522	0,374	1,077	0,121	0,080
— 1re suite	3 ,9	0,114	0,085	0,260	0,021	0,015
— 2e suite.	4 ,1	0,154	0,133	0,305	0,022	0,015
— rebêche.	2 ,2	0,054	0,081	0,317	0,017	0,005
Total	28^{hl},9					
Marc sec.	275^{kg},1	4,979	2,146	6,492	2,531	0,192
Feuilles sèches[1]	1 290 ,0	22,833	4,902	14,190	61,662	5,934
Sarments secs.	579 ,6	4,521	1,391	6,260	8,230	0,290
Lies.	36^l,3	0,283	0,091	0,519	0,076	0,011
Totaux		33,460	9,203	29,420	72,680	6,542

1. Quantité déterminée d'après celle de Cramant, vignoble voisin de même cépage.

Terroir de Bouzy.

La nuit du 16 au 17 avril 1893, une gelée a sévi sur toutes les vignes basses du terroir ; les effets s'en sont fait sentir jusqu'à mi-hauteur de la côte, toutes les vignes situées au-dessus ont été épargnées.

Dans la partie en expérience (28^{ha},31), 5 hectares ont été très éprouvés ; les bourgeons ont cependant bien repoussé. Ces vignes ont donné un peu moins de fruit que les autres, mais le bois repoussé après la gelée était aussi beau que dans celles qui n'avaient pas été atteintes.

La floraison a commencé de bonne heure (un mois avant l'époque habituelle) ; elle a duré près de trois semaines, au lieu de s'arrêter au bout de huit jours comme d'habitude.

La maturation s'est effectuée dans des conditions exceptionnellement favorables, les raisins étaient complètement mûrs et des plus sains, et par suite les opérations de triage et de nettoyage furent très peu importantes; la récolte a été très belle à tous les points de vue.

Le printemps et l'été ont été des plus secs. Les travaux de bêcherie, qui consistent à remuer le sol et à enterrer le bois de la taille de l'année précédente n'ont pu être entièrement terminés, la terre étant tellement durcie que l'outil ne pouvait plus y pénétrer. Dans les parties où ce bêchage n'a pu être pratiqué, on a remarqué que les raisins étaient un peu moins gros, mais aussi mûrs et au moins aussi abondants que là où les travaux de la terre avaient pu être faits normalement.

La superficie du vignoble en expérience est de 28^{ha},31^a,07.

Le nombre de souches à l'hectare est de 45 000 environ.

L'âge moyen de la vigne est de 70 à 75 ans.

La vendange a duré en 1893 du 4 au 18 septembre par un beau temps, la pluie n'ayant arrêté les travaux qu'un seul jour.

Elle a fourni 209 220 kilogr. de raisins.

Vin de cuvée.	996 hectolitres.
— 1re suite.	188 —
— 2e suite.	205 —
— rebêche.	190 —

Poids total de marc sec.	41 669 kilogr.
— — séché à 100°	17 868 —
— des feuilles desséchées à 100°	36 906 —
— sarments desséchés à 100°	31 170 —
— lies desséchées à 100°	77 —

Voici les résultats analytiques de ces divers produits de la vigne:

Analyse des vins, par litre.

	VIN			
	de cuvée.	de 1re suite.	de 2e suite.	de rebêche.
	gr.	gr.	gr.	gr.
Azote.	0,205	0,190	0,230	0,273
Acide phosphorique.	0,223	0,266	0,345	0,356
Potasse.	0,570	0,745	1,076	1,183
Chaux.	0,072	0,063	0,049	0,074
Magnésie.	0,043	0,039	0,037	0,021

Analyse des sarments, des feuilles et des marcs.

	POUR 100 de la matière séchée à 100°.		
	Sarments.	Feuilles.	Marcs.
Azote.	0.60	1.70	1.80
Cendres.	3.70	11.70	6.17
Acide phosphorique	0.18	0.29	0.61
Potasse	1.08	1.54	2.33
Chaux.	1.10	4.27	0.88
Magnésie.	0.06	0.12	0.12

Matières fertilisantes absorbées par hectare de vignes.

DÉSIGNATION.		AZOTE.	ACIDE PHOSPHORIQUE.	POTASSE.	CHAUX.	MAGNÉSIE.
		kilogr.	kilogr.	kilogr.	kilogr.	kilogr.
Vin de cuvée.	35^{hl},1	0,719	0,783	2,001	0,253	0,151
— 1re suite	6 ,6	0,125	0,175	0,492	0,041	0,026
— 2e suite.	7 ,2	0,166	0,248	0,775	0,035	0,027
— rebêche.	6 ,7	0,183	0,238	0,793	0,049	0,014
Total. . . .	55^{hl},6					
Marcs secs	631^{kg},1	11,360	3,850	14,705	5,554	0,757
Feuilles sèches.	1 303 ,6	22,161	3,780	20,075	58,271	1,564
Sarments secs.	1 101 ,0	6,606	1,982	11,891	12,111	0,661
Lies[1]	69 ,7	0,091	0,042	0,202	0,028	0,014
Totaux. . . .		41,411	11,098	50,934	76,342	3,214

1. Composition des lies de Verzenay.

Terroir de Verzenay.

Ce terroir a souffert de la gelée des 13 et 14 avril. On a estimé la
perte de la récolte à 1/5. La taille de la vigne a dû être hâtée à
cause de la précocité de la végétation; le 30 mars on voyait déjà
des bourgeons gros comme des pois. Le 14 avril, jour de la gelée,
un certain nombre de pousses avaient atteint 6 à 8 centimètres de
longueur. La fleur s'est montrée dès le 10 mai. La grande sécheresse
a occasionné un peu de coulure.

La superficie du vignoble en expérience est de 35^{ha},85^a,45.

Le nombre des souches à l'hectare est d'environ 45 000. L'âge moyen de la vigne est de 35 à 40 ans.

La vendange, effectuée du 6 au 23 septembre, dans d'excellentes conditions, a donné, pour l'ensemble du domaine, 250 987 kilogr. de raisins qui ont fourni :

Vin de cuvée. . . .	598 pièces de 200 litres, soit	1 196 hectolitres.		
— 1re suite. . .	100	—	—	200 —
— 2e suite . . .	116	—	—	232 —
— rebêche . . .	133	—	—	266 —
	Total.	1 894 hectolitres.		

Poids total de marc sec	57 900 kilogr.
— — séché à 100°	18 887 —
— des feuilles desséchées à 100°	57 296 —
— sarments desséchés à 100°	50 214 —
— lies desséchées à 100°	91 —

Voici les résultats analytiques de ces divers produits de la vigne :

Analyse des vins, par litre.

	VIN			
	de cuvée.	de 1re suite.	de 2e suite.	de rebêche[1].
	gr.	gr.	gr.	gr.
Azote.	0,296	0,297	0,337	0,258
Acide phosphorique . .	0,193	0,219	0,256	0,361
Potasse.	0,546	0,744	0,852	1,311
Chaux	0,066	0,052	0,071	0,075
Magnésie	0,043	0,039	0,037	0,021

Analyse des sarments, des feuilles, des marcs et des lies.

	POUR 100 DE LA MATIÈRE SÉCHÉE A 100°.			
	Sarments.	Feuilles.	Marcs.	Lies.
Azote	0.72	1.72	2.16	3.42
Cendres	3.98	14.86	8.17	»
Acide phosphorique. . . .	0.21	0.31	0.65	1.62
Potasse	1.10	2.07	2.64	7.58
Chaux	1.16	5.70	0.92	1.06
Magnésie	0.04	0.12	0.23	0.61

---

1. Moyenne de Bouzy et du Mesnil.

Matières fertilisantes absorbées par hectare de vignes.

DÉSIGNATION.		AZOTE.	ACIDE PHOSPHO-RIQUE.	PO-TASSE.	CHAUX.	MAGNÉ-SIE.
		kilogr	kilogr.	kilogr.	kilogr.	kilogr.
Vin de cuvée.	33^{hl},3	0,986	0,643	1,818	0,220	0,143
— 1re suite	5 ,5	0,163	0,120	0,409	0,029	0,021
— 2e suite.	6 ,4	0,216	0,164	0,545	0,045	0,024
— rebêche.	7 ,4	0,191	0,267	0,970	0,055	0,015
Total	52^{hl},6					
Marcs secs	526^{kg},7	11,377	3,424	13,905	4,846	1,211
Feuilles sèches[1]. . . .	1 598 ,0	27,486	4,954	33,079	91,086	1,918
Sarments secs.	1 400 ,5	10,084	2,941	15,405	16,246	0,560
Lies.	66 ,0	0,086	0,040	0,191	0,026	0,013
Totaux. . . .		50,589	12,553	66,322	112,553	3,905

1. Moyenne des données fournies par les trois terroirs de Ay, Hautvillers et Pierry (raisins noirs).

La comparaison que nous pouvons établir, entre les résultats de deux années si différentes comme végétation et comme production de récolte, nous amène à des considérations qui trouvent naturellement leur place ici.

Les exigences de la vigne, c'est-à-dire la totalité des éléments fertilisants absorbés pour la production de la végétation annuelle, comprenant les bois, les feuilles et les fruits, pendant les années 1892 et 1893, ont été les suivantes :

Le Mesnil-sur-Oger.

	VIN par hectare.	AZOTE.	ACIDE phosphorique.	POTASSE.
1892	17^{hl},27	21^{kg},804	5^{kg},782	18^{kg},200
1893	28 ,90	33 ,460	9 ,203	29 ,420

soit par hectolitre de vin produit :

	AZOTE.	ACIDE phosphorique.	POTASSE.
1892	1^{kg},260	0^{kg},334	1^{kg},052
1893	1 ,157	0 ,318	1 ,052

Dans les années 1892 et 1893 où les vendanges n'ont pas été extrêmement différentes, les éléments nécessaires à la production d'un hectolitre ont été en quantités presque identiques.

Bouzy.

	VIN par hectare.	AZOTE.	ACIDE phosphorique.	POTASSE.
1892.	5^{hl},49	31^{kg},930	9^{kg},402	37^{kg},784
1893.	55 ,60	41 ,411	11 ,098	50 ,934

soit par hectolitre de vin produit :

	AZOTE.	ACIDE phosphorique.	POTASSE.
1892.	5^{kg},805	1^{kg},709	6^{kg},870
1893.	0 ,744	0 ,199	0 ,916

Verzenay.

	VIN par hectare.	AZOTE.	ACIDE phosphorique.	POTASSE.
1892.	6^{hl},44	36^{kg},729	10^{kg},711	40^{kg},355
1893.	52 ,60	50 ,589	12 ,553	66 ,322

soit par hectolitre de vin produit :

	AZOTE.	ACIDE phosphorique.	POTASSE.
1892.	5^{kg},703	1^{kg},666	6^{kg},266
1893.	0 ,961	0 ,238	1 ,260

Nous sommes ici en présence de récoltes extrêmement différentes. En 1893, année de grande production, la quantité de vin a été décuple de celle obtenue en 1892, où les gelées de printemps ont fait de grands ravages. Malgré l'écart énorme constaté dans ces rendements, les exigences de la vigne ont été relativement peu différentes; on peut donc dire que ce n'est pas la quantité de vin produit qui est une cause d'épuisement pour le sol. C'est le développement du système foliacé qui a la plus grande influence sous ce rapport, puisque c'est dans les feuilles que se trouvent concentrés les éléments fertilisants.

La quantité de vendange nous apparaît ici comme tout à fait indé pendante de la proportion de feuilles. Du moment que celles-ci existent en quantités normales, et avec une intensité de végétation suffisante, elles sont aptes à nourrir des quantités de fruits très considérables, aussi bien que des quantités moindres. Ce qui règle l'abondance de la récolte, c'est le nombre des grains susceptibles de se développer, nombre dépendant surtout de la gelée des bourgeons à fruits et de la coulure, accidents climatériques qui se trouvent être ainsi des facteurs beaucoup plus importants de la production, que le développement du système foliacé et que l'intensité de la fumure à laquelle est dû ce développement. Ceci est surtout vrai dans les régions plus septentrionales, où la quantité de vendange est influencée dans une proportion énorme par les phénomènes météorologiques. La Champagne est particulièrement dans ce cas. Dans le Midi, au contraire, où le climat n'expose pas les organes fructifères à de si grands dangers, nous voyons en effet les récoltes très régulières, avec des variations minimes d'une année à l'autre.

L'abondance des matières fertilisantes dans le sol des régions septentrionales est donc un facteur secondaire de la production du vin.

Il est vrai qu'en Champagne les fumures sont données toujours en excès, la vigne trouve donc à satisfaire à tous les besoins des organes qui ont résisté aux intempéries. La production des feuilles et des bois que ces dernières n'affectent pas dans des proportions notables se trouve être ainsi assez régulière, tandis que la quantité de fruits dépend essentiellement des accidents météorologiques.

Si nous envisageons maintenant les quantités de principes fertilisants absorbés pour la production d'un hectolitre de vin, nous trouvons des différences énormes, allant presque du simple au décuple, ce qui est la conséquence même des considérations que nous venons d'exposer et qui peuvent se résumer dans les propositions suivantes :

Il n'existe aucune proportionnalité entre les quantités d'éléments fertilisants absorbés par la vigne et la quantité de récolte obtenue.

Les éléments fertilisants correspondant à la production d'un hectolitre de vin sont d'autant plus élevés que la vendange est moins abondante.

Terroirs du groupe de la vallée de la Marne.

Les terroirs dont nous venons de parler ont été suivis ainsi deux années consécutives. Ils représentent des groupes importants du vignoble champenois :

Verzenay, le groupe de la montagne de Reims qui s'étend de Verzy à Rilly-la-Montagne ;

Bouzy, le groupe des coteaux de Bouzy et d'Ambonnay ;

Le Mesnil-sur-Oger, une partie (côte d'Avize) du groupe de la vallée de la Marne.

Ce groupe important des vignobles de la vallée de la Marne a été l'objet, en 1893, des mêmes recherches, dans ses diverses ramifications. On le divise en trois régions :

a) La rivière de Marne proprement dite (Cumières, Hautvillers, Dizy, Ay, Mareuil) ;

b) La côte d'Épernay (Épernay, Pierry, Moussy, Vinay, Saint-Martin) ;

c) La côte d'Avize (Cramant, Avize, Oger, le Mesnil-sur-Oger, Vertus).

Comme type de la rivière de Marne proprement dite nous avons choisi Ay et Hautvillers ;

Comme type de la côte d'Épernay : Pierry ;

Enfin, pour représenter la côte d'Avize : Cramant.

Les vignobles d'Ay et d'Hautvillers-Cumières sont situés sur la rive droite de la Marne, sur le versant sud des coteaux qui bordent la rivière et dont les sommets atteignent l'altitude de 250 mètres aux environs d'Ay et 263 mètres près d'Hautvillers. Sur la rive gauche s'étendent d'autres coteaux, sur le versant nord desquels sont assis les vignobles de Vauciennes, etc... ; le sommet du plateau, couvert par la forêt d'Épernay, est à une altitude de 240 à 250 mètres.

A Épernay ces coteaux tournent brusquement vers le sud jusqu'à Pierry, puis vers le sud-ouest jusqu'à Ablois-Saint-Martin. C'est sur les versants est et sud de ce plateau que se trouvent les vignobles d'Épernay, Pierry, Moussy, Vinay.

Enfin, la côte d'Avize, à peu près parallèle à celle d'Épernay, est exposée à l'est et au sud-est.

La vigne est cultivée sur les flancs de ces coteaux, sans jamais en atteindre le sommet.

Climat et exposition. — Ce qui a été dit antérieurement au sujet du climat s'applique à tous les vignobles de la Champagne. Ceux qui sont exposés au sud, comme les vignobles d'Ay et Hautvillers, sont dans les meilleures conditions, non seulement parce qu'ils reçoivent plus de chaleur, mais parce qu'ils sont abrités par la forêt de Reims contre les vents du Nord. Ceux de la côte d'Épernay et de Cramant sont exposés à l'est et au sud-est. L'exposition nord ou nord-est, dans ce climat, est la moins avantageuse, la moins commune d'ailleurs ; aussi à Cramant, les vignes qui regardent Épernay ne forment que l'exception ; elles sont dans des conditions moins favorables, les gelées s'y font plus sentir et les diverses phases de la végétation sont plus fréquemment compromises.

Nous devons ajouter que dans les parties basses de la vallée de la Marne, où les brouillards et les gelées blanches acquièrent une grande intensité, les vignes sont plus sujettes aux gelées printanières, aux divers accidents de la fécondation (coulure, etc...) et aux maladies cryptogamiques.

Aperçu géologique. — Pour la région de la vallée de la Marne, que nous étudions ici, nous devons développer quelques considérations géologiques spéciales.

A droite et à gauche de la Marne, la vallée est couverte d'alluvions anciennes et d'alluvions modernes qui sont livrées à la culture et aux prairies. Les vignes commencent immédiatement au-dessus, s'étendant sur les coteaux qui longent la rivière.

En s'élevant de la vallée ou de la plaine champenoise aux plateaux qui constituent la Brie et sur les versants desquels se trouve plantée la vigne, on rencontre successivement les divers étages suivants, en passant du crétacé supérieur des terrains secondaires aux étages éocène et miocène :

La craie blanche à bélemnites. C'est principalement cet étage qui constitue le sous-sol immédiat des vignobles. Ceux-ci, comme nous l'avons vu antérieurement, ne reposent pas directement sur la craie, qui est toujours à une certaine profondeur, variable d'au moins 20 à 30 centimètres. Le sol est formé par « le dépôt meuble sur les pentes », argilo-siliceux, modifié par l'apport des amendements dont la pratique remonte à de si longues années ;

L'étage des sables, grès et lignites de l'argile plastique, qu'on exploite comme amendement pour la vigne ;

Les sables nummulitiques du Soissonnais, que l'on trouve à Ay et à Hautvillers, mais qui manquent dans les vignobles de la côte d'Épernay et de la côte d'Avize. On tire de cet étage les matériaux employés pour l'amendement des vignes et pour les pépinières de boutures (Bouzy, Verzenay et Verzy) ;

Le calcaire grossier supérieur ;

Les marnes et calcaires siliceux du gypse, que l'on n'observe pas dans les terroirs de la côte d'Épernay.

Enfin le sommet des plateaux est constitué par le travertin et les meulières de Brie, recouvert en nombreux endroits, entre Hautvillers, Cormoyeux et Saint-Imoges, entre Cramant et Grauves, de limon des plateaux, généralement argilo-sableux, mais plus argileux quand il repose sur l'argile à meulières ; il est coloré en rouge ou de teintes roses ou grises.

Ces dernières formations, occupant les parties élevées des plateaux, ne sont pas plantées de vignobles.

Tous ces divers étages, que l'on observe aussi dans les vignobles antérieurement étudiés, ont été décrits suffisamment dans le précédent travail pour qu'il soit inutile d'y insister davantage.

Il est cependant nécessaire de rappeler qu'un certain nombre de ces formations donnent lieu à d'importantes extractions de matériaux divers utilisés pour l'amendement des vignes, matériaux souvent différents de ceux déjà étudiés. Ce sont par exemple :

A Cramant, sur le plateau qui s'étend vers Grauves, une terre rouge argileuse très activement exploitée ;

Sur le coteau de Saran, dont le sommet est recouvert par les limons et graviers des terrasses, de nombreuses extractions de diverses terres d'amendements, argileuses grises, dont certaines sont pétries de nombreux coquillages.

Dans les environs d'Ay, l'étage de l'argile plastique donne lieu à des extractions de terres noires, ainsi que de terres argileuses plus ou moins grisâtres ou bariolées avec troncs d'arbres silicifiés. On doit ajouter que ces couches sont très complexes et présentent d'incessantes variations d'allures.

Enfin aux environs d'Épernay existent de très nombreuses exploitations de terres d'amendements dont certaines extrêmement fossilifères et de lignites ou terres noires, toutes fréquemment utilisées.

Ces terres seront étudiées plus loin au point de vue de leur composition et de leur emploi dans la confection des composts.

Conditions météorologiques spéciales à l'année. — Les froids ont commencé vers le 25 décembre 1892 et ont duré jusqu'au 7 janvier 1893, la température se maintenant aux environs de 10° au-dessous de zéro.

Du 11 janvier au 21 février, le froid s'est encore accentué et le thermomètre, pendant une durée de 11 jours, a souvent atteint 10°5 et 11° au-dessous de zéro. Du 4 au 7 février, la température a été voisine de — 4°5.

Les gelées des 13, 14 et 15 avril ont causé des dommages dans toutes les basses vignes ; on estime la perte à un quart de la récolte.

Les données précédentes sont relatives aux deux vignobles en expérience d'Ay et d'Hautvillers, qui se trouvent dans la vallée de la Marne proprement dite.

Pour Cramant et la côte d'Épernay, la première période de froids s'étend de fin décembre 1892 au 21 janvier 1893 (environ — 9°5) ; le vignoble n'a pas souffert.

La deuxième période de froids a compris les premiers jours de février (environ — 4°5) et a été également sans influence sur la vigne.

Le 15 avril (— 0°5) une gelée printanière a causé la perte d'un huitième de la récolte, d'après l'estimation. Les 13 et 14, les vignes basses avaient déjà souffert de la gelée.

A la côte d'Épernay, les 13, 14, 15 avril il y a eu quelques gelées ; le 1er juin, la température est descendue à 2° ; on estime la perte à un quart de la récolte.

La sécheresse a été extraordinaire tout l'été. Quelques pluies légères sont tombées dans le courant de l'été, mais elles ont à peine mouillé la surface du terrain.

A Ay et à Hautvillers, la fleur a commencé à se montrer le 4 mai, après une végétation hâtive constatée dès le 7 avril. Le 23 mai, la fructification est opérée et le 2 juin les grains sont beaux et bien formés. On craint cependant une inégalité dans la maturation, par suite d'une certaine lenteur observée dans la fructification vers le 6 juin. Mais du 15 au 18 juillet, grâce à une température constamment chaude, la teinte est uniforme partout et le 31 août la vendange, parfaitement mûre, ne donne aucun déchet.

A Cramant, la floraison apparaît dès les premiers jours de mai, mais ne devient générale que le 17 du même mois. Vers le 5 juin, les raisins étaient entièrement formés sans que l'on ait constaté de coulure.

La maturation s'est faite dans de bonnes conditions ; les raisins blancs se sont éclaircis et les raisins noirs ont commencé à se teinter vers les premiers jours d'août. Au moment de la vendange, la maturation se trouvait complètement achevée ; les raisins blancs étaient d'un beau jaune doré et les raisins noirs d'un bleu violet foncé.

Enfin, à la côte d'Épernay, la fécondation, commencée vers le 4 mai, subit un retard qui s'accuse vers le 6 juin, mais elle s'effectue bientôt après ; vers le milieu de juillet, la maturation commence à s'opérer. Les vignes gelées ont une grande inégalité de maturation au moment de la vendange.

La vendange s'est opérée dans tous ces vignobles par un très beau temps et par une température variant de 20° à 25°.

Culture de la vigne. — Dans les terrains en expérience (Ay, Hautvillers, côte d'Épernay et Cramant), les cépages cultivés sont, comme dans les autres terroirs de la Champagne, les diverses variétés de pineaux : pineau noir, vert-doré (Ay, Hautvillers) ; pineau blanc et pineau noir (Cramant) ; vert-doré à Épernay, où l'on cultive aussi le meunier. Tels sont les cépages les plus répandus ; on en rencontre quelques autres, mais beaucoup plus rarement.

Les travaux sont effectués de la façon suivante, que nous résu-

mons parce qu'elle offre quelques légères différences avec celle usitée dans les terroirs précédemment étudiés.

Nous avons pu y joindre les prix moyens des divers travaux que
M. Raoul Chandon de Briailles a bien voulu faire relever dans les
livres de la maison Moët et Chandon et qui offrent ainsi un caractère
d'authenticité et de précision qui leur donne un grand intérêt.

Janvier. Épandage des composts et sarclage des vignes. — L'épandage des composts ou magasins se fait généralement en janvier; le
transport s'effectue au moyen de hottes portées à dos d'hommes ou
de femmes. Le prix de la main-d'œuvre est d'environ 120 fr. par
hectare.

Le sarclage des vignes est fait par les beaux jours du mois de
janvier; un ouvrier peut sarcler 4 ares par jour, le prix du sarclage
est de 70 fr. par hectare.

Février, mars. Taille de la vigne. Assiselage. — La taille de la
vigne s'opère aussitôt les grands froids passés; on commence ordinairement vers le 20 février. On emploie pour ce travail des hommes
et des femmes, les apprentis ramassent le sarment pour en former
des bottes. On dépense environ 120 fr. par hectare pour le taillage.

L'assiselage est la première multiplication par provignage. Ce
travail est fait la troisième année après la plantation. Les hommes
font les trous et placent les nouveaux ceps aux endroits que ces
derniers doivent occuper pendant que les femmes transportent le
fumier et la terre devant servir d'amendement et qu'on place dans
les trous. La main-d'œuvre est d'environ 2 500 fr. par hectare. Mais
c'est là un travail d'établissement du vignoble et non une pratique
culturale annuelle. Ce prix concerne exclusivement la main-d'œuvre,
le prix du fumier étant compté d'autre part.

*Mars, avril. Traitement préventif au sulfure de carbone. Béche-
rie. Provignage. Fichage des échalas. Pose des abris contre les gelées.* — Le phylloxéra ayant apparu en de nombreux points de la
vallée de la Marne, on a quelquefois recours à des traitements pré-
ventifs par le sulfure de carbone.

Le premier traitement commence vers le 15 mars ; on opère généralement avec des équipes de 9 hommes : 4 pour manier le pal, 4 pour boucher les trous et le dernier pour la manipulation de l'insecticide. Chaque équipe peut faire environ 85 ares par jour. La main-d'œuvre est de 75 fr. par hectare.

La bêcherie commence aussi vers la même époque ; un homme peut bêcher 2 ares et demi par jour ; on est obligé d'avoir recours à des ouvriers loués à la semaine et auxquels on donne jusqu'à 6 et 7 fr. par jour, plus la nourriture et le logement. Ce travail est pénible et délicat, il ne peut être confié qu'à des ouvriers spéciaux. La bêcherie coûte 250 fr. par hectare.

Le provignage est fait en même temps que la bêcherie ou aussitôt après ; la quantité des provins dépend des manquants ; on compte qu'un ouvrier peut en faire de 70 à 80 par jour ; on en fait quelquefois jusqu'à 1 200 par hectare. Le provignage annuel coûte en moyenne 140 fr. par hectare.

Le placement des échalas ou fichage est fait en avril ; les hommes fichent et les femmes tendent les bâtons. Ce travail est fait à raison de 50 fr. par hectare.

La pose des abris contre la gelée suit le fichage ; les paillassons sont placés horizontalement sur des piquets spéciaux reliés par des fils de fer. Relevés dans la journée, ils sont rabattus le soir comme les treillages de serre. La main-d'œuvre est de 120 fr. par hectare.

Mai. Premier labour-sarclage. Premier traitement au sulfate de cuivre. Enlèvement des abris contre les gelées. — Le premier labour-sarclage commence vers le 20 mai, époque à laquelle on suppose les gelées printanières passées. Ce labour est fait à la main à raison de 60 fr. par hectare.

Le premier traitement au sulfate de cuivre commence vers le 25 mai, aussitôt que les feuilles sont poussées ; il est fait au moyen de pulvérisateurs portés à dos d'hommes. On opère par groupes de 3 ou 4 pulvérisateurs. Un groupe de 4 peut faire deux hectares par jour. Le prix de la main-d'œuvre par hectare, transport du mélange compris, est de 20 fr. environ. La bouillie employée est faite de : sulfate de cuivre, 1^{kg},250 ; chaux, 1 kilogr. par 100 litres d'eau.

L'enlèvement des abris contre les gelées a lieu à la fin du mois de mai, lorsque l'époque des gelées est passée. On compte une dépense de 40 fr. par hectare pour enlever et ranger les abris.

Juin. Liage. Premier rognage. Deuxième traitement préventif au sulfure de carbone. Début de la fabrication des composts pour l'année à venir. — Le liage des ceps aux échalas commence dans les premiers jours de juin ; ce sont des femmes qui font ce travail. La dépense est de 70 fr. par hectare.

Le rognage se pratique dès que les pousses ont atteint environ $0^m,75$; elles sont toutes ramenées à $0^m,70$ de hauteur. Ce travail coûte 25 fr. par hectare.

Le deuxième traitement au sulfure de carbone coûte un peu plus cher que le premier, les grandes chaleurs et les échalas ne permettant pas de parcourir autant de terrain. On peut compter la main-d'œuvre à 85 fr. par hectare.

La fabrication des composts ou magasins commence fin juin pour finir en novembre. Les fumiers sont amenés avec de grandes charrettes traînées par plusieurs chevaux ; les terres de montagne viennent par tombereaux. Fumiers et terres sont placés par lits superposés et par parties à peu près égales.

Juillet. Deuxième labour-sarclage. Deuxième traitement au sulfate de cuivre. — Le deuxième labour commence dans les premiers jours de juillet ; il coûte 60 fr. par hectare.

Le deuxième traitement au sulfate de cuivre (sulfate de cuivre, 1 kilogr. ; chaux, 1 kilogr., par 100 litres d'eau) commence vers le 15 juillet ; on le pratique comme le premier. La dépense pour main-d'œuvre est de 20 fr. par hectare.

Août. Troisième labour. Deuxième rognage. — Le troisième labour est le plus délicat de tous ; le raisin commençant à se teinter, le moindre froissement peut en amener la perte ; il est donc fait avec tous les soins possibles. On a la précaution de creuser sous les raisins les plus rapprochés du sol de petites fosses appelées gorges ou gorgères, dont le fond est garni de cailloux. Ce travail coûte 80 fr. par hectare.

Le deuxième rognage a pour but de maintenir le cep à 0^m,70 de hauteur ; il coûte 25 fr. par hectare.

Septembre, octobre. Vendange. — Les vendanges sont faites en septembre ou plus généralement en octobre ; exceptionnellement, en 1893, elles ont commencé plus tôt.

En 1893, au terroir d'Ay, on a employé pour ce travail environ 1 800 hommes, femmes et enfants, venant la plupart de Lorraine. Ce nombre considérable d'ouvriers s'explique par l'étendue du vignoble en expérience (104 hectares), par la rapidité avec laquelle la vendange a été faite (6 jours) et par l'abondance de la récolte. Il convient de faire remarquer que lorsque la maturité est régulière, il y a un grand intérêt à hâter la rentrée des raisins, autant pour les préserver d'altérations que pour les soustraire aux intempéries. Le coût de la vendange, par hectare, a été de 400 fr.

A Hautvillers, on a employé 600 à 700 personnes ; l'étendue du vignoble en expérience est de 47^{ha},20 ; la vendange a duré 7 jours. La dépense par hectare a été de 450 fr.

A Pierry, le nombre des vendangeurs a été de 1 200 pour une surface de 75 hectares et une durée de 9 jours ; la main-d'œuvre a été de 380 fr. par hectare.

A Cramant, la moyenne des ouvriers employés chaque jour a été de 1 000 ; la surface est de 82 hectares, la vendange a duré 14 jours. Le prix de la main-d'œuvre a été de 410 fr. par hectare.

Novembre. Défichage. Arrachage des vieilles vignes. Préparation des terrains à planter. Plantations. — L'enlèvement des échalas ou défichage est fait aussitôt que les vendanges sont terminées et quand les feuilles commencent à tomber. Les échalas sont réunis sur de petits chevalets en fer appelés porte-moyères. On compte une dépense moyenne pour main-d'œuvre de 50 fr. par hectare.

Lorsqu'une vieille vigne ne produit plus, on l'arrache pour la replanter. Cette opération se fait en novembre. On arrache d'abord à la main, puis on creuse une tranchée de 0^m,50 de profondeur en rejetant toujours la terre en arrière ; on arrive à retirer toutes les vieilles racines appelées hoques. Le défoncement se trouve ainsi opéré du même coup. Ce n'est qu'après une année de repos qu'on prépare les terrains pour une nouvelle plantation. Ces travaux coûtent 700 fr. par hectare.

Les plantations sont commencées généralement en novembre, avant les grands froids. Les plants proviennent de pépinières situées dans les différents terroirs. Les frais de main-d'œuvre s'élèvent à 2 000 fr. par hectare pour la plantation.

Décembre. Dressage des sentes de vignes. Fabrication des para-gelées. Aiguisage des échalas. — Le dressage des sentes de vignes consiste à mettre des pierres et des petits échalas, dits bâtonneaux, comme bordures des sentes, pour empêcher de passer dans les vignes et de casser les ceps. La dépense est de 15 fr. par hectare.

Lorsque la neige couvre la terre ou qu'il est impossible de travailler dans les vignes, les ouvriers sont réunis dans les vendangeoirs et fabriquent les paragelées.

Les paillassons ou paragelées sont constitués par une série de brins de paille réunis les uns aux autres par de la ficelle qui maintient en même temps un écartement de quelques centimètres entre chaque poignée de paille. Le paillasson a une longueur de 4 mètres et une largeur de 1 mètre à 1^m,20 environ, suivant la longueur de la paille. Le coût de la main-d'œuvre est de 0 fr. 15 environ par mètre carré. Les fournitures, comprenant la ficelle et la paille, coûtent de 0 fr. 12 à 0 fr. 15, suivant le prix de la paille.

A côté de ces paillassons en paille sulfatés, on a employé différents abris contre la gelée, mais aucun n'a donné les mêmes résultats.

Les toiles dont on se sert souvent se déchirent vite, les déchirures amènent un flottement de l'étoffe qui, en battant sous l'action du vent, atteint les bourgeons et compromet la récolte.

Avant l'emploi des paillassons en paille, on se servait du même genre d'abri fabriqué avec des roseaux. La durée des roseaux n'était pas assez grande et on a dû y renoncer à cause du prix de la main-d'œuvre demandée pour leur réfection.

Tous les ans on remplace en moyenne 35 bottes d'échalas, soit 1 750 échalas par hectare ; on donne aux ouvriers qui sont chargés de les aiguiser 0 fr. 35 par botte, soit 12 fr. par hectare.

Moyenne du prix de culture. — Dans les dix dernières années, la moyenne du prix de culture, d'après la comptabilité régulièrement tenue de la maison Moët et Chandon, a été d'environ 3 850 fr. par hectare.

Fumures et amendements. — Les fumures sont principalement et même presque exclusivement données, comme dans tout le vignoble champenois, sous forme de composts ou magasins, mélanges, par parties à peu près égales en volume, de fumier et de terres de montagnes, et qu'on emploie six ou huit mois après leur fabrication. Les terres d'amendements varient d'aspect, de couleur et de composition. Nous n'insisterons pas ici sur la manière de faire ces composts, dont nous avons parlé dans nos précédentes études. Mais nous donnons la composition des terres qui entrent dans la confection des composts employés dans les vignobles en expérience, et plus loin celle du mélange tel qu'il est utilisé pour la fumure.

DÉSIGNATION DES TERRES entrant dans LA PRÉPARATION DES COMPOSTS.	POUR 1 000 DE TERRE SÈCHE.					
	AZOTE.	ACIDE phos-pho-rique.	PO-TASSE.	CAR-BONATE de chaux.	MAGNÉ-SIE.	FER calculé à l'état métallique.
Cramant. Terre argileuse rouge	0.26	0.36	2.38	traces	1.53	25.30
— — grise (bois de Saran). .	0.53	0.38	2.70	293.00	1.74	22.80
Terre argileuse brune (terrier du Mardut).	1.35	5.02	2.04	550.00	0.50	67.00
Terre à coquilles (terrier de Saran). . .	0.40	0.15	1.67	83.10	0.54	11.05
Ay. Terre noire	3.09	0.07	2.55	53.00	0.43	18.00
— argileuse grise.	0.56	0.30	2.55	22.25	0.72	33.50
— brune. . . .	0.38	0.23	2.38	non dosé.	2.16	5.00
Épernay. — jaune (mont St-Jean).	0.12	0.26	1.87	50.00	1.26	11.00
Terre noire (mont St-Jean).	4.28	0.17	3.91	79.00	0.38	67.50

On voit que les diverses terres employées comme amendement ont des compositions extrêmement variables ; les unes peuvent être

considérées comme apportant des principes fertilisants ; les autres,
d'une pauvreté extrême, ne peuvent agir que comme modificateurs
de l'état physique du sol.

Les terres noires (Ay, Épernay), celles qui renferment beaucoup
de matières organiques provenant de débris végétaux et qui constituent les lignites, contiennent des quantités notables d'azote, c'est-
à-dire de l'élément qui manque le plus aux terres proprement dites
de la Champagne. Les autres, constituées par des sables plus ou
moins mélangés d'argile, ne contiennent pour ainsi dire pas d'humus et sont d'une pauvreté extrême en azote. Le plus souvent l'a-
cide phosphorique est en quantité insignifiante. La potasse est
plus abondante, ce qui tient à la présence de quantités variables
d'argile dans toutes ces terres.

Les unes sont très calcaires, les autres ne contiennent pas de chaux.

La plupart sont riches en oxyde de fer, quelques-unes même en
contiennent des proportions très élevées, surtout les terres noires,
qui sont pyriteuses. L'introduction de quantités notables d'oxyde de
fer dans les terres crayeuses ne doit pas être sans utilité. En effet,
la coloration de ces terres naturellement blanches se trouve modifiée et l'aptitude à s'échauffer sous l'influence des radiations solaires
en est augmentée.

Dans ces mêmes terres, le soufre est assez abondant ; peut-être
son importance est-elle plus grande qu'on ne le pense d'habitude.

On peut ainsi classer en deux catégories bien différentes les amendements qu'on extrait des terres voisines pour les porter dans la vigne :

1° Les terres sableuses et argileuses qui ne contiennent comme
éléments fertilisants que de petites quantités de potasse et qui ne
sont en réalité destinées qu'à faire pour la vigne un support dans
lequel les racines peuvent cheminer facilement. Les quantités considérables qu'on apporte successivement à la vigne, soit directement,
soit par l'intermédiaire des composts, finissent par constituer un sol
artificiel bien différent du sol primitif et augmentent graduellement
l'épaisseur de la couche meuble dans laquelle se développe le système radiculaire ;

2° Les terres noires employées soit en nature, soit après une exposition à l'air qui détermine une combustion spontanée due à l'oxydation des pyrites et qui les transforme en ce qu'on appelle cendres rouges ou cendres brûlées. Pendant cette oxydation, une fraction notable de la matière organique est détruite et occasionne une perte sensible d'azote. Le sulfure de fer passe à l'état de sulfate de fer et d'oxyde ferrique.

Ces terres noires contiennent toujours de notables quantités de sulfate de chaux sous forme de gypse. Il est à présumer que ce composé n'est pas sans influence sur le développement de la vigne. Les expériences récentes de M. Oberlin tendent en effet à montrer qu'en présence de fumier de ferme le sulfate de chaux a une action favorable sur l'augmentation de la vendange.

Ces terres noires pyriteuses doivent être considérées plutôt comme des engrais, apportant des éléments utiles au développement de la vigne. Nous avons dit que ces terres s'employaient souvent en nature, mais que souvent aussi on les mélange avec du fumier de façon à constituer ces composts établis sur le bord des chemins et qu'on appelle dans le pays des magasins.

Les fumiers qu'on emploie dans les terrains de la vallée de la Marne sur lesquels nous avons opéré sont, pour les vignobles en expérience, des fumiers de vache, de cheval et de mouton, en partie fournis par les étables des vendangeoirs d'Ay et d'Hautvillers, en partie achetés pour compléter cet apport insuffisant.

Ces fumiers ont la composition moyenne suivante :

Le fumier de cheval renferme :

	PAR 1000 kilogr.	PAR mètre cube.
Azote.	5,5	2,2
Acide phosphorique	3,4	1,4
Potasse.	7,0	2,8

Le fumier de vache :

	PAR 1000 kilogr.	PAR mètre cube.
Azote.	4,7	2,8
Acide phosphorique	3,0	1,8
Potasse.	6,0	3,6

Le fumier de mouton :

	PAR 1000 kilogr.	PAR mètre cube.
Azote.	7,5	4,1
Acide phosphorique	3,0	1,6
Potasse.	8,0	4,4

Examinons maintenant les composts qui proviennent de ces mélanges et qui sont employés pour la fumure des vignobles.

PROVENANCE DU COMPOST.	COMPOSITION POUR 1 000.	
	Matière sèche.	Eau.
Compost d'Ay.	800	200
— d'Hautvillers	642	358
— de Cramant.	765	235
— de Pierry.	830	170

PROVENANCE DU COMPOST.	COMPOSITION POUR 1 000.								
	AZOTE				ACIDE phosphorique.	CARBONATE de chaux.	POTASSE.	MAGNÉSIE.	FER calculé à l'état métallique.
	total.	organique.	ammoniacal.	nitrique.					
Compost d'Ay.	0.98	0.96	0.007	0.014	0.782	72.4	2.45	0.56	7.04
— d'Hautvillers.	2.63	2.59	0.010	0.031	2.520	141.9	3.27	0 52	5.26
— de Cramant .	1.77	1.72	0.018	0.029	1.440	103.3	3.64	0.50	18.44
— de Pierry . .	1 25	1.22	0.012	0.020	1.090	174.3	3.24	0.71	18.34

Ces composts ne peuvent pas être regardés comme riches, le mélange avec de grandes quantités de matières inertes dilue en réalité le fumier qui apporte les matières fertilisantes. Plus les quantités de terres argileuses et sableuses sont abondantes, moins le compost renferme d'éléments fertilisants. Ils ne sont pas très décomposés et ne doivent pas être regardés comme transformés en terreau ; nous voyons en effet que de petites quantités seulement de l'azote se sont nitrifiées et que cet élément garde presque en totalité son état organique, dans lequel il se trouvait à l'origine.

Les composts contiennent d'ailleurs d'assez grandes quantités de paille non décomposée.

La potasse et l'acide phosphorique s'y trouvent en proportion notablement moindre que dans le fumier naturel.

Après avoir passé en revue les matériaux qui servent à l'amendement et à la fumure des vignes, voyons comment on les applique.

Nous envisageons d'abord le cas de l'établissement d'un vignoble, c'est-à-dire de la préparation de la terre à la plantation et dans les premières années de la culture de la jeune vigne, jusqu'à ce que celle-ci soit arrivée à la période de production, et ensuite le cas de l'entretien normal de la vigne, c'est-à-dire les apports annuels ou bisannuels faisant partie des façons culturales.

Pour l'établissement du vignoble, la quantité de fumier employée pour un hectare, au moment de la plantation, est de 200 mètres cubes, d'une valeur de 12 fr. le mètre cube, soit 2 400 fr. Ce fumier a été au préalable mélangé de 200 mètres cubes de terre de montagne dont le prix de revient est de 4 fr. le mètre cube, soit 800 fr. C'est donc 400 mètres cubes d'un compost formé de volumes égaux de terre et de fumier qu'on donne au début.

A l'assiselage, c'est-à-dire la 3ᵉ année de la plantation, au moment de la multiplication par provignage, on emploie par hectare 400 mètres cubes de fumier à 12 fr. le mètre cube, soit 4 800 fr. Ce fumier a d'abord été mélangé de 250 mètres cubes de terre de montagne à 4 fr., soit 1 000 fr.

Les vignes ont donc reçu, à l'époque de leur établissement, les proportions suivantes de principes fertilisants par hectare[1] :

Ay et Hautvillers.

	AZOTE.	ACIDE phospho-rique	POTASSE.
A la plantation :	kilogr.	kilogr.	kilogr.
200 mètres cubes de fumier dont . { 50 mètres cubes, fumier de cheval. .	110	70	140
100 — — vache. .	280	180	360
50 — — . mouton .	205	80	220
200 mètres cubes de terre de montagne.	322	48	598
A l'assiselage :			
400 mètres cubes de fumier dont . { 100 mètres cubes, fumier de cheval. .	220	140	280
200 — — vache. .	560	360	720
100 — — mouton.	410	160	440
250 mètres de terre de montagne	402	60	747
Total.	2 509	1 098	3 505
Soit apporté par { le fumier.	1 785	990	2 150
les terres de montagne	724	108	1 355

1. Les terres diverses de chaque terroir étant employées simultanément, on a établi leur composition moyenne d'après les diverses analyses que nous en avons faites et que nous avons données plus haut.

Pierry.

		AZOTE.	ACIDE phospho- rique.	POTASSE.
A la plantation :				
		kilogr.	kilogr.	kilogr.
200 mètres cubes de fumier dont .	67 mètres cubes, fumier de cheval. .	147	94	188
	67 — — vache. .	188	121	242
	67 — — mouton .	275	107	295
200 mètres cubes de terre de montagne.		528	53	694
A l'assiselage :				
400 mètres cubes de fumier dont .	133 mètres cubes, fumier de cheval. .	293	187	373
	133 — — vache. .	373	240	479
	133 — — mouton .	545	213	585
250 mètres cubes de terre de montagne.		660	66	867
Total.		3 009	1 081	3 723
Soit apporté par	le fumier.	1 821	962	2 162
	les terres de montagne.	1 188	119	1 561

Cramant.

	AZOTE.	ACIDE phospho- rique.	POTASSE.
A la plantation :			
	kilogr.	kilogr.	kilogr.
200 mètres cubes de fumier de cheval (les fumiers de vache et de mouton n'entrant dans les mélanges qu'en très faible proportion).	440	280	560
200 mètres cubes de terres de montagne.	154	355	528
A l'assiselage :			
400 mètres cubes de fumier de cheval.	880	560	1 120
250 — terres de montagne.	192	444	660
Total.	1 666	1 639	2 868
Soit apporté par le fumier	1 320	840	1 680
la terre.	346	779	1 188

Les apports de fumiers et de terre, qu'on fait aux terrains destinés à être plantés en vigne, sont donc extrêmement importants.

Nous voyons, d'abord, qu'au moment de la plantation, la fumure ainsi reçue, par hectare de terre, dépasse de beaucoup les fumures les plus intensives des cultures ordinaires.

Au moment de l'assiselage, c'est-à-dire de la première multiplication par provignage des jeunes plants, on fait un apport encore plus considérable.

Les quantités de principes fertilisants, ainsi accumulées dans la vigne, au début de son établissement, atteignent par hectare, pour l'azote 2 000 et même 3 000 kilogr., pour l'acide phosphorique 1 000 et même 1 500 kilogr., pour la potasse jusqu'à 3 000 kilogr. et 3 700 kilogr.

Cette accumulation énorme de substances fertilisantes est de nature à transformer le sol d'une manière complète et à faire de la culture de la vigne en Champagne une véritable culture maraîchère, dans laquelle il y a une exagération de l'emploi de matières fertilisantes, pouvant pousser à la production la plus intensive que permettent les conditions climatériques et météorologiques.

Dès le début de leur plantation, les vignes se trouvent donc dans un terrain artificiellement enrichi à tel point, que les récoltes les plus fortes et la végétation la plus puissante pourraient se développer. Mais ces engrais distribués avec tant de profusion ne sont pas les seuls facteurs qui interviennent : la nature du cépage qui est à faible rendement, comme le sont en général les cépages fins, le climat, avec ses gelées d'hiver et de printemps, la coulure et les intempéries, combattent l'effet des fumures et entravent ainsi la production du raisin.

On croit communément que les vins de la Champagne doivent leur finesse et leur bouquet si délicats à l'aridité du sol ; il faut faire justice de cette légende ; il n'est pas de vigne, quelque productive qu'elle fût, on peut même dire qu'il n'est pas de plante de grande culture, qui vive au sein d'une pareille abondance ; les chiffres que nous venons de donner font assez ressortir ces faits, qui paraissent avoir passé inaperçus.

Les vignobles du Midi, même ceux qui ont une production moyenne décuple des vignes de la Champagne, n'ont jamais à leur disposition une aussi grande réserve de principes fertilisants. Ceux-ci sont donnés aux vignes de la Champagne, non seulement à discrétion, mais en quantités qu'on pourrait appeler excessives, si elles n'étaient justifiées par l'observation des faits culturaux.

Mais il ne faudrait pas croire que les énormes quantités d'azote et de potasse données au début de la plantation restent en entier accumulées dans le sol ; celui-ci est essentiellement perméable et calcaire, la nitrification s'y produit avec la plus grande intensité et les pluies qui le traversent entraînent au loin les nitrates formés aux dépens de la matière azotée. De même la potasse est éliminée partiellement, parce qu'elle se trouve donnée en quantité plus considérable que ce qui peut rester absorbé par les éléments humiques et argileux du sol.

Mais on entretient cette richesse primitive par des apports annuels qui, pour les vignobles en expérience d'Ay, de Hautvillers, de Pierry et de Cramant que nous étudions ici, sont de 60 mètres cubes de compost par hectare.

Ces composts sont formés de volumes égaux de fumier et de terre de montagne. Leur prix de revient moyen est de 8 fr. le mètre cube. La dépense annuelle par hectare est donc de ce chef de 480 fr.

Suivant la nature des fumiers et celle des terres employés dans ces divers domaines, la composition des composts, que nous avons donnée plus haut, est extrêmement variable.

Aussi, tout en recevant les mêmes quantités de compost, ces vignes sont-elles fumées très différemment, comme le montre le tableau suivant, représentant la fumure annuelle par hectare :

	COMPOST[1].	AZOTE.	ACIDE phosphorique.	POTASSE.
	mètres cubes.	kilogr.	kilogr.	kilogr.
Ay	60	58,8	46,9	147,0
Hautvillers	60	157,8	151,2	196,2
Pierry.	60	75,0	65,4	194,4
Cramant	60	106,2	86,4	218,4

Nous voyons qu'outre la première réserve de principes fertilisants, il y a chaque année un apport considérable, dépassant de beaucoup les besoins de la plante. Mais ces principes ne s'accumulent pas indéfiniment dans le sol. En effet les terres qui sont en exploitation depuis de longues années et qui ont reçu les fumures dont nous venons de donner le détail ne sont pas, comme on pourrait le croire, excep-

---

1. Le mètre cube de compost pèse en moyenne 1 000 kilogr.

tionnellement enrichies. Il est vrai qu'elles renferment beaucoup d'acide phosphorique, cet élément restant acquis au sol ; elles contiennent aussi beaucoup de potasse, quoique la terre primitive de la Champagne soit pauvre sous ce rapport.

Mais l'azote est en faible proportion ; il nitrifie rapidement et se trouve enlevé par les eaux pluviales ; celui qu'on donne en si grande abondance est donc rapidement perdu.

Conditions économiques de l'exploitation. — On voit que la création et l'entretien d'un vignoble nécessitent de la part du viticulteur des sacrifices importants. Le prix d'achat de la terre nue pouvant être convertie en vignoble est relativement faible, en comparaison des dépenses nécessitées par la préparation du sol, la plantation, les façons culturales et les fumures, jusqu'au jour où la vigne commence à être en rapport. Alors encore les frais annuels sont extrêmement élevés et ne s'éloignent pas beaucoup de 4000 fr. par hectare. La main-d'œuvre et les fumiers sont chers dans cette région et c'est précisément sur l'intervention d'une main-d'œuvre considérable et de grandes masses de fumier que sont basées ces exploitations viticoles si soignées, se rapprochant bien plus du jardinage et de la culture maraîchère que de la culture agricole proprement dite.

Toutes les façons, tous les traitements se font à la main, et à certaines époques de l'année, où les travaux sont plus pressants, il faut passer par les exigences d'une population rurale qui se sait indispensable ; les salaires sont donc très élevés.

Les prix moyens de la journée de vigneron se sont accrus dans une forte proportion depuis une quinzaine d'années ; ils sont passés successivement de 3 fr. 50 en 1879 à 3 fr. 90 en 1884, 4 fr. 10 en 1889 pour atteindre actuellement (1894) 4 fr. 50, soit une augmentation de près de 30 p. 100.

Le prix moyen de la journée de femmes est de 2 fr. 50 ; il n'a pas varié sensiblement dans cette même période.

Les enfants eux-mêmes, de 14 à 16 ans, sont employés à des prix, variables suivant leurs aptitudes, de 2 fr. à 2 fr. 50.

Quant aux prix des travaux en tâche, ils ont subi de même une augmentation sensible et régulièrement croissante : ils étaient de 800 fr. par hectare en 1879, 875 en 1884, 930 en 1889 et ont atteint en 1893, 990 fr., soit près de 1 000 fr.

Ces salaires sont ceux des travaux ordinaires ; quand, dans certaines circonstances, il est indispensable de gagner du temps (vendange, etc.) ou d'exiger des ouvriers une plus grande habileté et un travail plus fatigant, les prix sont encore plus élevés que ceux que nous venons de donner. Tels, par exemple, les salaires que reçoivent les ouvriers chargés de la bêcherie, auxquels on donne quelquefois jusqu'à 6 à 7 fr. par jour, plus la nourriture et le logement. Aussi le prix de revient de cette opération atteint-il 250 fr. par hectare. Rappelons également le prix de revient de l'assiselage, opération de premier établissement qui atteint la somme de 2 500 fr. par hectare, chiffre, comme on le voit, extrêmement élevé et dû principalement à des salaires de beaucoup supérieurs aux salaires moyens précédemment indiqués.

D'un autre côté, les terres de la Champagne ont besoin de fumier et il s'en produit peu dans la région, où l'on n'exploite que peu de bétail et où le fumier de ferme est peu abondant. Les troupeaux de moutons, nombreux dans les régions avoisinantes, laissent la plus grande partie de leurs déjections sur les terres mêmes qu'ils parcourent.

La principale ressource des vignobles de la Champagne, c'est le fumier de cheval produit par les quartiers de cavalerie et les dépôts de remonte du camp de Châlons. Déjà, M. Tisserand avait montré quels effets avantageux produisent les fumiers dans les terres maigres de la Champagne. Les propriétaires se disputent ces engrais naturels, dont le prix est par suite assez élevé.

En regard de cette situation il faut placer l'état prospère du commerce des vins de Champagne, dont les produits sont écoulés en France et à l'étranger à des prix élevés.

La Champagne se distingue des autres pays vignobles par les soins extrêmes qu'on apporte à la fabrication des vins et qui sont tels que cette fabrication n'est pas à la portée de tous les producteurs, mais se trouve concentrée entre les mains de quelques grandes maisons disposant de locaux, d'un outillage et d'un personnel qui leur permettent de donner au produit de la vendange cette supériorité qui en fait le prix.

La surface consacrée à la production du raisin est limitée d'un côté par l'exposition et la disposition des terrains et n'est donc pas susceptible de s'augmenter beaucoup en surface, de l'autre côté par les frais importants que comporte l'établissement de nouveaux vignobles.

Mais là où la vigne peut réussir, on se garde bien de faire une autre culture et chaque propriétaire, quelque petite surface qu'il exploite, cherche à y établir une vigne, sachant qu'elle lui donnera un résultat en argent supérieur et plus certain que les autres cultures.

Les vignobles sont donc extrêmement morcelés et, dans cette région, il est peu de familles qui n'aient quelque petite surface plantée en vigne. Les grandes maisons seules ont des exploitations plus importantes.

Au moment de la vendange, les vignerons portent leur raisin aux vendangeoirs de ces maisons, qui l'achètent au poids, à un prix variable suivant l'année, mais ordinairement très élevé. Toute la production de la Champagne se trouve donc centralisée dans quelques grands établissements, qui la mettent en œuvre et lui donnent leur marque.

Il est intéressant de savoir quels sont les prix du raisin ainsi apporté par les vignerons, prix qui sont débattus entre ces derniers et les représentants des grandes maisons.

Voici, à titre de renseignement, quelques-uns des prix payés par la maison Moët et Chandon et par la maison Werlé, propriétaire de la marque Vve Clicquot, sur les terroirs desquels nous avons fait nos expériences. Ces prix se rapportent aux années 1891, année presque normale, 1892, année de très faible production par suite des gelées printanières, et 1893, année où la récolte a été exceptionnellement abondante, quoique la qualité fût très bonne :

TERROIRS.	1891.		1892.		1893.	
	PRIX du kilo-gramme de raisin.	PRIX de l'hectolitre de vin de cuvée.	PRIX du kilo-gramme de raisin.	PRIX de l'hectolitre de vin de cuvée.	PRIX du kilo-gramme de raisin.	PRIX de l'hectolitre de vin de cuvée.
	fr.	fr.	fr.	fr.	fr.	fr.
Le Mesnil-sur-Oger. .	»	»	2,50	500	1,15	230
Bouzy et Verzenay. .	»	»	3,33	700	1,25	263
Ay.	2,50	488	3,75	732	1,10	227
Hautvillers.	2,00	390	2,50	488	0,75	146
Pierry.	1,90	371	2,25	440	0,87	170
Cramant.	2,50	488	2,75	540	1,20	231

Le rapport de la vigne, avec des prix semblables, est donc très notable, même dans les années où le raisin se paye le moins cher. Ainsi, si nous envisageons les terroirs en expérience, nous trouvons, comme revenu brut d'un hectare, en 1893 :

	NOMBRE de kilogrammes de raisin par hectare.	PRIX du kilogramme de raisin.	PRIX TOTAL du raisin.
Le Mesnil-sur-Oger	3 741	1^f,15	4 306 fr.
Bouzy.	7 390	1,25	9 237
Verzenay	7 000	1,25	8 750
Ay.	4 227	1,10	4 651
Hautvillers.	5 620	0,75	4 222
Pierry.	6 935	0,87	6 033
Cramant.	5 125	1,20	6 150

En prenant comme moyenne de production celle des 20 dernières années, de 3 000 kilogr. de raisin par an et par hectare, au prix de 2 fr. 60, prix moyen des 20 dernières années, nous trouvons un revenu brut de 7 800 fr., très important comme on le voit, et qui atteint même quelquefois 8 000 à 10 000 fr. par hectare.

Avec de pareils revenus, on comprend que les vignes atteignent des prix de vente très élevés, chaque propriétaire cherchant à conserver cette source de bien-être.

Les grandes exploitations cherchent à s'arrondir et surtout à acquérir les pièces enclavées dans leurs terroirs et qui sont généralement nombreuses, par parcelles de faible étendue, souvent de quelques ares seulement. Elles profitent donc de toutes les occasions de faire ces achats.

Lorsque des vignes se vendent, le prix est variable suivant qu'on achète les lots de propriétaires ou les lots de vignerons.

Les premiers constituent des parcelles d'une certaine étendue pour l'exploitation desquelles on a recours à une main-d'œuvre étrangère et qui sont généralement l'objet de plus grands soins et de plus grands sacrifices. Dans ces exploitations existent des vendangeoirs et le vin est vendu aux fabricants de champagne.

Les lots dits de vignerons sont des parcelles beaucoup plus petites ; les cultivateurs qui les possèdent et qui placent là leurs économies, n'ont pas assez de vignes pour faire 12 à 15 pièces ; tout en travaillant eux-mêmes leurs parcelles, ils vont offrir leur main-d'œuvre aux propriétaires de plus grandes exploitations. Ils travaillent, soit à la journée, soit à la tâche ; les ouvriers à la journée sont loués sur la place ; le prix de la journée est fixé par un syndicat qui relève tous les matins le chiffre demandé par les ouvriers sur la place. La majeure partie des vignerons se louent pour la semaine, du samedi au lundi. Quant à ceux qui travaillent à la tâche, ils prennent, pour un prix fixé et débattu, l'entreprise de la culture d'un certain nombre d'arpents (1 arpent vaut 43ᵃ,43), sous la surveillance du propriétaire du fonds.

Ces petits lots que possèdent les vignerons sont en général des lots mal placés, à plants communs (meunier, etc.), aussi leur achète-t-on les raisins moins cher. Ces vignes sont en outre, en général, l'objet de moins de soins, l'ouvrier qui les possède étant souvent obligé de les négliger pour le travail qu'il fait au dehors, et les frais de fumures entraînant pour lui de trop lourds sacrifices. Dans ces petites exploitations il n'existe pas de vendangeoirs, aussi le raisin se vend-il directement aux grands propriétaires.

Voici les prix payés, par hectare de vignes plantées, par la maison Moët et Chandon, qui depuis longtemps augmente graduellement la superficie de ses vignobles.

Pendant les dix dernières années 1884 à 1894, la moyenne des prix d'achats a été de :

	PRIX de l'hectare de vigne.	
	Lots de propriétaires.	Lots de vignerons.
Ay.	40 000 fr.	31 175 fr.
Hautvillers-Cumières. . . .	27 000	18 000
Côte d'Épernay.	20 000	16 200
Cramant	25 000	17 000

Ces prix moyens sont souvent considérablement dépassés, et on cite des chiffres doubles et triples de ceux qui précèdent.

On voit que le vignoble champenois représente une valeur foncière considérable, surtout dans les crus renommés qui donnent des revenus très élevés. En présence de l'invasion phylloxérique qui s'étend de plus en plus, on ne saurait donc faire assez d'efforts pour préserver les vignes représentant de si gros capitaux. Les sacrifices nécessaires pour les traitements insecticides ne constitueraient qu'un faible supplément des frais d'exploitation annuels et que les vignobles les moins productifs pourraient supporter. L'exemple du Médoc, où les crus réputés ont été si admirablement préservés par des traitements insecticides, devrait guider les vignerons champenois dans la défense de leurs vignes, qu'on doit leur conseiller d'entreprendre sans retard. Car s'ils laissaient détruire leur vignoble, ils auraient à entreprendre des reconstitutions qui non seulement entraîneraient à de très grands frais, mais occasionneraient en outre une interruption dans la récolte, pouvant compromettre ce marché important ou déplacer les centres de production. Les populations de ce vignoble privilégié seraient bien coupables de laisser périr entre leurs mains une telle source de prospérité, alors qu'elles peuvent s'appuyer sur l'expérience des régions où l'on a lutté victorieusement contre le fléau qui menace aujourd'hui la Champagne.

Abordons maintenant les recherches spéciales à chacun des 4 terroirs en expérience.

RÉSULTATS DES EXPÉRIENCES.

Terroir d'Ay.

Ay, chef-lieu de canton, est situé dans l'arrondissement de Reims, à 26 kilomètres de cette ville et se trouve limitrophe de la commune d'Épernay, sur la ligne de chemin de fer d'Épernay à Reims.

La surface totale du terroir en vignes est d'environ 400 hectares, plantés en pineau noir-vert-doré.

Le sol est constitué par un mélange, en proportions variables, d'argile, de calcaire et de sable ; la composition des terres du vignoble en expérience est la suivante :

DÉSIGNATION DES PARCELLES.		Terre fine.	Cailloux siliceux.	Cailloux calcaires.
Ay	Crohants { Sol	873	62	65
	Crohants { Sous-sol	886	28	86
	Chauzelles. Sol	921	27	52

POUR 1000 DE TERRE SÈCHE.

La composition de la terre fine est la suivante :

DÉSIGNATION DES PARCELLES.	AZOTE.	ACIDE phosphorique.	POTASSE.	CARBONATE de chaux.	MAGNÉSIE.	FER calculé à l'état métallique.
Ay Crohants { Sol	0.69	1.17	2.70	258	0.97	14.8
Crohants { Sous-sol	0.83	1.28	3.23	300	0.81	14.3
Chauzelles. Sol	1.46	2.11	3.40	280	0.97	18.0

POUR 1000 DE TERRE FINE SÈCHE.

En tenant compte des cailloux mêlés à la terre, c'est-à-dire en envisageant la terre telle qu'elle est en réalité, on trouve pour 1 000 de terre brute la composition suivante :

DÉSIGNATION DES PARCELLES.	POUR 1 000 DE TERRE BRUTE SÈCHE.						
	AZOTE.	ACIDE phosphorique.	POTASSE.	CARBONATE de chaux fin.	pierreux.	MAGNÉSIE.	FER calculé à l'état métallique.
Ay { Crohants . { Sol. . .	0.60	1.02	2.36	225	65	0.85	12.9
{ Sous-sol.	0.73	1.13	2.86	266	86	0.72	12.7
{ Chauzelles. Sol. . .	1.34	1.94	3.13	258	52	0.89	16.6

Le sol et le sous-sol sont très calcaires. Les proportions d'azote et d'acide phosphorique sont assez faibles dans la parcelle des Crohants, plus élevées dans celle des Chauzelles. La potasse est en proportion élevée.

La superficie du vignoble sur lequel nous avons opéré est de 104[ha],30.

Le nombre des souches à l'hectare est de 50 000.

L'âge moyen de la vigne est de 40 ans.

La vendange, qui a duré, en 1893, du 31 août au 5 septembre, soit 6 jours, a fourni :

Quantité de vendange. . . . . 440 964 kilogr. [1].

Ce chiffre représente la production du lot en expérience. Quant au raisin acheté aux vignerons du voisinage, nous n'avons pas à en tenir compte.

En moyenne, de 4 100 kilogr. de raisin, formant ce qu'on appelle un marc, c'est-à-dire une pressée, on retire :

Vin de cuvée . . . . 10 pièces [2].
— 1ʳᵉ suite . . . . 1 pièce.
— 2ᵉ suite . . . . 1 —
— rebêche . . . . 2 pièces 3/4.

---

1. Ces poids sont le résultat de pesées régulièrement effectuées suivant les habitudes existant dans les grandes exploitations de la Champagne.

2. La pièce étant de 210 litres.

soit pour la vendange de 1893 :

Vin de cuvée . .	1 090 pièces 1/4, soit 2 289 hectolitres.		
— 1re suite .	108 pièces,	—	227 —
— 2e suite .	111 —	—	333 —
— rebêche. .	319 —	—	670 —

Poids total de marc sec	70 290 kilogr.
— — séché à 100°.	26 007 —
— des feuilles desséchées à 100°. . .	198 952 —
— des sarments desséchés à 100°. . .	146 072 —
— des lies desséchées à 100°	1 760 —

Voici les résultats analytiques des divers produits de la végétation de la vigne, en ne tenant compte que des éléments fertilisants :

Analyse des vins, par litre.

	VIN			
	de cuvée.	de 1re suite.	de 2e suite.	de rebêche.
	gr.	gr.	gr.	gr.
Azote.	0,300	0,237	0,260	0,201
Acide phosphorique . .	0,188	0,197	0,208	0,243
Potasse.	0,552	0,778	0,916	0,747
Chaux	0,052	0,060	0,056	0,064
Magnésie[1].	0,043	0,039	0,037	0,021

Analyse des sarments, des feuilles et des marcs.

	POUR 100 DE LA MATIÈRE SÉCHÉE A 100°.		
	Sarments.	Feuilles.	Marcs.
Azote	0.60	1.90	1.90
Cendres	4.08	11.86	6.33
Acide phosphorique. . .	0.17	0.31	0.68
Potasse	1.08	1.40	2.30
Chaux.	1.32	4.70	0.96
Magnésie.	0.06	0.19	0.17

Les vins ayant été pris au soutirage, il n'y a pas lieu de se préoccuper du tartre qu'ils déposent dans la suite ; mais nous devons tenir compte des lies, qui ne sont plus contenues dans le vin soumis à l'analyse. Nous avons déterminé leur proportion pour chacun des terroirs envisagés et la composition moyenne des lies de cuvée, de taille et de rebêche.

---

1. Pour la magnésie, ces chiffres sont la moyenne de ceux de l'année précédente.

Leur proportion est la suivante :

LIE ÉPAISSE, PAR HECTOLITRE.

	Ay.	Hautvillers.	Pierry.	Cramant.
	litres.	litres.	litres.	litres.
Vin de cuvée.	0,5	1,0	0,5	1,0
— 1re taille.	0,5	0,5	0,5	2,0
— 2e taille.	0,5	0,5	0,5	2,0
— rebêche.	0,5	0,5	0,5	0,5

La composition centésimale moyenne de ces diverses lies est donnée dans le tableau ci-dessous :

LIES

	de cuvée.	de 1re taille.	de 2e taille.	de rebêche.
Eau.	89.600	92.260	89.090	83.220
Azote	0.448	0.308	0.430	0.676
Acide phosphorique. .	0.147	0.110	0.132	0.193
Potasse	0.813	0.673	1.120	1.700
Chaux.	0.178	0.106	0.112	0.215
Magnésie.	0.068	0.030	0.094	0.091

Nous avons ainsi toutes les données nécessaires pour calculer les exigences de la vigne en matières fertilisantes, absorbées en moyenne par chaque hectare, dans l'année 1893.

DÉSIGNATION.		AZOTE.	ACIDE PHOSPHO- RIQUE.	PO- TASSE.	CHAUX.	MAGNÉ- SIE.
		kilogr.	kilogr.	kilogr.	kilogr.	kilogr.
Vin de cuvée.	21hl,9	0.657	0.412	1.209	0.114	0.094
— 1re taille	2 ,2	0.052	0.043	0.171	0.013	0.008
— 2e taille.	2 ,2	0.057	0.046	0.201	0.012	0.008
— rebêche.	6 ,4	0.129	0.156	0.478	0.041	0.013
Total	32hl,7					
Marc séché à 100° . .	249kg,38	4.739	1.696	5.736	2.394	0.424
Feuilles séchées à 100°.	1 907 ,50	36.242	5.913	26.705	89.652	3.624
Sarments séchés à 100°.	1 400 ,50	8.403	2.381	15.125	18.487	0.840
Lies humides de cuvée . .	10 ,90	0.049	0.016	0.089	0.019	0.007
— 1re taille .	1 ,10	0.003	0.001	0.007	0.001	0.0003
— 2e taille .	1 ,10	0.004	0.001	0.012	0.001	traces.
— rebêche .	3 ,20	0.022	0.006	0.054	0.007	0.0003
Totaux		50.357	10.671	49.787	110.741	5.021

Terroir d'Hautvillers.

Hautvillers est situé dans l'arrondissement de Reims, canton d'Ay, à 23 kilomètres au sud-sud-ouest de Reims et à 4 kilomètres d'Épernay et, comme Ay, sur la rive droite de la Marne.

La surface totale du terroir en vignes est de 243 hectares environ ; le cépage dominant est le pineau noir-vert-doré.

Le sol est un mélange d'argile, de sable et de calcaire, son épaisseur est faible. Au lieu dit la Cave-Thomas, où l'on place ordinairement l'origine de la fabrication des vins de Champagne (abbaye d'Hautvillers), le sol n'a que $0^m,25$ de profondeur, le sous-sol est formé par la craie. Voici l'analyse des échantillons prélevés :

DÉSIGNATION DES PARCELLES.	Terre fine.	Cailloux siliceux.	Cailloux calcaires.
Cave-Thomas. { Sol $0^m,25$ de profondeur .	764	0	236
{ Sous-sol.	455	0	545

POUR 1000 DE TERRE SÈCHE.

La composition de la terre fine est la suivante :

DÉSIGNATION DES PARCELLES.	AZOTE.	ACIDE phospho-rique.	POTASSE.	CAR-BONATE de chaux.	MA-GNÉSIE.	FER calculé à l'état mé-tallique.
Cave-Thomas. { Sol . . .	0.72	0.98	3.06	190	1.55	7.7
{ Sous-sol. .	0.69	1.14	2.70	400	1.35	6.2

POUR 1000 DE TERRE FINE SÈCHE.

En tenant compte des cailloux, on trouve la composition suivante :

DÉSIGNATION DES PARCELLES.	AZOTE.	ACIDE phos-pho-rique.	PO-TASSE.	CARBONATE de chaux fin.	CARBONATE de chaux pier-reux.	MA-GNÉSIE.	FER calculé à l'état mé-tallique.
Cave-Thomas. { Sol . . .	0.55	0.75	2.34	145	236	1.18	5.9
{ Sous-sol .	0.31	0.52	1.23	188	545	1.61	2.8

POUR 1000 DE TERRE BRUTE SÈCHE.

Comme on le voit, le sol et le sous-sol sont très calcaires ; ils sont pauvres en azote et en acide phosphorique, avec une richesse moyenne en potasse.

Il a été prélevé non loin de cette vigne deux autres échantillons sur le territoire de Cumières, limitrophe de celui d'Hautvillers. Le sol contient beaucoup plus d'éléments argileux et sableux que de calcaire ; il en est de même du sous-sol. Les résultats des analyses sont les suivants :

	POUR 1000 DE TERRE SÈCHE.		
DÉSIGNATION DES PARCELLES.	Terre fine.	Cailloux	
		siliceux.	calcaires.
Cumières : Les Chênes . Sol, 0ᵐ,25 à 0ᵐ,30 .	870	70	60
Sous-sol.	900	49	51

La composition de la terre fine est la suivante :

| DÉSIGNATION DES PARCELLES. | POUR 1000 DE TERRE FINE SÈCHE. | | | | | |
	AZOTE.	ACIDE phospho-rique.	POTASSE.	CAR-BONATE de chaux.	MA-GNÉSIE.	FER calculé à l'état mé-tallique.
Cumières : Les Chênes. Sol	0.95	1.56	2.70	173	1.40	12.3
Sous-sol . .	0.79	1.50	2.89	175	1.00	12.7

En tenant compte des cailloux, on trouve :

| DÉSIGNATION DES PARCELLES. | POUR 1000 DE TERRE BRUTE SÈCHE. | | | | | | |
| | AZOTE. | ACIDE phos-pho-rique. | PO-TASSE. | CARBONATE de chaux | | MA-GNÉSIE. | FER calculé à l'état mé-tallique. |
				fin.	pier-reux.		
Cumières : Les Chênes. Sol. . .	0.83	1.36	2.35	150	60	1.22	10.7
Sous-sol .	0.71	1.35	2.60	157	51	0.90	11.4

Le sol et le sous-sol ont une teneur presque identique ; elle est plus élevée qu'à Hautvillers. Ce qui différencie les terres de ces deux terroirs, c'est surtout le mélange, dans les premières, de plus grandes quantités de morceaux de calcaire ramenés du sous-sol, qui se trouve à une moindre profondeur.

La superficie du vignoble en expérience à Hautvillers est de 47^{ha},29.

Le nombre de souches à l'hectare est d'environ 60 000.

L'âge moyen de la vigne est de 30 ans.

La vendange, effectuée du 2 au 8 septembre, a fourni 266 172 kilogr. de raisins, soit :

Vin de cuvée.	1 411	hectolitres.
— 1re taille	138	—
— 2e taille.	136	—
— rebêche.	472	—

Poids total de marc sec.	55 811	kilogr.
— — séché à 100°.	20 650	—
— des feuilles desséchées à 100°.	82 568	—
— des sarments desséchés à 100°	48 803	—
— des lies desséchées à 100°	1 784	—

Les divers produits de la vigne avaient la composition suivante :

Analyse des vins, par litre.

	VIN			
	de cuvée.	de 1re taille.	de 2e taille.	de rebêche.
	gr.	gr.	gr.	gr.
Azote.	0,301	0,233	0,238	0,252
Acide phosphorique	0,175	0,219	0,256	0,272
Potasse.	0,652	0,748	0,964	0,916
Chaux	0,057	0,075	0,065	0,068
Magnésie	0,043	0,039	0,037	0,021

Analyse des sarments, des feuilles et des marcs.

	POUR 100 DE LA MATIÈRE SÉCHÉE A 100°.		
	Sarments.	Feuilles.	Marcs.
Azote	0.63	1.92	1.78
Cendres	3.95	11.08	6.30
Acide phosphorique.	0.19	0.36	0.60
Potasse	1.17	1.66	2.37
Chaux.	1.18	4.26	0.83
Magnésie.	0.13	0.16	0.19

Ces données permettent de calculer les quantités de matières fertilisantes absorbées par hectare de vigne en 1893.

DÉSIGNATION.		AZOTE.	ACIDE PHOSPHORIQUE.	POTASSE.	CHAUX.	MAGNÉSIE.
		kilogr.	kilogr.	kilogr.	kilogr.	kilogr.
Vin de cuvée	29^{hl},8	0,897	0,521	1,943	0,170	0,128
— 1re taille	2 ,9	0,067	0,063	0,217	0,022	0,011
— 2e taille.	2 ,9	0,069	0,074	0,279	0,019	0,011
— rebêche.	10 ,0	0,252	0,272	0,916	0,068	0,021
Total. . . .	45^{hl},6					
Marcs secs	436^{kg},6	7,771	2,620	10,347	3,624	0,829
Feuilles sèches.	1 746 ,0	33,523	6,286	28,984	74,380	2,794
Sarments secs	1 032 ,0	6,502	1,961	12,074	12,178	1,342
Lies humides de cuvée . .	29,80	0,133	0,044	0,242	0,053	0,020
— 1re taille .	1,45	0,004	0,001	0,009	0,001	traces.
— 2e taille .	1,45	0,006	0,002	0,016	0,001	0,001
— rebêche. .	5,00	0,034	0,009	0,085	0,011	0,004
Totaux		49,258	11,853	55,112	90,527	5,161

Terroir de Pierry.

Pierry est situé dans l'arrondissement d'Épernay, à 3 kilomètres au sud de cette ville. Il compte, avec Épernay, Moussy et Vinay, parmi les vignobles de la côte d'Épernay.

La superficie totale en vignes est d'environ 120 hectares, plantés en vert-doré et meunier.

Le sol, d'une profondeur de 0^m,35, est constitué par un mélange de terrains d'alluvions. Le sous-sol est peu différent du sol superficiel ; la roche est à une assez grande profondeur.

Voici leur composition :

DÉSIGNATION DES PARCELLES.		POUR 1 000 DE TERRE SÈCHE.		
		Terre fine.	Cailloux siliceux.	calcaires.
Pierry : les Folies. .	Sol, 0^m,35 de profondeur.	821	152	27
	Sous-sol	821	151	28

La composition de la terre fine est la suivante :

DÉSIGNATION DES PARCELLES.	POUR 1000 DE TERRE FINE SÈCHE.					
	AZOTE.	ACIDE phospho-rique.	POTASSE.	CAR-BONATE de chaux.	MA-GNÉSIE.	FER calculé à l'état mé-tallique.
Pierry :						
Les Folies. Sol	1.03	1.35	2.89	80	1.89	18.3
Les Folies. Sous-sol . . .	0.92	1.30	3.06	90	1.55	20.0

En tenant compte des cailloux mêlés à la terre, on trouve :

DÉSIGNATION DES PARCELLES.	POUR 1000 DE TERRE BRUTE SÈCHE.						
	AZOTE.	ACIDE phos-pho-rique.	PO-TASSE.	CARBONATE de chaux fin.	CARBONATE de chaux pier-reux.	MA-GNÉSIE.	FER calculé à l'état mé-tallique.
Pierry :							
Les Folies. Sol. . . .	0.84	1.11	2.37	65	27	1.55	15.0
Les Folies. Sous-sol. .	0.76	1.07	2.51	74	28	1.27	16.4

Le sol et le sous-sol sont moyennement calcaires. Tous deux sont peu riches en azote, moyennement riches en acide phosphorique et en potasse.

On a prélevé également un échantillon sur le terroir d'Épernay, dont la superficie totale en vignes est d'environ 329 hectares, plantés en vert-doré et meunier. L'analyse a fourni les résultats ci-dessous :

DÉSIGNATION DES PARCELLES.	POUR 1000 DE TERRE SÈCHE.		
	Terre fine.	Cailloux siliceux.	Cailloux calcaires.
Épernay : Jancelins . Sol, 0m,35 de profondeur.	784	122	94
Épernay : Jancelins . Sous-sol	660	59	281

La composition de la terre fine est la suivante :

DÉSIGNATION DES PARCELLES.	POUR 1 000 DE TERRE FINE SÈCHE.					
	AZOTE.	ACIDE phospho-rique.	POTASSE.	CAR-BONATE de chaux.	MA-GNÉSIE.	FER calculé à l'état mé-tallique.
Épernay :						
Jancelins . { Sol	1.31	2.44	2.80	205	1.00	15.7
Sous-sol . . .	1.22	2.35	2.89	240	1.73	15.8

En tenant compte des cailloux mêlés à la terre, on trouve :

DÉSIGNATION DES PARCELLES.	POUR 1 000 DE TERRE BRUTE SÈCHE.						
	AZOTE.	ACIDE phos-pho-rique.	PO-TASSE.	CARBONATE de chaux		MA-GNÉSIE.	FER calculé à l'état mé-tallique.
				fin.	pier-reux.		
Épernay :							
Jancelins . { Sol. . . .	1.03	1.91	2.19	161	94	0.78	12.3
Sous-sol. .	0.80	1.55	1.91	158	281	1.14	10.4

Le sous-sol est beaucoup plus calcaire que le sol et contient plus d'éléments grossiers. Ici nous sommes en présence de terres un peu plus riches.

La superficie du vignoble en expérience, à Pierry, est de 75 hectares.

Le nombre de souches à l'hectare est d'environ 60 000.

L'âge moyen de la vigne est de 30 ans.

La vendange, effectuée du 2 au 10 septembre, a fourni, pour l'ensemble du domaine en expérience, les résultats ci-dessous :

Quantité de vendange. . . . .   520 124 kilogr.

Vin de cuvée . . . .   3 039 hectolitres.
— 1re taille.   298   —
— 2e taille   298   —
— rebêche   897   —

Poids total de marc sec . . . .   118 900 kilogr.
    —   —   séché à 100°. . . . . . .   43 993   —
    —   des feuilles desséchées à 100° . . .   176 805   —
    —   des sarments desséchés à 100°. . .   110 272   —
    —   des lies desséchées à 100° . . . .   2 266   —

Voici les résultats analytiques de ces divers produits de la vigne, en ne tenant compte que des éléments fertilisants :

Analyse des vins, par litre.

	VIN			
	de cuvée.	de 1re taille.	de 2e taille.	de rebêche.
	gr.	gr.	gr.	gr.
Azote.	0,212	0,243	0,249	0,217
Acide phosphorique . .	0,159	0,205	0,221	0,203
Potasse.	0,639	0,857	0,868	0,789
Chaux	0,068	0,073	0,069	0,059
Magnésie	0,043	0,039	0,037	0,021

Analyse des sarments, des feuilles et des marcs.

	POUR 100 DE LA MATIÈRE SÉCHÉE A 100°.		
	Sarments.	Feuilles.	Marcs.
Azote	0.58	1.92	1.91
Cendres	3.80	11.10	6.15
Acide phosphorique. . .	0.18	0.35	0.62
Potasse	1.15	1.53	2.21
Chaux.	1.14	4.36	0.92
Magnésie.	0.10	0.19	0.14

TABLEAU.

Matières fertilisantes absorbées par hectare de vignes en 1893.

DÉSIGNATION.		AZOTE.	ACIDE PHOSPHO- RIQUE.	PO- TASSE.	CHAUX.	MAGNÉ- SIE.
		kilogr.	kilogr.	kilogr.	kilogr.	kilogr.
Vin de cuvée.	40^{hl},5	0,859	0,644	2,588	0,275	0,174
— 1re taille.	3 ,9	0,095	0,080	0,295	0,028	0,015
— 2e taille.	3 ,9	0,097	0,086	0,338	0,027	0,014
— rebêche.	11 ,9	0,258	0,241	0,939	0,070	0,025
Total	60^{hl},2					
Marcs secs	586^{kg},4	11,200	3,636	12,959	5,395	0,821
Feuilles sèches.	2 357 ,4	45,262	8,251	36,068	102,783	4,479
Sarments secs.	1 470 ,3	8,528	2,646	16,908	16,761	1,470
Lies de cuvée	20 ,25	0,090	0,030	0,164	0,036	0,014
— 1re taille	1 ,90	0,006	0,002	0,013	0,002	traces
— 2e taille	1 ,90	0,008	0,002	0,021	0,002	0,002
— rebêche	5 ,90	0,040	0,011	0,100	0,013	0,005
Totaux		66,444	15,629	70,393	125,392	7,019

Terroir de Cramant.

Cramant est situé dans l'arrondissement d'Épernay, canton d'Avize, à 9 kilomètres au sud-est d'Épernay et se trouve à l'extrémité nord de l'importante ramification des vignobles de la côte d'Avize.

La superficie totale du terroir en vignes est d'environ 240 hectares, plantés en pineau blanc et en pineau noir, le premier dominant de beaucoup.

Le sol est formé par un mélange d'argile, de silice et de calcaire pierreux en nombreux fragments. Il a une profondeur extrêmement variable, qui tantôt n'est que de 0^m,20 à 0^m,25, tantôt dépasse 1 mètre. Le sous-sol est constitué par des morceaux de craie assez gros, mélangés à l'argile, et un peu plus profondément la craie pure forme une roche compacte. Les caves de Saran, non loin de Cramant, sont remarquables entre autres par ce fait qu'elles ne présentent pas la moindre fissure.

Un échantillon de terre a été prélevé sur le terroir d'Avize, à la limite de celui de Cramant ; la composition de ces échantillons est donnée ci-après :

DÉSIGNATION DES PARCELLES.	POUR 1 000 DE TERRE SÈCHE.		
	Terre fine.	Cailloux siliceux.	Cailloux calcaires.
Cramant. { Les Buissons. { Sol, 1 mètre de profondeur.	895	28	77
Cramant. { Les Buissons. { Sous-sol	566	0,0	434
Cramant. { Les Sarans . Sol	866	21	113
Avize, lieu dit Chemin-d'Épernay : Sol, 0ᵐ,80. . . .	870	32	98

La composition de la terre fine est la suivante :

DÉSIGNATION DES PARCELLES.	POUR 1 000 DE TERRE FINE SÈCHE.					
	AZOTE.	ACIDE phosphorique.	POTASSE.	CARBONATE de chaux.	MAGNÉSIE.	FER calculé à l'état métallique.
Cramant. { Les Buissons. { Sol. . .	1.01	1.79	3.06	365	1.26	17.5
Cramant. { Les Buissons. { Sous-sol.	1.24	1.83	3.74	553	0.74	9.8
Cramant. { Les Sarans. Sol. . .	1.11	1.19	3.74	265	1.04	22.0
Avize, lieu dit Chemin-d'Épernay : Sol	0.83	1.77	3.40	260	0.69	16.8

En tenant compte des cailloux mêlés à la terre, on trouve :

DÉSIGNATION DES PARCELLES.	POUR 1 000 DE TERRE BRUTE SÈCHE.						
	AZOTE.	ACIDE phosphorique.	POTASSE.	CARBONATE de chaux fin.	CARBONATE de chaux pierreux.	MAGNÉSIE.	FER calculé à l'état métallique.
Cramant. { Les Buissons. { Sol. . .	0.90	1.60	2.74	326	77	1.13	15.7
Cramant. { Les Buissons. { Sous-sol.	0.70	1.03	2.11	313	434	0.42	5.5
Cramant. { Les Sarans. Sol. . .	0.96	1.03	3.24	229	113	0.90	19.0
Avize . . . . . Sol. . .	0.72	1.54	2.96	226	98	0.60	14.6

L'azote est, comme dans la grande majorité des cas précédents, l'élément qui est en moindre proportion.

La superficie du vignoble en expérience est de 82 hectares.

Le nombre des souches à l'hectare est d'environ 50 000.

L'âge moyen de la vigne est de 50 ans.

La vendange, qui a duré du 8 au 21 septembre, a fourni :

Quantité de vendange . . . . .   420 314 kilogr.

La production totale correspondant à cette vendange a été de :

Vin de cuvée. . . . .   2 153 hectolitres.
    — 1re taille.   216   —
    — 2e taille   216   —
    — de rebêche.   627   —

Poids total de marc sec . . . .   77 559 kilogr.
    —   —   séché à 100° . . . . . .   28 697   —
    —   des feuilles desséchées à 100° . . .   132 266   —
    —   des sarments desséchés à 100°. . .   71 606   —
    —   des lies desséchées à 100° . . . .   3 330   —

Voici les résultats analytiques des divers produits de la végétation de la vigne, en ne tenant compte que des éléments fertilisants :

Analyse des vins, par litre.

	VIN			
	de cuvée.	de 1re taille.	de 2e taille.	de rebêche.
	gr.	gr.	gr.	gr.
Azote.	0,255	0,195	0,201	0,258
Acide phosphorique . .	0,153	0,182	0,184	0,237
Potasse.	0,628	0,710	0,833	0,849
Chaux	0,030	0,058	0,059	0,048
Magnésie	0,043	0,039	0,037	0,021

Analyse des sarments, des feuilles et des marcs.

	POUR 100 DE LA MATIÈRE SÉCHÉE A 100°.		
	Sarments.	Feuilles.	Marcs.
Azote	0.52	1.64	1.82
Cendres	3.85	11.60	7.60
Acide phosphorique. . .	0.18	0.26	0.61
Potasse.	1.02	1.22	2.72
Chaux.	1.27	4.93	1.21
Magnésie.	0.07	0.06	0.20

Voici la quantité de matières fertilisantes absorbées par hectare de vignes en 1893 :

DÉSIGNATION.		AZOTE.	ACIDE PHOSPHO-RIQUE.	PO-TASSE.	CHAUX.	MAGNÉ-SIE.
		kilogr.	kilogr.	kilogr.	kilogr.	kilogr.
Vin de cuvée.	$26^{hl},2$	0,668	0,401	1,645	0.079	0,113
— 1re taille	2 ,6	0,051	0,047	0,185	0,015	0,010
— 2e taille.	2 ,6	0,052	0,048	0,216	0,015	0,009
— rebêche.	7 ,6	0,196	0,180	0,645	0,036	0,016
Total	$39^{hl},0$					
Marcs	$249^{kg},40$	4,539	1,521	6,784	3,018	0,499
Feuilles sèches.	1 613 ,00	26,453	4,194	19,679	79,521	0,968
Sarments secs.	873 ,25	4,541	1,572	8,907	11,090	0,611
Lies de cuvée	26,2	0,117	0,036	0,213	0,047	0,018
— 1re taille.	5,2	0,016	0,006	0,035	0,005	0,001
— 2e taille	5,2	0,022	0,007	0,058	0,006	0,005
— rebêche	3,8	0,026	0,007	0,065	0,008	0,003
Totaux		36,681	8,021	38,432	93,840	2,253

Considérations sur l'utilisation des matières fertilisantes données dans la fumure. — Plaçons en regard des quantités d'éléments fertilisants absorbés par la vigne en 1893, pour la production des bois, des feuilles et des raisins, celles qui leur sont fournies par la fumure annuelle.

Nous obtenons le tableau suivant :

		AZOTE.	ACIDE phosphorique.	POTASSE.
		kilogr.	kilogr.	kilogr.
Ay	Quantités d'éléments fertilisants absorbés par la vigne.	50,4	10,7	49,8
	Quantités d'éléments fertilisants donnés par la fumure.	58,8	46,9	147,0
Hautvillers	Quantités d'éléments fertilisants absorbés par la vigne.	49,3	11,9	55,1
	Quantités d'éléments fertilisants donnés par la fumure.	157,8	151,2	196,2

		AZOTE.	ACIDE phosphorique.	POTASSE.
		kilogr.	kilogr.	kilogr.
Pierry . .	Quantités d'éléments fertilisants absorbés par la vigne. . . .	66,4	15,6	70,4
	Quantités d'éléments fertilisants donnés par la fumure. . . .	75,0	65,4	194,4
Cramant .	Quantités d'éléments fertilisants absorbés par la vigne	36,7	8,0	38,4
	Quantités d'éléments fertilisants donnés par la fumure. . . .	106,2	86,4	218,4

Nous voyons que pour quelques-uns de ces vignobles, comme Ay et Pierry, la quantité d'azote donnée n'est pas beaucoup supérieure à celle que la vigne a absorbée. Pour les autres, au contraire, la quantité donnée est trois fois plus élevée que celle qui a été ab-sorbée.

Pour l'acide phosphorique, il y a un apport annuel qui dépasse de beaucoup ce qui est nécessaire à la vigne, à tel point que l'apport est souvent dix à douze fois supérieur à la quantité emmagasinée par la plante.

La potasse est donnée à la vigne également en grand excès.

On voit que dans les trois premiers domaines, quoique la récolte ait varié du simple au double (32 hectolitres à Ay, 45^{hl},6 à Hautvillers, 60^{hl},2 à Pierry), la proportion d'éléments fertilisants absorbés n'est pas notablement différente et se trouve ainsi, en quelque sorte, indépendante de la quantité de récolte.

Pour Cramant, où nous trouvons que la vigne a de si faibles exigences, c'est à la nature du cépage qu'il faut attribuer ce fait ; en effet, le pineau blanc, qui est cultivé presque exclusivement, est un cépage plus grêle, d'un plus faible développement végétal, ce qui cependant ne l'empêche pas, comme nous le voyons, de donner une récolte abondante (39 hectolitres).

Si nous cherchons l'influence de la fumure sur la quantité de ré-colte produite, nous sommes tentés de la regarder comme insignifiante, sinon nulle. Nous voyons, par exemple, que Pierry a donné 60 hectolitres avec une fumure qui, pour l'azote et l'acide phosphorique, n'atteint pas la moitié de celle de Hautvillers, où la production a été de 45 hectolitres.

Ay et Cramant ont donné sensiblement les mêmes récoltes, avec des fumures qui varient du simple au double.

Ce sont les conditions locales d'intempéries et particulièrement les gelées, qui sévissent en certains endroits plus qu'en d'autres, qui ont établi les différences dans les rendements, beaucoup plus que la proportion des fumures. C'est encore la nature du cépage, les plus fins donnant en général de plus faibles récoltes ; ainsi les vins d'Hautvillers et de Pierry, qui ont donné le plus de rendement, sont regardés comme inférieurs à ceux d'Ay et de Cramant et se paient sensiblement moins cher.

Étant donné que les vignes de la Champagne sont artificiellement enrichies par des fumures abondantes, une augmentation ou une diminution de celles-ci n'a qu'une influence secondaire sur les récoltes, puisque de toute manière les vignes trouvent un aliment suffisant à leurs besoins.

Il faut encore considérer que tous les éléments absorbés par la vigne n'en sont pas exportés ; les feuilles, en particulier, dans lesquelles se trouve accumulée la grande masse des principes fertilisants, tombent sur le sol et lui font une restitution au moins partielle, qu'il est difficile de chiffrer, car elle dépend du temps qu'il fait au moment de leur chute : s'il se produit des pluies, les feuilles sont collées à la terre et lui restent acquises ; si, au contraire, le temps est sec et qu'il survienne du vent, une grande partie des feuilles sont entraînées au loin. La restitution des éléments contenus dans les organes foliacés est donc très irrégulière, mais de toute manière elle vient augmenter la somme des matériaux alimentaires qu'on donne par les fumures.

Cherchons maintenant la raison pour laquelle les vignerons de la Champagne donnent des fumures si fortes qu'elles peuvent paraître exagérées, en comparaison des besoins de la plante. De pareilles pratiques culturales, qui ont la consécration du temps, ont presque toujours leur raison d'être : elles sont basées sur une longue observation des faits et les sacrifices qu'elles imposent donnent déjà de fortes présomptions de leur utilité réelle. Mais il convient de discuter ces pratiques en nous basant sur les données positives que nous avons recueillies et de fournir une explication rationnelle des usages fondés sur l'intuition et l'empirisme, plus que sur la science.

Nous devons en première ligne étudier l'intervention de l'azote dans ces apports si considérables de fumier. Nous voyons que cet élément se trouve en majeure partie dans les feuilles, qui sont les véritables organes de nutrition de la plante. En effet, nous remarquons qu'à Ay, sur 50 kilogr. d'azote absorbé, 36 kilogr. se trouvent dans les feuilles ; à Hautvillers, sur 49 kilogr. d'azote absorbé, 33^{kg},5 se trouvent dans les feuilles ; à Pierry, sur 66 kilogr. d'azote absorbé, 45 kilogr. se trouvent dans les feuilles ; à Cramant, sur 36 kilogr. d'azote absorbé, 26 kilogr. se trouvent dans les feuilles.

Les feuilles concentrent donc dans leurs tissus entre les trois quarts et les quatre cinquièmes de l'azote contenu dans tout le végétal au moment de la récolte, c'est-à-dire au moment de son plus grand développement. Ces organes essentiels ont donc besoin d'une forte fumure azotée.

Si nous plaçons en regard de cette exigence en azote les pertes que subit cet élément par la nature physique et la constitution chimique d'un sol calcaire et perméable, où la nitrification s'opère d'autant plus énergiquement que les matières qui lui sont fournies sous forme d'engrais sont plus rapidement nitrifiables, nous nous trouvons en présence d'une lutte incessante du viticulteur contre cette cause incessante de déperdition de l'azote. Il apporte d'une façon continue et en forte proportion des matières azotées, parce que celles-ci sont entraînées graduellement par les pluies à l'état de nitrates.

S'il arrêtait cet apport de matériaux azotés, nous verrions rapidement le sol s'appauvrir, puisque déjà, malgré les fumiers qu'on lui donne, nous le trouvons pauvre en azote. Ces terres dévorent pour ainsi dire les engrais organiques, elles détruisent l'azote ainsi que la matière humique qui l'accompagne et qui est brûlée rapidement. Si l'on interrompait trop longtemps les fumures, le sol ne contiendrait plus qu'une partie insignifiante de ce qui lui a été donné, et la plante n'en trouverait plus à sa suffisance ; le système foliacé et, par suite, le végétal tout entier ne tarderaient pas à péricliter.

La raison d'être de ces fumures si élevées se trouve donc dans la constitution de ce sol, qui est grand consommateur d'engrais, bien plus que dans les exigences de la plante, qui sont relativement faibles. Peut-être aussi doit-on considérer que la vigne vit là dans un climat qui lui est peu favorable et qu'elle a à traverser des périodes difficiles dues aux intempéries ; la vigne reçoit souvent de fortes atteintes des gelées printanières, comme cela a été le cas en 1892. Si elle ne se trouvait pas en présence d'une alimentation suffisante ou même surabondante, résisterait-elle comme elle le fait à ces causes d'affaiblissement et reprendrait-elle aussi rapidement sa vigueur, qui lui permet, dès l'année suivante, de produire de si abondantes récoltes, comme en 1893 ?

Étant donnée cette disparition considérable d'azote par l'effet des pluies, ne conviendrait-il pas de s'adresser de préférence à des engrais moins nitrifiables et dont par suite l'action, peut-être moins rapide, aurait plus de durée, ces engrais restant dans le sol pendant une plus longue période de temps : les déchets de l'industrie de la laine, si importante à Reims et dans les régions voisines, sembleraient pouvoir remplir ces conditions ; ces produits, en effet, nitrifient avec plus de lenteur et n'exposent pas à des déperditions aussi rapides et restent, par suite, plus longtemps à la disposition des plantes. Nous rappelons que dans certaines parties du Midi les chiffons de laine jouent un rôle considérable dans la fumure de la vigne.

L'emploi d'engrais exclusivement azotés, comme les chiffons et débris de laine, semblerait d'autant plus rationnelle que la vigne n'a pas besoin de ces apports considérables d'acide phosphorique qui sont donnés par les fumures usuelles ; cet élément, en effet, reste indéfiniment acquis à la terre, qui en contient déjà par sa nature même une quantité notable. Il y a là une superfétation.

Pour la potasse également, nous ne voyons pas l'utilité d'apports aussi grands, puisque le sol en a retenu de notables quantités données par les fumures antérieures.

C'est surtout l'azote qui disparaît et c'est surtout lui qu'il faut remplacer.

Au point de vue de la nutrition de la plante, ces engrais exclusivement azotés pourraient donc suffire, au moins temporairement, et remplacer les fumiers qu'on donne en si grande abondance.

Mais là intervient une considération d'un autre ordre, c'est celle de l'état physique du sol. Si l'on cessait les apports de fumier, l'humus disparaîtrait rapidement et les fumures azotées organiques ne fourniraient pas une quantité de substance carbonée suffisante pour maintenir ces qualités précieuses que l'humus communique à la terre. Quoique, par l'emploi des fumiers, on donne de l'azote qui est rapidement perdu et des quantités d'acide phosphorique et de potasse qui ne sont pas nécessaires, c'est encore le fumier qui est l'engrais rationnel de ces terrains. En y joignant des engrais organiques exclusivement azotés, comme des déchets de laine, on l'enrichit précisément dans cet élément dont la vigne a le plus grand besoin.

Mais ne conviendrait-il pas, en présence de cette nécessité d'azote et de matière humique dans les terres de la Champagne, d'essayer l'emploi des tourbes, qui apportent en si grande quantité ces deux éléments ? C'est là un problème qui mériterait d'être abordé par les viticulteurs ayant des tourbières à proximité de leurs vignobles.

Malgré les différences considérables des rendements de la vigne dans les deux années consécutives pendant lesquelles nous avons fait nos observations, les résultats généraux qui découlent de nos études se trouvent être identiques ; les besoins de la vigne en aliments minéraux ne sont pas modifiés dans une proportion notable par la variation de la récolte ; ces besoins sont relativement grands si on les compare à ceux des vignobles d'autres régions, où le climat est plus favorable ; aussi reçoivent-elles des fumures plus fortes qu'aucune autre culture et vivent-elles, par suite, au milieu d'une alimentation exceptionnellement abondante, ce qui ne les empêche pas, contrairement aux idées qui ont cours, de conserver toutes les qualités de finesse et de bouquet qui leur assignent un rang à part et une situation privilégiée dans la production des vins fins.

SIXIÈME PARTIE

LES CONDITIONS DE LA PRODUCTION DU VIN
ET LES EXIGENCES DE LA VIGNE EN PRINCIPES FERTILISANTS
DANS LES VIGNOBLES DE LA GIRONDE [1]

———

Le département de la Gironde renferme des vignobles qui comptent parmi les plus renommés, plus encore par la qualité exceptionnelle de leurs vins que par les surfaces qu'ils couvrent et les quantités qu'ils produisent.

C'est au choix judicieux des cépages, aux soins apportés à la culture et à la vinification, au climat doux et régulier de la région et à une constitution des sols particulièrement avantageuse, que sont dus principalement la grande qualité des vins de la Gironde, la réputation dont ils jouissent dans le monde entier et les prix élevés qu'ils atteignent.

A côté des grands crus, le département produit encore des vins plus ordinaires, mais qui sont cependant très supérieurs aux vins communs du Midi.

Les crus qui jouissent d'une réputation datant déjà de loin sont ceux du Médoc, des Graves, du Saint-Émilionnais et du pays de Sauternes, tous remarquables par leur finesse et leur bouquet, qui s'accentuent encore par le vieillissement.

Les produits moins cotés, mais qui n'en ont pas moins de la qualité, sont ceux de l'Entre-deux-Mers, c'est-à-dire de la presqu'île que forment la Garonne et la Dordogne, avec des plaines et des coteaux ;

———

[1]. Études faites avec le concours de M. Eug. Rousseaux, préparateur de chimie à l'Institut agronomique.

ceux des palus, terres d'alluvions qui bordent ces deux rivières, ceux de Sainte-Foy, qui s'étendent sur des terrains ondulés.

L'importante région du Bordelais n'a pas été épargnée par le phylloxéra, mais si l'insecte a causé, dans tant d'autres vignobles, de si grands désastres, s'il a même détruit complètement ceux de régions entières, on a pu, dans les grands crus du Bordelais, lui résister avec succès.

Depuis vingt ans qu'il y a fait son apparition, il s'est trouvé dès le début en présence de viticulteurs résolus à entreprendre une défense énergique et à la continuer malgré tous les sacrifices. La valeur des vignobles, les revenus considérables qu'ils donnent, ont permis d'entreprendre cette lutte, surtout dans les crus renommés, qui ont pu être ainsi sauvés. Les vieilles vignes françaises existent donc encore aujourd'hui et maintiennent cette supériorité de qualité dont on pouvait craindre la disparition.

Ce résultat a été obtenu par des traitements insecticides énergiques, surtout à l'aide du sulfocarbonate de potassium.

C'est le plus bel exemple que l'on puisse citer de vignobles si considérables maintenus en pleine production et qui témoignent de la possibilité de conserver intactes les vignes françaises. C'est aussi un précieux enseignement pour les propriétaires de vignobles menacés, comme ceux de la Champagne, où, depuis quelques années, les atteintes de l'insecte s'étendent de plus en plus. Le vignoble champenois a une valeur aussi grande, peut-être plus grande que celui du Bordelais ; le propriétaire ne devrait pas reculer devant les sacrifices nécessaires à la conservation de ses vignes, surtout dans l'incertitude où il est du succès de leur remplacement par des plants greffés.

Non seulement la région bordelaise n'a pas vu diminuer l'étendue de ses vignobles, ceux-ci se sont même accrus sensiblement ; beaucoup de propriétaires ont en effet planté des surfaces importantes, auparavant cultivées en prairies ou occupées par les landes. Ces nouvelles plantations ont été faites tantôt avec des vignes françaises, tantôt avec des plants greffés sur racines américaines. Ces derniers occupent aujourd'hui une large place dans les crus de moindre valeur.

Ces importants vignobles, dont nous venons d'esquisser brièvement l'état actuel, sont tous situés dans le département de la Gironde, traversé par la Garonne et par la Dordogne. Mais la diversité
des conditions de situation, d'exposition, de constitution des sols,
d'encépagement, de culture et de vinification, produit des différences très grandes dans la nature des vins, qui offrent, suivant les
groupements viticoles, des caractères propres les distinguant les
uns des autres.

Aussi divise-t-on le département en un certain nombre de régions
viticoles bien délimitées et qui sont les suivantes :

1° A gauche de la Garonne et de la Gironde :

Le Médoc, avec ses vins rouges si célèbres par leur bouquet ;

Les Graves, avec des vins ayant également une qualité remarquable ;

Le pays de Sauternes, si renommé pour ses vins blancs d'une ex-
quise finesse ;

2° Dans le bassin de la Dordogne :

Le Saint-Émilionnais, dont les crus les plus réputés sont ceux de
Saint-Émilion et ceux de Pomerol, qui caractérisent le mieux les
vins de côtes ; puis les vins moins estimés de Sainte-Foy, etc. ;

3° Entre la Garonne et la Dordogne :

L'Entre-deux-Mers qui comprend une vaste étendue où se font
des vins ordinaires ;

4° Enfin il convient de signaler dans les terrains d'alluvions qui
bordent la Gironde, la Garonne et la Dordogne, des vignes dites
de Palus, qui donnent des rendements plus élevés de vins moins
appréciés.

Dans chacune des régions que nous venons d'énumérer, les vins
ont des caractères communs, mais non une qualité égale, ni une
même valeur. Ces différences tiennent, le plus souvent, à l'exposition, à la constitution plus ou moins graveleuse des sols, aux soins
apportés à la culture et à la vinification. Aussi, depuis longtemps
déjà, une classification a-t-elle été établie par le commerce ; les crus
du Médoc ont été ainsi partagés en cinq catégories de crus classés
et en outre en crus bourgeois supérieurs, bourgeois ordinaires,
enfin en crus artisans et paysans. Dans les régions voisines, une clas-

sification analogue a été faite. Mais nous devons faire remarquer que ces divisions, tout en servant d'indication générale pour la qualité et la valeur des vins, ne sont pas absolues.

Nous avons étudié les conditions de la production du vin dans les diverses parties du vignoble girondin, en choisissant, dans chacune d'elles, quelques crus pouvant servir de types.

Voici ceux sur lesquels nous avons opéré :

Médoc. . .	1ers crus	Château-Latour	Pauillac.
		— Lafite	
	2e cru	— Brane-Cantenac. . .	Cantenac.
	3e cru	— d'Issan	
	Crus { supr . .	— Beau-Site	St-Estèphe.
	bourgeois { orde . .	— Loudenne	St-Yzans.
Palus		— Étoile-Cantenac. . .	Cantenac.
		— Moulin-d'Issan . . .	
Graves.	Pessac.	près de Bordeaux.	
St-Émilion- { 1er cru	Château St-Georges-Côte-Pavie.	St-Emilion.	
nais . . { 2e cru	— Bellefont-Belcier. . .	près de St-Émilion.	
Pomerol. . 1er cru	— le Gazin.	Pomerol.	
Ste-Foy.	— des Vergnes	près de Ste-Foy-la-Grande.	
Sauternes . { 1er grand cru . .	— d'Yquem.	Sauternes.	
{ 1er cru	— Coutet.	Barsac.	

Nous avons étudié ces différents vignobles, en les groupant suivant les régions auxquelles ils appartiennent.

CHAPITRE 1er

VIGNOBLES DU MÉDOC

———

Situation. — Le Médoc est situé sur la rive gauche de la Garonne et de la Gironde, depuis Blanquefort, à environ 10 kilomètres au nord-nord-ouest de Bordeaux, jusqu'à Soulac, près de l'embouchure de la Gironde, soit sur une longueur d'environ 80 kilomètres et sur une largeur moyenne de 10 kilomètres.

Il comprend des parties basses et une ligne de coteaux peu élevés.

Les premières sont situées sur les rives du fleuve et forment des prairies et des vignobles assez importants, avec des terres d'alluvions fertiles désignées sous le nom de Palus. Mais c'est sur les coteaux que se trouvent les vignobles du Médoc proprement dit, les Palus constituant une région à part, autant par le mode de culture de la vigne, que par la qualité des vins, et devant faire l'objet d'une étude particulière.

Le Médoc proprement dit, dont nous nous occupons ici, comprend deux régions : l'une dite le Haut-Médoc, qui s'étend de Blanquefort à Saint-Seurin-de-Cadourne ; l'autre, le Bas-Médoc, de Saint-Seurin-de-Cadourne à Soulac. C'est dans la première que sont situés les crus classés et que l'on récolte les meilleurs vins ; le Bas-Médoc produit des vins moins appréciés, qui se paient ordinairement à un prix moins élevé ; il y a cependant des vins de qualité, surtout sur les croupes d'une certaine élévation.

Climat. — Le climat de la région qui nous occupe est désigné sous le nom de climat girondin. Il tient assez le milieu entre les climats du nord et du nord-ouest et ceux du sud et du sud-est.

Les chaleurs n'y sont pas très élevées et les pluies y sont réparties assez régulièrement dans le courant de l'année.

Les vents qui se font le plus souvent sentir sont ceux du nord-ouest, qui soufflent de l'Océan et amènent généralement la pluie et ceux du sud-est, qui sont également humides.

L'hiver se prolonge ordinairement assez tard et les printemps sont quelquefois pluvieux et frais, l'été généralement chaud et humide et l'automne peu pluvieux, avec des températures assez élevées. C'est en somme un climat essentiellement tempéré et l'on peut dire que par sa douceur et sa régularité, il est très favorable à la culture de la vigne.

Il y a quelquefois des orages de grêle, mais qui sont localisés et ne compromettent que partiellement la récolte, comme cela est arrivé en 1894.

Les gelées de printemps font assez souvent des dégâts sérieux, surtout dans les bas-fonds; on recourt, dans les vignobles bien soignés, à l'emploi de nuages artificiels pour la combattre.

La floraison commence ordinairement dans la première quinzaine de juin, mais elle est parfois tardive et souvent sérieusement compromise par la coulure qui, dans les années humides, produit de grands dégâts. C'est un des fléaux le plus à redouter.

Les vendanges ont lieu dans les dernières semaines de septembre et plus souvent au commencement d'octobre.

L'année 1894 a été caractérisée par l'absence de gelées, mais, à partir du 20 avril, le printemps a été pluvieux, le temps très variable, avec de brusques changements de température. La coulure a sévi avec intensité, diminuant dans une forte proportion la récolte.

La persistance des temps doux et pluvieux a favorisé le développement des maladies cryptogamiques; les soufrages et les traitements à la bouillie bordelaise ont dû être répétés et ont été continués, dans beaucoup de vignobles, jusqu'en septembre, peu avant la vendange; le mildew a réduit à presque rien la récolte dans les vignes qui ont été insuffisamment traitées, ou dans lesquelles les traitements ont été opérés trop tardivement. Presque toutes les grandes propriétés ont été préservées par des sulfatages et des soufrages judicieusement appliqués; aussi, dans ces propriétés bien défendues, la qualité des vins de 1894 est-elle très bonne, ces vins ne sont pas ce qu'on appelle mildiousés et l'on n'a pas à craindre pour leur conservation.

L'été a été plutôt froid et les vendanges, contrairement à ce qu'on a observé en 1893, n'ont pu être opérées que très tardivement ; elles n'ont commencé que dans la première semaine d'octobre, par un temps froid et pluvieux ; mais, aussitôt après, le temps s'est mis au beau et une température plus élevée a longtemps persisté. Les propriétaires qui ont vendangé tardivement ont donc été favorisés sous ce rapport et, en outre, le raisin a pu acquérir une maturité plus complète ; la crainte des intempéries, pouvant survenir à cette époque tardive, a porté beaucoup de viticulteurs à ne pas attendre le retour du beau temps.

Les écoulages n'ont eu lieu également que très tard, dans le commencement de novembre.

Constitution géologique et composition des sols. — En faisant abstraction de la région des palus, sur le bord du fleuve, et de celle des sables purs, faisant partie des landes, bien que la vigne soit cultivée dans chacune d'elles, on peut dire que les vignobles du Médoc proprement dit, qui produisent les vins auxquels est due la réputation de cette contrée, sont constitués par une série de mamelons peu élevés et offrent l'aspect d'un pays peu accidenté.

Au point de vue géologique, ces mamelons, ou croupes, sont formés par les matériaux de divers étages tertiaires, qui donnent des sols de constitution très variable, et c'est surtout dans la nature de ces sols qu'il faut chercher la différence dans la qualité des vins qu'ils produisent.

Ces sols sont, dans la généralité des cas, composés de graviers et de cailloux siliceux roulés, mélangés à une proportion plus ou moins grande de sable ou d'argile ; on les désigne sous le nom de terres de *graves*.

La proportion et la grosseur des cailloux quartzeux qu'elles renferment varient beaucoup, même sur des étendues très restreintes ; ainsi, dans beaucoup de vignobles, on établit nettement cette division de terres en ce qu'on appelle la grosse grave, la grave moyenne et la petite grave. Dans la première, les éléments grossiers, en très forte proportion, atteignent et dépassent la grosseur d'un œuf ; ils sont moins abondants et plus petits dans la grave moyenne, n'atteignant, en général, que la grosseur d'une noix ; enfin, la petite grave est formée de cailloux ne dépassant pas ordinairement le volume d'une noisette. C'est un fait bien établi que dans les terres où les cailloux atteignent leur plus grande proportion et le plus de grosseur, on obtient les vins les plus appréciés pour leur finesse et leur bouquet. Aussi les crus les plus renommés se trouvent-ils dans les terres les plus caillouteuses. Ces conditions de sols, jointes à une exposition favorable et à des soins minutieux, ont une grande influence sur la qualité des vins du Médoc et, par suite, sur la classification établie par le commerce. D'ailleurs, dans toutes ces croupes graveleuses, la maturation est de quinze jours environ plus précoce que dans les palus, ce qu'on attribue peut-être avec raison à la propriété qu'ont ces cailloux de renvoyer vers le raisin les rayons solaires qui les frappent.

Outre ces sols dits de *graves*, on rencontre encore assez communément dans le Médoc des terres plus argileuses ou terres *fortes*, appartenant à l'étage éocène, souvent riches en oxyde de fer, mais peu caillouteuses. Elles donnent des vins moins appréciés que ceux des terres de graves.

Quant aux sous-sols du Médoc proprement dit, ils ont des caractères également très variables. Tantôt ils sont constitués par des graviers et des cailloux roulés essentiellement siliceux, tantôt par des blocs de calcaire tertiaire présentant de nombreuses fentes, où les racines de la vigne peuvent pénétrer et chercher les aliments et la fraîcheur ; dans ces deux cas, la nature du sous-sol est favorable à la culture de la vigne.

Dans d'autres cas, le sous-sol est constitué par de l'argile plus compacte et, en général, peu favorable à la vigne, ou par des marnes plus ou moins calcaires, où la vigne ne prospère pas.

On trouve encore des sous-sols de sable gras, grave empâtée dans une argile très ferrugineuse.

Enfin un sous-sol bien caractéristique dans cette région, fréquent surtout dans la partie qui avoisine la lande, c'est l'*alios,* roche for-

mée de petits graviers de sable, souvent ferrugineux, réunis fortement entre eux par un ciment de matière organique. Lorsque cette
roche n'est qu'à une faible profondeur, la vigne ne saurait prospérer, à moins qu'on n'ait procédé à des défoncements, qui sont d'autant plus coûteux que cette roche forme une masse très compacte.

Cépages. — Les cépages les plus répandus dans le Médoc sont
les cabernets, le merlot et le malbec. Les premiers sont les plus
estimés, car c'est surtout à eux qu'est dû le bouquet des vins ; le
cabernet-sauvignon est de beaucoup le plus cultivé ; il réussit bien
dans les sols graveleux de la région, il a en outre l'avantage d'être
peu sujet à la coulure, à la pourriture du grain et au mildiou. Il
fournit un vin de couleur vive, mais peu intense. Par le vieillissement, le vin perd de la dureté qu'il avait au début et acquiert une
finesse et un bouquet remarquables. On le cultive généralement en
mélange avec les autres cépages, pour lui donner plus de couleur et
de moelleux. Cependant on l'emploie quelquefois seul, comme dans
le vignoble de Mouton-Rothschild, qui est, parmi les deuxièmes crus,
un des plus appréciés.

Le merlot fournit un vin moelleux et bouqueté, inférieur comme
finesse au vin de cabernet et ne gagnant pas autant par le vieillissement ; ce cépage est productif, mais très sensible à la pourriture, à
l'anthracnose et au mildiou, ce qui en abaisse souvent le rendement.

Quant au malbec, il est inférieur aux précédents, ayant moins de
corps, de finesse et de bouquet ; mais il apporte de la couleur.
Quand les années sont favorables il produit beaucoup ; mais il est
très sensible à la gelée, au mildiou et particulièrement à la coulure ; il résiste par contre assez bien à l'oïdium et à l'anthracnose.

Ces trois cépages sont généralement associés dans des proportions variables, le cabernet-sauvignon étant dominant. Chacun d'eux
a des qualités propres qui s'ajoutent et se complètent, pour former
les crus renommés du Médoc.

Le verdot n'entre que rarement dans ce mélange constituant les
vins fins, il est plus spécial aux terres d'alluvions qui produisent des
vins ordinaires.

Plantations. — Lorsqu'on veut constituer un vignoble, on fait précéder les plantations d'un certain nombre d'opérations destinées à en assurer le succès. C'est ainsi qu'après avoir réglé les pentes pour faciliter l'écoulement de l'eau, on recouvre le sol, sur une épaisseur de 10 à 20 centimètres environ, de terres d'amendements prises dans les alluvions des bords du fleuve et de plantes coupées dans les landes, bruyères, fougères, ajoncs, etc., généralement appelées *bruc*. Cet apport de terres et de débris végétaux est surtout jugé utile dans les sols graveleux, où on l'emploie très fréquemment ; dans les Palus, ou terres d'alluvions qui sont riches par elles-mêmes, cette opération n'est pas nécessaire.

On pratique ensuite un défoncement profond, ou chambert, ou renversement à $0^m,50$ et quelquefois jusqu'à près de 1 mètre, lorsqu'on rencontre l'alios, que l'on brise pour permettre aux racines d'y pénétrer. Les amendements, dont on a au préalable recouvert le sol, sont enfouis par le défoncement à une profondeur d'environ $0^m,50$.

Ces défoncements se font dans le courant de l'hiver ou au commencement du printemps, à bras d'homme le plus souvent, à l'aide d'une pioche ; on emploie également des charrues défonceuses.

Au premier printemps on fait les plantations. On trace d'abord, au moyen du cordeau, les rangs de vignes et, tous les mètres, on plante un carasson qui doit marquer l'emplacement du pied. On creuse alors un trou de 35 à 40 centimètres de côté et de 30 à 40 centimètres de profondeur, qu'on remplit de compost.

Le Médoc a conservé la plus grande partie des vieilles vignes françaises qui ont fait sa réputation, à l'aide de traitements insecticides judicieusement appliqués et dont nous parlerons plus loin. C'est surtout dans les vignobles producteurs des grands crus qu'on s'est attaché à la conservation des vignes, dans l'incertitude des qualités que fourniraient les vignes greffées sur racines américaines.

Les plantations faites dans les Palus, que l'on peut submerger, sont faites également en plants français.

Cependant, à l'heure actuelle, là où la vieille vigne n'a pas été suffisamment défendue et où, par suite, elle est venue à péricliter ou à disparaître, elle a été souvent remplacée par les mêmes cépages, greffés sur des racines américaines. On n'est pas encore absolument fixé sur l'effet que peut avoir, sur la qualité des grands vins, le remplacement de la vigne française par des plants greffés ; mais il n'en est pas moins vrai que ce remplacement devient de plus en plus fréquent, tout au moins dans les crus de valeur secondaire, et cela surtout à la suite de la sécheresse de l'année 1893 qui a considérablement favorisé le développement du phylloxéra. Les vignes françaises qui n'étaient pas suffisamment défendues, ou que leur situation et la nature du terrain exposaient davantage aux ravages du phylloxéra, ont été gravement atteintes.

Nous avons donc, pour la replantation des vignobles, à envisager les deux cas de l'emploi des plants francs de pied et de celui des plants greffés sur racines américaines. Dans les deux cas, la préparation préalable du sol, telle que nous l'avons indiquée, est la même.

Lorsqu'on plante avec les premiers, on se sert de boutures de 50 centimètres environ de longueur, prélevées sur les meilleurs plants ; on les place verticalement dans le trou pratiqué comme il a été dit plus haut, en les courbant légèrement au fond. On laisse sortir environ 10 centimètres, soit deux yeux, quelquefois trois. Le jeune plant pousse dès le printemps ; on lui donne les sarclages et les labours nécessaires.

L'hiver suivant, on taille la bouture en ne laissant qu'un courson à deux yeux ou côt de 1 centimètre et demi de longueur, en le choisissant sur le bois le mieux développé. Cette taille a lieu en février-mars. On donne ensuite les façons comme précédemment. En février suivant, on taille de nouveau et, à l'automne de la même année, c'est-à-dire la troisième année de la plantation, la jeune plante fournit sa première récolte, d'ailleurs très faible.

Pour les remplacements des manquants, on emploie des plants racinés en pépinière ; quelquefois aussi ces remplacements sont opérés par provignage.

Lorsqu'on veut faire une plantation avec des racines américaines, on se sert généralement de plants greffés et racinés en pépinière, qu'on plante à la manière ordinaire en février, mars ou avril, après avoir *rafraîchi* les racines, c'est-à-dire après en avoir coupé les extrémités. Dès la deuxième année après la plantation, on obtient un commencement de récolte.

Quelquefois aussi, au lieu de faire développer les greffes en pépinière, on les met directement en place, aussitôt la greffe faite. Mais comme, dans ce cas, on ne peut pas compter sur la réussite de toutes les boutures greffées, on a l'habitude d'en mettre deux à la place que doit occuper un pied ; on a donc des chances d'en voir au moins une se développer ; là où les deux se développent, on enlève l'une d'elles qui sert au remplacement des manquants. On supprime ainsi le passage par la pépinière et, dès la troisième année, on a un commencement de récolte.

Contrairement à ce qui se fait dans le Midi, on greffe rarement sur place les pieds américains.

Les manquants se remplacent toujours par des plants greffés, tirés de la pépinière.

Les soins à donner ultérieurement aux vignes qui sont en production normale sont d'ailleurs les mêmes, qu'il s'agisse de plants français ou de vignes greffées.

Taille. — La taille se pratique soit à l'aide d'une serpette, soit à l'aide du sécateur et s'opère de la façon suivante : la première et la deuxième année, on taille sur deux yeux ; la troisième année, on *anche* la vigne, c'est-à-dire qu'on laisse deux bras aux pieds les plus vigoureux ; on attend, pour cette opération, la quatrième année, quand les pieds sont plus faibles et dans les terrains maigres. Le corps du cep a environ 15 centimètres de hauteur.

On établit alors le système des lattes ou des fils de fer.

A chaque tronc se trouve un piquet de châtaignier, de pin ou d'acacia, de 65 centimètres environ de longueur, et sortant du sol de 40 centimètres. A la partie supérieure de ces piquets, appelés carassons, sont fixées de minces tiges de pin portant le nom de lattes ; dans beaucoup de vignobles, on remplace ces lattes par des fils de fer.

Les vignes conduites, suivant leur situation, en souches basses ou moyennes, sont établies ainsi en espaliers, formant des plans verticaux et parallèles entre eux.

Chaque année, au moment de la taille, on laisse sur chaque bras: 1° un *aste* ou long bois qui est la branche à fruit, à laquelle on donne environ 35 centimètres de longueur, en laissant les deux ou trois yeux les plus rapprochés de la souche ; 2° un courson à deux yeux appelé *côt* de retour, sur lequel on prend, l'année suivante, les nouveaux astes ; on lui substitue quelquefois des *tirants,* rameaux verticaux assez longs pour être fixés aux traverses des palissades et que l'on coupe à deux yeux. On fait en sorte que toutes ces branches prennent la direction des lattes, pour n'être pas endommagées par les labours.

Dans certains vignobles, on pratique aussi la taille d'après le système de M. Dezeimeris, en faisant la taille dans le nœud, conservant, pendant deux ans, le tronçon protecteur formant chicot, et enfin en coupant toujours au-dessus du bourrelet au lieu de couper ras comme d'habitude. C'est une amélioration notable, en ce sens qu'elle protège le cep contre la nécrose des tissus, qui se produit généralement lorsqu'on coupe à ras.

Aussitôt la taille finie, on opère le *pliage* en arc de cercle des astes et leur liage aux lattes ou aux fils de fer.

Citons ici une pratique que l'on effectue parfois, au moment d la floraison, pour diminuer dans une certaine mesure la coulure, c'est l'incision annulaire qui consiste à enlever, à la base des rameaux fructifères, un anneau d'écorce de un demi-centimètre de largeur. A côté des avantages qu'elle peut présenter, elle a quelques inconvénients qui en ont empêché la généralisation ; aussi n'est-elle pas effectuée dans tous les vignobles.

Culture de la vigne. — Pour passer rapidement en revue les principales opérations culturales auxquelles sont soumises les vignes du Médoc, supposons les vendanges terminées ; aussitôt après, dans le courant d'octobre, si les pluies n'ont pas trop mouillé le sol, on procède aux traitements insecticides d'automne. Quand les terres sont trop mouillées dans cette saison, ces traitements sont reportés au printemps suivant et se continuent souvent jusqu'en été. Nous parlerons plus loin de ces opérations.

En automne aussi, on recoupe les composts en y introduisant les râpes et les marcs de vendange.

On enlève des terres le chiendent et on gratte les mousses qui couvrent les vieux ceps.

On commence la taille vers le 10 ou 15 novembre et on la continue pendant l'hiver.

On profite des froids pour faire les transports des composts et des fumiers dans les vignes et, là où c'est utile, les transports, au milieu des règes, de la terre enlevée de la vigne, après deux ou trois ans de culture par la charrue ou par les eaux; ces terres se sont accumulées dans les allées d'écoulement ou capvirades, qui servent en même temps de chemins de transport et de tournants pour les animaux de labour.

Le remplacement des carassons, l'échalassement, le badigeonnage des souches contre l'anthracnose, se font à la même époque; ce traitement se fait à l'aide d'une brosse, en employant une solution de sulfate de fer à 50 p. 100.

Ces travaux d'hiver se continuent jusqu'à la fin de février ou le commencement de mars, de même que le remplacement des pieds manquants, par provignage ou par plants enracinés.

En mars commencent les labours. On donne généralement quatre façons : le premier labour est effectué à l'aide d'une charrue spéciale, dite cabat, qui ouvre ou déchausse la vigne; ce travail est complété par l'enlèvement à la main de la terre restée entre les pieds sur chaque rège et formant ce qu'on appelle les *cavaillons,* que des femmes, à l'aide d'une sorte de houe, rejettent sur le billon.

Le deuxième labour est opéré aussitôt après, dans le mois d'avril, et d'une façon inverse, c'est-à-dire qu'à l'aide d'une autre charrue, dite courbe, la terre écartée précédemment est ramenée sur les lignes et rechausse la vigne.

La troisième façon (mai) est opérée comme la première, c'est un déchaussement avant la floraison.

Enfin la quatrième (fin juin) est un rechaussement après la floraison.

A cette époque, des femmes creusent la terre sous les grappes qui touchent le sol et font les sarclages nécessaires pour enlever les mauvaises herbes.

A partir d'avril commencent les traitements insecticides de printemps; le premier soufrage contre l'oïdium, sur la première feuille de la vigne; puis, vers le 25 mai, le deuxième soufrage, un peu avant la floraison ; le premier soufrage est ordinairement opéré à la sablette, cône percé de trous ; le deuxième et le troisième, qui sont souvent utiles, se font au soufflet.

En juin, et jusqu'à une époque d'autant plus rapprochée de la vendange que l'été est plus humide et que le mildew est plus à craindre, ont lieu les traitements à la bouillie bordelaise, à l'aide de pulvérisateurs portés à dos d'homme ; on en fait deux ou trois. Il arrive quelquefois, comme en 1894, où les traitements ont été négligés en été, que des temps chauds et orageux provoquent, en automne, une recrudescence de la maladie, qu'il faut alors combattre par de nouvelles applications de bouillie.

Les traitements à la bouillie bordelaise se font avec une concentration qui varie suivant les vignobles. C'est ainsi que nous avons vu employer les proportions suivantes :

PAR HECTOLITRE.

Château-Latour	Sulfate de cuivre. . .	$2^{kg},66$
	Chaux.	2 ,66
Château-Beau-Site	Sulfate de cuivre. . .	6 ,00
	Chaux.	6 ,00
Château-Loudenne	Sulfate de cuivre. . .	1 ,77
	Chaux.	0 ,88

La formule de Château-Beau-Site est de beaucoup plus concentrée que les précédentes. Les unes et les autres donnent de bons résultats, quand les applications sont faites en temps utile.

Dans le Médoc, on emploie fréquemment aussi, pour combattre les maladies cryptogamiques, des mélanges pulvérulents dans lesquels entrent du soufre sublimé ou trituré, du sulfate de cuivre et du sulfate de fer desséchés, ainsi que des matières pulvérulentes inertes ; les applications de ces poudres se font comme les soufrages. Si leur efficacité était aussi grande que celle des traitements isolés, ce que certains viticulteurs affirment, elles auraient l'avantage d'une économie de main-d'œuvre, puisqu'une même opération servirait à combattre au moins deux maladies : l'oïdium et le mildew.

Mais, d'un autre côté, le viticulteur opérant avec ce mélange complexe n'a pas la même garantie dans l'achat que quand il s'adresse à des produits isolés, tels que le soufre et le sulfate de cuivre, substances qu'il achète en nature.

Traitements contre le phylloxéra. — Comme nous l'avons dit au début de cette étude, le Médoc s'est défendu avec succès contre le phylloxéra, grâce à l'application raisonnée et régulière des insecticides.

C'est le sulfure de carbone qui a été, là comme partout ailleurs, l'insecticide par excellence. Après des études longtemps poursuivies, on a fixé les modes les plus avantageux de son emploi dans les diverses conditions déterminées par la nature et le relief du sol, l'état de la vigne et en tenant compte des conditions économiques du milieu.

Le sulfure de carbone s'emploie non seulement à l'état libre, mais encore en combinaison avec le sulfure de potassium, formant ainsi le sulfocarbonate de potassium, auquel le Médoc s'est adressé de préférence, en raison des résultats qu'on en obtient pour le maintien des vignes. Le sulfocarbonate de potassium, dont l'emploi a été préconisé par l'illustre J.-B. Dumas, est en effet le produit auquel la région du Médoc doit d'avoir conservé ses crus renommés, et, en raison du rôle qu'a joué cet insecticide, nous devons insister sur la manière dont il est appliqué.

Nous étudierons également l'application du sulfure de carbone, soit en nature, soit en mélange avec des matières huileuses, soit en dissolution dans l'eau.

Il existe encore en France de grandes surfaces où la vieille vigne a été plus ou moins conservée et qu'on a intérêt à défendre. Là où on la laisse périr, on doit faire de grands sacrifices pour la reconstitution par des plants greffés, dont la réussite n'est pas toujours certaine et qui peuvent compromettre le maintien de la qualité lorsqu'il s'agit de vins fins.

Traitements au sulfocarbonate de potassium. — Ce produit, qui contient ordinairement 17 à 20 p. 100 de sulfure de carbone et 17 à 20 p. 100 de potasse, se présente sous la forme d'un liquide jaune orangé plus ou moins foncé.

Pour l'introduire dans le sol, on le délaie dans une très grande quantité d'eau, formant ainsi une solution étendue qu'on verse au pied des souches. Cette solution pénètre dans le sol et y occupe un cube considérable. Elle arrive directement au contact de la plus grande partie du système radiculaire et atteint, en les mouillant, les insectes qui s'y trouvent. La dilution de cette solution est telle que l'action sur l'insecte est encore mortelle, mais que la racine de la vigne n'en souffre nullement.

La solution tue les insectes avec lesquels elle est mise en contact direct; en outre, le sulfocarbonate se décompose au contact de l'acide cabonique de l'air, en laissant dégager à l'état gazeux du sulfure de carbone et de l'hydrogène sulfuré, qui, tous les deux, sont doués de propriétés insecticides et qui, se répandant dans les interstices du sol, peuvent exercer leur action à une certaine distance.

Grâce à sa disposition topographique et à la nature de ses terres, la région des grands crus du Médoc est une des parties du vignoble girondin qui se prête le mieux aux traitements par les substances antiphylloxériques ayant l'eau pour véhicule. Les croupes plantées de vignes y sont fréquemment coupées par des prairies marécageuses recevant non seulement les eaux d'égouttement des vignobles, mais surtout celles, beaucoup plus abondantes, provenant du plateau des Landes. Pour assainir ces prairies, on a créé de nombreux petits canaux dans lesquels on peut puiser l'eau nécessaire aux traitements; il est rare que la distance entre ces canaux et les vignes à traiter les plus éloignées soit supérieure à 2 kilomètres.

Par leur nature graveleuse, les terres des vignobles laissent passer les eaux pluviales très facilement, c'est encore là une circonstance très avantageuse pour la réussite des traitements au sulfocarbonate. Ceux-ci ne doivent en effet pas être appliqués lorsque les terres sont mouillées; si elles l'étaient, d'une part, la pénétration des solutions insecticides serait ralentie et elles seraient partiellement décomposées au contact de l'air; d'autre part, la solution se trouverait diluée par l'eau dont le sol est imprégné, au point de perdre son effet insecticide. C'est à ces causes qu'il faut attribuer l'abandon des traitements au sulfocarbonate dans les régions où les terres sont très compactes et argileuses. L'excès contraire, c'est-à-dire une sécheresse extrême, n'est pas non plus une circonstance favorable aux traitements, car la solution insecticide se localise, étant entièrement absorbée par un faible cube de terre, dont la partie imprégnée est ainsi réduite.

On ne défend guère alors que les radicelles les plus rapprochées du collet.

C'est lorsque les terres sont simplement ressuyées que les traitements ont le plus d'efficacité. L'absorption de la solution se fait parfaitement et celle-ci s'étend par capillarité dans un cube de terre assez grand pour atteindre la majeure partie des racines phylloxérées.

D'après ce qui précède, il est facile de comprendre que l'époque des traitements est subordonnée aux conditions climatériques, mais cependant on les applique principalement aux périodes suivantes :

1° Aussitôt après les vendanges, avant les grands froids ; ce sont les traitements d'automne ;

2° Au printemps, afin de profiter de la façon de déchaussage pour la confection des cuvettes ;

3° Quelquefois en été, pour les faire servir en même temps à l'arrosage.

Les traitements au sulfocarbonate nécessitent la confection d'une cuvette au pied de chaque cep de vigne. On fait cette opération de la façon suivante : avec la charrue, on déchausse la vigne et l'on forme ainsi un long batardeau entre chaque rang de ceps. Ensuite, des hommes, à l'aide d'un instrument spécial appelé *cercle,* sorte de houe, enlèvent la partie de terre que la charrue n'a pu ôter entre les pieds, et forment, en travers du rang, séparant ainsi chaque pied, de nouveaux batardeaux qui se relient à ceux formés par la charrue. De cette façon on obtient, au pied des ceps, ceux-ci étant au centre, des cuvettes carrées ou rectangulaires, toutes mitoyennes.

Quand la surface du vignoble est plane, les batardeaux n'ont guère plus de 15 centimètres de hauteur. Lorsqu'au contraire le vignoble est en pente, pour que le fond de la cuvette soit horizontal, on creuse, avec le cercle, du côté le plus élevé de la pente, et l'on place les batardeaux tout à fait au pied des ceps et du côté opposé.

La façon, pour la confection des cuvettes, coûte, en terrain plat, 3 fr. les 1 000 pieds et en pente 5 fr., soit de 30 à 50 fr. l'hectare.

En Médoc on n'a que rarement affaire à des vignes en pentes sensibles et le chiffre de 30 fr. est le plus général.

L'eau qui doit servir aux traitements est refoulée, à l'aide de pompes locomobiles très puissantes, dans des canalisations mobiles en tôle galvanisée de 7 à 8 centimètres de diamètre. A l'aide de branchements, l'eau est conduite dans les vignobles à traiter. Sur ces branchements sont ménagées des prises auxquelles on adapte des tuyaux en caoutchouc qui amènent l'eau à pied d'œuvre. Elle est mesurée dans des seaux en tôle d'une contenance de 20 litres et une femme verse, pendant le remplissage des seaux, la dose de sulfocarbonate à employer, mesurée dans des godets en plomb durci. Cette solution est destinée à une souche et versée aussitôt dans la cuvette.

Pour les traitements culturaux, on emploie 60 gr. de sulfocarbonate par pied ; dans les graves argileuses très contaminées, la dose est quelquefois portée à 100 gr.

Le coût de ces opérations est de 120 fr. pour amener l'eau à pied d'œuvre, faire la solution et sa distribution dans les cuvettes (tous frais compris, tels que charbon, main-d'œuvre, etc...). Le sulfocarbonate employé coûte de 35 à 36 fr. les 100 kilogr., suivant sa richesse.

Le prix de revient total à l'hectare est donc le suivant :

1° Façon des cuvettes.	30 **fr.**
2° Application de l'eau.	120
3° Sulfocarbonate de potassium, 600 kilogr. à 35 fr.	210
Total.	360 fr.

pour les 10 000 pieds représentant l'hectare.

Traitement au sulfure de carbone dilué. — Dans le cas de traitements au sulfure de carbone dissous dans l'eau, on prépare les cuvettes de la même façon, mais le sulfure est introduit automatiquement dans les conduites d'eau, à la dose de $0^{gr},6$ à $0^{gr},8$ par litre d'eau, soit à raison de 12 à 16 gr. par pied dilués dans 20 litres d'eau, ce qui représente 120 à 160 kilogr. de sulfure à l'hectare.

Le prix de revient est alors :

1° Façon des cuvettes.	30 fr.
2° Application de l'eau.	120
3° Location de l'appareil doseur.	51
4° Sulfure, 160 kilogr. en moyenne à 35 fr.	49
Total.	250 fr.

Les traitements au sulfure de carbone dilué reviennent donc moins cher que les traitements au sulfocarbonate, mais les résultats qu'ils donnent ne sont pas d'une aussi grande efficacité. En outre, le traitement au sulfocarbonate a l'avantage d'apporter une grande quantité de potasse, soit de 100 à 120 kilogr. par hectare, ce qui constitue une fumure potassique très intense, dont l'effet sur la vigne est considérable : ce sont donc les traitements au sulfocarbonate qui sont à préférer et si, pour réaliser une certaine économie, les vignerons traitent par le sulfure dissous, ils ne sont pas assurés d'une réussite aussi complète et, en fin de compte, l'opération peut être, au point de vue économique, moins avantageuse.

Traitements au sulfure de carbone et au pal. — Ce mode de traitement, qui est très usité dans les régions avoisinantes, comme le Libournais, l'Entre-deux-Mers, etc..., l'est moins dans le Médoc. Cependant, en raison des sacrifices relativement peu élevés qu'il impose, les propriétaires y ont recours, surtout dans les crus moins cotés.

Les résultats qu'il donne au point de vue de la destruction de l'insecte sont assez sensibles, mais son action doit cependant être regardée comme bien inférieure à celle du sulfocarbonate et même à celle du sulfure dissous. La nature du sol et l'état d'humidité dans lequel il se trouve ont une action considérable sur la réussite de ces traitements. Dans les terres légères, surtout quand elles sont bien ressuyées, le sol présente des interstices où les vapeurs de sulfure de carbone peuvent circuler et atteindre le phylloxéra. Mais quand le sol est compact, ou qu'il est trop mouillé, le sulfure de carbone reste localisé à l'endroit où le pal l'a déposé, il ne se diffuse plus et n'atteint les insectes que dans un rayon très restreint. Dans ce cas, le traitement ne donne donc pas le résultat voulu. Il peut même alors devenir nuisible, car, en contact avec les racines de la vigne pendant un temps assez long, il les tue et occasionne souvent de véritables désastres dans les vignobles ; il faut, par conséquent, l'appliquer avec discernement dans les sols qui se prêtent à son emploi et en choisissant le moment où la terre est suffisamment ressuyée.

Les traitements au sulfure de carbone à l'aide du pal sont faits surtout dans les graves légères, sablonneuses, ne s'opposant pas à la diffusion des vapeurs.

L'insecticide est appliqué, à l'aide du pal, dans quatre piqûres par mètre carré. La dose employée est de 6 ou 7 gr. par trou, soit 24 à 28 gr. par pied, soit enfin 240 à 280 kilogr. par hectare.

Ces injections se font à $0^m,15$ de profondeur, aussitôt après les vendanges ou en été. On évite les traitements de printemps, à cause des craintes de perturbations dans la pousse de la vigne, le sulfure de carbone étant un agent très énergique.

Le prix de revient est le suivant, par hectare :

Application (main-d'œuvre).	30 fr.
Sulfure de carbone, en moyenne 260 kilogr. à 35 fr.	91
Total.	121 fr.

Ces trois manières de traiter la vigne peuvent trouver leur application dans les divers cas où sont placés les vignobles du Médoc ; pour les crus qui se vendent un prix élevé, on ne recule pas devant les traitements plus coûteux, mais aussi beaucoup plus efficaces, au sulfocarbonate ; pour les crus inférieurs, on cherche souvent l'économie dans les traitements, surtout les années où la récolte a été peu abondante ou les prix des vins peu élevés.

Submersion. — Dans les parties basses, situées le long de la Garonne et de la Gironde, ainsi que dans les îles, les vignobles de palus sont traités par la submersion. Ce sont des vignes françaises qui, par cette application d'eau, sont garanties contre les ravages du phylloxéra. La submersion, outre ce résultat incontesté, a l'avantage d'opérer un véritable colmatage, les eaux très limoneuses déposant, pendant leur séjour dans la vigne, les particules fines et fertilisantes qu'elles tenaient en suspension.

C'est surtout sur les surfaces planes que cette pratique réussit, mais on peut l'appliquer aussi lorsque la pente n'est pas considérable.

Elle consiste à entourer le vignoble de digues en terre plus ou moins élevées, d'environ un mètre, suivant la disposition des lieux. C'est une dépense de premier établissement qui est assez importante.

L'eau est puisée dans le fleuve à l'aide de machines puissantes et amenée dans le vignoble par des tuyaux en ciment.

On commence ordinairement ce traitement à la fin d'octobre; il faut 8 à 12 jours pour arriver à l'épaisseur d'eau voulue de 30 à 40 centimètres, qu'on maintient ensuite pendant 40 jours consécutifs, en continuant à pomper.

On peut admettre que les frais de ce traitement sont les suivants, en prenant pour base du calcul un vignoble de 10 hectares :

    1° 20 tonnes de charbon, à 30 fr. la tonne . . . .   600 fr.
    2° Graissage, etc.   40
    3° 50 journées de chauffeur à 6 fr.   300
                        Total. . . . .   940 fr.

soit 94 fr. par hectare.

A ce chiffre, il convient d'ajouter ceux qui représentent l'amortissement, soit :

    Pour les digues et les canaux d'écoulement. . . . .   150 fr.
    Pour la machine   300
    Pour la pompe et le tuyautage   100
                        Total . . . .   550 fr.

ou 55 fr. par hectare.

Les frais totaux de la submersion, qui nécessite 50 journées de marche de la machine, sont donc d'environ 150 fr. par hectare.

M. J. Lavenir, qui a une si grande compétence dans toutes les questions qui se rattachent aux traitements insecticides, nous a fourni sur ces derniers les renseignements intéressants que nous avons mis à profit et dont nous tenons à le remercier ici.

Vendange et vinification. — Les vendanges ont lieu généralement dans la dernière quinzaine de septembre, plus rarement en octobre. Elles durent de quinze jours à trois semaines environ. On y emploie des vendangeurs du pays et en outre des ouvriers étrangers à la région et qui viennent principalement de la Saintonge ; ils débarquent de leurs gabares à Pauillac, d'où ils sont conduits dans les vignobles des environs sur des charrettes à bœufs. Ils sont dirigés par un chef qui a seul traité avec le propriétaire.

La réunion des vendangeurs en équipes est désignée sous le nom de *manœuvre*. Elle comprend : 1° des *coupeurs* (généralement femmes et enfants), qui coupent le raisin et le placent dans des paniers en bois pouvant en contenir environ 10 kilogr. ; 2° des *porte-hottes* qui portent sur leur dos des hottes de 50 litres environ de capacité, dans lesquelles les coupeurs vident le raisin que ces porteurs vont décharger dans les cuves ou *douils* placées sur des charrettes ; 3° des surveillants ou *commandants*.

Suivant l'abondance de la récolte, il y a en général 1 porte-hotte pour 4 ou pour 6 coupeurs.

Quant aux surveillants, que l'on reconnaît aux longs bâtons qu'ils tiennent à la main, il y en a 1 pour 6 à 10 règes ou rangs de vignes. Ils veillent à ce que les coupeurs ne mettent pas dans la vendange les raisins non mûrs ou pourris, à ce qu'ils ne laissent pas de grappe sur les souches, à ce qu'ils ramassent les grains tombés et n'introduisent dans les paniers aucun corps étranger tel que feuilles, etc. En général ce sont les ouvriers de l'exploitation qui sont chargés de cette surveillance.

Dans les années pluvieuses, ou à la suite de grêle survenue avant la vendange, le plus grand soin est apporté au triage des raisins, surtout dans les vignobles où l'on cherche à obtenir le plus de qualité.

Autrefois, les coupeurs versaient le raisin dans un panier que portait un ouvrier dit *vide-panier*, lequel vidait ensuite les raisins dans une *basle*, sorte de baquet en bois de 25 litres de capacité ; un autre ouvrier était chargé de fouler légèrement le raisin. Des hommes chargeaient sur leurs épaules ou sur leur dos ces bastes et les déversaient dans les douils. Aujourd'hui, en Médoc, on emploie de préférence les hottes comme nous l'avons indiqué précédemment.

Le raisin est amené au cuvier sur des charrettes traînées par des bœufs ou par des chevaux.

Les cuviers sont de deux sortes. Les plus anciens sont disposés de la façon suivante : sur un des côtés du bâtiment, qui ne comprend qu'un rez-de-chaussée, sont ouvertes deux ou trois larges croisées par lesquelles on introduit la vendange sur une plate-forme contenant l'égrappoir et le pressoir. Du côté opposé sont rangées les cuves, d'une capacité variable, le plus souvent de 10 tonneaux, soit 90 hectolitres, établies à environ 70 centimètres du sol. Par les croisées on décharge les douils remplis de vendange et celle-ci, égrappée et foulée, est versée, à l'aide de comportes, à la partie supérieure des cuves, à laquelle on accède par une large échelle mobile.

Dans les cuviers de construction plus récente, il y a un premier étage. Au rez-de-chaussée se trouvent les cuves, au-dessus est établi un plancher sur lequel peuvent glisser sur des rails des plates-formes mobiles où sont installés l'égrappoir ou le fouloir. Par une large croisée du premier étage, les douils sont élevés à l'aide d'une grue, vidés sur ces plates-formes que l'on amène au-dessus de la cuve à remplir. Le moût et le raisin foulé tombent directement dans la cuve; la main-d'œuvre est ainsi notablement réduite.

Ce nouveau genre de cuvier est d'une installation plus coûteuse et la surveillance y est moins facile. Aussi beaucoup de grandes exploitations ont-elles conservé ou font-elles encore construire leurs cuviers suivant l'ancien modèle. C'est, par exemple, le cas dans quelques-uns des crus les plus renommés, tels que Château-Latour, Château-Lafite, etc.

Égrappage. — La séparation des grains d'avec les rafles ou grappes, ou queues, s'opère d'une façon générale en Médoc, dans le but de donner au vin plus de moelleux et de finesse. La grappe, en effet, surtout celle des cépages du Médoc, contient des principes très âpres, mal connus encore, qui participent de la nature du tanin et qui donneraient au vin une âpreté qu'on cherche à éviter. La pellicule du grain de raisin contient d'ailleurs, dans le Médoc, une quantité de principes astringents suffisante pour assurer la bonne tenue des vins.

L'égrappage se fait soit à la main, soit à l'égrappoir mécanique.

Quand on l'opère à la main, l'égrappoir est une sorte de grand cadre rectangulaire d'environ 2ᵐ,25 de long sur 1ᵐ,15 de large et 30 centimètres de profondeur. A environ 20 centimètres du rebord supérieur se trouve un grillage, ou tamis, formé de baguettes en bois ou en fer arrondies en demi-cercle ; les mailles ont environ 1 centimètre et demi de côté pour pouvoir laisser passer les grains.

Ce cadre repose sur quatre pieds de 1 mètre et présente la forme d'une table. La vendange qui vient d'être vidée sur la plate-forme où sont placés l'égrappoir et le pressoir, est versée à la pelle sur le tamis rectangulaire autour duquel six hommes, trois de chaque côté, agitent le raisin à la main ou à l'aide de petits râteaux en bois. Le tamis retient les grappes, que les deux ouvriers les plus rapprochés du pressoir jettent dans ce dernier, où elles sont tassées et exprimées quand il y en a suffisamment.

Le moût retiré de cette expression est ajouté à la cuve, c'est en effet le liquide provenant des grains et non celui que contient la grappe et que la pression ne peut faire sortir.

Quant à la vendange égrappée, elle est quelquefois triée de nouveau pour enlever les parcelles de rafles qui ont pu traverser l'égrappoir, ensuite elle est foulée aux pieds et portée dans les cuves à l'aide de comportes ; quelquefois aussi on ne foule pas.

Dans l'emploi de l'égrappoir mécanique, le raisin est versé dans une trémie, s'engage entre deux rouleaux assez espacés pour n'opérer qu'un léger foulage et tombe dans une auge en tôle percée de trous, dans laquelle se meuvent deux palettes ; la grappe est séparée des grains qui, ayant traversé les trous, sont déversés dans la cuve. Les grappes sont amenées, par une vis sans fin, à l'extrémité de l'appareil, d'où elles sont jetées dans le pressoir, qui est le plus souvent un pressoir Mabille.

Les cuves qui reçoivent la vendange ont été au préalable nettoyées avec soin et souvent épongées avec de l'eau-de-vie. On les remplit aux trois quarts ; elles sont généralement munies d'un couvercle qu'on lute avec du plâtre. A la partie supérieure, un siphon, débouchant dans un vase contenant de l'eau, permet le dégagement de l'acide carbonique. La fermentation s'accomplit ainsi à l'abri de l'air et on n'a pas à craindre l'acétification du chapeau.

A la partie inférieure, pour éviter que les râpes n'obstruent le robinet, on fixe au fond de la cuve, devant ce robinet, un grillage en bois, ou un paquet de sarment, ou un balai, formant tamis.

Quelquefois aussi, on opère la vinification dans des cuves ouvertes, il faut alors des précautions spéciales pour empêcher le chapeau de s'aigrir; dans ce cas, à l'aide d'un treillage immergé et arc-bouté aux solives du toit, on maintient le chapeau recouvert de moût, ou bien on se contente d'enfoncer le chapeau tous les jours à l'aide d'une batte percée de trous. Dans ce dernier cas, il faut avoir soin, avant l'écoulage, de vérifier si la partie supérieure du chapeau n'est pas aigrie et enlever à la main celle qui le serait.

La fermentation commence, suivant l'état de maturité de la vendange et surtout suivant la température, le premier, le deuxième ou le troisième jour. L'époque des écoulages varie beaucoup d'une année à l'autre, suivant l'époque à laquelle la récolte a été faite, la température pendant la cuvaison, la maturité de la vendange, la nature des cépages, etc. On laisse cuver depuis une semaine jusqu'à quatre ou cinq semaines; généralement, on soutire trois semaines après la vendange. En 1894, l'écoulage n'a été commencé que quatre à cinq semaines après la mise en cuves, à cause du refroidissement de la température à l'époque tardive à laquelle la vendange a été faite. Le refroidissement du vin, la dégustation, indiquent le moment opportun.

On fait écouler le vin par un robinet placé à la partie inférieure de la cuve dans un grand vase en bois appelé gargouille, sur lequel repose un tamis qui empêche les grains et les pépins de passer.

On le transvase, soit à l'aide de comportes, soit à l'aide de pompes, dans des barriques neuves, lavées à l'eau-de-vie, de 225 litres, dites barriques bordelaises, généralement en bois de chêne. Ces barriques sont rangées dans le chai sur des traverses en bois appelées tins; elles restent débondées ou simplement bouchées par une feuille de vigne ou de figuier jusqu'à complète fermentation; après quoi on met la bonde, sans l'enfoncer, pour que les gaz puissent se dégager. Pendant les premiers mois, on maintient les barriques constamment pleines par l'ouillage, qu'on fait une ou deux fois par semaine. Au bout de quelques mois, les ouillages sont plus espacés. Environ quatre mois après la mise en barriques a lieu un premier soutirage, qui sépare le vin de sa lie. On transvase le vin d'une barrique dans une autre, que l'on a préalablement rincée et soufrée en y faisant brûler un bout de mèche de soufre.

Généralement, on fait de même un deuxième soutirage au moment de la floraison de la vigne, puis un troisième en octobre. A la fin de cette première année, on opère un collage, dans le but de clarifier les vins et de hâter l'époque de leur mise en bouteille ; on se sert à cet effet de blancs d'œufs (6 à 8 par barrique) ; on agite le liquide, soit à l'aide d'un bâton, soit à l'aide d'un instrument spécial appelé fouet, d'où le nom de *fouettage* appliqué à l'opération.

On emploie aussi, mais plus rarement, la gélatine ou des poudres albumineuses. Après dissolution de ces substances, le collage s'opère de la même façon que précédemment.

Les barriques sont alors mises bonde de côté, c'est-à-dire qu'elles sont placées de telle sorte que la bonde ne se trouve plus à la partie supérieure, mais sur le côté, pour interrompre toute communication avec l'air.

Après le collage et la mise bonde de côté, l'ouillage n'est plus pratiqué.

On opère pendant la deuxième année trois soutiragès, après quoi, les vins peuvent être mis en bouteilles, vers le mois de mars suivant, c'est-à-dire deux ans et demi après la récolte ; un mois environ auparavant, on leur fait subir un nouveau et dernier collage.

La mise en bouteilles demande de grands soins, surtout pour la propreté et la siccité des bouteilles, le choix des bouchons, etc. On n'a plus alors qu'à laisser vieillir.

On sépare ordinairement le vin en plusieurs qualités. Les plus vieilles vignes et celles qui sont situées dans les sols les mieux exposés et les plus caillouteux donnent les vins les plus fins ; les propriétaires en font ce qu'on appelle le premier vin ou grand vin.

Les vignes plus jeunes ou moins bien situées donnent le deuxième vin.

Avec les fonds de cuve on fait le troisième vin.

Enfin de l'expression des marcs on retire le vin de presse, qui sert aux ouillages ou à la consommation du personnel.

On fait, avec les marcs exprimés, une piquette assez légère, qu'on distribue aux ouvriers qui ont droit à la boisson.

Fumures. — Les fumures employées en Médoc sont de diverses sortes.

On fait un grand usage de composts. Ceux-ci sont formés de terres provenant des alluvions de la Gironde, du recurage des fossés, des chemins, de terres des landes, etc., mélangées avec des fumiers, des feuilles d'arbres, des bruyères, fougères, ajoncs, roseaux, etc.

On y ajoute les râpes et les marcs, les cendres de sarments et quelquefois aussi de la chaux.

Les terres provenant du fleuve ou du recurage des fossés sont préalablement laissées à l'air pendant un ou deux ans.

Ces divers éléments sont mélangés par couches, en proportions variables suivant les domaines. On met à peu près autant ou un peu plus de matériaux terreux que de fumier. Ces composts sont fabriqués dans le courant de l'été et de l'automne. On les recoupe deux ou trois fois et, après que les diverses couches ont été bien mélangées dans le courant de l'hiver, on les emploie dans les vignes aux mois de février et de mars.

Ces produits, par la grande variété des éléments qui les constituent, ont des compositions très diverses. Nous donnons plus loin les résultats de l'analyse de quelques échantillons prélevés dans les vignobles en expérience.

Outre ces composts, que fabriquent toutes les exploitations, il est fait un grand usage de bourriers de ville ou gadoues de Bordeaux, auxquels on a fréquemment recours, à cause de la proximité de cette ville et de la facilité des transports. Le Médoc, en effet, est privilégié sous ce rapport : situé sur le bord du fleuve avec des ports nombreux, il peut ainsi recevoir les fumures ou écouler ses produits par voie d'eau ; d'ailleurs, il est traversé dans toute sa longueur par une ligne de chemin de fer, dont les stations sont nombreuses et rapprochées.

Ces gadoues sont des mélanges de détritus de toutes sortes de l'alimentation et de l'industrie, renfermant une quantité considérable de matériaux divers, peu homogènes, variables suivant les époques de l'année et qui sont loin d'avoir une composition constante.

Étudions ces diverses sources de principes fertilisants employés dans le Médoc, en commençant par quelques-unes des matières premières qui servent à la confection des composts.

Terres d'amendements. — Les terres d'amendements qu'on y introduit varient suivant la situation des vignobles; ceux qui sont à proximité de la Gironde emploient principalement, pour leurs composts, les vases que le fleuve a accumulées sur ses rives; ces vases, essentiellement glaiseuses, ne contiennent pas d'éléments grossiers, mais sont constituées par des particules d'une finesse extrême, très argileuses, que l'eau tenait en suspension.

Dans presque toutes les exploitations, on utilise aussi les curures de fossés qui déversent les eaux provenant des landes; elles sont constituées par des terres diverses plus ou moins argileuses, contenant, en proportions variables, des débris végétaux qui augmentent leur teneur en azote.

Ces matériaux sont recueillis imprégnés d'eau ; on les laisse ordinairement se ressuyer et s'effriter par une exposition à l'air de 1 à 2 ans.

On utilise également en grande quantité les terres des landes avoisinantes; ce sont surtout des sables renfermant quelques cailloux siliceux et qui sont riches en débris organiques, provenant des végétations qui s'y étaient développées, bruyères, fougères, ajoncs, etc., etc.

Enfin, on rencontre dans les parties basses et humides, par exemple aux environs de Vertheuil, des marais formant de véritables tourbières et remplis d'une terre noire renfermant une proportion considérable de matières organiques, auxquelles elles doivent une richesse exceptionnelle en azote; on les cultive en prairies. Les fossés qui environnent ces marais donnent, par leur curage, des matériaux d'une richesse également très grande, qui en font un précieux adjuvant dans la confection des composts.

Voici quelle est la composition, à l'état sec, de quelques-uns de ces produits que nous avons prélevés dans les vignobles en expérience :

		POUR 1000 DE MATIÈRE DESSÉCHÉE A 100°.					
---	---	AZOTE.	ACIDE phosphorique.	POTASSE.	CHAUX.	MAGNÉSIE.	SESQUIOXYDE de fer.
Terre de landes		1.556	0.218	0.731	1.00	0.486	3.47
Vases de la Gironde.		1.030	1.620	4.130	26.60	1.480	non dosé.
Cururcs de fossés		1.830	0.880	4.440	25.20	1.510	non dosé.
Terre noire des marais de Reysson. .	Éch^{on} n° 1	21.350	3.316	2.346	66.36	0.270	23.13
	— n° 2	19.300	2.620	4.600	143.58	0.470	non dosé.
	— n° 3	17.600	2.700	non dosée.	non dosée.	non dosée.	non dosé.
Curure de fossés avoisinant les marais de Reysson.	Éch^{on} n° 1	15.325	1.365	2.873	64 62	0.540	23.13
	— n° 2	21.800	1.580	2.900	50.40	0.860	non dosé.
	— n° 3	16.800	1.640	non dosée.	non dosée.	non dosée.	non dosé.

Ces résultats donnent lieu aux considérations suivantes :

La terre de landes doit aux débris organiques qu'elle renferme une teneur en azote assez élevée, mais, en ce qui concerne les autres principes fertilisants, elle est d'une pauvreté très grande. Elle n'apporte donc que de faibles quantités d'azote aux sols auxquels on l'incorpore et elle est plutôt de nature à modifier la constitution physique du sol que sa composition chimique. Dans les terres trop argileuses, elle peut produire un ameublissement, mais elle ne mérite pas d'être regardée comme un engrais.

Les vases de la Gironde sont d'une richesse peu élevée en azote, mais sont riches en acide phosphorique et surtout en potasse. La grande finesse des éléments qui les composent doit en outre leur faire attribuer une action sur la nature des terres auxquelles elles procurent un élément de cohésion ; elles conviennent donc aux terres graveleuses, auxquelles elles apportent de l'engrais en même temps que des particules fines.

Les curures de fossés sont encore plus riches en azote et en potasse, les débris végétaux qu'elles renferment en abondance constituent de l'humus par leur décomposition.

Quant aux terres noires et aux curures des fossés qui les entourent, dont celles du marais de Reysson offrent le type le mieux caractérisé, elles sont d'une richesse extrêmement grande en azote, puisque leur teneur atteint et dépasse même 2 p. 100. Elles contiennent également de l'acide phosphorique et de la potasse en proportion assez forte.

Malgré la grande quantité de matériaux organiques qu'elles renferment à l'état pulvérulent et qui les rend noires et spongieuses, ces terres ne sont pas acides; on voit en effet qu'elles sont assez riches en chaux. Presque toute la chaux est combinée à la matière organique, formant une sorte d'humate; une très faible proportion se trouve à l'état de carbonate. Quant à la quantité de matière organique que renferment ces terres, elle est comparable à celle des tourbes et atteint la proportion de 70 p. 100 de terre sèche.

On ne paraît pas s'être rendu assez compte de l'effet que des terres pareilles peuvent produire dans des sols pauvres, dont elles peuvent modifier la nature par un apport énorme d'azote et de matière humique. Mises en tas, avec des phosphates naturels, elles sont aptes à solubiliser ces derniers; au contact d'autres terres, elles nitrifient et leur azote devient assimilable.

Répandues sur les fumiers ou sous les pieds des animaux, elles empêchent la déperdition de l'ammoniaque.

Le rôle de ces terres de marais ne nous semble pas avoir été compris et nous ne saurions trop appeler l'attention sur leur utilisation.

Les sols de ces marais forment des prairies humides où l'on produit de grandes quantités d'herbes grossières, avec des joncs, des carex et des laîches. L'épaisseur de la couche est très grande et l'exploitation de ces sols n'appauvrirait pas la prairie. L'introduction de pareilles terres dans les composts les enrichit considérablement.

Débris végétaux. — Les diverses terres que nous venons d'étudier forment la base des composts. On y mélange, outre des fumiers et quelquefois des gadoues, des débris végétaux, principalement des plantes coupées dans les landes, auxquelles on donne le nom de bruc, et qui sont surtout constituées par des bruyères, des fougères, des ajoncs, des aiguilles de pins, etc. La composition moyenne de ce mélange de végétaux divers , séchés à l'air , tels qu'on les emploie est la suivante, avec 15 ou 20 p. 100 d'eau :

Azote.	1.93 p. 100
Acide phosphorique	0.26 —
Potasse.	1.21 —

Ce produit n'est donc pas très riche, quoiqu'il apporte une certaine quantité d'azote et de potasse ; mais on le trouve à proximité et en grande abondance dans la lande qui confine à beaucoup de vignobles et qui occupe d'immenses étendues.

On coupe et on recueille ce bruc le plus souvent pour en faire de la litière pour les animaux de l'exploitation ; c'est, sous ce rapport, une ressource précieuse, dans une région où la paille de céréales fait défaut ; mais souvent aussi on l'introduit directement dans les composts, sans le faire passer sous les pieds des animaux. Ces débris végétaux se décomposent graduellement et forment du terreau.

Fumiers. — Quant aux fumiers produits dans les exploitations, ils sont tantôt employés en nature et tantôt introduits dans les composts.

Dans beaucoup de propriétés, on fait usage de litières de paille surtout pour les chevaux ; mais la litière des landes est plus usuelle ; elle est plus particulièrement donnée aux bœufs, qui sont les véritables animaux de travail dans le Médoc.

Les fumiers ont la composition moyenne suivante :

Le fumier de cheval :

	PAR 1000 kilogr.	PAR mètre cube.
Azote	5,5	2,2
Acide phosphorique.	3,4	1,4
Potasse.	7,0	2,8

Le fumier de vache :

Azote	4,7	2,8
Acide phosphorique.	3,0	1,8
Potasse.	6,0	3,6

Quand ils sont destinés à être employés en nature, on les réunit dans une fosse et on les arrose de purin de temps à autre.

Dans certains vignobles, par exemple dans le vignoble en expérience du Gazin, à Pomerol, on répand à leur surface une mince couche de terre pour diminuer autant que possible les déperditions d'azote, ce qui est une pratique très recommandable.

Quelques propriétaires y ajoutent également des phosphates naturels, qui s'y transforment graduellement en devenant plus assimilables.

Composts. — Après avoir passé en revue les divers matériaux qui entrent dans la confection des composts, étudions la composition de ces derniers, que nous avons prélevés dans divers vignobles où on en fait un grand usage.

Ces composts, comme nous l'avons vu, sont formés de mélanges en proportions variables de fumier d'étable, des débris végétaux et des diverses terres d'amendements que nous avons précédemment examinés. On y ajoute aussi quelquefois de la pierre à chaux, de la poussière de route et, en général, toutes sortes de produits. Aussi trouvons-nous dans leur composition de grandes variations au point de vue de leur teneur en principes fertilisants.

Nous en avons prélevé un certain nombre, fabriqués dans les conditions les plus diverses, afin de nous rendre compte des limites entre lesquelles varie leur richesse.

Ces tas de composts, fabriqués plusieurs mois avant l'emploi et soumis à 2 ou 3 recoupages, nitrifient notablement et leurs éléments azotés ainsi transformés sont à l'état le plus assimilable. Aussi l'effet de ces composts sur la vigne est-il très sensible, comme d'ailleurs celui de tous les terreaux plus ou moins consommés. Ils sont plus particulièrement employés pour les plantations où ils jouent un rôle important.

Voici la composition de ces divers produits, considérés à l'état naturel, c'est-à-dire avec 20 p. 100 d'eau ; dans ces conditions le poids du mètre cube au tas est voisin de 1 300 kilogr.

| | POUR 1 000. | | | | | |
| COMPOST. | AZOTE. | | ACIDE phospho-rique. | POTASSE. | CHAUX. | MA-GNÉSIE. |
	ni-trique.	total.				
De Château-Latour.	0.086	2.744	1.248	4.024	29.344	0.864
— Lafite.	0.089	3.314	6.184[1]	3.752	35.840	0.680
— Brane-Cantenac .	0.062	1.736	0.768	2.352	10.080	0.648
— Issan 1893. . .	0.042	1.376	1.200	1.688	11.424	0.720
— Issan 1894. . .	0.042	1.416	0.904	2.160	11.200	0.576
— Beau-Site. . . .	0.071	3.384	1.925	5.848	6.048	0.536
— Loudenne . . .	0.038	1.696	1.120	3.552	36.288	0.616

1. Addition de phosphate.

On voit que ces composts ont nitrifié sensiblement. L'azote est en proportion assez élevée et cela d'autant plus qu'il entre plus de fumier ou de débris végétaux dans le mélange.

L'acide phosphorique est peu abondant, parce que les matériaux qui ont servi à la confection du compost sont eux-mêmes très pauvres, les terres d'alluvions, les terres des landes, ainsi que les végétaux de ces dernières sont, par leur nature même, très peu phosphatés. Ce n'est que lorsqu'on a additionné les composts ou les fumiers de phosphate, que nous trouvons cet élément en quantité notable.

La potasse est en assez forte proportion, tous les matériaux en apportant quelque peu.

Tous ces composts jouent un rôle important dans la fumure des vignes du Médoc.

Gadoues ou bourriers de Bordeaux. — Outre les produits locaux dont nous venons de parler, on en utilise d'autres importés du dehors et parmi lesquels les gadoues ou bourriers de Bordeaux occupent la première place ; la proximité de cette ville, la facilité des transports, permettent d'utiliser ces produits, qu'on voit arriver en grande quantité et qui offrent une ressource précieuse pour les vignobles de la région.

Les bourriers ou gadoues de Bordeaux sont composés, comme tous les produits similaires, des résidus de l'alimentation et de l'industrie humaine ; on y trouve des cendres, des épluchures de légumes, du fumier de cheval, des balayures, des écailles d'huîtres, ainsi que des substances inertes, telles que du papier, du verre, de la porcelaine, des ustensiles métalliques, des bouchons, etc... En hiver les cendres dominent et augmentent sensiblement le taux de potasse.

La teneur en éléments fertilisants est donc variable, ce qu'on s'explique par les quantités et la diversité des matériaux qui les constituent.

Voici les résultats de l'analyse de gadoues de Bordeaux employées dans deux vignobles différents ; elles ont une teneur moyenne en eau de 30 p. 100.

DÉSIGNATION.	POUR 1 000.				
	AZOTE.	ACIDE phosphorique.	POTASSE.	CHAUX.	MAGNÉSIE.
Gadoue prélevée à Saint-Émilion	3.64	4.69	6.47	54.04	»
— Château-Loudenne . .	3.53	3.92	6.47	50.96	0.96

Le poids du mètre cube est d'environ 1 100 kilogr.

On n'emploie pas généralement ces gadoues à l'état de gadoues vertes ; le plus souvent, on les laisse se transformer par une exposition de quelques mois à l'air, ce qui en fait des gadoues noires, sorte de terreau plus consommé ; elles subissent des fermentations et une décomposition qui en rendent les éléments plus assimilables.

Le plus souvent les gadoues sont employées en nature ; plus rarement on les fait entrer dans les composts.

D'après les analyses qui précèdent, on voit que ces produits ont une composition voisine de celle des fumiers d'étable.

Leur prix d'achat, à Bordeaux, est de 4 à 6 fr. les 1 000 kilogr. et les frais de transport à pied d'œuvre sont ordinairement de 2 à 3 fr. En moyenne, on peut estimer que ces engrais reviennent à 8 ou 10 fr. y compris les frais d'achat, de transport et d'épandage.

Ils n'apportent pas seulement des substances fertilisantes, mais la forte proportion dans laquelle on les emploie modifie le sol en le divisant par les matériaux inertes qu'ils renferment.

Fumiers de champignons. — On utilise aussi, particulièrement dans les environs de Saint-Émilion, des fumiers de cheval qui ont servi pendant quelques mois à la production des champignons, industrie locale assez développée. Ces fumiers, dits de champignons, sont vendus généralement à raison de 3 fr. le mètre cube. Voici les résultats des analyses de deux échantillons :

DÉSIGNATION.	POUR 1 000.				
	AZOTE.	ACIDE phos-pho-rique.	PO-TASSE.	CHAUX.	EAU.
Fumier de champignon ⎰ 1er échantillon .	8.3	6.4	15.4	108.5	421.0
⎱ 2e — .	7.6	5.9	13.5	99.1	457.0

Ils sont sensiblement plus riches que les fumiers de cheval ordinaires, ce qui tient à ce qu'ils se sont partiellement desséchés.

Outre les divers matériaux que nous avons énumérés, on utilise encore des engrais chimiques, surtout lorsqu'il s'agit de relever des vignes qui ont faibli.

On voit qu'on se sert dans les vignobles du Bordelais, où se produisent des vins si renommés, de matières fertilisantes ayant les origines les plus diverses et l'on peut dire, comme nous le montrerons plus loin, que c'est à l'aide de fumures abondantes que la vigne est maintenue en végétation et en production, comme elle l'est également dans d'autres régions réputées pour la qualité de leurs vins.

Nous devons examiner le côté économique de l'emploi des divers matériaux fertilisants dans les vignobles de la Gironde.

Quand on utilise les fumiers produits dans l'exploitation, les curures de fossés, les terres d'amendements, etc... il n'y a point à compter avec un prix d'achat ; c'est une question de manutention et de transport, qui peuvent s'effectuer pendant la morte-saison et qui utilisent alors les ouvriers et les attelages.

Quand on s'adresse, comme on le fait fréquemment, au bruc, c'est-à-dire aux végétaux coupés dans les landes, il y a en outre une main-d'œuvre pour le fauchage et le ramassage, et, quand la lande n'appartient pas au propriétaire du vignoble, des frais d'achats.

Mais, le produit importé dans le domaine le plus fréquemment, c'est la gadoue de Bordeaux, c'est-à-dire les résidus de l'alimentation de la ville et que nous devons particulièrement étudier au point de vue de l'opportunité de son emploi.

Nous avons vu quelle est la composition moyenne de ce produit; nous pouvons calculer sa valeur argent d'après la proportion des éléments fertilisants qu'il contient :

Nous trouvons en moyenne, pour 1 000 kilogr. de gadoue :

Azote.	$3^{kg},6$ à $1^f,25$ le kilogr., soit		$4^f,50$
Acide phosphorique . . .	4 ,4 à 0 ,30	—	1 ,32
Potasse	4 ,5 à 0 ,40	—	1 ,80
	Soit valeur totale.		$7^f,62$

Les prix de l'unité d'azote, d'acide phosphorique et de potasse sont établis d'après les cours des engrais relativement peu assimilables, comme le sont les gadoues.

On voit qu'en réalité ces produits, rendus à pied d'œuvre, sont payés à un prix supérieur à leur valeur réelle, soit 8 à 10 fr. la tonne au lieu de 7 fr. 62. Il est vrai qu'ils servent également d'amendement, modifiant le sol par l'humus et les matériaux grossiers qu'ils apportent, mais cette dernière considération ne saurait se traduire en valeur vénale.

En présence de cette situation, on peut se demander si des engrais chimiques ne donneraient pas plus de résultats avec moins de frais. Mais avant d'entrer dans cette voie, les propriétaires des crus classés devraient s'assurer que ces dernières fumures, plus intensives à cause de leur plus grande assimilabilité, n'altèrent en rien les qualités de finesse et de bouquet qui ont fait la réputation de leurs vins.

Frais de culture. — Après avoir passé en revue le mode de culture des vignes du Médoc avec les traitements insecticides et les fumures qu'elles exigent, nous devons donner quelques indications sur les frais d'exploitation.

Dans les crus les plus réputés, où les vins se vendent un prix élevé et où, par suite, on n'a pas à reculer devant les sacrifices d'argent, les grands soins donnés aux façons culturales, l'abondance des fumures et, nous devons le dire aussi, le luxe apporté dans l'entretien de la vigne et dans celui des bâtiments, occasionnent une dépense très forte.

Dans d'autres vignobles, dont les vins atteignent des prix moins élevés, on est obligé d'y regarder de plus près. Aussi dans les crus moins réputés et surtout dans les vins artisans et paysans, arrive-t-on à faire l'exploitation à des frais beaucoup moindres.

Si dans les premiers, deuxièmes et troisièmes crus, les dépenses d'exploitation atteignent et dépassent même 2 000 fr. par hectare, elles diminuent graduellement jusqu'aux crus bourgeois et paysans à 1 500, à 1 000 et même à 700 ou 800 fr.

Nous donnons à titre de renseignements un relevé des frais annuels dans les crus où on ne recule devant aucune des dépenses jugées nécessaires à l'entretien de la vigne, à sa production et à sa bonne tenue.

Ces données résultent d'une enquête faite récemment par un certain nombre de propriétaires et qui a trait aux vignobles des premiers, deuxièmes et troisièmes crus.

Frais de culture, par hectare, d'un cru classé du Médoc.

1° Taille, lève ou sécaillage, pliage		62^f,50
2° Deux façons de cavaillons		30 »
3° 1 façon supplémentaire tous les deux ans		15 »
4° 4 labours		100 »
5° 2 labours tous les deux ans		50 »
6° Fil de fer et pointes	27^f »	
Carassons et lattes	15 »	57 »
Osier	15 »	
7° Ebourgeonnage		20 »
8° Jonchage, attachage des pousses		35 »
9° Rognage		20 »
10° Relèvement des bouts de règes		30 »
A reporter		419^f,50

Report	419ᶠ,50

11° Arrachage des mauvaises herbes	10 »

12° Provignage, remplacement de 250 pieds, savoir :

Trous.	25ᶠ »	
Ajoncs à mettre dans les trous.	25 »	75 »
Compost ou fumier	25 »	

13° Fumage tous les 4 ans, 2 000 fr..	500 »
14° Chasse aux insectes	25 »
15° Usure des vaisseaux vinaires, entretien des chais.	20 »
16° Soufrages.	54 »
17° Défense contre l'anthracnose.	16 »
18° Sulfatages	90 »
19° Traitement du phylloxéra, prix moyen des trois traitements, sulfure dilué, pal, sulfocarbonate	330 »
20° Logement de récolte, 2 tonneaux à 70 fr.	140 »
21° Entretien de tous les bâtiments.	20 »
22° Médecin, vétérinaire, pharmacien.	20 »
23° Impositions (elles sont de 40 p. 1 000).	30 »
24° Assurances des bâtiments (1 p. 1 000, récoltes à 0 fr. 22 p. 1 000).	25 »
25° Curage des fossés.	8 »
26° Charrois.	75 »
27° Prestations.	10 »
28° Remplacement des vignes (durée 40 ans en moyenne) 250 fr. annuellement.	125 »

Total.	1 992ᶠ,50

On voit que les frais d'exploitation des vignobles du Médoc, tout au moins en ce qui concerne les crus les plus cotés, sont très importants. Mais les prix élevés auxquels leurs vins se vendent permettent de faire tous les sacrifices qui peuvent être utiles à la production et à la qualité. Nous donnons, à titre de renseignements, les prix des vins après le premier soutirage, dans quelques-uns des vignobles que nous avons étudiés.

Château-Latour (1ᵉʳ cru classé) :

1888.	2 250 fr. le tonneau, soit 250 fr. l'hectolitre.
1889.	3 000 — 333 —
1890.	4 100 — 455 —
1891.	2 100 — 233 —
1893 [1]	1 750 — 195 —

---

1. Année de grande abondance.

Château-Brane-Cantenac (2e cru classé). . . 1 200 à 2 000 fr. le tonneau, soit 133 à 222 fr. l'hectolitre.

Château-d'Issan (3e cru classé) . . . . . . Environ 1 000 fr. le tonneau, soit 115 fr. l'hectolitre.

Château-Beau-Site (cru bourgeois supérieur). Environ 800 fr. le tonneau, soit 90 fr. l'hectolitre.

Château-Loudenne (cru bourgeois ordinaire). Environ 550 fr. le tonneau, soit 65 fr. l'hectolitre.

Même avec une production moyenne, les meilleurs crus donnent donc encore un revenu net considérable.

Les frais de culture ne diminuent pas dans la même proportion que le prix des vins, il s'en faut même de beaucoup, et dans quelques crus bourgeois bien soignés, comme par exemple Château-Beau-Site, les dépenses d'exploitation sont peu inférieures à celles que nous avons indiquées pour les grands crus. Aussi ces derniers, avec les prix de vente élevés de leurs vins, donnent-ils des bénéfices nets beaucoup plus considérables.

Il n'est donc pas étonnant que la valeur foncière varie dans de très grandes proportions, dont nous croyons utile de donner un aperçu :

Les premiers crus classés, tels que Château-Latour, Château-Lafite, etc., sont estimés à 60 000 fr. l'hectare ;

Les deuxièmes crus classés, tels que Brane-Cantenac, Cos d'Estournel, Montrose, etc., sont estimés de 25 000 à 30 000 fr. l'hectare ;

Les troisièmes crus classés, tels que Château-d'Issan, Palmer, Langoa, etc., sont estimés de 15 000 à 18 000 fr. l'hectare ;

Les quatrièmes crus classés, tels que Château-Poujet, le Prieuré, etc., sont estimés de 12 000 à 15 000 fr. l'hectare ;

Les cinquièmes crus classés, tels que Pontet-Canet, Mouton-d'Armailhac, etc., sont estimés de 10 000 à 12 000 fr. l'hectare ;

Les crus bourgeois supérieurs, tels que Château-Beau-Site, etc., sont estimés de 7 000 à 10 000 fr. l'hectare ;

Les crus bourgeois ordinaires, tels que Château-Loudenne, etc., sont estimés de 5 000 à 6 000 fr. l'hectare.

Ces considérations préliminaires étant exposées, nous passons à l'étude des divers vignobles du Médoc que nous avons particulièrement examinés, en commençant par les crus les plus renommés.

Les matériaux nécessaires à ces études ont été prélevés au moment de la vendange : les feuilles et les sarments aussitôt le raisin cueilli, les rafles après l'égrappage ; enfin, les marcs exprimés et les vins, au moment des écoulages.

Dans beaucoup de vignobles on pratique le rognage, c'est-à-dire un épamprage partiel dans le courant de l'été. On enlève à la vigne les extrémités des jeunes pousses avec un certain nombre de feuilles ; les parties enlevées retournent directement au sol ; leur proportion est variable, mais ce qu'elles peuvent contenir d'éléments fertilisants représente des chiffres très minimes, car ce sont des tissus aqueux, l'eau formant près des quatre cinquièmes de leur poids. Si nous avions fait entrer les quantités d'éléments fertilisants que renferment ces tissus dans le calcul des exigences de la vigne, nous eussions légèrement augmenté les chiffres qui expriment ces dernières.

Mais nous n'avons voulu faire entrer dans ces recherches que des données que nous avons pu recueillir nous-mêmes, celles qui se rapportent au rognage ont donc dû être négligées ; nous venons d'expliquer qu'elles ne sont pas de nature à modifier les résultats généraux et les conclusions de ces études.

Vignoble de Château-Latour

(1er cru classé).

Le vignoble de Château-Latour est situé sur le territoire de la commune de Pauillac, à proximité de la Gironde, à environ 48 kilomètres au nord-nord-ouest de Bordeaux.

La propriété de Château-Latour appartient à une société civile constituée en 1842 par les familles de Flers, de Beaumont, de Courtivron, co-propriétaires de Château-Latour, comme héritiers directs du comte de Ségur, qui possédait la seigneurie de Saint-Lambert, dont dépendait la terre de Latour avant la révolution de 1789.

Elle est dirigée par un viticulteur distingué, M. D. Jouet, ancien élève de l'Institut agronomique, qui a rétabli ce beau vignoble dans un parfait état de prospérité, après les atteintes que l'invasion phylloxérique lui avait fait subir. Nous avons grand plaisir à le remercier ici du concours qu'il a donné à nos études et que sa grande compétence rendait particulièrement précieux.

Le vignoble de Château-Latour est faiblement ondulé et présente des croupes peu accentuées. Il est constitué par des terrains essentiellement graveleux ; mais la grosseur et l'abondance des cailloux roulés varie d'une pièce à l'autre, de même que la nature du sol.

On peut diviser les terres constituant le domaine en trois catégories ; celles dans lesquelles domine la grosse grave et où le sol est silico-argileux, celles où existe de la grave de grosseur moyenne ; celles enfin où le sol devient plus sableux et les cailloux plus petits. Les sous-sols à 0^m,35 ou 0^m,40 sont identiques avec le sol superficiel et on n'a pas eu à les examiner séparément.

Voici les résultats des analyses de ces trois catégories de terrains.

	POUR 1 000 DE TERRE NATURELLE SÈCHE.		
	Terre fine.	Cailloux.	
		siliceux.	calcaires.
Grosse grave, sol	284	716	0
Grave moyenne, sol	369	631	0
Petite grave, sol.	710	290	0

La proportion de cailloux roulés siliceux varie, comme on le voit, du tiers aux trois quarts de la terre naturelle.

C'est la grave moyenne qui occupe la plus grande surface dans la propriété.

L'analyse de la terre fine est donnée dans le tableau ci-dessous.

DÉSIGNATION.	POUR 1000 DE TERRE FINE SÈCHE.					
	AZOTE.	ACIDE phospho-rique.	POTASSE.	CARBO-NATE de chaux.	MA-GNÉSIE.	SESQUI-OXYDE de fer.
Grosse grave, sol	0.781	0.827	1.751	6.4	1.980	18.53
Grave moyenne, sol . . .	0.682	0.605	1.326	2.2	0.810	9.27
Petite grave, sol.	0.602	0.293	1.088	4.0	0.900	9.27

La partie fine de ces terres contient peu d'azote et d'acide phosphorique, plus de potasse et très peu de chaux.

La terre des parties où la grosse grave est abondante est moins pauvre et beaucoup plus ferrugineuse que celle des parties où les cailloux ont moins de grosseur.

Mais si, au lieu de ne considérer que la terre fine, on tient compte des cailloux mêlés à la terre, prenant ainsi la terre telle qu'elle se présente en réalité dans la vigne, les chiffres précédents, qui expriment la teneur en principes fertilisants, sont notablement modifiés et s'abaissent d'autant plus que les cailloux, matériaux inertes, y sont plus abondants. On trouve alors, pour 1 000 de terre en nature, la composition suivante :

DÉSIGNATION.	POUR 1 000 DE TERRE NATURELLE SÈCHE.						
	AZOTE.	ACIDE phos-pho-rique.	PO-TASSE.	CARBONATE de chaux		MA-GNÉSIE.	SESQUI-OXYDE de fer.
				fin.	pier-reux.		
Grosse grave, sol	0.222	0.235	0.497	1.8	0	0.562	5.29
Grave moyenne, sol . . .	0.252	0.223	0.489	0.8	0	0.299	3.43
Petite grave, sol.	0.427	0.208	0.772	2.8	0	0.639	6.58

Il n'y a donc pour 1 000 de terre, c'est-à-dire dans un cube de terre considérable, que de très minimes quantités de principes fertilisants à la disposition de la vigne et on peut dire que ces sols sont pauvres sous tous les rapports.

Aussi, pour produire des récoltes, doivent-ils être aidés par des fumures, qu'on leur fournit d'ailleurs en abondance.

Les éléments fertilisants sont surtout, comme nous l'avons dit plus haut, apportés par des composts et des engrais de ville. Si la terre reste cependant aussi pauvre, c'est que ces éléments et particulièrement l'azote sont entraînés par les eaux pluviales, dans ces sols essentiellement perméables.

Le vignoble en expérience a une surface de 41 hectares de vigne ; il y a en outre 20 hectares de prairies constituées par les terrains bas qui s'étendent vers la Gironde et quelques hectares de landes.

Le nombre de souches à l'hectare est de 10 000.

Étant donné la forte proportion de très vieilles vignes qui existent encore à Château-Latour et qui sont conservées et soutenues avec le plus grand soin pour maintenir la qualité des produits du vignoble, on peut dire que l'âge moyen des vignes au Château-Latour est de 40 à 50 ans.

Elles sont défendues contre le phylloxéra par des traitements réguliers au sulfocarbonate de potassium et au sulfure de carbone.

Les travaux se font soit à la journée, soit à la tâche ; le prix de la journée de travail est de 2 fr. pour l'homme, 0 fr. 75 c. pour la femme.

Les travaux effectués à la tâche sont surtout la taille, le garnissage, le pliage, le tirage des cavaillons, les complantations, etc.

Les fumures sont principalement données sous forme de composts, constitués par le mélange, avec du fumier d'étable, de terre de bruyère, de terres d'alluvions, de plantes diverses, de pierres à chaux, etc. On recoupe plusieurs fois ce compost et on l'émiette avant l'emploi. Nous en avons donné plus haut la composition, que nous ne rappellerons pas ici.

On emploie ce mélange à raison de 150 mètres cubes à l'hectare. Mais cette fumure n'est renouvelée que tous les cinq ans environ, ce qui représente une fumure moyenne annuelle de 30 mètres cubes de compost par hectare, soit 39 000 kilogr.

En outre, pour le remplacement des provins (330 en moyenne par an et par hectare), on place dans chaque trou 5 à 6 kilogr. de compost, ce qui représente 2 000 kilogr.

Il y a donc un apport annuel total de 41 000 kilogr. de compost par hectare.

Cette fumure apporte au sol les quantités suivantes d'éléments fertilisants, calculées d'après la richesse de ce compost :

Azote	$112^{kg},0$
Acide phosphorique	$51 \ ,0$
Potasse	$164 \ ,5$

C'est donc une fumure annuelle très élevée que reçoivent ces vignes, nous aurons à y insister en parlant des exigences de cette culture.

Les conditions météorologiques spéciales à l'année 1894 ont influé sur la récolte, qui a été sensiblement inférieure à la moyenne.

Il n'y a pas eu de gelées d'hiver ni de printemps, mais une coulure très accentuée sur la fleur et sur le grain, à cause des vents froids survenus au moment de la fécondation.

La maturation a été tardive, mais s'est très bien complétée, grâce au beau temps qui a régné vers la fin de septembre et pendant la durée des vendanges. Pendant l'été, l'air a été généralement assez humide, ce qui a déterminé de fortes invasions de maladies cryptogamiques, oïdium et mildew. Mais, dans ce domaine, des traitements énergiques par le soufre et par la bouillie bordelaise ont eu raison de ces maladies et la qualité du vin a été très bonne.

La vendange a duré du 29 septembre au 13 octobre.

Les données recueillies sont les suivantes, rapportées à l'hectare :

Grand vin.	$14^{hl},00$
Second vin.	1 ,43
Vin de presse.	2 ,70
Total.	$18^{hl},13$

Poids de feuilles desséchées à 100°.	$1\,226^{kg},00$
— sarments desséchés à 100°	1 484 ,00
— rafles desséchées à 100°	46 ,90
— marcs desséchés à 100°.	136 ,45
— lies desséchées à 100°	10 ,90

Voici la composition de ces divers produits de la vigne, en ne tenant compte que des éléments fertilisants :

Composition du vin, par litre.

	VIN		
	grand vin.	second vin.	de presse.
Azote.	$0^{gr},341$	$0^{gr},410$	$0^{gr},538$
Acide phosphorique	0 ,320	0 ,378	0 ,540
Potasse.	1 ,755	1 ,758	1 ,868
Chaux	0 ,119	0 ,123	0 ,149
Magnésie	0 ,037	0 ,055	0 ,054

Composition des feuilles, des sarments, des rafles et des marcs :

POUR 100 DE LA MATIÈRE SÉCHÉE A 100°.

	Feuilles.	Sarments.	Rafles.	Marcs.
Azote	2,138	0,576	1,112	1,906
Cendres	11,895	3,645	9,679	7,422
Acide phosphorique. .	0,567	0,247	0,699	0,530
Potasse	1,891	1,004	4,790	2,448
Chaux.	4,063	1,029	0,542	0,466
Magnésie.	0,156	0,094	0,094	0,059

Ces données permettent de calculer la proportion de principes fertilisants que la plante a absorbés dans le cours de sa végétation, pour la production de son bois, de ses feuilles et de ses fruits.

Le tableau suivant est rapporté à un hectare de vignes.

Matières fertilisantes absorbées par hectare de vignes.

DÉSIGNATION.		AZOTE.	ACIDE PHOSPHORIQUE.	POTASSE.	CHAUX.	MAGNÉSIE.
		kilogr.	kilogr.	kilogr.	kilogr.	kilogr.
Grand vin	14^{hl},00	0,477	0,448	2,457	0,167	0,052
Second vin	1 ,43	0,059	0,054	0,251	0,017	0,008
Vin de presse	2 ,70	0,145	0,146	0,504	0,040	0,014
Total	18^{hl},13					
Feuilles desséchées à 100°	1226^{kg},00	26,212	6,951	23,184	49,812	1,912
Sarments desséchés à 100°	1484 ,00	8,549	3,665	14,899	15,270	1,395
Rafles desséchées à 100°.	46 ,90	0,521	0,328	2,246	0,254	0,044
Marcs desséchés à 100°.	136 ,45	2,601	0,723	3,340	0,636	0,080
Lies desséchées à 100° .	10 ,90	0,190	0,065	1,186	0,323	traces.
Totaux.		38,754	12,380	48,067	66,519	3,505

En regard des exigences de la vigne, plaçons les quantités de matières fertilisantes données annuellement par la fumure.

Nous trouvons, par hectare :

	AZOTE.	ACIDE phosphorique.	POTASSE.
Apporté par la fumure. . .	112^{kg},00	51^{kg},00	164^{kg},50
Absorbé par la vigne . . .	38 ,80	12 ,40	48 ,10
Soit excédent dans la fumure	73^{kg},20	38^{kg},60	116^{kg},40

Il y a donc un apport de substances fertilisantes qui est environ trois fois plus élevé que les exigences de la vigne pour la production de ses organes et de sa récolte.

Si, au lieu de considérer une année de rendement peu élevé, comme 1894, nous raisonnons sur une année de production moyenne, les chiffres donnés plus haut varient quelque peu, mais sans modifier le résultat général. En calculant la récolte moyenne d'après celle des sept dernières années, nous obtenons 29^{hl},6 par hectare, soit :

En 1888	38^{hl},85
1889	33 ,58
1890	23 ,00
1891	29 ,63
1892	24 ,36
1893	39 ,95
1894	18 ,13

En adoptant le chiffre moyen de 29 hectolitres et en admettant, avec raison d'ailleurs, les mêmes quantités de feuilles et de sarments, sur lesquels la coulure n'a aucune action, nous trouvons les résultats suivants :

Matières fertilisantes absorbées par hectare de vignes pour une récolte moyenne de 29^{hl},7.

DÉSIGNATION.		AZOTE.	ACIDE PHOSPHO-RIQUE.	PO-TASSE.	CHAUX.	MA-GNÉSIE.
		kilogr.	kilogr.	kilogr.	kilogr.	kilogr.
Grand vin.	22^{hl},80	0,777	0,730	4,001	0,271	0,084
Second vin.	2 ,40	0,098	0,091	0,422	0,029	0,013
Vin de presse	4 ,50	0,242	0,243	0,840	0,067	0,024
Total	29^{hl},70					
Feuilles desséchées à 100°.	1 226^{kg},0	26,212	6,951	23,184	49,812	1,912
Sarments desséchés à 100°.	1 484 ,0	8,549	3,665	14,899	15,270	1,395
Rafles desséchées à 100° .	76 ,5	0,850	0,535	3,664	0,415	0,072
Marcs desséchés à 100°. .	222 ,4	4,239	1,179	5,444	1,036	0,131
Lies desséchées à 100°. .	17 ,8	0,310	0,106	1,933	0,526	traces.
Totaux.		41,277	13,500	54,387	67,426	3,631

On voit qu'en prenant pour base des calculs les résultats d'une année moyenne, il y a encore un excédent considérable de principes fertilisants dans la fumure.

Comment le sol ne parvient-il pas à s'enrichir par cet apport incessant de matériaux non utilisés? Cela tient à sa grande perméabilité, qui laisse perdre dans le sous-sol de l'azote ainsi que de la potasse; à la faible quantité de terre fine pouvant exercer des propriétés absorbantes; enfin aux pluies fréquentes qui lavent le sol. Il faut donc renouveler les fumures, puisque celles-ci se perdent à mesure; privée de cet apport, la vigne ne tarderait pas à péricliter.

Château-Lafite

(1er cru classé).

Le vignoble de Château-Lafite est situé sur le territoire de la commune de Pauillac.

Il appartient à MM. de Rothschild; et il est dirigé par M. Mortier, que nous remercions d'avoir bien voulu mettre ce beau vignoble à notre disposition.

Le vignoble est constitué par des terrains légèrement ondulés et plus ou moins graveleux; généralement la proportion de cailloux est assez élevée et atteint souvent les trois quarts de la masse de terre.

Le sous-sol, à la profondeur de $0^m,40$, est peu différent du sol superficiel.

Voici quelques analyses de divers échantillons représentant les principaux types de la propriété :

		POUR 1 000 de terre naturelle sèche.		
		Terre fine.	Cailloux	
			siliceux.	calcaires.
Echantillon n° 1 . .	Sol	266	734	0
	Sous-sol	310	690	0
— n° 2 . .	Sol	534	466	0
	Sous-sol	390	610	0

La composition de la terre fine est la suivante :

DÉSIGNATION.	POUR 1000 DE TERRE FINE SÈCHE.					
	AZOTE.	ACIDE phos-pho-rique.	PO-TASSE.	CARBO-NATE de chaux.	MA-GNÉSIE.	SESQUI-OXYDE de fer.
Échantillon n° 1 . Sol.	0.503	0.395	0.714	2.8	0.414	10.24
Sous-sol. . .	0.622	0.376	1.275	3.4	0.864	9.27
— n° 2 . Sol.	0.596	0.545	1.309	3.4	0.378	8.11
Sous-sol. . .	0.662	0.549	1.020	4.4	0.360	9.27

Ces terres sont, comme celles de Château-Latour, très pauvres en éléments fertilisants. Si l'on tient compte des cailloux qui y sont mêlés, on trouve que la composition de la terre en nature est la suivante :

DÉSIGNATION.	POUR 1000 DE TERRE NATURELLE SÈCHE.						
	AZOTE.	ACIDE phos-pho-rique.	PO-TASSE.	CARBONATE de chaux fin.	pier-reux.	MA-GNÉSIE.	SESQUI-OXYDE de fer.
Échantillon n° 1. Sol	0.134	0.105	0.190	0.7	0	0.110	2.77
Sous-sol .	0.193	0.116	0.395	1.0	0	0.268	2.87
— n° 2. Sol . . .	0.318	0.291	0.699	1.8	0	0.202	4.33
Sous-sol .	0.258	0.214	0.397	1.7	0	0.140	3.62

Ayant de si minimes quantités de matériaux fertilisants à sa disposition, la vigne ne saurait prospérer sans l'intervention de fumures abondantes.

Le vignoble de Château-Lafite comprend 66 hectares de vignes.

Il est tout entier en vieilles vignes françaises, défendues contre le phylloxéra par des traitements au sulfocarbonate de potassium. Les maladies cryptogamiques, oïdium et mildew, si développées en 1894, ont été combattues avec succès par des soufrages et des sulfatages.

Le nombre de souches à l'hectare est de 10 000.

Les observations ont fourni en 1894 les données suivantes, par hectare :

Vin . . . . 26^{hl},40

Poids de feuilles desséchées à 100° . . . . 972^{kg},00
— sarments desséchés à 100°. . . . 1 146 ,00
— rafles desséchées à 100°. . . . . . 101 ,10
— marcs desséchés à 100° . . . . . 242 ,80
— lies desséchées à 100°. . . . . . 15 ,80

Voici les résultats de l'analyse des divers produits de la vigne, en ne tenant compte que des éléments fertilisants :

Analyse du vin, par litre.

Azote. . . . . 0^{gr},412
Acide phosphorique . . . . 0 ,297
Potasse. . . . . 1 ,721
Chaux . . . . 0 ,130
Magnésie. . . . . 0 ,061

Composition des feuilles, des sarments, des rafles et des marcs.

POUR 100 DE LA MATIÈRE SÉCHÉE A 100°.

	Feuilles.	Sarments.	Rafles.	Marcs.
Azote	2.218	0.566	1.469	1.867
Cendres	12.543	3.530	11.315	7.831
Acide phosphorique. . .	0.694	0.236	0.613	0.601
Potasse	1.698	0.907	5.420	3.090
Chaux.	4.495	1.028	0.760	0.499
Magnésie.	0.226	0.102	0.077	0.059

Ces résultats permettent d'établir le tableau suivant, concernant les exigences de la vigne :

Matières fertilisantes absorbées par hectare.

DÉSIGNATION.		AZOTE.	ACIDE PHOSPHORIQUE.	POTASSE.	CHAUX.	MAGNÉSIE.
		kilogr.	kilogr.	kilogr.	kilogr.	kilogr.
Vin	26^{hl},4	1,088	0,784	4,543	0,343	0,161
Feuilles desséchées à 100°	972^{kg},0	21,559	6,746	16,504	43,691	2,197
Sarments desséchés à 100°	1 146 ,0	6,372	2,704	10,394	11,781	1,169
Rafles desséchées à 100°.	101 ,1	1,485	0,620	5,480	0,768	0,078
Marcs desséchés à 100° .	242 ,8	4,533	1,459	7,502	1,211	0,143
Lies desséchées à 100° .	15 ,8	0,274	0,093	1,710	0,466	traces.
Totaux		35,311	12,406	46,133	58,260	3,748

Les fumures sont données en grande quantité, comme dans le vignoble de Château-Latour; on emploie surtout le fumier de l'exploitation, incorporé dans des composts; on fait usage également d'engrais chimiques. Ici encore la quantité de matières fertilisantes données comme engrais dépasse de beaucoup ce que la vigne absorbe dans sa végétation annuelle.

Château-Brane-Cantenac
(2ᵉ cru classé)

Le vignoble de Brane-Cantenac est situé sur le territoire de la commune de Cantenac, à environ 25 kilomètres au nord-ouest de Bordeaux et à proximité de Margaux.

Il appartient à M. G. Berger, qui a bien voulu le mettre à notre disposition et dont le régisseur, M. Pincau, nous a obligeamment donné tous les renseignements qui nous étaient nécessaires.

Le sol de la propriété est graveleux; la grave, en général très abondante, est plus ou moins grosse et la terre très ferrugineuse.

Nous avons pris deux échantillons représentant les types principaux des terres du domaine; leur analyse est donnée ci-dessous :

		POUR 1 000 de terre naturelle sèche.		
		Terre fine.	Cailloux	
			siliceux.	calcaires.
Échantillon nº 1 . .	Sol	523	477	0
	Sous-sol	367	633	0
— nº 2. .	Sol	448	552	0
	Sous-sol	266	734	0

La composition de la terre fine est la suivante :

DÉSIGNATION.	POUR 1 000 DE TERRE FINE SÈCHE.					
	AZOTE.	ACIDE phos-pho-rique.	PO-TASSE.	CARBO-NATE de chaux.	MA-GNÉSIE.	SESQUI-OXYDE de fer.
Échantillon nº 1. Sol.	0.834	0.549	1.649	1.6	0.324	11.58
Sous-sol . .	0.146	0.289	1.275	2.0	0.612	6.95
— nº 2. Sol.	0.549	1.090	1.853	8.0	1.620	17.37
Sous-sol . .	0.404	1.316	1.224	3.6	0.360	12.74

Si l'on tient compte des cailloux mêlés à la terre, on trouve, pour
1 000 de terre naturelle, la composition suivante :

DÉSIGNATION.		POUR 1 000 DE TERRE NATURELLE SÈCHE.						
		AZOTE.	ACIDE phos-pho-rique.	PO-TASSE.	CARBONATE de chaux		MA-GNÉSIE.	SESQUI-OXYDE de fer.
					fin.	pier-reux.		
Échantillon n° 1.	Sol . . .	0.436	0.287	0.862	0.840	0	0.169	6.06
	Sous-sol .	0.053	0.106	0.468	0.734	0	0.225	2.54
— n° 2.	Sol . . .	0.246	0.488	0.830	3.584	0	0.726	7.78
	Sous-sol .	0.107	0.350	0.325	0.958	0	0.096	3.39

Ces terres sont peu riches en azote et en acide phosphorique, la
potasse seule y existe en proportion à peu près normale.

Les composts, à l'aide desquels on supplée à cette pauvreté du sol,
sont formés de fumiers d'étable, mélangés de feuilles d'arbres, de
terre de bruyère, de terres d'alluvions, de curures de fossés. On y
ajoute les marcs, les rapes et les cendres de sarments.

On fume tous les quatre ou cinq ans avec 250 mètres cubes de
compost à l'hectare, ce qui représente une fumure moyenne par an
et par hectare de 55 mètres cubes ou de 71 500 kilogr. de compost, qui apportent au sol, d'après l'analyse que nous avons donnée
plus haut de ce produit, les quantités suivantes d'éléments fertilisants :

$$
\begin{aligned}
&\text{Azote} \dots\dots\dots\dots\dots\dots 124^{kg},13 \\
&\text{Acide phosphorique} \dots\dots\dots 54\ ,91 \\
&\text{Potasse} \dots\dots\dots\dots\dots\dots 168\ ,17
\end{aligned}
$$

En outre, tous les deux ans, on emploie, comme supplément, des
engrais chimiques, nitrate de soude, superphosphate, sang desséché, tourteaux, qui apportent, de leur côté, les quantités suivantes
d'éléments fertilisants, par an et par hectare :

$$
\begin{aligned}
&\text{Azote} \dots\dots\dots\dots\dots\dots 35^{kg},62 \\
&\text{Acide phosphorique.} \dots\dots\dots 47\ ,10 \\
&\text{Potasse.} \dots\dots\dots\dots\dots\dots 3\ ,96
\end{aligned}
$$

soit un apport annuel moyen de :

Azote.	159^{kg},75
Acide phosphorique	102 ,01
Potasse	172 ,13

La superficie du vignoble en expérience est de 47 hectares ; il est tout entier planté en vieilles vignes françaises, défendues par le sulfocarbonate de potassium.

Le nombre de pieds à l'hectare est en moyenne de 9 500.

La vigne a été très bien préservée contre les maladies cryptogamiques.

Les vendanges ont duré du 1er au 13 octobre, par un beau temps.

Voici le résultat des observations recueillies et rapportées à l'hectare :

Vin	26^{hl},57
Poids de feuilles desséchées à 100°	1 248^{kg},30
— sarments desséchés à 100°.	1 607 ,40
— rafles desséchées à 100°	54 ,20
— marcs desséchés à 100°	196 ,50
— lies desséchées à 100°.	15 ,90

La composition de ces divers produits de la vigne, en ne tenant compte que des éléments fertilisants, est la suivante :

Composition du vin, par litre.

Azote.	0^{gr},406
Acide phosphorique	0 ,290
Potasse.	1 ,862
Chaux	0 ,123
Magnésie	0 ,055

Composition des feuilles, des sarments, des rafles et des marcs.

POUR 100 DE LA MATIÈRE SÉCHÉE A 100°.

	Feuilles.	Sarments.	Rafles.	Marcs.
Azote.	2.105	0.582	1.483	2.006
Cendres.	11.498	3.668	12.650	7.295
Acide phosphorique .	0.521	0.244	0.713	0.560
Potasse .	1.789	1.016	6.090	2.572
Chaux .	3.895	1.039	0.637	0.408
Magnésie .	0.165	0.224	0.073	0.039

D'après ces résultats, nous pouvons dresser le tableau suivant, exprimant les quantités de matières fertilisantes absorbées par hectare de vignes :

Matières fertilisantes absorbées par hectare.

DÉSIGNATION.		AZOTE.	ACIDE PHOSPHORIQUE.	POTASSE.	CHAUX.	MAGNÉSIE.
		kilogr.	kilogr.	kilogr.	kilogr.	kilogr.
Vin.	26^{hl},57	1,079	0,770	4,947	0,327	0,146
Feuilles desséchées à 100°	1 248^{kg},30	26,277	6,504	22,332	48,621	2,060
Sarments desséchés à 100°	1 607 ,40	9,355	3,922	16,331	16,701	3,600
Rafles desséchées à 100°.	54 ,20	0,804	0,386	3,301	0,345	0,039
Marcs desséchés à 100°.	196 ,50	3,942	1,100	5,054	0,802	0,077
Lies desséchées à 100°.	15 ,90	0,276	0,094	1,722	0,469	traces.
Totaux		41,733	12,776	53,687	67,265	5,922

Mettons en regard de ces exigences la quantité de matières fertilisantes données dans la fumure ; nous trouvons :

	AZOTE.	ACIDE phosphorique.	POTASSE.
Donné dans la fumure	159^{kg},70	102^{kg},00	172^{kg},20
Absorbé par la vigne.	41 ,70	12 ,80	53 ,70
En excédant dans la fumure. .	118^{kg},00	89^{kg},20	118^{kg},50

Ici encore nous voyons une abondance extraordinaire de principes fertilisants, dont la proportion est, pour l'azote et pour la potasse, trois à quatre fois et, pour l'acide phosphorique, huit fois plus élevée que ce que la vigne a absorbé.

Vignoble de Château-d'Issan

(3e cru classé)

Le vignoble de Château-d'Issan fait partie, comme le précédent, de la commune de Cantenac.

Il appartient à M. G. Roy, dont le régisseur, M. Labuchelle, nous a procuré les renseignements nécessaires concernant ce beau domaine.

Les sols sont les uns graveleux, les autres beaucoup plus argileux et renferment une proportion moins forte de cailloux.

Voici les résultats de l'analyse de ces deux types différents des terres de la propriété :

| | | POUR 1 000 de terre naturelle sèche. | | |
		Terre fine.	Cailloux siliceux.	Cailloux calcaires.
Terrains argileux.	Sol	836	148	16
	Sous-sol	847	75	78
Terrains graveleux .	Sol	579	421	0
	Sous-sol	491	504	5

On voit que dans les terres argileuses il entre une certaine proportion de cailloux calcaires, tandis que les sols graveleux, qui renferment beaucoup plus d'éléments grossiers, ne contiennent que des cailloux siliceux.

La composition de la terre fine est donnée dans le tableau ci-dessous :

DÉSIGNATION.		POUR 1 000 DE TERRE FINE SÈCHE.					
		AZOTE.	ACIDE phos-pho-rique.	PO-TASSE.	CARBO-NATE de chaux.	MA-GNÉSIE.	SESQUI-OXYDE de fer.
Terrains argileux .	Sol. . . .	0.616	0.564	2.125	75.0	1.656	24.32
	Sous-sol. .	0.357	0.271	1.615	60.0	1.800	28.96
— graveleux.	Sol. . . .	0.649	1.290	1.836	6.0	1.440	17.37
	Sous-sol. .	0.582	1.128	1.734	6.0	0.954	12.74

Ces terres sont pauvres en azote, avec des quantités variables, parfois très faibles, d'acide phosphorique, mais la potasse y est assez abondante.

Les terres argileuses contiennent des proportions sensibles de carbonate de chaux.

En tenant compte des cailloux mêlés à la terre, on trouve :

DÉSIGNATION.	POUR 1 000 DE TERRE NATURELLE SÈCHE.						
	AZOTE.	ACIDE phos-pho-rique.	PO-TASSE.	CARBONATE de chaux fin.	pier-reux.	MA-GNÉSIE.	SESQUI-OXYDE de fer.
Terrains argileux { Sol . . .	0.515	0.471	1.776	62.70	16	1.384	20.33
{ Sous-sol .	0.302	0.229	1.368	50.82	78	1.525	24.52
Terrains grave- { Sol . . .	0.376	0.748	1.063	3.47	0	0.834	10.05
leux . . . . { Sous-sol .	0.286	0.554	0.851	2.95	5	0.468	6.25

On utilise, à Château-d'Issan, des composts et des fumiers. Les premiers, principalement réservés aux plantations, sont fabriqués avec des terres diverses, terres de chemins, d'alluvions, qu'on laisse en tas, pendant un an, avant de les mélanger au fumier. Le compost, fait en septembre, est employé vers le mois d'avril, après avoir été recoupé au moins trois fois.

Au moment de la plantation, on en fait un apport, par hectare, de 122 mètres cubes, soit 158 000 kilogr., renfermant, d'après la composition que nous avons donnée plus haut, les quantités suivantes d'éléments fertilisants :

<pre>
Azote. . . . .   220^kg,90
Acide phosphorique . . . .   166 ,50
Potasse . . . .   304 ,40
</pre>

Dès le commencement de la végétation, la jeune vigne trouve donc à sa disposition des matériaux nutritifs en grande quantité et acquiert rapidement de la vigueur.

Au bout de trois ans, on donne une nouvelle fumure avec des fumiers d'étable ou de préférence des fumiers de cheval, mélangés avec des bruyères et des roseaux et qu'on a additionnés de 10 kilogr. de phosphate naturel par mètre cube. On répand, par hectare, 190 mètres cubes de ce mélange, pesant environ 750 kilogr. le mètre cube et qui a la composition suivante, pour 1 000 de matière telle qu'elle est employée :

<pre>
Azote.   9,20
Acide phosphorique   8,50
Potasse   4,97
</pre>

soit par mètre cube :

Azote	$6^{kg},90$
Acide phosphorique.	6 ,37
Potasse	3 ,73

La fumure donnée trois ans après la plantation apporte donc au sol :

Azote.	$1\ 311^{kg},0$
Acide phosphorique	1 210 ,3
Potasse	708 ,7

Il y a donc, quand les vignes entrent en production, un nouvel apport, plus considérable encore que le premier, de matériaux fertilisants.

Enfin, quatre ans après, on applique la fumure régulière, à raison de 150 mètres cubes de ce même fumier par hectare et tous les quatre ans, soit $37^{mc},5$ par an, qui fournissent au sol :

Azote	$258^{kg},75$
Acide phosphorique	238 ,87
Potasse	139 ,87

Outre ce fumier, on emploie des engrais chimiques, **nitrate de potasse**, nitrate de soude, phosphates précipités, sulfate de potasse, qui apportent en moyenne, par an et par hectare :

Azote	$36^{kg},0$
Acide phosphorique	33 ,0
Potasse	36 ,8

En faisant la somme de ce que l'hectare de vignes reçoit comme fumure annuelle, nous trouvons :

Azote.	$294^{kg},9$
Acide phosphorique.	271 ,9
Potasse.	176 ,7

Le vignoble en expérience a une superficie de 43 hectares ; il est tout entier en vignes françaises, conservées par le sulfocarbonate de potassium.

Le nombre de souches à l'hectare est de 9 500.

En 1894, la coulure a abaissé sensiblement le rendement.

La vendange a duré du 3 au 11 octobre ; voici les données obtenues, rapportées à l'hectare :

Vin . . . .   13^{hl},29

Poids de feuilles desséchées à 100° . . . .   1 276^{kg},80
— sarments desséchés à 100° . . . .   1 713 ,80
— rafles desséchées à 100° . . . . .   29 ,40
— marcs desséchés à 100° . . . . .   83 ,70
— lies desséchées à 100° . . . . . .   8 ,34

Voici la composition de ces divers produits :

Composition du vin, par litre.

Azote . . . .   0^{gr},400
Acide phosphorique . . . .   0 ,368
Potasse. . . . .   1 ,777
Chaux . . . .   0 ,108
Magnésie . . . .   0 ,053

Composition des feuilles, des sarments, des rafles et des marcs.

POUR 100 DE LA MATIÈRE SÉCHÉE A 100°.

	Feuilles.	Sarments.	Rafles.	Marcs [1].
Azote.	2.502	0.622	1.628	2.065
Cendres.	12.320	3.772	11.400	8.997
Acide phosphorique .	0.801	0.290	0.798	0.581
Potasse.	2.572	1.194	6.261	2.571
Chaux	3.967	0.959	0.638	0.504
Magnésie	0.111	0.098	0.054	0.071

Matières fertilisantes absorbées par hectare.

DÉSIGNATION.	AZOTE.	ACIDE PHOSPHORIQUE.	POTASSE.	CHAUX.	MAGNÉSIE.
	kilogr.	kilogr.	kilogr.	kilogr.	kilogr.
Vin . . . . 13^{hl},29	0,532	0,489	2,362	0,143	0,070
Feuilles desséchées à 100° 1 276^{kg},80	31,945	10,227	32,839	50,651	1,417
Sarments desséchés à 100° 1 713 ,80	10,660	4,970	20,463	16,435	1,679
Rafles desséchées à 100°. 29 ,40	0,479	0,235	1,842	0,187	0,016
Marcs desséchés à 100°. 83 ,70	1,728	0,486	2,152	0,422	0,059
Lies desséchées à 100° . 8 ,34	0,145	0,049	0,905	0,246	traces.
Totaux.	45,489	16,456	60,563	68,084	3,241

---

1. Composition des marcs de Brane, vignoble voisin, de même cépage.

Malgré la faible récolte de 1894, la vigne a absorbé d'assez fortes proportions de matières fertilisantes, ce qui tient surtout à la vigueur des bois et du système foliacé, favorisée par une fumure extrêmement abondante.

La moyenne de la production est de 29^{hl},6 ; si nous calculons les exigences de la vigne avec cette moyenne, nous trouvons :

Matières fertilisantes absorbées par hectare.

DÉSIGNATION.	AZOTE.	ACIDE PHOSPHORIQUE.	POTASSE.	CHAUX.	MAGNÉSIE.
	kilogr.	kilogr.	kilogr.	kilogr.	kilogr.
Vin. . . . . 29^{hl},60	1,186	1,090	5,267	0,319	0,156
Feuilles desséchées à 100° 1 276^{kg},80	31,945	10,227	32,839	50,651	1,417
Sarments desséchés à 100° 1 713 ,80	10,660	4,970	20,463	16,435	1,679
Rafles desséchées à 100°. 65 ,56	1,068	0,524	4,108	0,417	0,036
Marcs desséchés à 100°. 186 ,65	3,853	1,084	4,799	0,941	0,131
Lies desséchées à 100°. 18 ,60	0,323	0,109	2,018	0,548	traces.
Totaux.	49,035	18,004	69,494	69,311	3,419

Si nous mettons, en regard de ces résultats, ceux trouvés pour la fumure annuelle, nous aurons :

	AZOTE.	ACIDE phosphorique.	POTASSE.
Donné par la fumure.	294^{kg},9	271^{kg},9	176^{kg},7
Absorbé par la vigne.	49 ,0	18 ,0	69 ,5
En excédent dans la fumure. . .	245^{kg},9	253^{kg},9	107^{kg},2

Plus encore que dans les vignobles précédemment étudiés, nous trouvons ici d'énormes quantités de principes fertilisants, donnés en sus de ce que la plante peut absorber.

Château-Beau-Site

(Cru bourgeois supérieur.)

Le vignoble de Château-Beau-Site fait partie de la commune de Saint-Estèphe ; il appartient à M. Grazilhon fils, que nous remercions d'avoir bien voulu le mettre à notre disposition.

Le vignoble est formé de croupes graveleuses ; nous donnons ci-dessous les résultats de l'analyse de deux échantillons représentant les deux principaux types de terres.

		Terre fine.	Cailloux siliceux.	calcaires.
Échantillon n° 1 . .	Sol	347	653	0
	Sous-sol.	281	719	0
— n° 2 . .	Sol	692	308	0
	Sous-sol.	819	181	0

La proportion de cailloux est, comme on voit, très variable, mais élevée dans les deux cas, l'échantillon n° 1 en contenant une quantité beaucoup plus grande que l'échantillon n° 2.

La composition de la terre fine est donnée ci-dessous :

DÉSIGNATION.	AZOTE.	ACIDE phosphorique.	POTASSE.	CARBONATE de chaux.	MAGNÉSIE.	SESQUIOXYDE de fer.
Échantillon n° 1 . Sol	1.178	0.790	1.955	4.0	2.106	19.69
Sous-sol . .	0.867	0.752	1.700	5.0	1.620	15.06
— n° 2 . Sol	0.397	0.301	1.836	4.0	1.026	17.37
Sous-sol . .	0.788	0.414	2.431	1.6	1.296	25.48

Ces terres ne sont riches ni en azote, ni en acide phosphorique, mais contiennent notablement de potasse ; comme toutes celles que nous avons jusqu'ici étudiées, elles sont très peu calcaires.

Si l'on tient compte des cailloux mêlés à la terre, les chiffres qui précèdent s'abaissent dans une forte proportion, on trouve en effet :

DÉSIGNATION.	AZOTE.	ACIDE phosphorique.	POTASSE.	CARBONATE de chaux fin.	pierreux.	MAGNÉSIE.	SESQUIOXYDE de fer.
Échantillon n° 1. Sol . . .	0.409	0.274	0.678	1.39	0	0.731	6.83
Sous-sol .	0.244	0.211	0.478	1.40	0	0.455	4.23
— n° 2. Sol . . .	0.275	0.208	1.270	2.77	0	0.710	12.03
Sous-sol .	0.645	0.339	1.991	1.31	0	1.061	20.86

On supplée à la pauvreté du sol par des fumures abondantes. Il est fait usage de composts, fabriqués par le mélange de fumiers et de terres provenant du curage des fossés, de terres d'alluvions, préalablement exposées à l'air, pendant 1 ou 2 ans ; mais ces composts, après plusieurs recoupages, sont de préférence réservés pour les complantations.

Les fumures culturales consistent surtout en fumier de ferme et en bourriers de ville, qu'on emploie à peu près par moitié.

On répand en totalité environ 240 mètres cubes de ces produits et l'on répète cette fumure en moyenne tous les sept ans. Les quantités de principes fertilisants apportées, par an et par hectare, sont donc de :

	AZOTE.	ACIDE phosphorique.	POTASSE.
Apporté par la gadoue	$73^{kg},03$	$81^{kg},14$	$93^{kg},75$
— le fumier	48 ,30	31 ,05	62 ,10
Total	121 ,33	112 ,19	155 ,85

Nous reviendrons plus loin sur cette fumure, à propos des exigences de la vigne.

La superficie du vignoble en expérience est de 24 hectares, en vignes françaises traitées par le sulfocarbonate de potassium.

Des traitements très énergiques à la bouillie bordelaise et au soufre additionné de sulfate de cuivre, ont complètement préservé le vignoble des atteintes du mildew et de l'oïdium. La bouillie employée était à 6 p. 100 de sulfate de cuivre, c'est-à-dire très concentrée. Avec de pareils soins, la végétation s'est maintenue extrêmement vigoureuse.

Le nombre de souches à l'hectare est de 10 000.

L'âge de la vigne est d'environ 60 ans.

La vendange, qui a eu lieu dans les premiers jours d'octobre, a fourni les données suivantes, rapportées à l'hectare :

Vin	$28^{hl},12$
Poids de feuilles desséchées à 100°.	$1\ 622^{kg},0$
— sarments desséchés à 100°.	2 226 ,0
— rafles desséchées à 100°	76 ,7
— marcs desséchés à 100°.	297 ,5
— lies desséchées à 100°	16 ,9

La vigne est rognée sensiblement plus haut que dans les crus précédents ; elle a donc un développement foliacé plus grand. La vigueur remarquable de la végétation de la vigne, que nous signalions plus haut, et son âge, provoquent d'ailleurs la formation de sarments très beaux ; aussi observons-nous, dans ce vignoble, une production de feuilles et de bois très abondante.

Voici la composition de ces divers produits de la vigne, en ne tenant compte que des éléments fertilisants :

Composition du vin, par litre.

Azote	$0^{gr},383$
Acide phosphorique.	0 ,270
Potasse.	1 ,664
Chaux	0 ,130
Magnésie	0 ,053

Composition des feuilles, des sarments, des rafles et des marcs.

	POUR 100 DE LA MATIÈRE SÉCHÉE A 100°.			
	Feuilles.	Sarments.	Rafles.	Marcs.
Azote	2.112	0.563	1.635	2.075
Cendres	12.977	3.272	10.250	8.210
Acide phosphorique. . .	0.562	0.232	0.556	0.489
Potasse	2.080	0.927	5.455	3.196
Chaux.	4.360	0.930	0.689	0.532
Magnésie.	0.121	0.107	0.159	0.077

Ces résultats nous permettent d'établir le tableau ci-après, concernant les exigences de la vigne, pour la production de ses feuilles, de ses bois et de ses fruits.

TABLEAU.

Matières fertilisantes absorbées par hectare.

DÉSIGNATION.	AZOTE.	ACIDE PHOSPHORIQUE.	POTASSE.	CHAUX.	MAGNÉSIE.
	kilogr.	kilogr.	kilogr.	kilogr.	kilogr.
Vin . . . . $28^{hl},2$	1,080	0,761	4,692	0,367	0,149
Feuilles desséchées à 100° $1\,622^{kg},0$	34,257	9,116	33,738	70,719	1,963
Sarments desséchés à 100° $2\,226$,0	12,532	5,164	20,635	20,702	2,382
Rafles desséchées à 100°. 76 ,7	1,254	0,426	4,184	0,528	0,122
Marcs desséchés à 100°. 297 ,5	6,173	1,455	9,508	1,583	0,229
Lies desséchées à 100° . 16 ,9	0,290	0,099	1,810	0,493	tracès.
Totaux.	55,586	17,021	74,567	94,392	4,845

La récolte de 1894 n'a pas été sensiblement inférieure à la moyenne, qui est de 31 hectolitres pour ces dernières années.

Si nous plaçons, en regard des résultats précédents, ceux que nous a fournis l'étude de la fumure, nous trouvons :

	AZOTE.	ACIDE. phosphorique.	POTASSE.
Apporté par la fumure. . . .	$121^{kg},3$	$112^{kg},2$	$156^{kg},0$
Absorbé par la vigne	55 ,6	17 ,0	74 ,6
En excédent dans la fumure .	$65^{kg},7$	$95^{kg},2$	$81^{kg},4$

Malgré les exigences plus grandes que la vigueur de la végétation de la vigne a nécessitées, il y a encore ici une quantité de matières fertilisantes beaucoup plus élevée dans la fumure que dans les produits de la végétation ; l'excès n'est cependant pas aussi grand que dans les vignobles précédents.

Vignoble de Château-Loudenne

(Cru bourgeois ordinaire.)

Ce vignoble est situé sur le territoire de la commune de Saint-Yzans, à l'extrémité du haut Médoc, sur les bords de la Gironde.

Il est dirigé par M. Aberlen, que nous remercions de l'obligeance avec laquelle il l'a mis à notre disposition et des documents qu'il nous a fournis pour nous en permettre l'étude.

Le sol de la propriété est très variable ; les croupes sont graveleuses avec des proportions assez grandes de cailloux ; les parties basses sont beaucoup plus argileuses et la grave y fait défaut. Ces dernières diffèrent notablement des terres du haut Médoc et se rapprochent plutôt des terres d'alluvions. C'est sur les croupes graveleuses, dont l'échantillon n° 1 forme le type, que les vins ont le plus de qualité.

Les échantillons 2 et 3 représentent le type des terres fortes, plus argileuses et ne renfermant pas d'éléments grossiers.

Voici la composition de ces diverses terres :

| | | POUR 1 000 de terre naturelle séche. | | |
		Terre fine.	Cailloux siliceux.	Cailloux calcaires.
Échantillon n° 1 .	Sol	504	496	0
	Sous-sol	392	608	0
Échantillon n° 2 .	Sol	1 000	0	0
	Sous-sol	1 000	0	0
Échantillon n° 3 .	Sol	1 000	0	0
	Sous-sol	1 000	0	0

Comme on le voit, les terres graveleuses renferment environ moitié de cailloux, essentiellement siliceux; le sous-sol, à la profondeur d'environ 0^m,40, en contient tout autant.

La composition de la terre fine est donnée dans le tableau suivant :

DÉSIGNATION.		POUR 1 000 DE TERRE FINE SÉCHE.					
		AZOTE.	ACIDE phosphorique.	POTASSE.	CARBONATE de chaux.	MAGNÉSIE.	SESQUIOXYDE de fer.
Échantillon n° 1 .	Sol	1.105	0.947	1.955	1.0	1.548	30.11
	Sous-sol . .	0.920	0.827	3.077	6.4	1.440	26.64
— n° 2 .	Sol	1.509	1.335	4.811	5.0	2.016	40.54
	Sous-sol . .	1.701	1.504	6.171	4.6	2.610	69.50
— n° 3 .	Sol	1.013	0.714	3.213	15.6	1.440	33.59
	Sous-sol . .	1.622	0.744	4.352	13.6	1.980	50.96

Les terres fortes sont, en général, plus riches que les terres de graves, la potasse y est particulièrement abondante ; toutes ces terres, et surtout les terres argileuses, sont très ferrugineuses.

En tenant compte des cailloux mêlés à la terre et en envisageant la terre telle qu'elle est en réalité, on trouve la composition suivante :

DÉSIGNATION.		AZOTE.	ACIDE phos-pho-rique.	PO-TASSE.	CARBONATE de chaux		MA-GNÉSIE.	SESQUI-OXYDE de fer.
					fin.	pier-reux.		
Échantillon n° 1.	Sol . . .	0.557	0.477	0.985	0.504	0	0.780	15.17
	Sous-sol .	0.361	0.324	1.206	2.51	0	0.564	10.44
— n° 2.	Sol . . .	1.509	1.335	4.811	5.0	0	2.016	40.54
	Sous-sol .	1.701	1.504	6.171	4.6	0	2.610	69.50
— n° 3.	Sol . . .	1.013	0.714	3.213	15.6	0	1.440	33.59
	Sous-sol .	1.622	0.744	4.352	13.6	0	1.980	50.96

Les fumures employées à Loudenne sont principalement constituées par des bourriers de Bordeaux et, en plus faible proportion, par du fumier d'étable.

Il est répandu, en moyenne, par an et par hectare, 7 mètres cubes de fumier, 31 mètres cubes, soit 34 000 kilogr. de bourriers, et, en outre, 225 kilogr. d'engrais chimiques ; ces fumures apportent au sol les quantités annuelles suivantes de principes fertilisants par hectare :

	AZOTE.	ACIDE phosphorique.	POTASSE.
Dans le fumier.	19^{kg},6	12^{kg},6	25^{kg},2
Dans les bourriers.	120 ,4	133 ,7	154 ,5
Dans les engrais chimiques . . .	11 ,0	9 ,0	9 ,0
Totaux.	151^{kg},0	155^{kg},3	188^{kg},7

La superficie du vignoble de Loudenne est de 91 hectares, ainsi répartis :

Vignes françaises d'environ 20 ans.	61^{ha},41^{a},63
Vignes greffées depuis 1876	29 ,64 ,59
En production en 1894	88^{ha},41^{a},62
Non encore en production	2 ,64 ,60

Le nombre de pieds à l'hectare est en moyenne de 8 600 ; l'encépagement comprenant, outre le cabernet-sauvignon, le cabernet blanc, le malbec et le merlot, quelques autres cépages, tels que le verdot, le cordet, les castets et le pignon, dans les parties basses.

La vendange a duré du 1er au 15 octobre et a fourni, pour les vignes françaises seulement, les données suivantes, rapportées à l'hectare :

Vin	20hl,20
Poids de feuilles desséchées à 100°	1 080kg,20
— sarments desséchés à 100°	1 695 ,90
— rafles desséchées à 100°	40 ,75
— marcs desséchés à 100°	114 ,18
— lies desséchées à 100°	12 ,10

Voici la composition de ces divers produits :

Composition du vin, par litre.

Azote	0gr,287
Acide phosphorique	0 ,425
Potasse	2 ,033
Chaux	0 ,157
Magnésie	0 ,068

Composition des feuilles, des sarments, des rafles et des marcs.

	POUR 100 DE LA MATIÈRE SÉCHÉE A 100°.			
	Feuilles.	Sarments.	Rafles.	Marcs.
Azote	1.973	0.556	1.483	1.840
Cendres	11.925	3.643	10.997	7.545
Acide phosphorique	0.417	0.219	0.836	0.579
Potasse	2.255	1.040	5.070	2.865
Chaux	3.793	1.053	0.739	0.634
Magnésie	0.107	0.118	0.035	0.046

Ces résultats nous permettent de calculer les exigences de la vigne, par hectare :

Matières fertilisantes absorbées par hectare.

DÉSIGNATION.	AZOTE.	ACIDE PHOSPHORIQUE.	PO-TASSE.	CHAUX.	MA-GNÉSIE.
	kilogr.	kilogr.	kilogr.	kilogr.	kilogr.
Vin. . . . . 20^{hl},20	0,580	0,858	4,107	0,317	0,137
Feuilles desséchées à 100° 1 080^{kg},20	21,312	4,504	24,358	40,972	1,156
Sarments desséchés à 100° 1 695 ,90	9,429	3,714	17,637	17,858	2,001
Rafles desséchées à 100°. 40 ,75	0,604	0,341	2,066	0,301	0,014
Marcs desséchés à 100°. 114 ,18	2,101	0,661	3,271	0,724	0,052
Lies desséchées à 100°. 12 ,10	0,210	0,071	1,310	0,357	traces.
Totaux	34,236	10,149	52,749	60,529	3,360

Si nous comparons la quantité de matières fertilisantes, données dans la fumure, à celle absorbée par la vigne, nous trouvons :

	AZOTE.	ACIDE phosphorique.	POTASSE.
Donné dans la fumure. . . .	151^{kg},0	155^{kg},3	188^{kg},7
Absorbé par la vigne	34 ,2	10 ,1	52 ,7
En excédent dans la fumure .	116^{kg},8	145^{kg},2	136^{kg},0

Cette fumure est encore bien supérieure aux exigences de la vigne.

CHAPITRE II

VIGNOBLES DE PALUS

On donne le nom de Palus aux terres d'alluvions situées sur les bords de la Garonne, de la Dordogne et de la Gironde, ainsi qu'aux îles qui se trouvent dans ce dernier fleuve.

Les palus sont cultivées principalement en prairies, qui sont d'une grande fertilité. On les utilise aussi pour l'établissement de vignobles importants, qui fournissent des vins de bonne qualité, riches en couleur, mais inférieurs de beaucoup, comme finesse, aux vins qu'on récolte sur les croupes graveleuses avoisinantes du Médoc proprement dit.

Ce qui a surtout porté à transformer ces terres basses en vignobles, c'est leur fertilité, qui permet d'obtenir des rendements élevés, c'est aussi leur situation, qui permet de les submerger et de combattre ainsi le phylloxéra, par un moyen efficace et peu coûteux. Aussi les palus sont-elles complantées de vignes françaises, maintenues à l'aide de ce mode de traitement.

Mais la qualité des vins de palus n'est pas uniforme ; ici encore, il y a des différences entre les vins, dues surtout à la situation topographique des vignobles, ceux qui sont assez élevés au-dessus du niveau de l'eau donnant généralement de meilleurs vins. Parmi les palus les plus réputées se trouvent celles de Cantenac, dont les vins sont supérieurs à ceux des palus ordinaires et dont les prix sont plus élevés.

Les terres de palus sont beaucoup plus riches que celles des graves ; en outre, elles ne contiennent pas d'éléments grossiers, de sorte que, dans un cube de terre donné, il y a beaucoup plus d'éléments fertilisants à la disposition de la plante ; elles ont enfin, en général, une très grande profondeur.

La richesse de ces sols permet de réduire et souvent de supprimer entièrement les fumures. D'ailleurs, ces vignes étant soumises à la pratique de la submersion, les eaux si vaseuses de la Gironde y déposent des limons d'une grande fertilité, qui constituent un précieux amendement.

Le mode de culture des vignes des palus est assez semblable à celui que nous avons exposé précédemment, en parlant des vignobles des croupes du Médoc proprement dit. Cependant il y a, dans ces deux modes, quelques différences sensibles.

Ainsi le nombre de pieds, au lieu d'être de 10 000 environ à l'hectare, n'est que de 3 000 à 3 200 ; aussi les vignes y atteignent-elles un plus grand développement.

L'encépagement est principalement constitué par le cabernet-sauvignon, le malbec et le verdot ; ce dernier cépage réussit bien dans les terrains profonds et frais ; il fournit un vin très coloré, assez riche en alcool et qui s'améliore par le vieillissement, mais il est long à acquérir son bouquet ; on cultive les deux variétés du petit verdot et du gros verdot. On rencontre encore d'autres cépages tels que le saint-macaire, le pignon, le mancin, les castets, etc....

La situation basse, à proximité du fleuve, la nature argileuse des terres, susceptibles de retenir l'eau, sont des causes qui retardent la maturité ; la vendange est ordinairement plus tardive, d'environ 15 jours, que celle des croupes graveleuses.

Après les vendanges, ces vignes sont submergées ; elles sont d'ailleurs situées d'une façon telle que la pratique de la submersion y est facile et s'effectue dans de bonnes conditions. Elles restent submergées pendant 40 à 45 jours, soit jusque vers la fin de décembre.

On procède alors à la taille, qui se fait d'une façon presque identique à celle des côtes, les souches étant cependant maintenues plus élevées au-dessus du sol. Quelquefois la taille est à cordon, dite taille Cazenave, et qui consiste à laisser de longs bois garnis de branches à fruits, que l'on couche horizontalement sur fil de fer. Sur ces branches à fruits, ayant environ 40 centimètres de long, on laisse 5 à 8 yeux ; on incline ces branches ou astes, en les attachant à un deuxième fil de fer placé à 30 centimètres au-dessus du premier. On ménage aussi sur le pied un cot d'attente, c'est-à-dire un bois taillé à un seul œil, qui sert à remplacer l'année suivante ce cordon. Les opérations effectuées ensuite sont celles que nous avons déjà décrites pour les vignes en sols graveleux et se font de la même manière ; nous n'y reviendrons donc pas ici.

Ces vignes ont besoin, plus encore que celles des croupes, de sou-frages et de sulfatages, destinés à combattre les maladies cryptoga-miques.

Les procédés de vinification ne diffèrent guère de ceux usités dans le reste du Médoc ; beaucoup de propriétés, situées à proximité de la rivière, ont une partie de leurs vignes en graves et l'autre en palus ; la vendange se fait séparément et les vins sont mis à part.

Nous avons choisi, dans les palus, deux vignobles exploités avec les soins les plus intelligents et qui peuvent servir, non seulement de types, mais aussi de modèles. Ce sont ceux de l'Étoile-Cantenac et de Moulin-d'Issan, dans lesquels nous avons obtenu les résultats qui suivent.

Vignoble de l'Étoile-Cantenac.

Ce vignoble appartient, comme celui de Brane-Cantenac, à M. G. Berger ; il est situé sur le territoire de la commune de Cantenac.

Les terres ne renferment pas de matériaux grossiers et ne sont constituées que par des éléments fins, alluvions apportées par la Gironde.

Le sol a une grande profondeur, on ne trouve pas un sous-sol différent des parties superficielles.

Voici la composition de deux échantillons différents :

DÉSIGNATION.	POUR 1000 DE TERRE FINE SÈCHE.					
	AZOTE.	ACIDE phos-pho-rique.	PO-TASSE.	CAR-BONATE de chaux.	MA-GNÉSIE.	SESQUI-OXYDE de fer.
Échantillon n° 1, sol	0.629	1.166	4.709	8.0	2.196	61.39
— n° 2, sol	1.794	1.429	4.199	2.0	2.340	63.71

Comme on le voit, ces terres sont plus riches que celles des vignes de Brane-Cantenac formant les croupes graveleuses avoisinantes. Elles sont très ferrugineuses et peu calcaires.

On comprend que de pareils sols puissent se passer de fumures.

La superficie du vignoble est de 13 hectares, plantés surtout en petit verdot, cabernet-sauvignon et malbec.

Le nombre de pieds à l'hectare est de 3 100.

En 1894, la vendange a été effectuée du 12 au 18 octobre ; voici les observations recueillies dans ce vignoble et rapportées à l'hectare :

Vin . . . .   37^{hl},50

Poids de feuilles desséchées à 100° . . . . .   846^{kg},3
— sarments desséchés à 100° . . . . . .   906 ,7
— rafles[1] desséchées à 100°. . . . . . .   97 ,5
— marcs[1] desséchés à 100° . . . . . .   273 ,7
— lies desséchées à 100° . . . .   22 ,5

Voici la composition de ces divers produits :

Composition du vin, par litre.

Azote. . . . .   0^{gr},423
Acide phosphorique . . . .   0 ,372
Potasse. . . . .   1 ,630
Chaux . . . .   0 ,157
Magnésie . . . .   0 ,053

Composition des feuilles, des sarments, des rafles et des marcs.

	POUR 100 DE LA MATIÈRE SÉCHÉE A 100°.			
	Feuilles.	Sarments.	Rafles.	Marcs.
Azote.	2.198	0.569	1.489	2.006
Cendres.	12.250	3.623	8.840	8.985
Acide phosphorique . . .	0.407	0.218	0.529	0.573
Potasse.	1.441	0.943	3.350	2.866
Chaux	4.404	1.039	0.792	0.332
Magnésie	0.229	0.027	0.149	0.045

---

1. Calculé d'après les résultats des vignobles de palus voisins.

Ces résultats nous permettent de calculer les exigences de la vigne, par hectare :

Matières fertilisantes absorbées par hectare.

DÉSIGNATION.		AZOTE.	ACIDE PHOSPHO- RIQUE.	PO- TASSE.	CHAUX.	MA- GNÉSIE.
		kilogr.	kilogr.	kilogr.	kilogr.	kilogr.
Vin.	$37^{hl},5$	1,586	1,395	6,112	0,589	0,199
Feuilles desséchées à 100°	$846^{kg},3$	18,602	3,444	12,195	37,271	1,938
Sarments desséchés à 100°	906 ,7	5,159	1,977	8,550	9,420	0,245
Rafles desséchées à 100°.	97 ,5	1,451	0,516	3,266	0,772	0,145
Marcs desséchés à 100° .	273 ,7	5,490	1,568	7,844	0,909	0,123
Lies desséchées à 100°. .	22 ,5	0.390	0,133	2,434	0,663	traces.
Totaux		32,678	9,033	40,401	49,624	2,650

Les exigences de cette culture, malgré la quantité relativement élevée de vin que donnent ces vignobles plus fertiles que ceux des terres de graves, ne sont pas plus grandes que dans ces dernières. Le nombre de pieds à l'hectare, qui n'est que de 3 100, c'est-à-dire 3 fois moindre que dans les vignobles des côtes, doit être considéré comme la cause principale de ce faible besoin.

Vignoble de Moulin-d'Issan.

Le vignoble de Moulin-d'Issan est situé, comme le précédent, sur le territoire de la commune de Cantenac.

Il appartient à M. G. Roy et confine au vignoble de Château-d'Issan, que nous avons étudié plus haut.

La submersion y est pratiquée ; elle commence en décembre et finit en février ; le sol est recouvert d'une couche d'eau de $0^m,20$ à $0^m,40$ de hauteur.

A partir du commencement de mars, on pratique les labours et les autres façons culturales, comme dans le vignoble des graves ; on effectue également les soufrages et les sulfatages, avec beaucoup de soins.

Voici la composition des terres de ce domaine ; leur profondeur est très grande et elles sont entièrement constituées par des alluvions :

DÉSIGNATION.	POUR 1000 DE TERRE FINE SÈCHE.					
	AZOTE.	ACIDE phospho-rique.	POTASSE.	CAR-BONATE de chaux.	MAGNÉSIE.	SESQUI-OXYDE de fer.
Sol.	2.085	1.203	3.927	7.6	2.160	76.45
Sous-sol.	1.549	1.015	3.655	5.0	3.384	70.65

Ces terres sont très riches en éléments fertilisants ; elles sont peu calcaires, mais contiennent de grandes quantités d'oxyde de fer. Elles sembleraient pouvoir se passer de fumures ; cependant, on a l'habitude de leur donner des engrais chimiques, contenant seulement l'acide phosphorique et la potasse. Cette fumure, répétée chaque année, fournit au sol les quantités suivantes d'éléments fertilisants, par an et par hectare.

Acide phosphorique . . . . $66^{kg},0$

Potasse. . . . . 73 ,6

Ces deux éléments, le dernier surtout, étant en quantité notable dans le sol, on pourrait facilement négliger cet apport.

La superficie du vignoble en expérience est de 45 hectares.

Le nombre de pieds à l'hectare est de 3 000, comprenant pour la moitié du petit verdot, pour un quart du cabernet-sauvignon, le dernier quart renfermant du gros verdot, avec quelques autres cépages : saint-macaire et mancin.

La coulure a été très forte en 1894 ; mais les vignes ont été très bien défendues contre l'oïdium et le mildew.

La vendange a duré du 11 au 24 octobre, par un très beau temps.

Voici les observations recueillies, rapportées à l'hectare :

Vin. . . . . 30 hectolitres.

Poids de feuilles desséchées à 100° . . . . . $852^{kg},0$

— sarments desséchés à 100° . . . . . 846 ,0

— rafles desséchées à 100° . . . . . . 101 ,7

— marcs desséchés à 100° . . . . . . 154 ,1

— lies desséchées à 100° . . . . 18 ,0

La composition de ces divers produits de la vigne est la suivante :

Composition du vin, par litre.

Azote.	0^{gr},355
Acide phosphorique	0 ,304
Potasse.	1 ,528
Chaux	0 ,149
Magnésie	0 ,051

Composition des feuilles, des sarments, des rafles et des marcs.

POUR 100 DE LA MATIÈRE SÉCHÉE A 100°.

	Feuilles.	Sarments.	Rafles.	Marcs[1].
Azote	2.257	0.549	1.569	2.006
Cendres	12.200	4.202	9.645	8.985
Acide phosphorique. .	0.506	0.281	0.841	0.573
Potasse	1.635	1.055	3.891	2.866
Chaux.	4.392	1.224	0.831	0.332
Magnésie.	0.208	0.166	0.170	0.045

Ces données nous permettent de calculer les exigences de la vigne par hectare.

Matières fertilisantes absorbées par hectare.

DÉSIGNATION.		AZOTE.	ACIDE PHOSPHO-RIQUE.	PO-TASSE.	CHAUX.	MA-GNÉSIE.
		kilogr.	kilogr.	kilogr.	kilogr.	kilogr.
Vin.	30^{hl},0	1,065	0,912	4,584	0,447	0,153
Feuilles desséchées à 100°	852^{kg},0	19,230	4,311	13,930	37,420	1,772
Sarments desséchés à 100°	846 ,0	4,644	2,377	8,925	10,355	1,404
Rafles desséchées à 100°.	101 ,7	1,596	0,855	3,957	0,845	0,173
Marcs desséchés à 100° .	154 ,1	3,091	0,883	4,416	0,512	0,069
Lies desséchées à 100° .	18 ,0	0,312	0,106	1,950	0,531	traces.
Totaux		29,938	9,444	37,762	50,110	3,571

On voit, par les chiffres ci-dessus, que les exigences des vignes de palus sont relativement faibles et, qu'avec des rendements plus élevés, elles ne demandent pas au sol autant de principes fertilisants que les vignes des graves, qui sont moins productives.

---

1. Composition des marcs de l'Étoile-Cantenac.

Considérations sur la fumure des vignes du Médoc. — Dans ces recherches, nous avons passé en revue les conditions de situation et de climat dans lesquelles sont placés les vignobles du Médoc, les procédés de culture et de vinification qui y sont employés, la composition des sols qui les constituent, les exigences de la vigne en principes fertilisants, les fumures qu'on met à sa disposition.

C'est sur ces derniers points surtout que nous devons insister, car ils ont été le principal but de nos observations.

Envisageons séparément les deux parties distinctes qui forment le Médoc :

D'un côté, le Médoc proprement dit, avec ses croupes légèrement ondulées, qui produisent les vins si appréciés auxquels la région doit son antique réputation ;

De l'autre, les Palus, terres d'alluvions formant les parties basses sur le bord du fleuve, qui produisent des vins ordinaires de bonne qualité.

Dans l'un et l'autre cas, c'est la vigne française qui forme la base des vignobles ; elle est maintenue, dans les vignobles des coteaux, par des traitements insecticides au sulfocarbonate de potassium et au sulfure de carbone ; dans les palus, par la submersion, facile à appliquer.

Dans le Médoc proprement dit, le sol est constitué par des croupes silico-graveleuses ; des cailloux blancs forment une partie de sa masse ; là où ils sont plus abondants et plus gros, on produit les vins les plus fins. C'est un fait bien reconnu que cette influence de la grosse grave sur la qualité des vins. Dans les crus les plus renommés, elle forme les deux tiers et même les trois quarts de la masse terreuse. De pareils sols, constitués surtout par de gros cailloux roulés, ne sauraient être riches ; aussi les analyses, que nous avons faites des terres des vignobles, montrent que celles-ci ne contiennent que de très faibles quantités d'éléments fertilisants ; aucune culture ne pourrait y prospérer sans l'apport de fortes fumures.

Aussi les viticulteurs du Médoc, sans peut-être s'être rendu compte de l'extrême pauvreté de leurs sols, leur apportent-ils d'abondantes fumures ; ils savent que celles-ci sont indispensables au maintien et à la prospérité de la vigne.

Nous avons mesuré ces apports d'engrais, afin de rechercher s'ils sont suffisants et quel est le rapport entre les besoins de la plante et l'alimentation qu'elle reçoit.

Les quantités de principes fertilisants, que nous retrouvons dans tous les organes de la végétation de la vigne et qu'elle a empruntés au sol, pour produire les feuilles, les sarments et les fruits, doivent nous guider dans cette étude.

Nous avons constaté que, dans la région du Médoc proprement dit, elles sont en moyenne de 42 kilogr. d'azote, 14 kilogr. d'acide phosphorique et 57 kilogr. de potasse par hectare. Ce sont des exigences relativement élevées, sauf pour l'acide phosphorique, qui n'est absorbé qu'en minime quantité, comme nous l'avons déjà constaté précédemment dans des études antérieures. La potasse est surtout en proportion élevée. Chaque année, la plante emprunte au sol les quantités de principes fertilisants que nous venons d'indiquer.

Le sol, livré à ses propres ressources, ne saurait les fournir et c'est surtout aux fumures que la vigne doit les demander.

Nous avons vu quelles sont les ressources du Médoc en matériaux fertilisants. Outre les fumiers d'étable, il utilise les gadoues de Bordeaux, les végétaux des landes, les terres d'amendements qu'il possède en abondance : vases de la Gironde, curures de fossés, terres de landes, etc... ; il est donc à même de remédier à la pauvreté du sol de ses vignobles.

Nous avons étudié l'origine, la composition, le mode d'emploi de ces divers matériaux et nous avons pu ainsi établir les quantités de principes fertilisants apportés à la vigne et les comparer à ce qu'elle absorbe dans sa végétation annuelle.

Nous avons ainsi trouvé, en moyenne, pour les vignobles dans lesquels nous avons établi nos observations, les quantités suivantes d'éléments fertilisants entrant en jeu par an et par hectare :

	AZOTE.	ACIDE phosphorique.	POTASSE.
Apporté par les fumures	167^{kg}	138^{kg}	171^{kg}
Absorbé par la vigne	42	14	57
En excédent dans les fumures . .	125	124	114

Ces chiffres montrent que les viticulteurs du Médoc apportent au sol, par la fumure, environ 4 fois plus d'azote, 10 fois plus d'acide phosphorique, 3 fois plus de potasse que ce que la vigne en absorbe, sans même tenir compte des apports notables de potasse par le sulfocarbonate de potassium, là où il est employé.

La totalité des éléments fertilisants absorbés par la vigne n'est pas exportée du domaine. Nous voyons, en effet, dans les tableaux dans lesquels nous résumons les proportions de matières fertilisantes entrant dans la constitution de 1 hectare de vignes, que ce sont surtout les feuilles et les sarments qui renferment ces éléments fertilisants ; les feuilles restent en grande partie sur le sol, les marcs et les rafles y retournent par l'intermédiaire des composts, ainsi que les cendres des sarments. Le vin seul est totalement exporté. Or, il ne contient que des quantités extrêmement minimes d'éléments fertilisants, soit 1, 2 ou 3 p. 100, tout au plus, que ce qui est donné dans la fumure.

Les apports d'engrais surpassent donc, de beaucoup, l'exportation définitive qui se fait par le vin.

Ces résultats pourraient porter à conseiller de réduire les fumures, mais des considérations d'un autre ordre doivent intervenir.

La pratique montre que, sans cette abondante fumure, la vigne périclite, c'est un fait d'observation contre lequel des déductions théoriques ne sauraient prévaloir. Il est vrai de dire que le sol en lui-même n'offre aucune ressource à la vigne et que ces engrais, si abondamment donnés, le sont sous une forme très peu assimilable et qui ne saurait être comparée à celle des engrais chimiques à action rapide.

D'un autre côté, les sols du Médoc sont essentiellement perméables et ne retiennent pas les engrais ; aussi trouvons-nous que le sol, malgré les abondants apports qui lui sont faits, conserve une pauvreté telle, qu'il exige toujours de nouveaux apports. Les conditions économiques dans lesquelles le Médoc est d'ailleurs placé, avec le prix élevé de ses vins, doit engager à faire les sacrifices qui peuvent augmenter la récolte et qu'un faible excédent de celle-ci compense largement.

Quoi qu'il en soit, les fumures données aux vignes du Médoc dépassent de beaucoup celles qu'on donne aux plantes de grande culture les plus exigeantes. Ce n'est pas seulement dans les vignobles produisant des crus ordinaires, mais aussi dans ceux dont la supériorité est incontestée, qu'on apporte ces énormes quantités de matériaux fertilisants et cela depuis un long temps. La qualité de ces vins, si appréciés dans le monde entier, n'en est pas affectée.

On admet généralement que les fumures ont une influence défavorable sur la finesse et sur le bouquet des vins; quelle preuve plus évidente de l'inexactitude de cette assertion peut-on donner que les chiffres que nous avons cités plus haut ?

Déjà, en parlant des vignobles de la Champagne, dont les produits ont une si extrême délicatesse, avons-nous fait remarquer que c'est également par l'apport de grandes quantités de matériaux fertilisants qu'on produit les récoltes, sans que pour cela les qualités propres à ces vins en soient amoindries.

Malgré la différence entre les vins du Médoc et ceux de la Champagne, malgré la différence dans le climat, dans le mode de culture, on peut rapprocher, dans une certaine mesure, ces deux vignobles, par cette condition commune d'un sol primitif extrêmement pauvre, servant surtout de support à la plante, et d'une alimentation en quelque sorte artificielle, à l'aide de fumures abondantes, qui permettent presque de les rapprocher des cultures maraîchères.

Il convient de faire remarquer ici que ce n'est pas sous forme d'engrais chimiques ou concentrés que les matières fertilisantes sont apportées à ces vignes, mais sous celle de matières volumineuses : fumiers, gadoues, composts, terres d'amendements, etc... Peut-être en appliquant des engrais chimiques à action plus rapide, tels que le nitrate de soude, la qualité des vins se trouverait-elle modifiée. Ces derniers paraissent convenir surtout aux vins communs des vignobles, où l'on recherche plus la production que la qualité.

Quant à la région des palus, elle est dans des conditions bien différentes de situation et de constitution des sols. Il y a peu de chose à dire en ce qui la concerne, si ce n'est que les exigences de la vigne y sont moins élevées que dans le Médoc proprement dit, ce qui tient surtout à ce que les pieds de vigne y sont plus espacés; en outre, la richesse de ses terres, constituées par des alluvions, et leur profondeur, rendent inutiles les apports d'engrais ; il y a dans le sol un stock d'éléments fertilisants qui permet d'obtenir des récoltes, sans se préoccuper de l'appauvrissement du sol. D'ailleurs les limons de la Gironde, qui se déposent pendant la durée de la submersion, constituent un amendement qui dispense de recourir à d'autres fumures.

CHAPITRE III

VIGNOBLES DES GRAVES

On appelle *Graves proprement dites* une région située à proximité de Bordeaux, sur la rive gauche de la Garonne et qui s'étend depuis la ville jusqu'à 20 kilomètres au sud et 8 kilomètres à l'ouest ; elle ne fait pas partie du Médoc, qu'elle sépare du pays de Sauternes.

Elle produit des vins rouges estimés, ordinairement moins bouquetés que ceux du Médoc, quoique souvent payés aussi cher. On y fait aussi des vins blancs.

Les crus les plus connus sont ceux de Haut-Brion, Pape-Clément, Mission Haut-Brion, Haut-Bailly, etc.

Le vignoble des Graves se subdivise en deux parties, qui diffèrent par la nature de leurs sols et la qualité de leurs vins ; les grandes Graves, où le sol, de formation pliocène, est silico-graveleux et où les cailloux sont très abondants et en général très gros ; les petites Graves, qui produisent des vins moins fins et dont les sols sont plus sablonneux, comprenant souvent des sables purs et aussi des palus, sur les bords de la Garonne.

Les sous-sols sont constitués souvent par l'alios, par l'argile ou par des cailloux siliceux roulés ; quelquefois aussi ils sont calcaires.

Les grandes Graves comprennent principalement les communes de Pessac, Talence, Mérignac, Léognan, etc.

Les petites Graves celles de Cadaujac, Isles-Saint-Georges, Beautiran, Portets, Cérons, etc.

Les vins rouges sont produits par le cabernet-sauvignon, le petit cabernet, le gros cabernet, le petit verdot, le merlot et le malbec.

Les vins blancs par le sauvignon, le sémillon, la muscadelle, le blanc verdet et l'enrageat.

Les ceps sont plantés à une distance de 1ᵐ,10 en tous sens. La bifurcation des bras est à une distance du sol variant de 0ᵐ,25 à 0ᵐ,50. Le plus souvent, les bras et leurs pousses sont liés verticalement autour d'un échalas de 1ᵐ,50 à 2 mètres de hauteur ; quelquefois, les sarments sont attachés à des fils de fer, qui courent sur deux rangs à 0ᵐ,40 et à 0ᵐ,90 au-dessus du sol. Quelquefois aussi on la dispose comme en Médoc à l'aide de lattes ou de fil de fer.

Le mode de culture, de taille, se fait comme en Médoc. Après les vendanges on donne souvent, du 15 octobre à fin novembre, une façon d'hiver, comprenant un déchaussage et un rechaussage ; quand la végétation s'est arrêtée, on commence l'épandage des fumures.

On opère dans le courant de l'hiver les complantations à l'aide de plants enracinés.

Vers le 15 novembre commence la taille, qui dure jusqu'en février ; on la pratique à la serpe ou au sécateur, en laissant de 2 à 4 astes à 3 yeux chacune, parfois une aste pliante de 60 centimètres environ de longueur, quand le pied est très vigoureux ; on laisse de 2 à 4 cots.

Après la taille, on procède au remplacement des carassons, à la réparation des fils de fer, au badigeonnage des astes avec le sulfate de fer, etc.

En février ou mars, on donne une façon, comprenant le déchaussage et le rechaussage, puis, successivement, le premier traitement contre l'oïdium à l'aide de la sablette, quand les pousses ont environ 10 centimètres de longueur (fin avril), le deuxième traitement à la floraison (fin mai), et le troisième, fin juin, ces deux derniers étant pratiqués à l'aide du soufflet.

Les traitements à la bouillie bordelaise s'effectuent, le premier fin mai, le deuxième fin juin et le troisième fin juillet ; avant le premier sulfatage, on fait un premier rognage ; à la fin de juin, on en fait un second.

Les fumures sont employées sous forme de fumiers d'étable et de gadoues ; on forme aussi, comme en Médoc, des composts avec les curures de fossés ou d'étangs, herbes, feuilles et détritus de toutes sortes, auxquels on ajoute du fumier, de la chaux, etc., en mettant environ 2/3 de terre et 1/3 de fumiers. Ces composts se rapprochent de ceux du Médoc.

Dans les Graves, les travaux à la tâche, exécutés par ce qu'on appelle les prix-faiteurs, sont rares ; ils sont surtout confiés à des domestiques payés à l'année ou à la journée ; la journée de l'homme est en moyenne de 2 fr. 50 c., celle de la femme de 1 fr.

La vendange, l'égrappage, la vinification, se font comme en Médoc. On sépare le vin des jeunes vignes de celui des vignes plus âgées, qui forme le grand vin. Les vins de presse sont mis à part.

Les vignes sont défendues contre le phylloxéra par des traitements au sulfocarbonate ou au sulfure de carbone ; la submersion est pratiquée partout où elle peut l'être, c'est-à-dire sur les bords de la rivière.

Beaucoup de vignes ont été reconstituées par des cépages américains, qui n'ont pas donné partout de bons résultats, probablement à cause de la grande variation des sols et surtout des sous-sols qui changent de constitution d'un endroit à l'autre.

Composition des sols. — Les échantillons de terre que nous avons prélevés aux environs de Pessac, dans les vignobles qui caractérisent le mieux la région où l'on produit les meilleurs crus, ont présenté la composition suivante :

| | POUR 1000 de terre naturelle sèche. | | |
| | Terre fine. | Cailloux | |
		siliceux.	calcaires.
Echantillon n° 1, sol.	255	745	0
— n° 2, sol.	336	664	0

Ces terres sont exceptionnellement graveleuses, de gros cailloux y entrant dans la proportion des 2/3 et même des 3/4 de la masse. Mais tous les sols ne sont pas aussi abondamment pourvus d'éléments grossiers, ceux que nous donnons ici sont les plus estimés pour la qualité des produits qu'ils fournissent. Le sous-sol, à la profondeur de 0^m,40, est de même nature.

La composition de la terre fine est donnée dans le tableau ci-dessous :

DÉSIGNATION.	POUR 1000 DE TERRE FINE SÈCHE.					
	AZOTE.	ACIDE phosphorique.	POTASSE.	CARBONATE de chaux.	MAGNÉSIE.	SESQUIOXYDE de fer.
Échantillon n° 1.	0.496	0.451	1.139	3.4	1.008	8.10
— n° 2.	0.583	0.301	0.986	4.2	0.900	6.94

Si l'on tient compte des cailloux mêlés à la terre, on trouve, pour 1 000 de terre naturelle sèche, la composition suivante :

DÉSIGNATION.	POUR 1000 DE TERRE NATURELLE SÈCHE.						
	AZOTE.	ACIDE phosphorique.	POTASSE.	CARBONATE de chaux fin.	pierreux.	MAGNÉSIE.	SESQUIOXYDE de fer.
Échantillon n° 1	0.126	0.115	0.290	0.87	0	0.257	2.06
— n° 2	0.196	0.101	0.331	1.41	0	0.302	2.33

Ces terres sont donc d'une pauvreté très grande en principes fertilisants et doivent être aidées par d'abondantes fumures.

Celles qu'on donne le plus communément consistent en fumier d'étable, que l'on répand à raison de 150 mètres cubes tous les 3 ou 4 ans, soit environ 43 mètres cubes par hectare et par an, apportant les quantités suivantes d'éléments fertilisants :

Azote . . . . $120^{kg},4$
Acide phosphorique. . . . .   77 ,4
Potasse. . . . .   154 ,8

On fait aussi usage de composts fabriqués avec des terres de fossés, des curures d'étangs, mélangés à du fumier, mais on les réserve surtout pour les nouvelles plantations ; à ce moment, on en met 70 à 80 mètres cubes à l'hectare.

Voici les observations recueillies en 1894, rapportées à l'hectare, en adoptant, pour la quantité de récolte, le chiffre moyen de 25 hectolitres.

Poids de feuilles desséchées à 100°	920^{kg},50
— sarments desséchés à 100°. . . .	1 424 ,50
— rafles desséchées à 100°. . . .	65 ,00
— marcs desséchés à 100°	178 ,25
— lies desséchées à 100°.	15 ,00

La composition de ces divers produits de la vigne est la suivante :

Composition du vin, par litre.

Azote.	0^{gr},377
Acide phosphorique.	0 ,320
Potasse.	1 ,782
Chaux	0 ,131
Magnésie	0 ,060

Composition des feuilles, des sarments, des rafles et des marcs.

	POUR 100 DE LA MATIÈRE SÉCHÉE A 100°			
	Feuilles.	Sarments.	Rafles.	Marcs[1].
Azote	2.000	0.536	1.185	1.985
Cendres	13.028	3.245	9.095	7.500
Acide phosphorique. .	0.365	0.203	0.453	0.602
Potasse	1.481	0.920	4.390	2.704
Chaux.	4.341	0.977	0.815	0.500
Magnésie.	0.188	0.095	0.020	0.061

Ces données permettent de calculer l'absorption des matières fertilisantes, pour un hectare de vignes.

Matières fertilisantes absorbées par hectare.

DÉSIGNATION.		AZOTE.	ACIDE PHOSPHORIQUE.	POTASSE.	CHAUX.	MAGNÉSIE.
		kilogr.	kilogr.	kilogr.	kilogr.	kilogr.
Vin.	25^{hl},	0,942	0,800	4,455	0,327	0,150
Feuilles desséchées à 100°	920^{kg},50	18,410	3,360	13,633	39,959	1,730
Sarments desséchés à 100°	1 424 ,50	7,635	2,892	13,105	13,917	1,353
Rafles desséchées à 100°.	65 ,00	0,770	0,294	2,853	0,530	0,013
Marcs desséchés à 100°.	178 ,25	3,538	1,073	4,820	0,891	0,109
Lies desséchées à 100°.	15 ,00	0,260	0,088	1,622	0,442	traces.
Totaux		31,555	8,507	40,488	56,066	3,355

1. Moyenne des vignobles voisins, pour le vin et les marcs.

Nous voyons que, dans cette région, les exigences de la vigne sont moins élevées et que les apports de matières fertilisantes par les fumures les dépassent de beaucoup ; nous avons en effet :

	AZOTE.	ACIDE phosphorique.	POTASSE.
Apporté par la fumure.	$120^{kg},4$	$77^{kg},4$	$154^{kg},8$
Absorbé par la vigne.	31 ,6	8 ,5	40 ,5
En excédent dans la fumure. . .	$88^{kg},8$	$68^{kg},9$	$114^{kg},3$

CHAPITRE IV

VIGNOBLES DU SAINT-ÉMILIONNAIS, DE POMEROL ET DE SAINTE-FOY

Les vignobles qui s'étendent le long de la Dordogne produisent des vins rouges et blancs de qualités très variées ; cette région comprend des vignobles assez estimés, principalement ceux de Saint-Émilion, ceux du Fronsadais, ceux de Sainte-Foy, etc. Ce sont les communes de Saint-Émilion et de Pomerol qui fournissent les vins les plus réputés.

Saint-Émilion et les communes avoisinantes, dont les vins sont si appréciés, sont situés sur une ligne de coteaux parallèle à la Dordogne, qui coule à 3 ou 4 kilomètres environ de leur base ; la vigne est cultivée sur les pentes de ces coteaux et jusque dans la plaine qui s'étend vers la rivière.

Ces coteaux s'étendent, de l'ouest à l'est, depuis Saint-Émilion jusqu'à Saint-Étienne-de-Lisse, sur une longueur de 7 à 8 kilomètres, avec une largeur moyenne de 3 kilomètres.

Au nord et à l'est de cette première ligne de coteaux en existent plusieurs autres, formant la plus grande partie des cantons de Lussac et de Castillon, avec d'importants vignobles. Le sol de ces coteaux a une composition variable ; le terrain est surtout argilo-calcaire et assez ferrugineux, généralement peu profond, surtout sur les coteaux. Le sous-sol est formé par le calcaire éocène, souvent exploité pour matériaux de construction.

Au pied des coteaux, dans la plaine formée par les alluvions, la terre est au contraire profonde ; les vignobles qui y sont cultivés produisent des vins moins estimés que ceux des coteaux, mais qui ont cependant de la qualité. Là, le sol est argilo-siliceux et le sous-sol généralement de même nature que le sol, sauf en quelques points, où il constitue un conglomérat assez compact.

Le climat est celui du sud-ouest, c'est-à-dire relativement doux et humide ; cependant il diffère du climat du Médoc en ce que les pluies y sont moins fréquentes, l'air moins chargé de vapeur d'eau, les hivers plus rigoureux et les étés plus secs.

Les cépages sont choisis dans les meilleures espèces à vins fins de la Gironde ; ce sont le cabernet-sauvignon et les autres variétés de cabernets, le malbec et le merlot.

Dans les côtes du Saint-Émilionnais et, en général, dans les crus de qualité, la vigne est cultivée en plein. Les pieds sont à $1^m,33$ environ en tous sens ; la hauteur des souches, jusqu'à la bifurcation des bras, est de $0^m,40$ à $0^m,50$; on laisse 2 ou 3 bras, dont les astes sont fixés autour d'un échalas de 2 mètres à $2^m,50$ de hauteur, ou palissés sur 2 ou 3 carassonnes de $1^m,30$ environ de haut, plantées dans la ligne. Dans beaucoup de vignobles, on emploie deux rangs de fils de fer au lieu des échalas.

Les vignes reçoivent, le plus souvent, 3 ou 4 façons. Ces labours et les autres soins culturaux se donnent aux mêmes époques et de la même manière qu'en Médoc et dans toutes les régions avoisinantes.

Aussitôt les vendanges terminées, on s'occupe des fumures ; si le temps le permet, on déchausse, à la charrue, les pièces destinées à être traitées au sulfocarbonate ou au sulfure dissous ; dans d'autres vignobles, on profite des derniers jours de beau temps pour appliquer le sulfure de carbone au pal. On applique, à la même époque, les fumiers et les terreaux ou gadoues de Bordeaux.

S'il y a des vignes à arracher ou à défoncer pour une replantation, c'est également dans cette saison qu'on s'en occupe. Ces divers travaux s'exécutent en octobre, novembre et décembre, puis on procède à la taille et au remplacement des échalas.

En mars et avril, on fait un labour, qui consiste à déchausser les vignes et on en profite pour préparer les cuvettes nécessaires au traitement de printemps, quand on emploie les insecticides véhiculés par l'eau.

En mai, quand la vigne est déjà poussée, on fait le premier sou-

frage, le soufre étant additionné parfois de sulfate de cuivre pulvérisé, puis un deuxième labour sert à rechausser la vigne. Le premier
sulfatage se fait vers la fin du mois.

En juin et juillet, on continue les labours, les soufrages et les traitements à la bouillie bordelaise ; ces divers travaux sont effectués
jusqu'aux environs des vendanges, suivant les années.

Les fumures les plus utilisées, dans ces régions pauvres en amendements, sont les *bourriers,* dits terreaux de Bordeaux, auxquels
s'ajoutent les fumiers produits dans les exploitations, et que l'on
utilise en nature, ou 'en mélange avec des terres d'amendements,
des curures de fossés, etc. On emploie également des engrais chimiques.

Une partie des vignobles est constituée par de vieilles vignes
françaises, franches de pied, qu'on conserve à l'aide de traitements
insecticides, l'autre par des cépages greffés sur racines américaines.

Pour les replantations sur cépages américains, le porte-greffe qui
paraît donner les meilleurs résultats est le riparia. On emploie aussi
le rupestris, le solonis, le vialla, le jacquez et le york-madeira, se
guidant, pour le choix, suivant la nature du sol.

Le greffon est pris sur les cépages français usuels dans la
région.

Dans certains vigobles, on ajoute, à ces cépages noirs, des cépages
blancs, en faible proportion, surtout le sauvignon blanc et le sémillon, qui rendent les vins plus riches en alcool et leur donnent de la
finesse.

Voici comment s'opère la vendange : le raisin est coupé par les
vendangeurs et mis dans des paniers en bois étanches ; des enfants,
faisant l'office de vide-paniers, à raison d'un pour cinq rangs de coupeurs, vident les paniers pleins dans des bastes, ou bacs en bois,
ayant deux anses. Deux hommes portent les bastes pleines au bord
des allées, pour les charger sur des charrettes, qui les amènent au
fouloir. L'égrappage est pratiqué actuellement d'une façon plus générale qu'autrefois, et il y a une tendance très louable à se rapprocher des pratiques du Médoc.

Les vaisseaux dans lesquels se fait la fermentation sont à peu près les mêmes que ceux du Médoc ; ce sont des cuves ouvertes ou fermées. On ne fait, dans chaque domaine, qu'un seul vin, mais dans lequel n'entre pas celui qui provient de l'expression des marcs.

Les conditions météorologiques de l'année 1894 n'ont pas été favorables à la vigne ; dès le mois de février, un temps doux a régné et s'est prolongé jusqu'en mars, faisant prévoir une année précoce comme 1893 ; la végétation était déjà assez avancée, quand les temps froids et humides sont survenus et ont duré jusqu'au moment de la floraison ; aussi la coulure a-t-elle été considérable ; les mois de mai à août, quoique peu pluvieux, ont été relativement froids et le ciel était souvent couvert. Ces diverses conditions ont fait craindre pour la qualité de la récolte pendante ; mais vers le milieu d'août, les chaleurs sont survenues et se sont prolongées, presque sans interruption, jusqu'aux vendanges, qui, effectuées en octobre, par un temps assez chaud, ont donné des vins de bonne qualité. La récolte a été peu abondante ; les maladies cryptogamiques ont sévi avec intensité, mais dans les vignobles bien soignés, les soufrages et les sulfatages en ont eu raison.

Vignoble de Château-Saint-Georges-Côte-Pavie.

Le vignoble de Château-Saint-Georges est situé sur le territoire de la commune de Saint-Émilion et au lieu dit Côte-Pavie ; il est classé parmi les premiers crus de Saint-Émilion.

Il appartient à M. Jules Charoulet.

La contenance de la propriété est de 6^{ha},40 en vieilles vignes françaises, conservées par des traitements antiphylloxériques au sulfure de carbone, appliqué à l'aide du pal.

Les vignes sont en coteau ; les terres ne contiennent pas de cailloux ; elles sont argilo-calcaires ; la roche affleure à la partie supérieure du coteau.

Voici la composition de deux échantillons de terres, pris, l'un à la partie moyenne du coteau, l'autre, vers la partie supérieure.

DÉSIGNATION.		POUR 1000 DE TERRE NATURELLE SÈCHE.					
		AZOTE.	ACIDE phos-pho-rique.	PO-TASSE.	CAR-BONATE de chaux.	MA-GNÉSIE.	SESQUI-OXYDE de fer.
Milieu du coteau.	Sol.	0.298	0.444	2.006	29.2	0.918	27.76
	Sous-sol . .	0.258	0.338	1.887	8.0	0.360	24.29
Haut du coteau. .	Sol.	0.457	0.978	2.958	310.0	0.810	39.33
	Sous-sol . .	0.199	0.714	2.363	420.0	0.720	30.07

Ces terres sont pauvres en azote et en acide phosphorique, assez riches en potasse.

Dans la partie supérieure du coteau, le calcaire est en proportion très élevée, atteignant 31 p. 100 pour le sol et 42 p. 100 pour le sous-sol; l'effritement de la roche sous-jacente amène cette grande quantité de chaux.

Avec une pareille composition, on doit se préoccuper de suppléer à l'insuffisance des principes fertilisants, par des apports d'engrais.

Les fumures se composent de bourriers de Bordeaux, dont on répand, tous les deux ans, 12 500 kilogr. par journal de 32^{ha},10, soit 18 500 kilogr. par hectare et par an, qui apportent au sol les quantités suivantes de principes fertilisants :

Azote. . . . . 71 kilogr.
Acide phosphorique . . . . 91 —
Potasse. . . . . 83 —

L'exploitation ne possédant pas de bétail, c'est la seule fumure que reçoit la vigne ; elle est sensiblement inférieure à celle que nous avons constatée pour le Médoc.

Dans cette exploitation, les travaux sont principalement faits à façon, les labours, les soufrages et les sulfatages, ainsi que les autres travaux, sont faits aux mêmes époques et de la même manière que dans les autres vignobles de la région.

La vendange a été faite au milieu d'octobre ; on n'a égrappé que partiellement.

Voici les observations recueillies dans l'année 1894, rapportées à l'hectare :

Vin	$13^{hl},35$
Poids de feuilles desséchées à 100°	$1\,009^{kg},12$
— sarments desséchés à 100°.	1 382 ,87
— marcs et rafles réunis desséchés à 100°. .	132 ,16
— lies desséchées à 100°.	8 ,00

Voici la composition de ces divers produits :

Composition du vin, par litre.

Azote.	$0^{gr},441$
Acide phosphorique	0 ,346
Potasse.	1 ,710
Chaux	0 ,157
Magnésie	0 ,057

Composition des feuilles, des sarments, des rafles et des marcs.

POUR 100 DE LA MATIÈRE SÉCHÉE A 100°.

	Feuilles.	Sarments.	Rafles et marcs.
Azote	2.079	0.602	2.165
Cendres	12.870	3.392	10.550
Acide phosphorique. . . .	0.436	0.244	0.618
Potasse	1.197	0.844	3.831
Chaux	5.211	1.102	0.662
Magnésie.	0.180	0.114	0.110

Ces données nous permettent d'établir le tableau suivant, concernant les quantités de principes fertilisants absorbées par hectare :

Matières fertilisantes absorbées par hectare.

DÉSIGNATION.	AZOTE.	ACIDE PHOSPHORIQUE.	POTASSE.	CHAUX.	MAGNÉSIE.
	kilogr.	kilogr.	kilogr.	kilogr.	kilogr.
Vin . . . . $13^{hl},35$	0,589	0,462	2,283	0,209	0,076
Feuilles desséchées à 100° $1\,009^{kg},12$	20,980	4,400	12,079	52,585	1,816
Sarments desséchés à 100° 1 382 ,87	8,325	3,374	11,671	15,239	1,576
Rafles et marcs desséchés à 100° . . . . 132 ,16	2,861	0,817	5,063	0,875	0,145
Lies desséchées à 100°. 8 ,00	0,140	0,048	0,874	0,238	traces.
Totaux	32,895	9,101	31,970	69,146	3,613

La proportion de matières fertilisantes absorbées par la vigne est peu élevée ; la récolte a été peu abondante, inférieure de moitié à la moyenne, une forte coulure a été la principale cause de ce résultat. Mais on peut se demander si, en donnant des fumures plus abondantes, comme dans le Médoc, on n'eût pas augmenté le rendement, les gadoues, uniquement employées, constituant un engrais peu énergique.

Vignoble de Château-Bellefont-Belcier.

Ce vignoble, qui appartient à M. Pierre Faure, est situé sur le territoire de la commune de Saint-Laurent-des-Combes, à peu de distance de Saint-Émilion.

Il a une contenance de 18^{ha},77 en vignes qui ont dû être replantées, car il était presque entièrement détruit, lors de l'achat par le propriétaire actuel, en 1888, au prix de 2500 fr. l'hectare. Il ne restait, à cette époque, que 2 hectares et demi de vignes françaises. Les plantations ont aussitôt été entreprises, à l'aide de vignes greffées sur racines américaines, et ont été continuées jusqu'en 1893, où elles ont été complétées. C'est surtout en 1890 et en 1891 qu'elles ont été activement poussées.

Les cépages principaux sont : le cabernet-sauvignon, les merlots, le malbec et le bouschet de Saint-Émilion.

Les porte-greffes employés sont les riparias, les viallas, les solonis, les jacquez, puis les york-madeira et le rupestris.

Ce vignoble s'étend, depuis le pied du coteau jusque vers son sommet, où la roche calcaire affleure.

Sur les pentes du coteau, on a fait des apports de terre, qui ont constitué un sol suffisamment profond pour permettre aux cépages américains de se développer.

Ces transports, qui constituent un travail très intéressant mais que son prix de revient ne permet d'effectuer que dans des vignobles de crus d'un prix élevé, ont été effectués principalement à l'aide de chemins de fer Decauville. On a ainsi porté environ 34000 mètres cubes de terre, prise au pied du coteau ; cette terre a été répandue dans les parties supérieures, où le sol avait peu de profondeur, et qui étaient particulièrement bien exposées, à des épaisseurs variées, selon la disposition des lieux et le nivellement.

On peut admettre qu'on l'a répartie sur une épaisseur moyenne de 0^m,30 à 0^m,35, en couvrant une surface de 10 hectares.

Cette terre a été transportée à des distances variables de 250 à 500 mètres, avec des pentes de 10 à 20 et même 40 p. 100.

Le prix de la terre, mise en place, a été d'environ 1 fr. le mètre cube. On a donc ainsi constitué une excellente terre à vignes, dans un sol primitivement ingrat, avec une dépense de 3 000 fr. par hectare, dans une région où la valeur foncière des terres à vignes est élevée. On a ensuite procédé à la plantation.

Ce sol artificiel formé étant mis à part, voici la composition des sols et sous-sols, dans les endroits où il n'y a que la terre primitive, constituant le vrai fond du vignoble.

		POUR 1 000 de terre naturelle sèche.		
		Terre fine.	Cailloux siliceux.	Cailloux calcaires.
Partie moyenne du coteau	Sol	1 000	0	0
	Sous-sol	928	12	60
Partie supérieure du coteau.	Sol	920	50	30
	Sous-sol	909	36	55

La composition de la terre fine est donnée ci-dessous :

DÉSIGNATION.	POUR 1 000 DE TERRE FINE SÈCHE.					
	AZOTE.	ACIDE phosphorique.	POTASSE.	CARBONATE de chaux.	MAGNÉSIE.	SESQUIOXYDE de fer.
Partie moyenne du coteau. Sol	0.748	1.203	4.726	74.0	0.720	46.27
Sous-sol	0.907	2.482	4.675	167.0	1.080	39.33
Partie supérieure du coteau. Sol	0.635	0.414	2.142	28.0	0.540	37.01
Sous-sol	0.589	0.414	2.635	103.0	0.828	49.74

En tenant compte des cailloux, qui sont en minime proportion, on trouve, pour 1 000 de terre naturelle, la composition suivante :

DÉSIGNATION.		POUR 1 000 DE TERRE NATURELLE SÈCHE.						
		AZOTE.	ACIDE phos-pho-rique.	PO-TASSE.	CARBONATE de chaux		MA-GNÉSIE.	SESQUI-OXYDE de fer.
					fin.	pier-reux.		
Partie moyenne du	Sol. . .	0.748	1.203	4.726	74.0	0	0.720	46.27
coteau. . . .	Sous-sol.	0.842	2.303	4.338	155.0	60	1.002	36.50
Partie supérieure	Sol. . .	0.584	0.381	1.971	25 76	30	0.497	34.06
du coteau. . .	Sous-sol.	0.535	0.376	2.395	93.6	55	0.753	45.21

Les échantillons prélevés dans la partie moyenne du coteau sont plus riches en principes fertilisants que ceux de la partie supérieure, principalement en acide phosphorique et en potasse.

Toutes ces terres sont riches en oxyde de fer et contiennent des proportions notables de carbonate de chaux, provenant de la roche sous-jacente, qui est souvent à une faible profondeur.

Au moment de la plantation, les vignes ont été fumées avec des bourriers de Bordeaux, mis au-dessus des racines, mais en étant séparés par une couche de 8 à 10 centimètres de terre tassée. La même fumure a été appliquée aux vieilles vignes, maintenues par des traitements au sulfure de carbone.

En 1893, on a répandu 1 100 000 kilogr. de bourriers de Bordeaux ; ils ont été répandus après les vendanges, sur une surface de 10 hectares.

On a ainsi donné par hectare :

Azote.	400^{kg},4
Acide phosphorique.	515 ,9
Potasse.	711 ,7

Mais c'est là une fumure de premier établissement, destinée à faciliter la reconstitution du vignoble. Elle est considérable et la vigne peut y trouver son alimentation pendant plusieurs années. Elle est destinée à être renouvelée tous les six ans, donnant ainsi

une fumure qui apporterait, annuellement, les quantités suivantes
de matières fertilisantes :

Azote	66 kilogr.
Acide phosphorique.	86 —
Potasse.	119 —

Les traitements et les soins culturaux sont donnés comme dans
toute cette région. Le nombre de pieds à l'hectare est de 6 200 environ.

Les vendanges ont été faites dans le commencement d'octobre;
voici les observations recueillies en 1894, rapportées à l'hectare :

Vin.	$27^{hl},50$
Poids de feuilles desséchées à 100°	$1\,204^{kg},04$
— sarments desséchés à 100°. . . .	2 331 ,20
— rafles desséchées à 100°.	71 ,50
— marcs desséchés à 100°	200 ,75
— lies desséchées à 100°.	16 ,50

La composition de ces divers produits de la vigne est la suivante :

Composition du vin, par litre.

Azote.	$0^{gr},478$
Acide phosphorique.	0 ,200
Potasse.	1 ,681
Chaux	0 ,127
Magnésie	0 ,061

Composition des feuilles, des sarments, des rafles et des marcs.

	POUR 100 DE LA MATIÈRE SÉCHÉE A 100°.			
	Feuilles.	Sarments.	Rafles.	Marcs.
Azote.	1.761	0.530	1.622	2.145
Cendres.	11.900	3.019	8.995	8.697
Acide phosphorique . . .	0.327	0.178	0.324	0.562
Potasse.	0.787	0.745	4.483	2.594
Chaux	4.844	0.997	0.655	0.487
Magnésie	0.254	0.110	0.036	0.084

Nous pouvons, avec ces résultats, calculer les quantités de principes fertilisants absorbées par la vigne, par hectare :

Matières fertilisantes absorbées par hectare.

DÉSIGNATION.	AZOTE.	ACIDE. PHOSPHORIQUE.	POTASSE.	CHAUX.	MAGNÉSIE.
	kilogr.	kilogr,	kilogr.	kilogr.	kilogr.
Vin. . . . . 27^{hl},50	1,314	0,550	4,623	0,349	0,168
Feuilles desséchées à 100° 1 204^{kg},04	21,303	3,937	9,476	58,324	3,058
Sarments desséchés à 100° 2 331 ,20	12,355	4,149	17,367	23,242	2,564
Rafles desséchées à 100°. 71 ,50	1,160	0,232	3,205	0,468	0,026
Marcs desséchés à 100°. 200 ,75	4,306	1,128	5,207	0,978	0,168
Lies desséchées à 100° . 16 ,50	0,286	0,097	1,787	0,487	traces.
Totaux	40,724	10,093	41,665	83,848	5,984

Les vignes, plantées successivement, ne sont pas encore toutes en production normale.

La récolte de 1893 a été vendue à raison de 1 100 fr. le tonneau de 9 hectolitres, soit 122 fr. l'hectolitre, celle de 1891 à raison de 133 fr. l'hectolitre.

Vignoble de Château-Gazin.

Le vignoble de Château-Gazin compte parmi les premiers crus de Pomerol.

Il appartient à M. Léon Quenedey, qui l'a mis gracieusement à notre disposition, en nous fournissant, en outre, tous les documents nécessaires à nos études.

La surface de la propriété est de 31 hectares, dont 24 hectares consacrés à la culture de la vigne et 7 hectares en prairies, terres, pépinière de pieds-mères de vignes américaines et de boutures greffées, pour la reconstitution du vignoble. Il existe encore 17 hectares de vignes françaises ; 7 hectares sont plantés en plants greffés.

La nature du sol de ces vignes n'est pas uniforme ; il comprend des parties où dominent tantôt la grave, le sable, l'argile rouge ou grise ; toutefois, la grave s'y rencontre le plus souvent, soit sans mélange, soit alliée dans des proportions variables au sable ou à l'argile.

Le sous-sol est graveleux ou argileux ; dans quelques parties, il est formé par une grave ferrugineuse rougeâtre, très fortement agglomérée, appelée dans le pays *crasse de fer*, et quelquefois par une couche de sable pur très profonde.

La roche calcaire est, le plus souvent, à une grande profondeur.

Dans les anciennes vignes, où les pieds sont à 1^m,15 environ dans le rang et à 1^m,33 entre les rangs, le nombre de pieds est de 6 200 environ à l'hectare ; dans les nouvelles plantations de vignes greffées, où les pieds sont à 1^m,30, en tous sens, leur nombre est de 5 500, déduction faite des allées et des chemins.

Voici les résultats des analyses des deux types principaux des sols de la propriété : l'échantillon n° 1 est le type des sols graveleux ; l'échantillon n° 2, celui des sols où l'argile entre dans une proportion beaucoup plus grande.

| | | POUR 1 000 de terre naturelle sèche. | | |
		Terre fine.	Cailloux siliceux.	calcaires.
Échantillon n° 1 . .	Sol	345	655	0
	Sous-sol	479	521	0
— n° 2 . .	Sol	844	156	0
	Sous-sol	756	244	0

La composition de la terre fine est donnée dans le tableau ci-dessous :

| DÉSIGNATION. | | POUR 1 000 DE TERRE FINE SÈCHE. | | | | | |
		AZOTE.	ACIDE phosphorique.	POTASSE.	CARBONATE de chaux.	MAGNÉSIE.	SESQUIOXYDE de fer.
Échantillon n° 1.	Sol	0.596	0.496	1.207	22.0	0.360	21.98
	Sous-sol. . .	0.649˙	0.639	1.326	4.0	0.324	17.35
Échantillon n° 2.	Sol	0.483	0.489	1.462	6.8	0.594	9.25
	Sous-sol . .	0.252	0.365	1.615	6.0	0.630	34.70

En tenant compte des cailloux mêlés à la terre et en envisageant
la terre telle qu'elle est en réalité, on trouve :

DÉSIGNATION.	POUR 1 000 DE TERRE NATURELLE SÈCHE.						
	AZOTE.	ACIDE phos-pho-rique.	PO-TASSE.	CARBONATE de chaux fin.	pier-reux.	MA-GNÉSIE.	SESQUI-OXYDE de fer.
Échantillon n° 1. Sol . . .	0.206	0.171	0.416	7.59	0	0.124	7.58
Sous-sol.	0.311	0.306	0.635	1.92	0	0.155	8.31
Échantillon n° 2. Sol . . .	0.408	0.413	1.234	5.74	0	0.501	7.81
Sous-sol.	0.190	0.276	1.221	4.54	0	0.476	26.23

Toutes ces terres sont très pauvres en azote, en acide phosphorique et en potasse ; les sols argileux sont, sous ce dernier rapport,
sensiblement mieux pourvus, le sous-sol des terrains argileux est
très ferrugineux.

La propriété du Gazin, comme presque toutes celles des crus de
Pomerol, situées sur les plateaux graveleux, est très peu privilégiée sous le rapport des ressources d'amendements. Les fumures
qu'on emploie sont les bourriers de Bordeaux, le fumier d'étable et
quelques engrais chimiques, qu'on applique alternativement, sur une
partie du domaine, de façon à ce que chaque parcelle reçoive une
fumure complète tous les cinq ans environ. On leur applique également du plâtre.

En moyenne cette fumure comprend par an :

	AZOTE.	ACIDE phospho-rique.	POTASSE.
	kilogr.	kilogr.	kilogr.
Bourrier de ville : 250 000 kilogr. contenant . .	910	1 173	1 132
Fumier de ferme : 30 000 kilogr. contenant. . .	141	90	180
Superphosphate d'os : 1 200 kilogr. contenant. .	6	192	»
Nitrate de potasse : 900 kilogr. contenant. . . .	115	»	385
Total	1 172	1 455	1 697
Soit par hectare.	49	61	71

Ces fumures sont beaucoup moins élevées que celles que nous
avons vu employées dans le Médoc.

Les divers cépages cultivés à Château-Gazin sont ainsi répartis : cabernet-sauvignon (2/10), cabernet franc et autres variétés de cabernets (2/10), malbec (3/10), merlot (2/10), petit verdot et quelques sémillons et sauvignons blancs (1/10).

Dans les vignes françaises, quelques pièces sont très anciennes : il y en a dont la plantation remonte à 50 et même à 80 ans, mais c'est là l'exception, la plupart des vignes sont plus modernes.

La culture se fait suivant les pratiques que nous avons signalées plus haut, d'une façon générale, pour la région du Saint-Émilionnais, nous notons cependant quelques points particuliers à ce vignoble.

Les soufrages se font en additionnant le soufre d'environ 5 p. 100 de sulfate de cuivre sec et pulvérisé, et les sulfatages à l'aide d'une bouillie bordelaise renfermant, par hectolitre d'eau, 4 kilogr. de sulfate de cuivre et 2 kilogr. de chaux.

Les traitements contre le phylloxéra se font au sulfure de carbone, appliqué de trois manières différentes :

1° Au pal, à raison de 36 gr. par pied, soit 225 kilogr. à l'hectare ;

2° Avec addition d'un tiers d'essence de pétrole, et au pal également, à raison de 40 gr. de mélange par pied ;

3° A l'état de dissolution dans l'eau, amenée à l'aide d'une tuyauterie et d'une pompe à vapeur.

Il est dans les habitudes locales de donner aux domestiques logés, appelés bordiers, 800 fr. par an, 200 fagots de sarments et la boisson (piquette). Les journées de femme se paient 1 fr.

Le propriétaire, M. Quenedey, a établi avec ses bordiers un forfait, comprenant tous les travaux de culture de la vigne, pour lesquels il leur fournit un bœuf en cheptel. Le forfait à l'année est payé 71 fr. par journal de 36ª,47, soit 170 fr. par hectare.

En dehors des travaux formant l'objet du forfait, les bordiers peuvent être employés à la journée, avec un salaire de 2 fr.

Les ouvriers étrangers à la propriété reçoivent également 2 fr. par journée d'homme, et 1 fr. par journée de femme. Au moment des vendanges, on donne, en sus de ces prix, la nourriture et la boisson.

Les observations recueillies en 1894 sont les suivantes, rapportées à l'hectare :

Vin	11^{hl},14
Poids de feuilles desséchées à 100°	742^{kg},45
— sarments desséchés à 100°	1 216 ,75
— rafles desséchées à 100°	28 ,96
— marcs desséchés à 100°	81 ,32
— lies desséchées à 100°	6 ,70

Voici la composition de ces divers produits de la végétation de la vigne, en ne tenant compte que des éléments fertilisants :

Composition du vin, par litre.

Azote.	0^{gr},414
Acide phosphorique	0 ,383
Potasse.	1 ,617
Chaux	0 ,104
Magnésie	0 ,067

Composition des feuilles, des sarments, des rafles et des marcs.

POUR 100 DE LA MATIÈRE SÉCHÉE A 100°.

	Feuilles.	Sarments.	Rafles.	Marcs.
Azote	1.953	0.536	1.370	2.118
Cendres	12.330	3.420	9.550	7.650
Acide phosphorique. . . .	0.334	0.185	0.481	0.650
Potasse	1.496	0.919	4.584	2.982
Chaux.	4.626	0.996	0.737	0.643
Magnésie.	0.177	0.113	0.065	0.066

Ces données nous permettent de calculer les exigences de la vigne, par hectare :

Matières fertilisantes absorbées par hectare.

DÉSIGNATION.		AZOTE.	ACIDE PHOSPHORIQUE.	POTASSE.	CHAUX.	MAGNÉSIE.
		kilogr.	kilogr.	kilogr.	kilogr.	kilogr.
Vin	11^{hl},14	0,461	0,427	1,801	0,116	0,075
Feuilles desséchées à 100°	742^{kg},45	14,500	2,480	11,107	34,346	1,314
Sarments desséchés à 100°	1 216 ,75	6,522	2,251	11,182	12,119	1,375
Rafles desséchées à 100°.	28 ,96	0,397	0,139	1,327	0,213	0,019
Marcs desséchés à 100°.	81 ,32	1,722	0,529	2,425	0,523	0,054
Lies desséchées à 100°.	6 ,60	0,115	0,039	0,718	0,195	traces.
Totaux		23,717	5,865	28,560	47,512	2,837

Ces exigences sont relativement faibles ; elles eussent été légèrement augmentées si, au lieu d'une très faible récolte de 11 hectolitres, elles en eussent donné une moyenne de 25 hectolitres environ.

Une forte coulure a été la cause principale de ce rendement inférieur.

La quantité d'éléments fertilisants donnée dans la fumure dépasse notablement la quantité absorbée par la vigne ; nous avons en effet :

	AZOTE.	ACIDE phosphorique.	POTASSE.
Donné dans la fumure	$49^{kg},0$	$61^{kg},0$	$71^{kg},0$
Absorbé par la vigne.	23 ,7	5 ,9	28 ,6

Mais, comme l'engrais est donné surtout sous forme de gadoues, c'est-à-dire à un état peu assimilable, on peut se demander si une insuffisance de matériaux nutritifs immédiatement assimilables n'est pas pour quelque chose dans le faible rendement. Dans les vignes du Médoc, où la coulure a été tout aussi intense, la récolte a été bien plus élevée, mais aussi la fumure y est-elle beaucoup plus abondante.

CHAPITRE V

VIGNOBLES DE SAINTE-FOY

Château des Vergnes.

Ce vignoble est intéressant, d'un côté, parce qu'il représente le type de la région dite de Sainte-Foy, et, d'un autre, parce qu'il a été tout entier maintenu ou reconstitué en cépages français, alors que les vignes avoisinantes ont été détruites par le phylloxéra et, pour la plupart, reconstituées en plants greffés. Ce vignoble sert, depuis près de dix-huit ans, de champ d'expérience pour les traitements au sulfocarbonate de potassium ; sa vigueur, sa végétation et sa production montrent quel parti on peut tirer de cet insecticide, judicieusement appliqué.

Le vignoble des Vergnes, qui appartient à M. le baron de Gargan, comprend 90 hectares plantés en vignes.

Les terrains sont en coteaux ondulés ; ils sont de formation tertiaire, présentant généralement un sous-sol tantôt de calcaire compact, tantôt de marnes plus ou moins friables. La terre arable, dont l'épaisseur varie, suivant les endroits, de deux décimètres jusqu'à plus d'un mètre, est constituée par une terre silico-argileuse, assez forte, le plus souvent mélangée de débris pierreux.

La terre fine, qui constitue à peu près 90 p. 100 de la couche arable, a la composition suivante :

	POUR 1000.		
	I	II	III
Azote	0.73	0.78	0.91
Acide phosphorique.	0.50	0.56	0.69
Potasse	2.80	3.68	3.69
Carbonate de chaux.	27.30	13.90	22.40

La terre n'est donc pas très riche en azote, elle est pauvre en acide phosphorique, mais contient des proportions notables de potasse; le calcaire fin qu'elle contient atténue, dans une certaine mesure, la compacité due à la forte proportion d'argile.

Lorsque ces terres sont bien ressuyées, elles se travaillent facilement; quand elles sont trop sèches, elles durcissent.

La vigne est établie sur fil de fer, à raison d'environ 3 600 pieds à l'hectare.

Les cépages qui la constituent sont le malbec, le merlot, le cabernet-sauvignon, le fer, le périgord, le blanc sémillon, la muscade et la folle-blanche.

La culture se fait comme dans toute cette région; généralement, on pratique la taille courte, mais en 1891, pendant laquelle les recherches relatives à ce vignoble ont été effectuées, la vigueur exceptionnelle de la vigne, que les gelées printanières et la coulure des deux années précédentes avaient empêchée de porter de fortes récoltes, a fait penser qu'on pouvait lui demander, tout au moins d'une façon exceptionnelle, une récolte plus abondante, et on a taillé à plus long bois.

L'année 1891 a d'ailleurs été favorable; la floraison et la fructification se sont produites dans de bonnes conditions.

Ces expériences n'ont pas trait à l'ensemble du domaine, mais à une surface homogène de 37^{ha},35, en production normale, la vigne étant âgée de 11 ans.

Voici les observations faites à l'époque de la vendange :

Vin d'écoulage et de presse	1 658 hectol.
Marc pressé	27 964 kilogr.

La fermentation se faisant dans des cuves ouvertes, le marc qui surnage, c'est-à-dire le chapeau, s'acétifie dans une certaine mesure; on l'enlève à la main, avant l'écoulage.

Le poids de ce marc a été de 4 205 kilogr., soit par hectare 112^{kg},6.

Un égrappage partiel a été fait, en enlevant les râpes du quart de la vendange. On a ainsi enlevé 2 055 kilogr.

En résumé, on a obtenu, par hectare :

Vin . . . .   44^{hl},39

Feuilles desséchées à 100° . . . .   1 566^{kg},4
Sarments desséchés à 100° . . . .   1 755 ,0
Marc de presse desséché à 100° . . . .   748 ,7
Marc de chapeau desséché à 100° . . . . . .   112 ,6
Rafles desséchées à 100° . . . .   55 ,0

Voici la composition de ces divers produits :

Composition du vin, par litre.

Azote. . . . .   0^{gr},103
Acide phosphorique . . . .   0 ,144
Potasse. . . . .   1 ,374
Chaux . . . .   0 ,153
Magnésie . . . .   0 ,095

Composition des feuilles, des sarments, des rafles et des marcs.

	FEUILLES.	SARMENTS.	RAFLES.	MARCS de presse.	de chapeau.
Azote	2,06	0,60	1,93	1,80	1,80
Cendres	14,25	3,80	8,80	5,90	5,95
Acide phosphorique .	0,46	0,21	0,54	0,69	0,63
Potasse.	0,83	0,85	2,77	1,09	1,27
Chaux	5,15	1,14	0,96	0,80	0,91
Magnésie	1,09	0,26	0,23	0,12	0,16

Ces données permettent de calculer la quantité de matières fertilisantes absorbées par hectare de vignes.

Matières fertilisantes absorbées par hectare.

DÉSIGNATION.		AZOTE.	ACIDE PHOSPHORIQUE.	POTASSE.	CHAUX.	MAGNÉSIE.
		kilogr.	kilogr.	kilogr.	kilogr.	kilogr.
Vin.	44^{hl},39	0,457	0,639	6,099	0,679	0,042
Feuilles desséchées à 100°	1 566^{kg},00	32,268	7,206	13,000	80,670	17,074
Sarments desséchés à 100°	1 755 ,00	10,524	3,686	14,918	20,006	4,562
Rafles enlevées, desséchées à 100°	12 ,67	0,244	0,068	0,351	0,122	0,029
Marcs de presse desséchés à 100°	243 ,00	4,374	1,677	2,649	1,944	0,292
Marcs de chapeau desséchés à 100°	24 ,00	0,432	0,151	0,305	0,218	0,038
Lies desséchées à 100° .	26 ,60	0,460	0,156	2,870	0,782	traces.
Totaux		48,759	13,583	40,192	104,421	22,037

On voit que, dans ce vignoble, les exigences de la vigne sont assez considérables; il est vrai qu'on se trouve en présence d'une végétation particulièrement vigoureuse et d'une récolte dépassant d'un tiers la moyenne.

Des fumures au fumier de ferme, auquel on avait ajouté, sous les pieds des animaux, du phosphate de chaux naturel, à raison d'un kilogramme par jour et par tête de bétail, ont été employées en forte proportion.

L'abondance des matériaux nutritifs et les conditions favorables de l'année ont permis d'obtenir une récolte particulièrement abondante et une grande vigueur de végétation.

Si nous comparons le vignoble qui comprend les vins de Saint-Émilion, de Pomerol, de Sainte-Foy, à celui du Médoc proprement dit, nous constatons une différence notable entre les conditions économiques dans lesquelles ces deux régions sont placées.

Le Médoc, en effet, a de grandes ressources en matériaux fertilisants, dues surtout au voisinage des landes, d'où il tire des engrais végétaux et des terres d'amendements, au voisinage de la Garonne et de la Gironde, qui lui fournissent de riches terres d'alluvions.

Le Saint-Émilionnais, au contraire, doit importer presque la totalité des matériaux nutritifs qu'il donne à la vigne.

Les gadoues de Bordeaux, les fumiers des casernes de Libourne, constituent ses principales ressources.

Les exploitations ne trouvent même que peu de fumier de ferme sur place, dans un pays où les fourrages sont peu abondants. Beaucoup de viticulteurs ne possèdent pas de bétail et font travailler à façon leurs vignes, par des propriétaires voisins.

Aussi trouvons-nous que les fumures données à la vigne, dans cette région, sont relativement faibles, atteignant environ le tiers de ce qu'on donne dans les crus du Médoc. Ce sont là des conditions économiques qu'il est impossible de modifier.

Si cette région voulait donner des fumures plus intensives à ses vignes, on pourrait lui conseiller de s'adresser à des engrais plus concentrés, tels que les engrais animaux, sang, corne, viande desséchée, etc., ou encore les tourteaux de graines. Les frais de transport de produits concentrés sont relativement minimes, si on les compare à ceux de matériaux pauvres et encombrants, comme les gadoues de ville qui reviennent, rendues à pied d'œuvre, à un prix élevé. Les mêmes sacrifices d'argent, faits pour l'achat d'engrais organiques concentrés, donneraient certainement des résultats plus avantageux.

CHAPITRE VI

VIGNOBLES DU PAYS DE SAUTERNES

Le pays de Sauternes, qui donne des vins blancs si réputés, est situé au sud-est de Bordeaux; il est limitrophe au vignoble des Graves.

Il comprend des coteaux qui dominent la Garonne, à son confluent avec le Ciron, dans les communes de Sauternes, Barsac, Bommes, Fargues et Preignac.

Les terrains qui le constituent ont une composition très variée : tantôt ils sont argilo-calcaires, avec des proportions variables d'éléments grossiers, tantôt plus siliceux; enfin quelquefois calcaires, comme dans les environs de Barsac. Des conditions spéciales de sol et d'exposition, ainsi que les soins donnés à la culture, à la vendange et à la vinification, ont établi une division en crus plus ou moins appréciés, analogue à celle que nous avons signalée pour le Médoc.

Cette région produit des vins blancs, dont le plus réputé est le Château-d'Yquem. Ils sont remarquables par leur moelleux, leur bouquet et leur finesse. Un choix heureux des cépages et surtout une maturation avancée et une vinification soignée, ont valu à ces produits cet ensemble de qualités qui les a fait classer parmi les vins qui atteignent les prix les plus élevés.

Les cépages le plus généralement cultivés sont le sémillon, le sauvignon et la muscadelle.

Il n'y a pas, dans les vignes, de culture intercalaire; suivant qu'elles sont travaillées à bras ou à la charrue, les rangs sont espacés de 1^m,40 à 2 mètres, les pieds sont, en lignes, à une distance de 0^m,80 à 0^m,90 les uns des autres. Dans certaines exploitations, quelques

règes sont groupées par distance de 1ᵐ,33 et les groupes sont séparés les uns des autres par une distance de 2 mètres environ.

Les rameaux sont réunis autour d'un échalas de 2ᵐ,40, ou palissés sur deux lignes de fil de fer. Les souches ont, jusqu'à la bifurcation des bras, une hauteur d'environ 0ᵐ,50 ; ceux-ci, au nombre de
deux ou trois, portent chacun un courson à deux ou trois yeux,
qu'on leur laisse à la taille, opérée en janvier ou février.

On pratique un épamprage en juin et, vers le mois de septembre,
un effeuillage, qui a toujours été jugé nécessaire, pour laisser l'action du soleil se produire sur les grains et rendre plus faciles les
vendanges. Le raisin n'est récolté qu'après avoir dépassé la maturité complète et lorsqu'il est couvert d'une moisissure ; les grains
de raisin, au lieu de conserver l'aspect qu'ils ont ailleurs au moment
de la récolte, se rident et finissent par ressembler aux raisins secs ;
ils sont alors dits *persillés ;* les grains se dessèchent et contiennent
un suc d'une grande concentration, ce qui fait la qualité des vins
qu'ils produisent ; les pluies, qui pourraient survenir à ce moment,
laveraient les grains et la qualité en serait affectée ; les conditions
météorologiques ont donc une grande influence : si le beau temps se
maintient, la vendange peut se faire dans les meilleures conditions,
au point de vue de la qualité des vins et de la rapidité de la cueillette ; si, au contraire, il pleut ou si les froids surviennent, on est
obligé de récolter avant que les grains aient atteint le persillage et
les vins n'acquièrent pas toute leur qualité.

Dans ces conditions que doit remplir la vendange, l'époque à
laquelle on l'opère est beaucoup plus tardive que dans les régions
viticoles avoisinantes ; elle doit se faire au fur et à mesure que les
raisins sont jugés suffisamment à point.

Aussi se prolonge-t-elle souvent très longtemps, car on ne la
commence que vers 8 heures du matin et on l'interrompt dès que
la plus petite pluie a mouillé le raisin, qui ne doit être récolté qu'absolument sec.

La cueillette s'effectue à l'aide de ciseaux, avec lesquels on enlève,
de chaque grappe, quelquefois grain à grain, ce qui est dans l'état
de maturité cherché.

On est quelquefois obligé de repasser quatre ou cinq fois, souvent plus, sur chaque cep, en opérant chaque fois le triage des grains qui sont couverts de moisissures et plus ou moins rôtis ou desséchés. Dans les années où la maturation est tardive, comme en 1894, ce premier triage, grain à grain, ne fournit souvent qu'une faible quantité de vendange, chaque coupeur, dans sa journée, n'en remplissant que quelques litres. Cette première récolte, qui ne porte presque exclusivement que sur les grains entièrement pourris et rôtis, donne des moûts très riches, constituant les vins de tête.

Au début, c'est surtout à des grains rôtis, c'est-à-dire partiellement desséchés qu'on a affaire; plus tard, la pourriture, c'est-à-dire l'action des moisissures, s'accentue, et on a davantage de grains mous et fermentés.

Aussi, quand on repasse pour la deuxième fois sur les mêmes ceps, quelques jours après, on fait une récolte plus abondante de grains pourris et rôtis, qui forme des vins de tête et des vins de centre.

Les tries suivantes, qui comprennent les grains tardifs, arrivés à un moindre degré de dessiccation, donnent des vins de centre.

Enfin, la dernière trie comprend les raisins laissés par les précédentes et qui sont moins avancés, comme pourriture et comme dessiccation; ce sont eux qui constituent les vins de queue, qui n'entrent en général que pour une part très minime dans la récolte.

Les raisins, recueillis dans des paniers en bois, sont vidés dans des bastes ou dans des douils, dans lesquels on les transporte au cuvier.

Les grains qui, par la manière dont on les cueille, sont presque entièrement égrappés, sont exprimés à l'aide du pressoir, et le jus est mis aussitôt en barriques; la fermentation se déclare peu de temps après et dure pendant quelques semaines; quand elle est ralentie et que le vin est devenu limpide, on procède à un soutirage; les vins restent sucrés et la fermentation est arrêtée, par des mutages au soufre; on fait environ quatre soutirages par an, soit un par trimestre, à partir de février ou mars.

La finesse de ces vins s'accentue beaucoup par le vieillissement.

On voit que les influences climatériques sont importantes au point de vue de la qualité des vins blancs de Sauternes, surtout celles qui correspondent à l'époque de la vendange ; si cette dernière a été faite par un beau temps et si la presque totalité des raisins est arrivée à point, la qualité est supérieure ; si, au contraire, les mauvais temps ont compromis la récolte, avant la vendange, ou dans le cours des opérations, si on a dû récolter avant la pourriture des grains, on a des vins de qualité moindre.

Les prix varient donc considérablement, d'une année à l'autre, bien plus encore que pour les vins rouges. C'est ainsi que les premiers crus ont été vendus depuis 800 fr. jusqu'à 6 000 fr. le tonneau de 9 hectolitres.

Le Château-d'Yquem vend, en moyenne, un quart ou un tiers plus cher que les autres premiers crus.

Vignoble de Château-d'Yquem.

Le vignoble de Château-d'Yquem est situé sur le territoire de la commune de Sauternes. C'est le seul grand premier cru de la région.

Il appartient à M. le marquis de Lur-Saluces et il est dirigé par M. Em. Garros, qui a bien voulu mettre à notre disposition son précieux concours.

La constitution des terres de la propriété est très variable ; certaines pièces sont peu calcaires ; d'autres contiennent, au contraire, de grandes quantités de carbonate de chaux, surtout les sous-sols, formés quelquefois d'une marne argileuse.

Nous avons choisi les types les plus caractéristiques des sols et sous-sols du domaine ; leur composition est la suivante :

		POUR 1000 de terre naturelle sèche.		
		Terre fine.	Cailloux siliceux.	Cailloux calcaires.
Pièce 42	Sol	773	227	0
	Sous-sol	1 000	0	0
Pièce 53	Sol	841	121	38
	Sous-sol	1 000	0	0
Pièce 86	Sol	476	524	0
	Sous-sol	359	641	0

Les échantillons de la pièce 86 contiennent des proportions très élevées d'éléments grossiers, les autres sont, au contraire, peu caillouteux ; dans tous ces échantillons, les cailloux sont presque exclusivement siliceux.

La composition de la terre fine est donnée dans le tableau ci-dessous :

		POUR 1 000 DE TERRE FINE SÈCHE.					
		AZOTE.	ACIDE phosphorique.	POTASSE.	CARBONATE de chaux.	MAGNÉSIE.	SESQUIOXYDE de fer.
Pièce 42.	Sol	0.404	0.444	1.411	46.0	1.530	16.19
	Sous-sol	0.218	0.244	3.638	450.0	1.494	31.23
Pièce 53.	Sol	1.284	0.940	2.346	92.0	1.728	17.35
	Sous-sol	0.205	0.308	3.128	600.0	0.864	15.04
Pièce 86.	Sol	0.503	0.639	1.139	6.4	0.828	13.88
	Sous-sol	0.457	0.229	1.394	8.0	0.414	31.23

Si, au lieu de considérer seulement la terre fine, on envisage la terre telle qu'elle est en réalité, avec les cailloux qui y sont mêlés, on trouve :

		POUR 1 000 DE TERRE NATURELLE SÈCHE.						
		AZOTE.	ACIDE phosphorique.	POTASSE.	CARBONATE de chaux. fin.	pierreux.	MAGNÉSIE.	SESQUIOXYDE de fer.
Pièce 42.	Sol	0.312	0.343	1.091	35.56	0	1.183	12.51
	Sous-sol	0.218	0.244	3.638	450.00	0	1.494	31.23
Pièce 53.	Sol	1.080	0.790	1.973	77.37	38	1.453	14.59
	Sous-sol	0.205	0.308	3.128	600.00	0	0.864	15.04
Pièce 86.	Sol	0.239	0.304	0.542	3.05	0	0.394	6.61
	Sous-sol	0.164	0.082	0.500	2.87	0	0.149	11.21

Ces terres sont pauvres en azote et en acide phosphorique ; le sol de la pièce 53 est sensiblement plus riche que les autres. Le carbonate de chaux est en proportion très faible dans certaines pièces, telles que le n° 86 ; dans d'autres, il atteint des proportions élevées.

La vigne reçoit par hectare, tous les cinq ans, 60 000 kilogr. de fumier de ferme, qu'on additionne de phosphate de chaux et de sulfate de potasse.

Cette fumure apporte, par an et par hectare, environ :

Azote . . . .   82 kilogr.
Acide phosphorique. . . . .   120 —
Potasse. . . . .   160 —

C'est donc une fumure plus phosphatée et potassique qu'azotée.

La propriété comprend 90 hectares de vignes blanches, formés surtout de muscadelle, de sémillon et de sauvignon.

Le nombre de pieds à l'hectare est de 7 000.

Voici les observations recueillies dans l'année 1894, et rapportées à l'hectare :

Vin. . . . . $18^{hl},4$
Poids de feuilles desséchées à 100° . . . . $565^{kg},60$
—   sarments desséchés à 100°. . . .   1 131 ,20
—   marcs desséchés à 100° . . . . .   288 ,26
—   lies desséchées à 100°. . . . . .   11 ,00

Ces divers produits ont la composition suivante, en ne tenant compte que des éléments fertilisants :

Composition du vin, par litre.

Azote. . . . . $0^{gr},230$
Acide phosphorique. . . . .   0 ,349
Potasse. . . . .   0 ,979
Chaux . . . .   0 ,149
Magnésie . . . .   0 ,053

Composition des feuilles, des sarments et des marcs.

	POUR 100 DE LA MATIÈRE SÉCHÉE A 100".		
	Feuilles.	Sarments.	Marcs.
Azote	1.880	0.649	1.754
Cendres	11.870	3.280	13.085
Acide phosphorique. . . .	0.383	0.257	0.502
Potasse	1.923	0.892	3.105
Chaux	4.221	0.900	0.497
Magnésie.	0.113	0.099	0.076

Ces données permettent de calculer les quantités de principes fertilisants absorbés par hectare :

Matières fertilisantes absorbées par hectare.

DÉSIGNATION.		AZOTE.	ACIDE PHOSPHO-RIQUE.	PO-TASSE.	CHAUX.	MA-GNÉSIE.
		kilogr.	kilogr.	kilogr.	kilogr.	kilogr.
Vin.	18^{hl},4	0,423	0,642	1,801	0,274	0,097
Feuilles desséchées à 100°	565^{kg},6	10,633	2,166	10,876	23,874	0,639
Sarments desséchés à 100°	1 131 ,2	7,341	2,907	10,090	10,181	1,120
Marcs desséchés à 100°.	288 ,3	5,056	1,447	8,950	1,433	0,219
Lies desséchées à 100°.	11 ,0	0,191	0,065	1,195	0,325	traces.
Totaux		23,644	7,227	32,912	36.087	2.075

Les quantités de matières fertilisantes absorbées par la vigne sont peu élevées, ce qui tient surtout à ce que le développement du système foliacé n'est pas très grand. Les chiffres donnés ci-dessus sont, d'ailleurs, un peu inférieurs à la réalité, car on a pratiqué, avant la vendange, un effeuillage, dont nous n'avons pas pu tenir compte.

On remarquera que la proportion de marc pressé est assez élevée, soit 26^k,1 par hectolitre de vin obtenu, ce qui tient surtout à la dessiccation subie par le raisin. Le rendement de 18 hectolitres par hectare est d'ailleurs supérieur à la moyenne, qui ne dépasse pas beaucoup 9 hectolitres.

Vignoble de Château-Coutet.

Le vignoble de Château-Coutet est situé sur le territoire de la commune de Barsac; il appartient, comme le précédent, à M. le marquis de Lur-Saluces.

C'est également un premier cru, peu inférieur au précédent.

Ici encore, les terrains offrent une grande variation de composition, tantôt avec de très faibles quantités de carbonate de chaux, tantôt avec des proportions notables de cet élément.

Le sous-sol est formé d'une pierre calcaire, plus ou moins dure.

La composition des divers échantillons, représentant les types principaux des terres du domaine, est la suivante :

| | | POUR 1 000 de terre naturelle sèche. | | |
		Terre fine.	Cailloux siliceux.	Cailloux calcaires.
La Bargayre. .	Sol.	1 000	0	0
	Sous-sol. . . .	995	5	0
Pièce n° 10. .	Sol.	867	52	81
	Sous-sol. . . .	924	43	33
Échantillon de calcaire tendre formant une partie du sous-sol . .		0	0	1 000

La composition de la terre fine est donnée dans le tableau ci-dessous :

| | | POUR 1 000 DE TERRE FINE SÈCHE. | | | | | |
		AZOTE.	ACIDE phosphorique.	POTASSE.	CARBONATE de chaux.	MAGNÉSIE.	SESQUIOXYDE de fer.
La Bargayre.	Sol.	0.748	0.489	1.632	6.0	0.576	17.35
	Sous-sol. . . .	0.516	0.376	2.176	6.0	0.720	35.86
Pièce n° 10. .	Sol.	1.106	1.053	2.567	110.0	1.332	38.17
	Sous-sol. . . .	0.549	0.658	2.346	36.6	0.396	49.74
Échantillon de calcaire		0.079	0.293	1.496	712.0	0.774	12.72

En tenant compte des cailloux mêlés à la terre, on trouve :

| | | POUR 1 000 DE TERRE NATURELLE SÈCHE. | | | | | | |
		AZOTE.	ACIDE phosphorique.	POTASSE.	CARBONATE de chaux fin.	CARBONATE de chaux pierreux.	MAGNÉSIE.	SESQUIOXYDE de fer.
La Bargayre.	Sol.	0.748	0.489	1.632	6.0	0	0.576	12.15
	Sous-sol . .	0.513	0.374	2.165	5.97	0	0.716	35.67
Pièce n° 10. .	Sol.	0.959	0.913	2.225	95.37	81	1.155	33.09
	Sous-sol . .	0.507	0.608	2.168	33.82	33	0.366	45.95
Échantillon de calcaire. . .		0	0	0	0	1 000	0	0.00

Ces terres sont assez pauvres en azote et en acide phosphorique, quoique en contenant plus que les échantillons précédents de Château-d'Yquem.

Les fumures sont analogues.

Le nombre moyen de pieds à l'hectare est de 7 000.

Les observations recueillies aux vendanges de 1894 sont les suivantes :

$$
\begin{array}{ll}
\text{Vin} & 26^{\text{hl}},16 \\
\end{array}
$$

Poids de feuilles desséchées à 100°	$477^{\text{kg}},40$
— sarments desséchés à 100°	551 ,32
— marcs desséchés à 100°	409 ,82
— lies desséchées à 100°	15 ,70

La composition de ces divers produits est donnée ci-dessous, en ne tenant compte que des éléments fertilisants :

Composition du vin, par litre.

Azote	$0^{\text{gr}},301$
Acide phosphorique	0 ,343
Potasse	0 ,792
Chaux	0 ,142
Magnésie	0 ,054

Composition des feuilles, des sarments et des marcs.

	POUR 100 DE LA MATIÈRE SÉCHÉE A 100°.		
	Feuilles.	Sarments.	Marcs.
Azote	1.668	0.682	1.754
Cendres	12.400	3.550	13.085
Acide phosphorique	0.378	0.240	0.502
Potasse	1.153	0.882	3.105
Chaux	5.194	1.073	0.497
Magnésie	0.098	0.088	0.076

Ces résultats nous permettent de calculer les quantités de matières fertilisantes absorbées par la vigne pour la production de ses feuilles, de ses bois et de ses fruits.

Le tableau suivant est rapporté à 1 hectare de vignes :

Matières fertilisantes absorbées par hectare.

DÉSIGNATION.	AZOTE.	ACIDE PHOSPHO- RIQUE.	PO- TASSE.	CHAUX.	MA- GNÉSIE.
	kilogr.	kilogr.	kilogr.	kilogr.	kilogr.
Vin . . . . 28^{hl},16	0,787	0,897	2,072	0,371	0,141
Feuilles desséchées à 100° 477^{kg},40	7,963	1,804	5,504	24,796	0,468
Sarments desséchés à 100° 551 ,32	3,760	1,323	4,863	5,916	0,485
Marcs desséchés à 100°. . 409 ,82	7,188	2,057	12,725	2,037	0,311
Lies desséchées à 100°. . 15 ,70	0,272	0,093	1,700	0,463	traces.
Totaux	19,970	6,174	26,864	33,583	1,405

Comme on le voit, les exigences de ces vignobles sont peu élevées, même si on tient compte de l'épamprage et de l'effeuillage qui précèdent la vendange.

Les quantités de matériaux fertilisants données à la vigne sont élevées et n'ont cependant aucune influence fâcheuse sur la finesse des vins, qui comptent parmi les plus haut cotés.

C'est encore une confirmation du fait que nous avons eu l'occasion de signaler pour la Champagne et pour le Médoc, de l'innocuité des fumures abondantes dans les vignobles qui produisent les grands vins.

Mais, ici encore, c'est sous la forme de fumier naturel que ces matériaux sont apportés, et non sous celle d'engrais chimiques, à action rapide, tels que le nitrate de soude et le sulfate d'ammoniaque.

SEPTIÈME PARTIE

CONSIDÉRATIONS SUR LA CULTURE ET LA FUMURE DES VIGNES ET SUR LES CONDITIONS ÉCONOMIQUES DE LA PRODUCTION DU VIN

Le travail d'ensemble dont nous venons de faire connaître les résultats et qui a été exécuté dans les exploitations des principaux centres viticoles, dans les conditions mêmes des pratiques usuelles, fournit des notions précises sur l'application judicieuse des engrais dans les diverses conditions de culture et de production. Il montre également quelle est la composition des sols, l'influence du climat, celle des conditions économiques, sur les sacrifices que peut s'imposer le viticulteur et sur les avantages qu'il peut retirer de l'exploitation de la vigne.

Il a été poursuivi pendant six ans sur de grands et nombreux vignobles, dont les pratiques culturales varient suivant la région.

Les nombreuses données numériques qu'il contient, sont surtout destinées à servir d'indications aux viticulteurs, sur la nature et la proportion des engrais qu'ils doivent donner à la vigne.

Mais il convient de résumer ici les résultats obtenus dans le cours de ce travail, et d'en dégager les faits saillants, ainsi que les considérations économiques, qui influent sur la situation des diverses régions viticoles.

CHAPITRE I

LES EXIGENCES EN PRINCIPES FERTILISANTS
DANS LES DIVERSES RÉGIONS

La vigne est certainement la culture qui offre le plus de variété dans sa production.

Nous avons vu que celle du Midi porte, en général, des récoltes abondantes et régulières. Là, les vignes françaises, conservées par la submersion, ou plantées dans les sables du littoral méditerranéen, peuvent fournir, annuellement, 100, 200 et quelquefois jusqu'à 300 hectolitres de vin par hectare. Les vignes greffées sur racines américaines, occupant de vastes surfaces dans les sols profonds des plaines ou dans des terrains peu accidentés, peuvent en donner 100 à 200. Au point de vue de la production, ces vignes sont donc plus privilégiées que celles des régions plus septentrionales, telles que le Médoc, la Bourgogne, la Champagne, où les rendements moyens sont beaucoup moindres et dépassent de peu 20 hectolitres, où, d'ailleurs, la production est très irrégulière, influencée surtout par les intempéries, qui surviennent à l'époque du développement des bourgeons et de la floraison.

Il semble intéressant de comparer entre eux, au point de vue des éléments fertilisants qu'elles empruntent à la terre, les vignes que nous avons étudiées, en indiquant leur production moyenne.

Nous résumons dans le tableau suivant les données obtenues dans le cours de ces recherches.

VIGNOBLES EN EXPÉRIENCE.		PRODUC-TION MOYENNE par hectare.	MATIÈRES FERTILISANTES absorbées par hectare de vigne.		
			AZOTE.	ACIDE phos-pho-rique.	PO-TASSE.
Vignobles du Midi.	hectares.	hectol.	kilogr.	kilogr.	kilogr.
Vignes traitées par la submersion :					
Saint-Laurent-d'Aigouze (Gard) . .	32	190,0	57,6	17,9	56,6
Vignes plantées dans les sables :					
Jarras, près d'Aigues-Mortes (Gard).	161	133,0	59,0	17,0	71,8
Vignes de plaines :					
Guilhermain (Hérault).	169	112,0	74,1	17,1	56,1
Candillargues (Hérault)	215	102,0	63,6	11,7	42,1
Vignes de demi-montagne :					
Verchant (Hérault)	70	94,0	37,5	10,0	30,5
Labrousse (Hérault).	25	143,0	51,7	11,7	41,2
Vignes de montagne :					
Saint-Georges (Hérault)	1	80,0	37,9	10,6	27,9
Bellevue (Hérault)	200	75,0	43,8	10,3	50,8
Vignobles du Roussillon.					
Vignes situées à l'aspre :					
Mas-Déous	350	80,0	38,0	10,0	46,0
Vignes à l'arrosage :					
Sainte-Eugénie	150	105,0	48,0	12,0	37,0
Vignes en terrasses :					
« La Soulane » (Banyuls)	2	25,0	18,0	4,0	19,0
Vignobles du Médoc.					
Château-Latour (1er cru classé). . . .	41	29,7	41,3	13,5	54,4
— Lafite (1er cru classé)	66	26,4	35,3	12,4	46,1
— Brane-Cantenac (2e cru classé).	47	23,6	41,7	12,8	53,7
— d'Issan (3e cru classé)	43	29,6	49,0	18,0	69,5
— Beau-Site (cru bourgeois supr).	24	28,2	55,6	17,0	74,6
— Loudenne (cru bourgeois ordine).	88	30,0	35,7	10,9	57,0
Vignobles des Palus.					
Château-Étoile-Cantenac.	13	37,5	32,7	9,0	40,4
— Moulin-d'Issan	45	40,0	31,4	10,1	41,2

VIGNOBLES EN EXPÉRIENCE.	PRODUC-TION MOYENNE par hectare.	MATIÈRES FERTILISANTES absorbées par hectare de vignes.		
		AZOTE.	ACIDE phos-pho-rique.	PO-TASSE.
Vignobles des Graves.	hectares. hectol.	kilogr.	kilogr.	kilogr.
Pessac.	» 25	31,6	8,5	40,5
Vignobles de Saint-Émilion, de Pomerol et de Sainte-Foy.				
Château-St-Georges-Côte-Pavie (1er cru).	6,40 25	36,5	10,5	40,2
— Bellefont-Belcier (2e cru). . .	18,70 25	40,1	9,8	40,3
— Gazin (1er cru)	24,00 25	26,7	7,3	35,2
— des Vergnes	98,00 25	31,6	8,5	40,5
Vignobles du pays de Sauternes.				
Château-d'Yquem (1er grand cru) . . .	90,00 18	23,6	7,2	32,9
— Coutet (1er cru).	35,00 26	20,0	6,2	26,9
Vignobles de la Bourgogne.				
Vins rouges :				
Gevrey-Chambertin	2,00 25	30,5	8,8	33,8
Pommard.	0,64 25	18,4	5,6	21,3
Beaune.	2,50 25	23,0	7,6	24,3
Givry	1,00 30	23,4	6,7	21,6
Vins blancs :				
Montrachet	1,80 18	26,0	6,5	22,0
Vignobles du Beaujolais.				
Villié-Morgon	30,00 35	35,5	11,7	42,5
Vignobles de la Champagne.				
Vignes de la vallée de la Marne :				
Ay	104,00 25	49,2	10,4	48,8
Hautvillers	47,00 25	45,0	10,3	50,0
Pierry.	75,00 25	58,0	12,4	60,4
Cramant	82,00 25	36,7	7,7	36,5
Le Mesnil-sur-Oger.	28,80 25	29,0	7,8	25,0
Vignes de la montagne de Reims :				
Verzenay.	35,90 25	42,0	12,0	51,0
Vignes des coteaux de Bouzy et d'Ambonnay :				
Bouzy.	28,30 25	36,0	11,2	45,0

Vignobles du Midi. — Si nous comparons entre eux les vignobles du Midi proprement dit, dont la production varie du simple au double, nous constatons des variations dans les quantités d'éléments absorbés, variations qui paraissent tenir beaucoup plus au développement foliacé qu'à la quantité de récolte.

Ce sont les feuilles, en effet, qui contiennent, dans leurs tissus, la plus grande quantité de matières fertilisantes ; les variations dans leur poids, sur une même surface de sol, influent sur ce que nous appelons les exigences de la vigne. Aussi le vignoble de Candillargues a-t-il absorbé 64 kilogr. d'azote par hectare, pour une récolte de 102 hectolitres, tandis que celui de Labrousse, avec une récolte de 143 hectolitres, n'en a absorbé que 52 kilogr. Mais, dans le premier vignoble, nous trouvons, par hectare, près de 2 000 kilogr. de feuilles sèches, qui ont absorbé, à elles seules, 43 kilogr. d'azote, tandis que, dans le second, nous n'en trouvons que 1 400 kilogr., qui n'ont retenu que 26 kilogr. d'azote. C'est donc au développement végétal, c'est-à-dire à la vigueur de la vigne, et non à la quantité de récolte, que sont dues les fortes exigences.

Cette vigueur, qui n'est pas toujours une condition indispensable à une abondante fructification, est d'ailleurs influencée surtout par la nature du sol : dans les alluvions profondes, comme celles des plaines de l'Aude et de l'Hérault, qui sont surtout formées de terres fines et dont le sous-sol garde une certaine fraîcheur, nous voyons toujours un abondant développement végétal, une très forte absorption de principes fertilisants, sans que les récoltes y soient plus particulièrement abondantes. Au contraire, dans les vignes de demi-montagne et de montagne, où, généralement, les terres sont plus caillouteuses et contiennent de moindres quantités d'éléments fertilisants, le développement végétal est beaucoup moindre, sans que les récoltes baissent dans la même proportion ; de moindres quantités de feuilles se développent et, par suite, de moindres quantités de principes fertilisants s'y trouvent immobilisées.

Vignobles du Roussillon. — Le Roussillon, qu'on peut rapprocher du Midi proprement dit, donne lieu à des observations analogues.

Là, cependant, on doit considérer à part les vignes en terrasses, qui occupaient autrefois d'énormes surfaces et qui, aujourd'hui, sont reconstituées seulement en quelques points; dans ces vignes, dont le sol est formé presque entièrement par·des débris rocheux, la végétation est peu vigoureuse et les récoltes sont faibles; mais les vins y acquièrent une finesse très grande, qui en fait des crus réputés. Le peu de développement des organes aériens ne sollicite que de faibles quantités de matières fertilisantes, et ces vignes sont de celles qui épuisent le moins le sol.

Exigences comparées des divers cépages. — Les cépages dominants dans la région méridionale sont l'aramon, le carignan et, depuis quelques années, les hybrides, tels que l'alicante-bouschet; celui-ci est surtout recherché par l'intensité de la coloration de ses vins; l'aramon est le cépage à haute production, donnant des vins plus légers, mais frais et fruités; le carignan, avec de moindres rendements, donne des vins ayant plus de corps et de vinosité.

Nous avons cherché quelles sont les exigences comparées de ces trois cépages, considérés dans leur état le plus fréquent, c'est-à-dire greffés sur racines américaines.

Voici les résultats de ces comparaisons :

	PRODUCTION à l'hectare.	MATIÈRES FERTILISANTES absorbées par hectare de vignes.		
	hectolitres.	Azote. kilogr.	Acide phosphorique. kilogr.	Potasse. kilogr.
Vignoble de Sainte-Eugénie :				
Carignan	52,0	33,5	7 ,0	20,8
Aramon.	94,0	44,6	11,4	29,2
Alicante.	109,0	54,8	13,1	49,7
Vignoble du Mas-Déous :				
Carignan	58,0	35,0	8,7	39,8
Aramon.	84,5	39,1	9,9	54,8
Alicante.	76,0	36,5	10,2	45,9
Vignoble de la Provenquière :				
Carignan	145,0	57,8	18,2	57,9
Aramon.	197,0	56,7	16,2	50,4
Alicante.	179,0	54,0	14,3	50,0

Ces résultats montrent qu'il n'y a pas de différence marquée dans les exigences de ces divers cépages; c'est toujours le développement accidentellement plus ou moins grand du système foliacé, qui est le véritable régulateur des exigences de la vigne.

Dans tous les vignobles du Midi, où la production est grande, mais avec des variations notables, ce n'est donc pas la quantité de récolte qui est un facteur important de l'épuisement du sol, mais bien l'intensité de la végétation.

Vignobles du Médoc. — Si, maintenant, nous passons aux vignes de la Gironde, nous constatons que, dans le Médoc proprement dit, les rendements moyens sont relativement peu éloignés d'un vignoble à l'autre, ce qui tient, en grande partie, à l'uniformité relative de la taille, du sol, des cépages et des fumures. Les chiffres que nous avons donnés, dans un précédent tableau, sont ceux des années de production moyenne, mais il y a de grandes différences dans les récoltes, d'une année à l'autre, celles-ci oscillant entre 10 et 40 hectolitres à l'hectare. La coulure constitue l'accident le plus redoutable ; c'est elle surtout qui abaisse le rendement ; des gelées printanières, des étés froids et pluvieux, ont aussi une influence funeste.

Il y a peu de différence dans les exigences des divers vignobles que nous avons examinés ; cependant, on constate, dans ceux dans lesquels les fumures sont les plus abondantes, de plus fortes quantités d'éléments fertilisants absorbés, ce qui tient à un plus grand développement du système foliacé, sans que pour cela la récolte y soit plus élevée. On peut se demander si, dans les vignes si abondamment fumées du Médoc, on ne pourrait pas obtenir de plus forts rendements, sans pour cela déprimer la qualité. C'est une expérience à tenter en laissant, au moment de la taille, plus de bourgeons à fruits. Une semblable expérience ne devrait, cependant, se faire qu'avec une grande réserve ; l'augmentation de la récolte influant le plus souvent d'une manière défavorable sur la qualité du vin. Ce n'est qu'en présence des fumures extraordinairement élevées et du développement végétatif très grand de la vigne, que nous conseillons de faire quelques tentatives dans ce sens.

Vignobles des Palus. — Dans les vignes des Palus, qui sont plantées dans des alluvions riches et profondes, les rendements sont notablement supérieurs à ceux des terres en coteaux. Mais, là encore, ils sont fortement influencés par les conditions météorologiques coïncidant avec l'époque de la floraison. Ici, les exigences sont un peu moins élevées, ce qu'il faut surtout attribuer à une moindre production de feuilles et de sarments, la végétation étant beaucoup moins dense, puisqu'au lieu de 10 000 pieds à l'hectare, comme dans le Médoc proprement dit, il n'y en a que 3 000 à 3 500. D'ailleurs, on ne donne généralement pas de fumures aux vignes des Palus.

Vignobles de Saint-Émilion, de Pomerol et de Sainte-Foy. — Quant aux vignobles de Saint-Émilion, de Pomerol et de Sainte-Foy, ils se présentent avec une absorption de principes fertilisants moindre que ceux du Médoc, quoique le rendement soit aussi élevé ; cela tient encore à ce que ces vignes sont plus espacées, plantées à raison de 4 000 à 6 000 pieds par hectare, et aussi à ce qu'elles ont une végétation moins intense, à cause de la rareté des fumures et terres d'amendements dans la région.

Vignobles de Sauternes. — Dans les vignobles du pays de Sauternes, nous constatons également un développement foliacé peu vigoureux, encore diminué par des épamprages ; aussi la vigne ne renferme-t-elle, dans ses organes, que des quantités peu élevées de principes fertilisants.

Vignobles de la Bourgogne et du Beaujolais. — Les vignobles de la Bourgogne, soit pour leurs vins rouges, soit pour leurs vins blancs, dont les rendements moyens sont peu inférieurs à ceux de la région du Sud-Ouest, quoique avec de plus grandes variations encore d'une année à l'autre, ne demandent au sol que des quantités peu élevées d'azote, d'acide phosphorique et de potasse. La végétation des vignes de la Bourgogne n'est pas en effet très vigoureuse, les sols en coteaux, généralement pierreux et les fumures peu abondantes, ne poussent pas à une végétation intensive, et la production végétale est faible, quoique il y ait, par hectare de vignes françaises, 20 000 à 25 000 pieds et, par hectare de vignes greffées, environ 10 000 pieds.

Vignobles de la Champagne. — Il en est tout autrement de la Champagne, dont les rendements moyens, cependant, sont très voisins de ceux de la Bourgogne ; la vigne, d'ailleurs plantée à raison de 40 000 à 60 000 pieds à l'hectare, acquiert un développement foliacé considérable et, par suite, emprunte au sol de grandes quantités de matières fertilisantes. Les apports considérables de fumures et de terres d'amendements sont pour beaucoup dans l'intensité de cette végétation.

Résumé. — En comparant entre elles les diverses régions viticoles de la France, nous voyons qu'en réalité les exigences de la vigne ne sont pas extrêmement différentes. Nous constatons en effet que, malgré l'énorme différence des rendements, la vigne n'enlève du sol, pour sa végétation annuelle et la production de ses fruits, que des quantités peu variables d'éléments fertilisants.

Si nous groupons les vignobles que nous avons expérimentés, nous avons les résultats moyens suivants :

	RENDEMENT par hectare.	MATIÈRES FERTILISANTES absorbées par hectare.		
		Azote.	Acide phosphorique.	Potasse.
	hectolitres.	kilogr.	kilogr.	kilogr.
Midi	103	48,0	12	43
Médoc	28	43,0	14	60
Palus.	39	32,0	10	41
St-Émilion, Pomerol et Ste-Foy.	25	33,7	9	39
Bourgogne.	25	24,0	7	25
Champagne.	25	42,0	13	45

La Bourgogne seule se fait remarquer par l'exiguïté de ses exigences.

Considérations pratiques sur les fumures. — En comparant entre elles les quantités de chacun des éléments fertilisants, nous voyons très nettement que, dans le Midi, les quantités d'azote employées pour la vigne sont notablement supérieures aux quantités de potasse et cela, malgré la grande production de vin, dans lequel se concentre la potasse. Si les vignes du Midi ne produisaient en moyenne qu'environ 25 hectolitres de vin, comme celles du Médoc, de la Champagne et de la Bourgogne, le fait que nous signalons serait beaucoup plus accentué et nous verrions alors une prédominance encore plus marquée de l'azote sur la potasse.

Dans le Sud-Ouest, dans l'Est et dans le Nord-Est, c'est la potasse, au contraire, qui est absorbée en plus forte proportion ; le Médoc nous offre l'exemple le plus frappant de ce fait, qui tient peut-être autant à la nature des cépages qu'à l'influence du climat, mais qui n'en est pas moins remarquable, parce qu'il nous montre que, dans le Midi, c'est l'azote qui est la dominante de la vigne, alors que dans les régions plus septentrionales, c'est la potasse.

Cette observation doit être retenue par les viticulteurs du Midi, qui devront s'adresser surtout à des engrais azotés, d'autant plus que la potasse existe généralement en assez grande abondance dans les terres.

D'ailleurs, dans tous les vignobles, l'azote est absorbé en forte proportion et nous ne saurions jamais conseiller d'exclure l'azote des fumures de la vigne, comme on le fait souvent.

Quant à l'acide phosphorique, il est absorbé en plus forte quantité dans le Médoc et la Champagne que dans le Midi. La proportion, d'ailleurs, n'en est pas très élevée et l'on est porté à croire que de fortes fumures phosphatées sont sans utilité pour la vigne. Quelques praticiens ont cependant observé que la fructification se fait mieux lorsqu'on emploie des phosphates à haute dose ; cela tient probablement à ce qu'une partie seulement de celui qu'on donne est assimilable, ou à ce que le système radiculaire de la vigne n'a pas une grande aptitude à dissoudre les phosphates.

Quoique la vigne absorbe peu d'acide phosphorique, nous ne conseillons donc pas de diminuer les fumures phosphatées, jusqu'à ce que des expériences directes aient montré qu'il est inutile d'en donner des quantités plus élevées que celles utilisées par la plante.

Quant à la potasse, que la vigne absorbe en très grande proportion, elle existe le plus souvent, dans le sol, en proportion assez notable, surtout lorsque celui-ci est argileux. Il nous semble peu utile, dans la généralité des cas, d'avoir recours à des engrais potassiques. Ce n'est que dans les sols très calcaires ou très légers, qu'un apport de sels de potasse doit être conseillé. Il faut d'ailleurs remarquer que lorsqu'on applique à la vigne des engrais naturels, tels que fumiers, gadoues, composts, on apporte ordinairement plus de potasse que d'azote. Ce n'est que dans le cas de l'emploi d'engrais commerciaux, nitrate de soude et sulfate d'ammoniaque, corne, viande, sang desséché, tourteaux de graines, etc., que la fumure peut être regardée comme exempte de potasse, et si, dans ces cas, le sol n'en contient pas une proportion notable, il est prudent de recourir aux sels potassiques du commerce.

CHAPITRE II

QUANTITÉS DE MATIÈRES FERTILISANTES EXIGÉES PAR LA VIGNE
POUR LA PRODUCTION D'UN HECTOLITRE DE VIN

Les rendements si différents des divers vignobles de la France, comparés aux quantités si peu éloignées d'éléments fertilisants absorbés pour leur production, nous conduisent à classer les vins suivant les proportions de matières fertilisantes, dont l'intervention a été nécessaire pour la production d'un hectolitre de vin. C'est là un des facteurs des prix de revient ; de faibles récoltes, ayant nécessité l'intervention d'aussi fortes quantités d'azote, d'acide phosphorique et de potasse, produisent un épuisement aussi grand, ou exigent d'aussi abondantes fumures, que des rendements élevés et, par suite, l'hectolitre de vin coûte plus cher à produire. Le tableau suivant montre quels sont, dans les divers vignobles que nous avons mis en expérience, les poids des éléments qui sont intervenus pour la production d'un hectolitre de vin, en y comprenant tous ceux que la vigne a absorbés, dans le cours de sa végétation annuelle.

DÉSIGNATION.	MATIÈRES-FERTILISANTES mises en circulation pour la production d'un hectolitre de vin.		
	Azote.	Acide phosphorique.	Potasse.
	kilogr.	kilogr.	kilogr.
Vignes du Midi :			
Saint-Laurent-d'Aigouze (submersion) .	0,303	0,094	0,297
Jarras (sables)	0,443	0,127	0,540
Guilhermain (plaines).	0,661	0,152	0,500
Candillargues (plaines)	0,623	0,114	0,412
Verchant (demi-montagne).	0,398	0,106	0,324
Labrousse (demi-montagne)	0,357	0,082	0,288
Saint-Georges (montagne).	0,473	0,132	0,348
Bellevue (montagne)	0,584	0,137	0,677

DÉSIGNATION.	MATIÈRES FERTILISANTES mises en circulation pour la production d'un hectolitre de vin.		
	Azote.	Acide phosphorique.	Potasse.
	kilogr.	kilogr.	kilogr.
Vignes du Roussillon :			
Mas-Déous (aspre)	0,475	0,125	0,575
Sainte-Eugénie (arrosage)	0,457	0,114	0,352
Banyuls (terrasses)	0,720	0,160	0,760
Vignes du Médoc :			
Château-Latour (1ᵉʳ cru classé)	1,390	0,454	1,832
— Lafite (1ᵉʳ cru classé)	1,337	0,469	1,746
— Brane-Cantenac (2ᵉ cru classé)	1,567	0,481	2,018
— Issan (3ᵉ cru classé)	1,655	0,608	2,347
— Beau-Site (cru bourgeois supʳ)	1,971	0,602	2,645
— Loudenne (cru bourgeois ordᵉ)	1,190	0,363	1,900
Vignes des Palus :			
Château-Étoile-Cantenac	0,872	0,240	1,077
— Moulin-d'Issan	0,785	0,252	1,030
Vignes des Graves :			
Pessac	1,264	0,340	1,620
Vignes de Saint-Émilion :			
Château-Saint-Georges (1ᵉʳ cru)	1,460	0,420	1,608
— Bellefont-Belcier (2ᵉ cru)	1,604	0,392	1,612
Vignes de Pomerol :			
Château-Gazin (1ᵉʳ cru)	1,068	0,292	1,408
Vignes de Sainte-Foy :			
Château-des-Vergnes	1,264	0,340	1,620
Vignes de Sauternes :			
Château-d'Yquem (1ᵉʳ grand cru)	1,311	0,400	1,827
— Coutet (1ᵉʳ cru)	0,769	0,238	1,034
Vignes de la Bourgogne :			
Gevrey-Chambertin	1,220	0,352	1,352
Pommard	0,736	0,224	0,852
Beaune	0,920	0,304	0,972
Givry	0,780	0,223	0,720
Montrachet	1,444	0.361	1,222
Vignes du Beaujolais :			
Villié-Morgon	1.014	0.334	1.214

DÉSIGNATION.	MATIÈRES FERTILISANTES mises en circulation pour la production d'un hectolitre de vin.		
	Azote.	Acide phosphorique.	Potasse.
Vignes de la Champagne :	kilogr.	kilogr.	kilogr.
Ay	1,968	0,416	1,952
Hautvillers.	1,800	0,412	2,000
Pierry.	2,320	0,497	2,416
Cramant.	1,468	0,308	1,460
Le Mesnil-sur-Oger	1,160	0,312	1,000
Verzy.	1,680	0,480	2,040
Bouzy.	1,440	0,448	1,800

En groupant les vignobles et prenant les résultats moyens, nous trouvons :

DÉSIGNATION.	MATIÈRES FERTILISANTES mises en jeu pour la production d'un hectolitre de vin.		
	Azote.	Acide phosphorique.	Potasse.
	kilogr.	kilogr.	kilogr.
Midi.	0,480	0,118	0,423
Roussillon	0,550	0,133	0,562
Médoc	1,485	0,496	2,065
Palus	0,829	0,246	1,054
Saint-Émilion			
Pomerol	1,349	0,361	1,562
Sainte-Foy			
Graves.	1,264	0,340	1,620
Bourgogne	1,020	0,295	1,025
Beaujolais	1,014	0,334	1,214
Champagne	1,690	0,410	1,810

Nous voyons que les vignobles du Midi n'absorbent, pour la production d'un hectolitre de vin, qu'environ 500 gr. d'azote, moins de 450 gr. de potasse et 120 gr. seulement d'acide phosphorique, tandis que les crus du Médoc absorbent, pour la même production d'un hectolitre, 1 500 gr. d'azote, 500 gr. d'acide phosphorique et plus de 2 kilogr. de potasse. Pour l'azote et l'acide phosphorique, la consommation est donc trois fois plus grande ; pour la potasse, elle est cinq fois plus grande que dans le Midi.

La production des vins de palus ne consomme qu'environ la moitié de celle des vins du Médoc proprement dit.

Les vignes de la Bourgogne exigent, pour la production d'un hectolitre de vin, une quantité d'éléments fertilisants dépassant le double de ceux qu'il faut aux vignes du Midi.

La Champagne, enfin, a des exigences peu différentes de celles du
Médoc et met également en jeu de grandes quantités d'éléments
fertilisants pour la production de chaque hectolitre de ses crus renommés.

En général, dans les régions plus septentrionales, il y a donc,
pour une même quantité de vin produite, une intervention de plus
fortes quantités d'éléments fertilisants que dans le Midi. Les vins
qui ont le plus de qualité sont les plus exigeants sous ce rapport.

Si, au lieu de comparer une région à l'autre, comme nous venons
de le faire, nous comparons les vignes d'une même région, nous
voyons, par exemple, que les vins fins de Banyuls demandent, pour la
production d'un hectolitre, notablement plus que les crus communs
du Roussillon, de même que, dans la Gironde, les crus classés demandent beaucoup plus que les vins ordinaires, qu'on récolte dans
les palus. Les mêmes différences existent entre ceux de la Bourgogne et ceux du Beaujolais.

Elles tiennent, en majeure partie, à ce que les vignes des crus supérieurs donnent de moindres récoltes, quoique ayant un développement végétal souvent égal à celui des vignes à gros rendement.
C'est là l'explication qui vient tout d'abord à l'esprit, mais le fait
d'une mise en circulation plus abondante de principes fertilisants,
pour la production des vins fins, méritait d'être développé.

CHAPITRE III

CAUSES DES VARIATIONS DE LA QUANTITÉ D'ÉLÉMENTS FERTILISANTS ABSORBÉS PAR LA VIGNE

Quoique sans offrir de différences très grandes, les proportions de principes fertilisants que la vigne absorbe, pour sa végétation annuelle et la production de la récolte, varient entre des limites qui peuvent aller du simple au double.

Nous devons étudier les causes de ces différences et nous demander quelles sont leurs relations avec la vigueur de la végétation et la productivité.

Nous avons souvent appliqué le nom d'exigences de la vigne à la quantité des éléments fertilisants qui sont absorbés, annuellement, dans un hectare planté en vignes. Ce mot d'exigences est-il bien le mot propre et la vigne, ou plutôt la récolte, qui est le seul but visé par le viticulteur, est-elle étroitement liée à ces quantités ? La vigne ne prendrait-elle pas, dans certaines circonstances, plus qu'il ne lui est réellement nécessaire pour la production du raisin, augmentant ainsi, sans profit, le prix de revient du vin ?

Influence de la quantité de récolte. — Examinons d'abord l'influence de la quantité de récolte sur la proportion des éléments fertilisants absorbés par la vigne.

Si nous comparons entre elles les diverses régions, comme nous l'avons fait plus haut, nous voyons que ces éléments ne sont pas absorbés en proportion de la récolte annuelle, bien loin de là.

Les vignes du Médoc et de la Champagne, par exemple, avec de faibles productions de vin, mettent en circulation presque autant de matières fertilisantes que celles du Midi, avec une production souvent huit ou dix fois plus grande.

Il n'y a donc aucune corrélation entre la quotité de la récolte et celles de l'azote, de l'acide phosphorique et de la potasse, empruntées au sol.

Nous le voyons en comparant les résultats que donne un même vignoble, d'une année à l'autre, dans les pays où les influences climatériques font varier les rendements. Citons quelques exemples empruntés à la Champagne, où les récoltes varient considérablement, suivant que l'année est plus ou moins favorable.

		PRODUCTION par hectare.	AZOTE	ACIDE phosphorique.	POTASSE.
		hectolitres.	kilogr.	kilogr.	kilogr.
Bouzy	1892	5,5	32	9,4	38
	1893	55,6	41	11,0	51
Verzenay	1892	6,5	37	11,0	41
	1893	52,6	50	12,0	66

Il serait difficile de trouver des exemples plus frappants de la faible influence exercée par l'abondance de la récolte sur l'absorption des principes fertilisants.

Influence de la quantité de feuilles et de sarments. — La cause de cette apparente contradiction se trouve dans la constitution même des divers organes de la plante. Celle-ci, outre le système radiculaire et le tronc, dont l'accroissement annuel est minime, a son activité végétative dans les organes dont le renouvellement est annuel, les bois ou sarments, les feuilles et enfin le fruit. Le bois est le support des organes aériens et constitue les canaux par lesquels circulent les liquides nourriciers. Ce sont les feuilles qui ont la fonction essentielle de l'élaboration de la matière végétale et plus particulièrement du sucre et de tous les matériaux qui constituent le raisin.

Le système foliacé doit donc avoir un certain développement, pour remplir son rôle de producteur des matériaux qui doivent constituer la récolte. Un minimum de feuilles doit être nécessaire.

Mais ce développement foliacé ne s'exagère-t-il pas dans certains cas, et ne vient-il pas immobiliser, pour la formation de nouveaux tissus inutiles à la production de la récolte, les substances fertilisantes prises au sol et à la fumure? Il en est certainement ainsi, et la pratique viticole, en opérant des pincements et des épamprages, a surtout pour but d'éviter un développement excessif, qui attirerait à lui des matériaux qui sont alors sans profit pour la vendange.

Dans le Midi, où la production du raisin est considérable, le rapport des feuilles aux organes de fructification est peu élevé, aussi l'épamprage et les pincements n'y sont-ils pas pratiqués. Mais dans d'autres régions, dans la Gironde et dans la Champagne particulièrement, où la fructification est peu abondante, ce rapport devient énorme et même excessif, à tel point que les pratiques qui tendent à restreindre la quantité de feuilles sont devenues courantes.

Ainsi voyons-nous, par exemple, dans le Midi, les poids de feuilles, calculés à l'état sec, pour chaque hectolitre de vin produit, bien moins élevés que dans le Médoc et la Champagne :

	RENDEMENT moyen à l'hectare.	PAR HECTARE.		PAR HECTOLITRE de vin.	
		Feuilles sèches.	Sarments secs.	Feuilles sèches.	Sarments secs.
	hectolitres.	kilogr.	kilogr.	kilogr.	kilogr.
Midi.	116	1 315	1 171	11	10
Médoc.	27	1 268	1 635	47	60
Champagne.	25	1 687	1 122	67	45

On voit qu'il en est de même des sarments, dont le poids, relativement à la vendange, est beaucoup plus petit dans le Midi que dans les régions à faible production.

Répartition des principes fertilisants dans les divers organes de la vigne. — Or, ce sont les feuilles et les sarments, mais les feuilles surtout, qui concentrent, dans leurs tissus, les plus fortes proportions de principes fertilisants; plus elles sont développées, plus l'absorption de ces principes est donc considérable, et c'est, en réalité, la production foliacée, et non la production du raisin, qui en règle l'absorption par la vigne.

Le raisin ne renferme qu'une faible fraction de l'ensemble des principes fertilisants absorbés, même alors qu'il donne les plus fortes récoltes. Ce n'est donc pas lui qui est une cause d'appauvrissement du sol. A plus forte raison, si l'on considère le vin, seul produit exporté de l'exploitation, trouve-t-on qu'il n'enlève que de très minimes quantités de principes fertilisants.

Prenons quelques exemples dans les vignobles que nous avons étudiés :

	ABSORBÉ PAR LA VIGNE.			ABSORBÉ PAR LES FEUILLES.			ABSORBÉ PAR LES SARMENTS.			CONTENU DANS LE VIN.		
	AZOTE.	ACIDE phosphorique.	POTASSE.	AZOTE.	ACIDE phosphorique.	POTASSE.	AZOTE.	ACIDE phosphorique.	POTASSE.	AZOTE.	ACIDE phosphorique.	POTASSE.
	kilogr.	kilogr.	kilogr.	kilogr.	kilogr.	kilogr.	kilogr.	kilogr.	kilogr.	kilogr.	kilogr.	kilogr.
Vignobles du Midi.												
Saint-Laurent-d'Aigouze (submersion) (Gard)	57	18	56	28	5,0	14	5	3,0	14	3	4,0	2,0
Jarras (sables) (Gard)	59	17	72	38	7,0	28	8	4,0	18	1	2,0	1,1
Guilhermain (plaines) (Hérault)	74	17	56	45	7,0	19	9	3,0	13	4	2,0	11,0
Candillargues (plaines) (Hérault)	63	12	42	43	5,0	16	7	2,0	9	2	1,0	8,0
Verchant (demi-montagne) (Hérault)	37	10	30	22	4,0	8	5	2,0	5	3	2,0	11,0
Labrousse (demi-montagne) (Hérault)	52	12	41	25	3,0	9	6	2,0	6	4	2,0	16,0
Saint-Georges (montagne) (Hérault)	38	10	28	16	2,0	6	8	1,0	4	3	2,0	8,0
Bellevue (montagne) (Hérault)	44	10	51	24	3,0	16	7	2,0	10	3	2,0	11,0
Moyennes	53	13	44	30	4,5	14	6	2,4	10	3	2,0	12,0
Vignobles du Médoc.												
Château-Latour	41	13	54	26	7,0	23	8	4,0	15	1	1,0	5,0
Château-Lafite	35	12	46	21	7,0	16	6	3,0	10	1	1,0	4,0
Château-Brane-Cantenac	42	13	54	26	6,0	22	9	4,0	16	1	1,0	5,0
Château-d'Issan	49	18	69	32	10,0	33	11	5,0	20	1	1,0	5,0
Château-Beau-Site	55	17	74	34	9,0	34	12	5,0	21	1	1,0	5,0
Moyennes	44	15	59	28	8,0	25	9	4,0	16	1	1,0	5,0
Vignobles de la Champagne.												
Le Mesnil	33	9	29	22	5,0	14	4	1,0	6	1	0,5	2,0
Bouzy	41	11	51	22	4,0	20	7	2,0	12	1	1,0	4,0
Verzenay	51	12	66	27	5,0	33	10	3,0	15	1	1,0	3,0
Ay	50	11	50	36	6,0	27	8	2,0	15	1	1,0	3,0
Hautvillers	49	12	55	33	6,0	29	6	2,0	12	1	1,0	2,0
Pierry	66	16	70	45	8,0	36	8	3,0	17	1	1,0	4,0
Cramant	37	8	38	26	4,0	20	4	2,0	9	1	0,5	3,0
Moyennes	47	11	51	30	5,4	26	7	2,0	12	1	1,0	3,0

Ainsi que nous l'avons dit plus haut, ce sont donc les feuilles et les sarments qui sont les principaux facteurs de l'absorption des matières fertilisantes et de l'épuisement du sol.

Quantités de feuilles produites par hectare. — Nous avons vu, dans le cours de ce travail, combien les modes de culture sont différents d'une région à l'autre, combien, surtout, varie l'écartement des pieds de vigne.

Dans le Midi, le nombre des pieds plantés, dans un hectare, varie entre 3 000 et 4 500; dans le Médoc, il atteint 10 000; dans la Bourgogne, 20 000 à 25 000; dans la Champagne, 45 000 à 60 000. Une si grande variété dans la culture doit amener également des différences dans le développement végétal. Aussi, dans le Midi, chaque pied prend-il un développement considérable, tandis que, dans le Médoc et dans la Bourgogne, les ceps sont plus petits et plus grêles; ils le sont davantage encore en Champagne.

Mais la production de matière végétale, sur la surface d'un hectare, est relativement peu différente, le nombre de pieds compensant la moindre vigueur de chacun d'eux.

Nous avons donc, d'un côté, un petit nombre de pieds, avec un développement considérable; de l'autre, des ceps très nombreux, mais peu développés. C'est la véritable cause de la faible différence qui existe entre les absorptions des principes fertilisants, dans des vignobles à productions si différentes.

Donnons quelques exemples à cet égard :

	NOMBRE de pieds par hectare.	POIDS des feuilles sèches	
		par pied.	par hectare.
Midi :		kilogr.	kilogr.
Saint-Laurent-d'Aigouze	4 000	0,343	1 373
Guilhermain.	3 900	0,764	2 216
Candillargues	4 440	0,444	1 972
Verchant	3 200	0,392	1 256
Médoc :			
Château-Latour.	10 000	0,123	1 226
— Brane-Cantenac	10 000	0,125	1 248
— d'Issan.	10 000	0,128	1 277

	NOMBRE de pieds par hectare.	POIDS des feuilles sèches	
		par pied.	par hectare.
Palus :		kilogr.	kilogr.
Moulin-d'Issan.	3 100	0,275	852
Champagne :			
Ay.	50 000	0,038	1 907
Hautvillers	60 000	0,029	1 746
Pierry	60 000	0,039	2 357

Surface des feuilles dans les diverses régions. — Nous avons été amené à comparer le poids de la production foliacée à la quantité de vendange.

Les feuilles agissent surtout par la surface qu'elles présentent à la lumière, dont elles empruntent l'énergie solaire nécessaire à la décomposition de l'acide carbonique de l'air et, en réalité, c'est plutôt la surface de la feuille qu'il faut considérer, que son poids, si l'on remonte à la production de la substance organique et, dans le cas particulier de la vigne, de matériaux sucrés.

Nous avons voulu nous rendre compte des surfaces que présente ainsi le système foliacé d'un hectare de vignes, et nous l'avons comparé à la quantité de matériaux qu'elles ont élaborés et qui se sont concentrés dans les organes de fructification. Voici quelques-uns des résultats obtenus, les surfaces comprenant les deux faces de la feuille :

	POIDS des feuilles fraîches par hectare.	SURFACE DES FEUILLES	
		par hectare.	par hectolitre de vin produit.
Midi :	kilogr.	mètres carrés.	mètres carrés.
Saint-Laurent-d'Aigouze. . .	4 200	23 100	122
Jarras.	7 421	56 845	429
Guilhermain	7 098	47 273	422
Candillargues.	6 482	44 466	434
Verchant	3 808	25 792	273
Labrousse.	4 243	29 926	210
Saint-Georges.	2 519	18 389	230
Bellevue.	4 600	33 212	443
Moyenne.	5 046	34 875	320

	POIDS des feuilles fraîches par hectare.	SURFACE DES FEUILLES	
		par hectare.	par hectolitre de vin produit.
Champagne :	kilogr.	mètres carrés.	mètres carrés.
Le Mesnil	4 257	23 643	945
Bouzy	4 303	24 220	968
Verzenay	5 273	29 300	1 172
Ay	6 293	34 737	1 389
Hautvillers	5 762	31 806	1 272
Pierry	7 778	42 934	1 717
Cramant	5 324	29 388	1 175
Moyenne	5 570	29 432	1 234

On voit que, dans le Midi, des surfaces de feuilles relativement restreintes, ne dépassant pas 400 mètres carrés, ont pu produire un hectolitre de vin, tandis que, dans les pays plus septentrionaux, la même production de vin a été obtenue par l'intervention de surfaces quatre fois plus grandes.

Sans affirmer qu'une telle augmentation de la surface soit indispensable à l'élaboration de la récolte, nous pouvons cependant admettre que, dans un climat plus froid et où le ciel est souvent couvert, les feuilles ont une moindre activité. Si, dans la Champagne, la surface foliacée avait été réduite à tel point que, pour une même quantité de vendange, elle ne fût pas supérieure à celle que nous constatons dans le Midi, les récoltes n'auraient certainement pas atteint un développement normal et une maturité complète. Cela se voit, d'ailleurs, dans les vignes de cette région moins chaude, quand le système foliacé n'a pas acquis un développement régulier.

L'activité végétative se traduit autant par l'évaporation destinée à amener dans la plante les matériaux nutritifs du sol, que par l'assimilation du carbone, c'est-à-dire la formation de la matière végétale. Elle est influencée par la température ambiante, si élevée et si régulière dans le Midi, et par l'intensité des radiations lumineuses, qui se trouve souvent atténuée, dans les régions septentrionales, par des temps couverts, alors qu'un soleil radieux règne, presque en permanence, dans les départements méridionaux.

Le climat est donc pour quelque chose dans ces différences considérables entre les surfaces des feuilles, correspondant aux mêmes quantités de raisin.

CHAPITRE IV

LES FUMURES DE LA VIGNE

———

Nous avons examiné, dans ce qui précède, quelles sont les quantités d'éléments fertilisants qui interviennent dans les divers vignobles types, sur lesquels nos expériences ont été faites, et nous avons montré comment ces éléments se localisent dans les divers organes et combien est faible leur exportation sous la forme de vin.

Si on ne considérait que cette exportation, on rangerait la vigne parmi les cultures les moins exigeantes, parmi celles qui épuisent le moins le sol et qui peuvent se passer de fumures. En effet, envisagée au point de vue théorique, l'exportation des matières fertilisantes devrait être considérée comme presque nulle, malgré les quantités absorbées par l'ensemble de la végétation annuelle, puisque les feuilles, les sarments et les marcs restent dans le domaine et lui restituent les matières qu'elles avaient absorbées.

Dans la pratique, cependant, il n'en est pas tout à fait ainsi ; une grande partie des feuilles, si chargées d'éléments nutritifs, est entraînée au loin par les vents d'automne, les sarments sont brûlés et leur azote est perdu ; leurs éléments minéraux seuls peuvent faire retour à la terre ; encore n'y a-t-il là qu'une restitution partielle ; les marcs font presque entièrement retour à la terre, soit qu'on les introduise dans les fumiers et les composts, soit qu'on les fasse servir au préalable à l'alimentation.

Mais la pratique enseigne que la vigne ne saurait se passer de fumures, surtout dans les conditions où elle est actuellement placée. Aujourd'hui, en effet, les frais plus grands de la culture de la vigne, qui tiennent en partie aux maladies qu'il faut combattre, obligent le viticulteur à lui demander de plus fortes récoltes ; en outre, les racines américaines, qui servent de porte-greffes, ne se contentent pas comme les racines françaises, de sols maigres et arides, fumés parcimonieusement ou accidentellement ; les conditions actuelles de la production du vin nécessitent l'emploi de fumures énergiques et, dans toutes les régions où la culture est avancée, les matières fertilisantes, données sous forme d'engrais, interviennent régulièrement.

Avant de développer les considérations sur l'opportunité de ces fumures et sur l'importance qu'il convient de leur donner, nous passerons en revue les pratiques usitées dans les divers vignobles, pour la fumure et l'amendement.

Conditions économiques des vignobles du Midi. — Ces pratiques sont extrêmement variables ; elles ne sont pas seulement subordonnées aux besoins qu'on attribue à la vigne, mais aussi aux conditions économiques du milieu dans lequel on se trouve placé. C'est même ce dernier point de vue qui est prédominant.

Jusqu'à présent, il faut bien le dire, les viticulteurs ont appliqué leurs engrais d'une façon très arbitraire, sans se rendre un compte exact des besoins réels de leur culture. C'est par des tâtonnements qu'ils sont arrivés à une application plutôt empirique que raisonnée des divers matériaux, qu'ils trouvent sur les lieux mêmes, ou qu'ils importent du dehors, aucune règle d'ailleurs n'ayant présidé à ces observations. La manière de voir des praticiens est très variable, quoique en général ils reconnaissent la nécessité de l'apport de matières fertilisantes. Même à l'heure qu'il est, les viticulteurs ne sont pas fixés sur ceux des éléments fertilisants qui sont les plus utiles. Beaucoup de formules d'engrais ne comportent pas d'azote ; dans d'autres cas, ce sont des engrais azotés qu'on donne exclusivement ; tantôt, on s'adresse de préférence aux engrais potassiques, quelquefois on les exclut systématiquement. Il en est de même de l'acide phosphorique, dont certains vignobles font un usage que l'on peut appeler immodéré, alors que d'autres le négligent complètement.

Nous avons à étudier ces divers points de vue, dans les diverses conditions de sol, de climat et de culture. Mais nous devons d'abord passer en revue, au point de vue de leur nature, de leur composition et des quantités qu'on applique, les fumures données dans les divers vignobles de la France.

Dans le Midi en général, c'est-à-dire dans le grand centre de la production des vins communs, comprenant les départements de l'Aude, de l'Hérault, du Gard, des Bouches-du-Rhône, des Pyrénées-Orientales, etc., le prix des vins est peu élevé et, même alors que la récolte est très abondante, le revenu brut qu'on tire de la vigne est faible. Les prix des vins varient sensiblement d'une qualité à l'autre et varient, plus encore, d'une année à l'autre. A l'époque de la crise phylloxérique, où une partie du vignoble était détruite et où l'autre commençait seulement à se reconstituer, les prix des vins avaient atteint leur maximum. Ils ont suivi une marche décroissante, par suite de l'augmentation progressive de leur production; la récolte de 1893, qui était extraordinairement abondante dans tous les vignobles de la France, a amené une dépréciation, qui pèse encore actuellement sur le marché des vins. Les prix, cependant, se sont sensiblement relevés en 1894, et il semble qu'on peut admettre qu'ils ont atteint un point autour duquel ils oscilleront, au moins pendant une certaine période.

Nous devons examiner ces conditions, avant d'aborder l'étude de la fumure, et nous passerons en revue les prix que le commerce a payés, pendant ces dernières années.

Dans les vignes à très haute production, où la couleur et le degré alcoolique sont faibles, comme dans celles qu'on traite par la submersion, nous avons, pour le prix de l'hectolitre, pris après soutirage :

	1889	1890	1891	1892	1893	1894
	fr.	fr.	fr.	fr.	fr.	fr.
Pour les vignes traitées par la submersion. . . .	19	23	16,50	13,50	7 à 10	11 à 13
Pour les vignes plantées dans les (vins rouges. .	20	23	12	14,50	8 à 10	12 à 14
sables et qui donnent des vins ⟨ vins paillets.	18	23	23	18,50	»	»
très légers . . . . (vins blancs. .	19,50	25	29	27	»	»
Pour les vins de plaines de l'Aude et de l'Hérault, principalement constitués par de l'aramon, avec un degré alcoolique peu élevé.	18	23	18	17	8 à 10	12 à 14
Pour les vins de demi-montagne, ayant plus de corps et plus d'alcool.	19	26	19	20	10 à 12	15 à 18
Pour les vins de montagne, très supérieurs aux précédents par leur vinosité, leur couleur et leur tenue	30 à 35	27 à 30	25 à 27	25 à 26	14 à 18	»

En admettant, pour la discussion, les prix actuels, on voit que la recette brute n'atteint pas un chiffre considérable, même dans les vignobles à très haut rendement; elle atteint rarement plus de 1 500 francs par hectare et se maintient plutôt voisine de 1 000 fr. Les frais de culture et d'exploitation sont, il est vrai, peu élevés, assez voisins de 500 fr. par hectare, sauf là où l'on emploie des pratiques supplémentaires coûteuses, comme la submersion, qui nécessitent, en outre, de fortes fumures. Dans ces cas, les frais montent jusqu'à 1 000 fr. et les dépassent. Il en est de même des plantations dans les sables.

Dans les vignes de montagne et de demi-montagne, où la dépense d'exploitation annuelle est comprise entre 500 et 1 000 fr. par hectare, c'est l'apport plus ou moins grand d'engrais qui la fait varier.

Si à ces frais de culture on ajoute l'intérêt des capitaux qui représentent la valeur foncière et les dépenses faites pour la création du vignoble, on voit que la situation actuelle du vignoble du Midi est loin d'être prospère. Dans les années comme 1893, où les prix ont été dépréciés par les fortes récoltes des régions habituellement peu productrices de vin, les frais d'exploitation sont à peine couverts et on ne peut pas s'attendre à un intérêt des capitaux engagés. Avec les prix de 1894, la situation est moins mauvaise, sans cependant donner des résultats satisfaisants.

Les prix de cette dernière année étant admis comme une sorte de moyenne, le viticulteur doit s'attacher, pour améliorer sa situation : 1° à abaisser les frais d'exploitation ; 2° à augmenter la production ; 3° à améliorer la qualité.

Mais ces trois résultats sont difficiles à atteindre simultanément ; ils s'excluent réciproquement, dans une certaine mesure.

En effet, si l'on tend à l'augmentation de la récolte, on est obligé de donner à la vigne de plus grands soins et, particulièrement, de plus fortes fumures ; il y a donc là une cause d'augmentation des frais. Si l'on cherche à améliorer la qualité, c'est en grande partie au détriment de la production. Cependant, ce dernier point peut être atteint, dans une certaine mesure, par de meilleurs procédés de vinification, qui, en réalité, n'entraînent pas de frais. C'est donc, pour le viticulteur, un problème assez complexe que de modifier à son avantage la situation créée par les conditions économiques actuelles et, dans chaque cas particulier, il doit considérer, d'un côté, les sacrifices à faire, de l'autre, les résultats à obtenir, établissant ainsi un bilan qui lui indiquera dans quel sens il doit agir. Si, par exemple, une dépense supplémentaire d'engrais de 100 fr. par hectare peut augmenter sa recette de 110 fr. ou de 120 fr., il a encore intérêt à la faire, si toutefois il dispose de capitaux. Il y a là, pour le viticulteur instruit et intelligent, matière à des observations intéressantes, qui lui donneront une grande supériorité sur ceux qui ne raisonnent pas leurs opérations. Les chiffres que nous donnons dans ce travail peuvent être utiles, en fournissant des indications générales sur la nature et la proportion des matières fertilisantes qui entrent en jeu dans la production des récoltes.

Les fumures dans le Midi. — Examinons maintenant comment les fumures sont appliquées dans les vignobles du Midi.

Il convient de dire que, d'une manière générale, cette région n'est pas très privilégiée sous le rapport des engrais naturels. Ce n'est pas un pays de grande production fourragère, ni d'élevage et d'engraissement du bétail. Les fumiers sont donc relativement rares, et les animaux de travail de l'exploitation sont presque seuls à en fournir. Pour enrichir les terres, on est donc obligé de s'adresser aux engrais commerciaux, c'est-à-dire à des produits assez concentrés, importés du dehors, et qu'on paie un prix élevé.

Parmi ceux qu'on emploie le plus fréquemment, nous pouvons citer les engrais animaux, surtout les chiffons de laine, les débris de corne, la viande et le sang desséchés, dont une partie est produite dans les départements voisins, dont une autre partie provient de l'abatage des animaux de l'Amérique du Sud.

Les engrais d'origine végétale sont surtout les tourteaux de graines oléagineuses, épuisés de matières grasses par le sulfure de carbone et qui sont devenus ainsi impropres à l'alimentation du bétail. Marseille est un centre de production très important de ces tourteaux, résidus de l'extraction de l'huile des graines provenant du Levant ou de l'Afrique centrale.

Ces divers engrais sont surtout des engrais azotés. Ils ont l'avantage d'être assez rapidement assimilables et, en outre, de ne pas disparaître du sol sous l'influence de fortes pluies, comme le feraient d'autres engrais azotés, tels que les nitrates. On a donc raison de s'adresser à ces produits azotés, les vignes du Midi, comme nous l'avons montré, absorbant surtout de l'azote.

Quant aux engrais chimiques, la région du Midi en utilise d'assez grandes quantités. Malheureusement, elle s'adresse fréquemment à des engrais complexes, préconisés à l'aide de réclames, mais dont la composition ne répond pas toujours aux besoins réels de la plante. Ces mélanges, d'ailleurs, sont vendus ordinairement à un prix excessif; quand le viticulteur veut s'adresser aux engrais chimiques, il a grand intérêt à acheter ceux-ci isolément et à faire lui-même le mélange qui lui convient.

Les nitrates de soude et de potasse, le sulfate d'ammoniaque, les superphosphates et les sels de potasse, sont fréquemment employés dans le Midi. Dans certains cas, leur action est très énergique et, en général, les premiers poussent à une végétation très vigoureuse.

Voici quelles sont les fumures appliquées dans les divers types de vignobles de cette région.

Les vignes traitées par la submersion sont généralement fumées à l'aide de 600 kilogr. de nitrate de soude, quelquefois partiellement remplacé par des cornailles. On répète cette fumure chaque année, parce que les eaux employées à la submersion enlèvent ce qui peut rester d'azote soluble de l'année précédente. De temps en temps, tous les quatre ans par exemple, on fait une application de fumier de ferme (20 000 kilogr. par hectare). Une pareille fumure représente en moyenne une dépense annuelle, par hectare, de 190 à 200 fr.

Mettons en regard ce qu'elle apporte d'éléments fertilisants et ce que la vigne en absorbe :

	AZOTE.	ACIDE phosphorique.	POTASSE.
	kilogr.	kilogr.	kilogr.
Apporté par la fumure	91	17	26
Absorbé par la vigne.	58	18	56

Nous voyons qu'on donne notablement plus d'azote que ce que la vigne en utilise, mais que l'acide phosphorique, et surtout la potasse, sont donnés en quantités insuffisantes. C'est donc en grande partie le sol qui doit les fournir. Il est vrai que ces terres d'alluvions sont assez riches en acide phosphorique et en potasse pour fournir ces éléments à la vigne. La finesse des particules terreuses rend, d'ailleurs, cette absorption plus facile. On peut se demander, cependant, si une application d'engrais phosphatés et potassiques ne produirait pas de bons résultats. D'importantes études faites sur ce sujet par M. Chauzit paraissent devoir résoudre la question à bref délai.

Les vignes plantées dans les sables, c'est-à-dire dans un sol extrêmement pauvre, sont soutenues à l'aide de fumures énergiques. Là, on emploie de préférence des tourteaux de graines de sésame sulfurés.

La quantité employée annuellement est de 2222 kilogr. par hectare, soit 500 gr. par souche.

On a ainsi :

	AZOTE.	ACIDE phosphorique.	POTASSE.
	kilogr.	kilogr.	kilogr.
Apporté par la fumure	151	44	33
Absorbé par la vigne.	59	17	72

C'est encore une fumure principalement azotée qu'on donne ici, et c'est une fumure extrêmement énergique. La potasse seule y est en proportion insuffisante, pour les besoins de la vigne. Mais il est probable que le plan d'eau marine, qui s'étend au-dessous de la couche de sable où vivent les racines, peut apporter cet élément, que nous trouvons en si grande abondance dans les vignes plantées dans les sables.

Le prix de la fumure donnée est considérable; il atteint environ 225 fr. par an et par hectare. Mais, dans les sables du littoral méditerranéen, les matières fertilisantes font presque entièrement défaut et la vigne doit surtout compter sur celles que lui apportent les fumures.

Dans les vignobles des plaines, ce sont surtout des fumiers de gros bétail ou de bergerie, ainsi que du migon ou crottin de mouton et de chèvre, qu'on emploie. On y joint du nitrate de soude ou de potasse, différents engrais commerciaux azotés, sang desséché, chiffons de laine, etc., et des superphosphates.

Nous avons ainsi, pour le domaine de Guilhermain :

	AZOTE.	ACIDE phosphorique.	POTASSE.
	kilogr.	kilogr.	kilogr.
Apporté par la fumure	74	47	56
Absorbé par la vigne	74	17	56

Et pour le domaine de Candillargues :

	AZOTE.	ACIDE phosphorique.	POTASSE.
	kilogr.	kilogr.	kilogr.
Apporté par la fumure	35	17	35
Absorbé par la vigne.	64	12	42

Nous sommes ici en présence de fumures très modérées, apportant moins que ce que la vigne absorbe. Le sol de ces vignobles ne contient abondamment que de la potasse; l'azote et l'acide phosphorique sont en minime proportion.

Mais, dans ces alluvions, formées de particules très fines, il semble que la terre cède plus facilement aux plantes ses matériaux fertilisants. Aussi voyons-nous des rendements importants obtenus dans des vignobles qui reçoivent de si faibles fumures.

L'application de ces engrais entraîne, dans ces cas, à des frais ne dépassant pas 50 à 100 fr. par hectare; encore une partie en est-elle produite dans l'exploitation même.

Dans les vignes de demi-montagne et de montagne, les terres sont généralement caillouteuses et pauvres, par suite elles ont besoin d'être aidées par des fumures, surtout là où on leur demande des rendements élevés.

A Verchant, par exemple, on emploie principalement du fumier de cheval, qu'on achète à un prix qui porte les frais de la fumure annuelle à près de 200 fr.

A Labrousse, on applique le fumier de ferme à raison d'environ 20 000 kilogr. par an et par hectare, dont on peut évaluer la valeur également à 200 fr. par hectare.

A Saint-Georges-d'Orques, on s'adresse à des fumiers de ferme et de bergerie, en quantité peu élevée, dépensant ainsi 60 à 80 fr.

A Bellevue, on achète du fumier de cheval, des excréments de poule et des balayures de ville, pour une dépense de 80 à 100 fr.

On a ainsi :

	AZOTE.	ACIDE phosphorique.	POTASSE.
Pour Verchant :	kilogr.	kilogr.	kilogr.
Apporté par la fumure	70	31	70
Absorbé par la vigne.	38	10	31
Pour Labrousse :			
Apporté par la fumure	89	57	99
Absorbé par la vigne.	52	12	41
Pour Saint-Georges :			
Apporté par la fumure	19	11	19
Absorbé par la vigne.	38	11	28
Pour Bellevue :			
Apporté par la fumure	62	57	24
Absorbé par la vigne.	44	10	51

Nous voyons combien sont variables les quantités de matières fertilisantes données à la vigne, tantôt avec exagération, tantôt avec parcimonie, l'un ou l'autre élément prédominant par l'effet du hasard.

Les habitudes locales, les difficultés des transports, paraissent être pour autant dans ces différences, que les conditions économiques elles-mêmes. Ainsi, il semblerait que les vignes de montagne et de demi-montagne, dont les produits atteignent un prix assez élevé, supporteraient de plus grands frais de fumures que les vignes de plaines, et pourraient donner des excédents de récolte, qui couvriraient les dépenses d'achat des engrais.

D'une manière générale, nous voyons la région méridionale s'adresser de préférence aux engrais azotés et surtout à ceux dont l'action est assez rapide; les fumiers eux-mêmes sont dans ce dernier cas. Il est très rare de voir utiliser des composts ou des terres d'amendements, produits volumineux et à action lente, dont l'application nécessiterait une main-d'œuvre et des charrois onéreux et ne donneraient pas, dans l'année même de leur application, un surcroît de récolte capable de payer les sacrifices qu'elle eût demandés.

Conditions économiques des vignobles du Médoc. — Dans les vignobles de la Gironde, les conditions économiques sont bien différentes de celles du Midi : les rendements sont bien moins considérables, mais les vins atteignent des prix élevés, surtout dans les crus réputés.

Dans les grands crus comme Château-Latour et Château-Lafite, le prix du tonneau peut varier entre 2 000 et 4 000 fr., soit entre 225 et 450 fr. l'hectolitre, pris au soutirage de mars. Il est rare que ces prix descendent plus bas ou montent plus haut.

En leur attribuant, dans les conditions actuelles, un prix que nous fixons arbitrairement à 2 500 fr. le tonneau, soit 280 fr. l'hectolitre, nous voyons que le revenu brut atteint, en moyenne, 7 500 à 8 000 fr. Un pareil résultat permet de faire tous les sacrifices qui sont de nature à augmenter ou à améliorer la récolte. Aussi, dans ces grands crus, ne cherche-t-on pas à faire des économies dans les frais d'exploitation, du moment qu'on estime que ceux-ci sont utiles. Aussi montent-ils jusqu'à 2 000 et même 3 000 fr. par hectare. Ce sont surtout le mode de culture de la vigne, qui est plantée à raison de 10 000 pieds à l'hectare et qui est échalassée sur lattes et sur fils de fer, les traitements insecticides, l'apport des composts et des terres d'amendements, qui portent les frais d'exploitation à ce taux élevé.

Même dans les deuxièmes et les troisièmes crus, où cependant les vins n'ont pas une valeur aussi grande et se vendent, le plus souvent, à un prix compris entre 1 000 et 1 500 fr. le tonneau, on dépense presque autant que dans les premiers crus, quoique la recette brute ne donne que 3 000 à 5 000 fr. par hectare.

Si nous considérons les crus bourgeois, avec leur valeur moyenne de 600 à 800 fr. le tonneau, nous n'obtenons plus, comme revenu brut, que 1 800 à 2 500 fr. et, cependant, les dépenses ne sont pas diminuées dans la même proportion. Elles s'élèvent, le plus souvent, à 1 200 fr., à 1 500 fr. et même atteignent, dans des vignobles très soignés, le chiffre de 2 000 fr.

Il y a donc un avantage beaucoup plus grand à exploiter les vignobles donnant les vins dont le prix est le plus élevé.

Ce qui sert de régulateur à cette situation, c'est la valeur foncière du terrain qui, dans les grands crus, atteint 60 000 fr. l'hectare; dans les deuxièmes, 25 000 à 30 000 fr.; dans les troisièmes, 15 000 à 18 000 fr.; dans les quatrièmes, 12 000 à 15 000 fr.; dans les cinquièmes, 10 000 à 12 000 fr.; enfin, dans les crus bourgeois, 5 000 à 10 000 fr.

En somme, le revenu brut des vignes du Médoc est élevé et permet de faire les dépenses nécessaires à l'entretien et à la production du vignoble.

Les fumures dans le Médoc. — Nous avons vu avec quel soin on conserve et on exploite ces vignobles, quelles précautions on prend pour une bonne vinification et quelles énormes quantités de matériaux fertilisants on y introduit.

Passons en revue les exploitations que nous avons examinées, en comparant les apports de matières fertilisantes à la quantité qui en est absorbée par la vigne.

Nous trouvons les résultats suivants :

	AZOTE.	ACIDE phosphorique.	POTASSE.
Château-Latour (1er cru classé) :	kilogr.	kilogr.	kilogr.
Apporté par la fumure	112	51	165
Absorbé par la vigne.	39	12	48
Château-Brane-Cantenac (2e cru classé) :			
Apporté par la fumure	160	102	172
Absorbé par la vigne.	42	13	54
Château-d'Issan (3e cru classé) :			
Apporté par la fumure	295	272	177
Absorbé par la vigne.	49	18	69
Château-Beau-Site (cru bourgeois supérieur) :			
Apporté par la fumure	121	112	156
Absorbé par la vigne.	56	17	75
Château-Loudenne (cru bourgeois ordinaire) :			
Apporté par la fumure	151	155	189
Absorbé par la vigne.	34	10	53

On voit en présence de quelles énormes quantités de matières fertilisantes se développent les vignes du Médoc ; il est vrai qu'elles ne trouvent, dans le sol pauvre et caillouteux dans lequel elles sont plantées, que de très faibles ressources, sur lesquelles on ne saurait compter, pour obtenir une récolte, ni même pour maintenir la vigne à un degré de végétation suffisant.

Mais ce qui distingue ces fumures de celles qu'on emploie dans les vignobles du Midi, c'est qu'elles ne comprennent que peu d'éléments rapidement assimilables ; les engrais chimiques n'y entrent que pour une faible part, surtout dans les grands crus. Ce sont des matériaux volumineux et qui servent autant d'amendement que d'engrais. Les terres d'alluvions et de landes, les curures de fossés, les gadoues et les composts, apportés en grandes masses dans le vignoble, constituent plutôt des terrages que des fumures et, si leur action est extrêmement bienfaisante, il n'en est pas moins vrai qu'ils ne doivent pas être regardés comme des engrais pouvant produire tout leur effet à brève échéance.

Mais les fumiers d'étable, qui sont donnés également en très forte proportion, ne peuvent pas être rangés dans cette catégorie. Ils ont, en effet, une action rapide, et c'est dans l'année même de leur application qu'ils commencent à produire des effets, qui se continuent encore pendant les années suivantes.

A ne considérer que l'apport de matières fertilisantes, on peut dire que les vignes du Médoc sont, de toutes celles de la France, les plus privilégiées ; on peut même dire qu'aucune autre culture, sauf les cultures maraîchères, ne reçoivent, en si grande abondance, des matériaux fertilisants.

Ceux-ci n'ont aucune influence sur la qualité des vins, qui se maintient, malgré ces pratiques qui remontent déjà très loin ; mais peut-être la nature même de ces engrais naturels, peu concentrés, les empêche-t-elle de nuire à la qualité. Si l'on apportait à ces vignes, à la place de la fumure dont nous venons de parler, des engrais chimiques à action très rapide, comme les nitrates, il se pourrait qu'il n'en fût pas de même. Mais la démonstration d'une action nuisible, pour la qualité des vins, des engrais éminemment assimilables, est cependant encore à faire.

Malgré les grandes quantités de matières fertilisantes apportées dans les vignobles du Médoc, la terre ne s'enrichit pas dans une proportion appréciable, à cause de la nature essentiellement perméable de ces sols, dont les cailloux roulés constituent presque toute la masse ; les éléments fertilisants solubles sont enlevés par les eaux, sans trouver assez d'éléments humiques ou argileux pour les retenir ; les parties fines elles-mêmes sont entraînées mécaniquement. Des apports fréquents sont donc nécessaires pour maintenir la fertilité. Ils sont facilités par l'abondance de matériaux fertilisants dans toute cette région.

Les frais de ces fumures sont assez considérables, non pas tant par l'achat des engrais importés que par la main-d'œuvre et les charrois que nécessitent l'extraction, le transport et l'épandage de matières si volumineuses.

Quant aux palus, nous avons vu qu'elles sont constituées par des terres d'alluvions fines et profondes, qu'elles sont, en outre, colmatées par les eaux limoneuses de la Garonne et de la Gironde, qui servent à les submerger, et que, généralement, elles peuvent se passer de fumures.

Les vignes des Graves proprement dites, situées aux environs de Bordeaux sont, sous le rapport des frais d'exploitation, des fumures et des prix des vins, dans des conditions à peu près identiques à celles du Médoc.

Conditions économiques des vignobles de Saint-Émilion. — Dans la région de Saint-Émilion, qui appartient au bassin de la Dordogne, les conditions économiques diffèrent sensiblement de celles que nous venons d'exposer. Les premiers crus n'atteignent pas les prix élevés des grands crus du Médoc ; aussi cherche-t-on à réduire les frais d'exploitation. D'ailleurs, cette contrée n'est pas privilégiée sous le rapport des matériaux fertilisants naturels. Les terres d'amendements y font défaut, on n'y trouve pas d'alluvions riches et profondes, de terres de landes chargées de matières organiques ; les fumiers qu'on achète à un prix élevé, les gadoues de Bordeaux, et les engrais chimiques sont le plus fréquemment employés.

Les prix des vins de cette région qui, pour les principaux crus, sont compris entre 800 et 1 800 fr. le tonneau, n'atteignent plus, pour les qualités ordinaires comme celles de Sainte-Foy, que 400 à 600 fr. Les rendements, d'ailleurs, ne sont pas plus élevés que dans le Médoc et, par suite, le revenu brut se trouve assez réduit.

Les fumures dans le Saint-Émilionnais. — On comprend que, dans ces conditions, on ne fasse pour la fumure que les frais strictement nécessaires. Voici comment elle est donnée dans quelques-uns de nos vignobles en expérience :

	AZOTE.	ACIDE phosphorique.	POTASSE.
Château-Saint-Georges-Côte-Pavie (1ᵉʳ cru) :	kilogr.	kilogr.	kilogr.
Apporté par la fumure	71	91,0	83
Absorbé par la vigne	33	9,0	32
Château-Bellefont-Belcier (2ᵉ cru) :			
Apporté par la fumure	66	86,0	119
Absorbé par la vigne.	41	10,0	42
Château-Gazin (1ᵉʳ cru Pomerol) :			
Apporté par la fumure	49	61,0	71
Absorbé par la vigne.	28	7,5	36

L'apport des matières fertilisantes est donc beaucoup moindre que dans le Médoc.

Les sols de cette région sont en général peu caillouteux, sauf en quelques points, comme à Pomerol. Les terres offrent donc plus de ressources que dans le Médoc, quoiqu'elles doivent encore être considérées comme assez pauvres.

Conditions économiques et fumures du pays des Sauternes. — Le pays de Sauternes fournit des vins qui atteignent des prix extraordinairement élevés, mais les rendements sont très restreints, parce que le degré de maturation auquel on laisse arriver les raisins en réduit la quantité primitive, au moins de moitié.

Cette région n'est pas non plus en situation de se procurer, sur les lieux mêmes, beaucoup de matériaux d'amendements. Elle a surtout recours aux fumiers de ferme et aux engrais chimiques.

Nous avons ainsi à Château-d'Yquem (premier grand cru) :

	AZOTE.	ACIDE phosphorique.	POTASSE.
	kilogr.	kilogr.	kilogr.
Apporté par la fumure	82	120	160
Absorbé par la vigne.	24	7	33

Le vignoble de Château-Coulet se trouve dans des conditions analogues.

Nous voyons d'ailleurs, dans toute cette région du Sud-Ouest, où se produisent des vins de qualité si supérieure, apporter à la vigne, soit intentionnellement, soit accidentellement, de très grandes quantités d'acide phosphorique, alors que, dans le Midi, les fumures sont presque exclusivement azotées.

Conditions économiques des vignobles de la Bourgogne et du Beaujolais. — La Bourgogne se trouve dans une situation transitoire créée par la crise phylloxérique. Il semble que là il n'y ait pas eu, comme dans le Sud-Ouest, des efforts d'ensemble, permettant de combattre efficacement le fléau. Aussi, à l'heure actuelle, y voyons-nous côte à côte des vignobles détruits ou très affaiblis, d'autres maintenus à l'aide de traitements insecticides, d'autres enfin dans lesquels on reconstitue par des pieds américains.

D'ailleurs, dans cette région, la propriété est, en général, assez morcelée et les terroirs, même ceux qui jouissent d'une grande réputation, ne comprennent le plus souvent qu'un petit nombre d'hectares.

Ce morcellement du vignoble bourguignon a certainement été pour beaucoup dans le manque d'unité de la défense ou de la reconstitution ; c'est une des causes pour lesquelles il se présente sous un aspect peu homogène. Les vins de la Bourgogne, qui sont si estimés, se vendent généralement à des prix élevés, qui permettent de faire des sacrifices, mais la production est très irrégulière ; fréquemment, les gelées de printemps et la coulure abaissent les rendements, fréquemment aussi la maturation est incomplète et enlève à la vendange une partie de sa valeur vénale.

Les frais de culture sont assez élevés et nécessitent une main-d'œuvre considérable. Les vignes sont plantées à raison de 20 000 à 25 000 pieds à l'hectare, tout au moins dans les vieilles vignes, et les façons se donnent exclusivement à la main. Les terrains sont en coteaux, ce qui augmente les frais de transport.

Les fumures dans la Bourgogne. — Les fumures les plus employées sont les fumiers d'étable, les fumiers de cheval et de mouton; on en fait souvent des composts, en y ajoutant fréquemment des phosphates naturels.

Nous avons ainsi :

	AZOTE.	ACIDE phosphorique.	POTASSE.
Pour Gevrey-Chambertin :	kilogr.	kilogr.	kilogr.
Apporté par la fumure	55	165	55
Absorbé par la vigne.	30	9	34
Pour Beaune :			
Apporté par la fumure.	46	23	54
Absorbé par la vigne	21	7	21

On voit qu'en général les fumures, qu'on donne dans les crus de la Bourgogne, ne sont pas très élevées.

Cela tient, en grande partie, à ce qu'il est admis couramment, dans cette région, que des fumures abondantes nuisent à la finesse des vins. Nous ne pensons pas que cet effet soit à redouter, en présence de ce que nous avons vu dans le Médoc, dont les vins gardent toutes leurs qualités, au milieu des plus abondantes fumures.

Les terres de la Bourgogne, sans être riches, sont plus privilégiées que celles du Médoc. Elles contiennent en général beaucoup de pierres calcaires et leur réserve en azote est minime ; mais elles contiennent notablement d'acide phosphorique et de potasse.

Le Beaujolais est une région en quelque sorte intermédiaire entre le Midi et la Bourgogne, tant au point de vue de la qualité des vins, qu'à celui des rendements.

Là, les engrais chimiques interviennent conjointement avec le fumier de ferme. Nous avons, par exemple, à Villié-Morgon :

	AZOTE.	ACIDE phosphorique.	POTASSE.
	kilogr.	kilogr.	kilogr.
Apporté par la fumure	58	39	76
Absorbé par la vigne.	48	16	63

On voit que cette fumure n'excède pas sensiblement ce qui est strictement nécessaire au développement de la vigne.

Conditions économiques des vignobles de la Champagne. — La Champagne est placée dans des conditions économiques particulières, sur lesquelles nous avons insisté dans le cours de nos études sur cette région.

Les prix des vins, ou plutôt ceux du raisin, parce qu'il est d'usage de le vendre aux fabricants de champagne, sont extrêmement élevés.

Certaines années, et pour certains crus, ils donnent un revenu brut qui va jusqu'à 10 000 fr. par hectare.

Dans les conditions plus moyennes, on peut admettre que ce revenu brut est compris entre 4 000 et 8 000 fr. Une pareille recette permet de faire de grands sacrifices, et on peut dire que nulle part ils ne sont aussi grands que dans la Champagne. Le mode particulier de la culture, qui comprend 45 000 à 60 000 pieds à l'hectare, et qu'on renouvelle par un provignage incessant, occasionne une main-d'œuvre considérable.

Les façons sont délicates et doivent toutes être données à la main. Les salaires sont extraordinairement élevés et, en outre, le climat oblige à prendre de grandes précautions contre les intempéries. Il y a, du chef de l'exploitation proprement dite, des frais très élevés. Si, à ceux-ci, on joint les dépenses faites pour les fumures, tant pour l'achat des matières que pour leur manutention et leur épandage, on arrive à un chiffre qui n'est pas éloigné de 3 000 à 4 000 francs par hectare.

D'un autre côté, les frais de constitution du vignoble sont très élevés, tant à cause d'un apport énorme de matériaux d'amendements, fait au moment de la plantation, qu'à cause de la main-d'œuvre employée, jusqu'au moment où la vigne entre en rapport. On peut estimer à 12 000 ou 15 000 fr. les frais de constitution d'un hectare de vignes.

Les fumures dans la Champagne. — La Champagne s'adresse de préférence à des fumiers, qu'elle fait entrer dans les composts, conjointement avec des terres d'amendements, dont les principales sont formées par des terres pyriteuses riches en azote, en soufre et en fer, qu'elle trouve en différents points de la région, où elles forment des gisements abondants de lignites effrités, connus sous le nom de cendres noires ou de cendres pyriteuses.

La Champagne a, dans ces produits, une ressource importante ; les fumiers y sont plus rares, à cause de l'aridité de la région avoisinante, qui ne se prête pas à une production intensive de bétail. Elle trouve cependant des fumiers de cheval, provenant du camp de Châlons, des fumiers des moutons qui vivent sur les maigres pâturages de la Champagne pouilleuse et de la Brie champenoise.

En présence de la rareté des fumiers, leurs prix sont élevés. Les engrais chimiques ne sont que peu employés, dans les vignes de la Champagne, où la nature même de la terre engage à l'emploi de matériaux volumineux, destinés à constituer un sol artificiel, qui se prête au mode de culture particulier à cette région.

Les sacrifices qu'on fait, en Champagne, pour les fumures, sont considérables. Des fumures abondantes, reconnues indispensables à la production, se donnent régulièrement et sur une grande échelle. Les récoltes étant d'ailleurs très variables d'une année à l'autre, il y a tout intérêt à pourvoir le sol d'assez d'éléments nutritifs pour que, dans une année particulièrement favorable, la végétation puisse donner toute sa récolte.

Voici, mises en regard, les quantités de matières fertilisantes apportées par les fumures et celles qui sont absorbées par la vigne :

	AZOTE.	ACIDE phosphorique.	POTASSE.
Ay :	kilogr.	kilogr.	kilogr.
Apporté par la fumure	59	47	147
Absorbé par la vigne.	49	10	49
Hautvillers :			
Apporté par la fumure	158	151	196
Absorbé par la vigne.	49	12	55
Pierry :			
Apporté par la fumure	75	65	194
Absorbé par la vigne.	58	12	60

	AZOTE.	ACIDE phosphorique.	POTASSE.
Cramant :	kilogr.	kilogr.	kilogr.
Apporté par la fumure	106	87	219
Absorbé par la vigne.	37	9	39
Le Mesnil :			
Apporté par la fumure	84	55	115
Absorbé par la vigne.	25	6	20
Verzenay :			
Apporté par la fumure	110	50	120
Absorbé par la vigne.	40	12	48
Bouzy :			
Apporté par la fumure	73	36	89
Absorbé par la vigne.	37	11	46

Voilà quels sont les apports annuels de matières fertilisantes.

Il convient d'ajouter qu'au moment de la plantation et de l'assiselage, c'est-à-dire lors de la constitution du vignoble, on apporte, sous la forme de fumiers et de terres de montagne, d'énormes quantités de ces éléments, que nous pouvons chiffrer de la manière suivante :

	AZOTE.	ACIDE phosphorique.	POTASSE.
	kilogr.	kilogr.	kilogr.
Ay et Hautvillers	2 509	1 098	3 505
Pierry.	3 009	1 081	3 723
Cramant.	1 666	1 639	2 868

On voit que les vignes de la Champagne ont à leur disposition de grandes quantités de matières fertilisantes. L'abondance de celles-ci ne nuit en rien à la finesse et au bouquet de ces crus si renommés. Ici encore, comme pour le Médoc, nous devons rappeler qu'on s'adresse presque exclusivement à des engrais naturels et que les engrais concentrés n'interviennent pas.

Malgré les grands sacrifices que demande la culture des vignes de la Champagne, elles donnent un revenu net considérable, aussi leur valeur foncière est-elle très élevée. Elle atteint, dans les terroirs les plus appréciés, jusqu'à 40 000 fr. l'hectare et au delà et, dans les crus plus ordinaires, 15 000 à 30 000 fr.

Contrairement à l'opinion qui a cours, les matières fertilisantes données en grande abondance à la vigne, tout au moins sous forme de fumures naturelles, n'ont pas d'influence fâcheuse sur la qualité des vins, puisque ce sont précisément ceux qui sont les plus réputés pour leur finesse et leur bouquet, c'est-à-dire ceux du Médoc et de a Champagne, qui reçoivent ces énormes quantités de principes fertilisants, qui les distinguent de toutes les autres cultures.

Conclusions. — Comme conclusion pratique de ces nombreuses observations, nous pouvons retenir que ce sont les conditions économiques, plus encore que les exigences de la vigne, qui doivent fixer sur l'emploi des fumures.

Dans les vignobles qui produisent des vins d'un prix élevé, il y a tout intérêt à en employer de grandes quantités, car, même de minimes surcroîts de récolte paient les frais supplémentaires, faits de ce chef. Au contraire, dans les vignes à haute production, dont les vins se vendent à bas prix, on doit mesurer la fumure de manière à ne donner que les quantités strictement nécessaires, car les augmentations de récolte pourraient ne pas compenser l'augmentation de dépense. Dans ces derniers vignobles d'ailleurs, il y a intérêt à employer des engrais à action rapide, dont l'effet se fait sentir aussitôt après leur application, et, dans les régions du Midi, c'est aux engrais azotés qu'il faut donner la préférence.

CHAPITRE V

CAUSES QUI INFLUENT SUR LA QUALITÉ DES VINS

Nous avons vu que les plus fortes fumures, tout au moins lorsqu'elles sont données sous la forme d'engrais naturels, n'ont pas d'influence nuisible sur la qualité des vins.

Nous devons chercher à quelles causes tiennent ces différences, si considérables, dans les propriétés qui distinguent les vins fins des vins communs.

Abstraction faite des soins donnés à la vendange et à la vinification, qui influent évidemment sur la qualité, mais qui ne sauraient changer la nature des vins, nous avons à considérer comme facteurs qui interviennent : l'exposition, le climat, le sol, le cépage et les pratiques culturales.

Le climat et l'exposition. — L'exposition joue un rôle considérable dans les pays septentrionaux, où la maturité s'effectue plus difficilement ; dans le Midi, son influence se fait beaucoup moins sentir.

Elle s'exerce surtout sur la production du sucre et, par suite, sur la richesse alcoolique du vin, sur la disparition de l'acide tartrique, sur la coloration.

L'influence du climat est manifeste, puisque les divers types de vins se trouvent localisés dans des régions particulières, bien caractérisées par leur climat, et qu'en cultivant les mêmes cépages dans des climats différents, mais dans des sols identiques et dans les mêmes conditions de culture, on n'obtient pas la même nature de vin.

C'est ainsi qu'en cultivant, dans le Midi, les pineaux de Bourgogne ou les cabernets du Médoc, on ne saurait jamais obtenir des vins analogues à ceux de ces deux régions.

Inversement, l'aramon et le carignan, qui mûrissent si facilement dans le Midi, donnent, dans les régions plus septentrionales, des produits tout à fait différents et généralement plus acides.

En réalité, le cépage est le reflet du climat, il est le résultat d'une acclimatation et d'une sélection à la fois naturelle et artificielle. Chaque région viticole possède quelques cépages, qui donnent les meilleurs résultats, comme qualité et comme production, et qui, transportés ailleurs, se modifient notablement.

Aussi l'introduction de nouveaux cépages, dans une région viticole, est-elle rarement heureuse, et son action principale est de modifier la nature du vin de la production locale. On obtient de bien meilleurs résultats en cherchant à améliorer, par une sélection raisonnée, les cépages indigènes, ce que nous avons fait dans le Midi; l'hérédité ou, dans le cas présent, l'aptitude à reproduire les qualités de fructification se transmettant par le sarment, qui sert au greffage ou au bouturage.

Dans le Médoc et dans la Bourgogne, des pratiques analogues ont augmenté beaucoup la qualité de la vendange.

Le cépage. — L'influence du cépage sur la nature du vin est presque prédominante, car chaque cépage a des qualités propres, non pas tant au point de vue de l'abondance du fruit, de l'élaboration du sucre, qu'à celui des nuances subtiles et indéfinissables, qui échappent à l'examen chimique, mais qui établissent, entre les vins de diverses provenances, des différences de prix énormes. La finesse, le bouquet, le moelleux, constituent ces propriétés organoleptiques, qui font tant apprécier les vins qui les possèdent. Aussi, à l'heure actuelle, l'analyse chimique est-elle impuissante à distinguer un vin fin d'un vin commun, la dégustation seule permet d'établir cette classification, qui est d'ailleurs devenue un véritable art, chez ceux qui en font leur état et même chez les connaisseurs.

Or, les divers cépages donnent des vins à saveur propre. Dans le Midi, celle des vins d'aramon, des vins de carignan, des vins d'alicante, se reconnaît avec la plus grande facilité. De même dans le

Médoc les cabernets ont un goût qui leur est particulier ; il en est de même des pineaux de la Champagne et de ceux de la Bourgogne. Souvent ces propriétés organoleptiques ne se développent pas immédiatement dans le vin avec toute leur intensité, le vieillissement les accentue. Aussi peut-on dire que ce qui influe le plus sur la nature d'un vin, c'est le cépage. Les grands crus du Médoc sont certes bien supérieurs aux crus bourgeois et aux crus paysans de cette région, mais le lien de parenté qui les unit ressort à la première comparaison.

La composition chimique, la constitution physique et la disposition topographique du sol. — La nature du sol intervient également, et dans une large mesure, non pas tant pour modifier la nature des vins, que pour les classer, suivant une hiérarchie, en vins de finesse plus ou moins grande.

D'une manière générale, ce sont les sols pauvres et cailouteux qui produisent les crus les plus estimés. Si nous prenons comme exemple le Médoc, avec son climat uniforme et les mêmes cépages, nous voyons qu'on peut distinguer les grands crus des crus inférieurs d'après la nature du sol. Là, nous avons les grosses graves, c'est-à-dire les sols principalement constitués par de gros cailloux roulés, qui fournissent les crus supérieurs ; les graves moyennes, où les cailloux atteignent moins de grosseur et sont moins abondants, où par suite il y a plus de terre végétale, donnent des vins un peu moins estimés ; les vins des petites graves viennent après ; enfin, là où la grave disparaît et fait place à des terres plus ou moins argileuses, on ne récolte plus que des vins sensiblement inférieurs. Les vins des palus, produits dans les terres d'alluvions des bords du fleuve, sont bien au-dessous encore de ces derniers.

Dans le Midi, les vins que l'on récolte dans les plaines sont beaucoup moins estimés que ceux produits dans les terrains ondulés, et surtout sur les coteaux, et qui forment les vins de demi-montagne et de montagne. Une différence de prix du simple au double existe entre ces diverses catégories de vins.

En Champagne et en Bourgogne, les vignes qui donnent des vins si délicats sont plantées en coteaux.

L'influence du sol est donc manifeste, elle s'exerce sur le cépage, non pas en modifiant la nature fondamentale du vin, mais en établissant certaines nuances, qui sont pour beaucoup dans sa valeur vénale.

Quels sont, dans la constitution du sol, les éléments qui interviennent, pour modifier ainsi la qualité des vins. Nous avons à examiner à ce point de vue les diverses propriétés de la terre : sa composition chimique et la proportion des éléments fertilisants qu'elle contient ; sa constitution physique, c'est-à-dire les quantités et la nature des éléments rocheux et des éléments fins qui la constituent ; ses propriétés physiques, sa perméabilité ou sa compacité, son aptitude à absorber et à conserver l'humidité ; sa disposition topographique.

Classons d'abord les terres suivant une règle, déjà ancienne, en terres calcaires, en terres argileuses ou compactes, en terres siliceuses ou légères, avec les intermédiaires qui se rencontrent très souvent, puisque peu de terres appartiennent exclusivement à l'un ou à l'autre type.

Peut-on dire que, parmi ces terres, il y en a qui sont plus aptes que les autres à la culture de la vigne, tant au point de vue des rendements qu'à celui de la qualité ? Si nous comparons entre eux les sols des nombreux vignobles que nous avons examinés, nous les voyons varier extrêmement, ce qui montre déjà que la vigne vient dans tous les sols. Les sols calcaires, les sols argileux, les sols siliceux et tous leurs intermédiaires, s'observent dans nos vignobles en expérience et des qualités de vins très appréciés se retrouvent dans tous. Les vins de Champagne sont produits dans des sols où, souvent, le calcaire domine ; les vins du Médoc, dans des terres essentiellement siliceuses et graveleuses ; les vins de la Bourgogne et ceux de Sauternes, dans des sols où nous trouvons les divers éléments, associés au calcaire.

Si, maintenant, nous examinons les terres au point de vue de leur teneur en éléments fertilisants, nous voyons que celle-ci n'a pas, non plus, d'action marquée sur la qualité des vins, ni même sur les rendements. Dans les plaines du Midi, des sols généralement pauvres ou tout au moins peu favorisés au point de vue de la teneur en azote, en acide phosphorique et en potasse, produisent des récoltes extrêmement abondantes ; les vignes de demi-montagne ou de montagne produisent souvent, dans des terres qui ne contiennent que d'infimes quantités de matières fertilisantes, des récoltes extraordinairement élevées, alors que d'autres régions, où nous dosons d'assez fortes quantités d'azote, d'acide phosphorique et de potasse, comme dans quelques vignobles de la Bourgogne, les récoltes sont peu abondantes.

On ne peut donc pas dire que la teneur des sols en principes fertilisants a une influence appréciable sur les rendements.

Voyons, maintenant, si elle en a une sur la qualité. L'examen des terres prises dans nos différents vignobles montre que la teneur du sol en principes fertilisants est tantôt élevée et tantôt faible dans les vignes produisant les vins communs, tantôt élevée, tantôt faible aussi, dans celles produisant des vins fins.

Si nous rapportons à une tonne de terre les quantités de matières fertilisantes qu'elle contient, dosées à l'aide des procédés qui sont admis actuellement en France, nous voyons, par exemple, dans le Midi, des vignes donnant de gros rendements et une qualité très ordinaire, ne contenir, dans une tonne de terre, que 300 gr. d'azote, 250 gr. d'acide phosphorique, 300 à 400 gr. de potasse, c'est-à-dire des quantités extrêmement minimes, qui sembleraient exclure toute fertilité.

Dans le Médoc, en prenant les meilleurs crus, nous n'y trouvons pas des quantités supérieures.

Des sols très pauvres produisent donc, suivant le climat et le cépage, tantôt des vins communs, tantôt des vins fins.

Si, au contraire, nous comparons des terres riches, comme celles de la Bourgogne, où nous avons, le plus souvent, 4 ou 5 fois plus de principes fertilisants que dans le Médoc, à celles de certaines plaines de l'Hérault, dont les sols sont bien pourvus de ces éléments, nous voyons dans les premiers sols, malgré cette similitude de conditions, une qualité très supérieure et, dans les autres, une infériorité, qui les fait classer parmi les vins les moins appréciés.

Ces exemples, qu'il serait facile de multiplier, montrent que les quantités de matières dites fertilisantes, contenues dans le même cube de terre, n'exercent aucune influence sur la qualité des vins.

Il est bien entendu qu'en parlant de la terre nous ne considérons pas seulement la couche supérieure, entamée par les instruments de labour, mais aussi le sous-sol, dont le rôle dans l'alimentation des végétaux ne saurait être méconnu.

Tout autre nous apparaît l'intervention de la constitution physique du sol, surtout au point de vue des éléments grossiers qui y sont mélangés, produisant un ameublissement, une grande perméabilité et une certaine aridité, attribuable peut-être autant à la rareté de la terre végétale, qu'à la faible proportion d'humidité que les terres caillouteuses ou rocheuses peuvent retenir.

Cette constitution physique des sols paraît exercer, sur la qualité des vins, une action très sensible.

Ainsi voyons-nous des plaines de l'Hérault, de l'Aude et du Gard, constituées en majeure partie par des terres exemptes d'éléments grossiers, produire des vins très ordinaires, tandis que dans la même région, les sols de la Costière, des Corbières et du Minervois, dans lesquels les fragments de roches siliceuses ou calcaires entrent en grande proportion, donnent des vins beaucoup plus appréciés.

Les crus les plus estimés du Médoc se produisent dans des sols dont les cailloux roulés forment la principale masse, alors que, dans la même région, les terres constituées seulement par des éléments fins ne donnent que des vins ordinaires.

Les grands vins de la Bourgogne sont produits dans des sols, dans lesquels les fragments de calcaire entrent, souvent, pour plus de la moitié, et c'est dans les crus les plus estimés qu'on constate la prédominance de ces éléments grossiers.

En Champagne, également, il y a une notable proportion de cailloux calcaires ou siliceux, mélangés au sol et au sous-sol.

Comment expliquer la manière dont ces éléments grossiers agissent sur la vigne. Ce n'est certes pas par les matériaux qu'ils renferment, mais bien plutôt par la perméabilité qu'ils donnent au sol, par leur incapacité d'absorber et de retenir l'eau ; en effet, dans tous les cas, les sols pierreux sont, toutes choses égales d'ailleurs, beaucoup plus secs que les sols constitués par des éléments fins ; ces derniers sont plus frais et tiennent, à la disposition des plantes, une réserve d'eau qui peut servir à activer la végétation, pendant les périodes de sécheresse. N'y a-t-il pas une corrélation entre l'humidité du sol et la qualité des vins? Cela paraît probable, c'est tout au moins ce qui découle de toutes les observations que nous avons faites, car, partout où nous avons constaté la présence de sols frais, constitués par des éléments fins, nous avons trouvé un abaissement de la qualité, et, partout où nous avons rencontré la vigne dans des terres arides par la prédominance de fragments grossiers, incapables de retenir l'eau, nous avons constaté une qualité supérieure. On sait, d'ailleurs, combien les arrosages ou les pratiques de la submersion, qui peuvent augmenter, dans une si forte proportion, la récolte, influent défavorablement sur la qualité du vin. La vigne est plutôt une plante des terrains secs, et c'est dans ceux-ci que l'on obtient toujours les qualités les plus appréciées.

La disposition topographique des terres conduit à des constatations analogues. Les terres en pentes, dans lesquelles l'eau s'écoule facilement, sont également favorables à la qualité. Aussi celle-ci est-elle toujours supérieure dans les terrains ondulés, où l'eau s'égoutte, que dans les terres des plaines, qui restent plus longtemps humides. Les exemples en sont nombreux dans les vignobles du Midi. Quelquefois, des terres en coteaux, qui ne retiennent pas l'eau, donnent des crus très estimés, même en l'absence d'éléments grossiers.

C'est donc, en somme, l'aptitude de la terre à se dessécher, qui semble être un des principaux facteurs de la qualité des vins.

L'influence de la terre, sur la qualité des vins, ne dépend donc pas de sa nature chimique, ni de l'abondance ou de la pénurie des éléments fertilisants qu'elle renferme, elle réside surtout dans la perméabilité, ou plutôt encore dans l'aridité du sol, et dans son faible pouvoir absorbant pour l'eau.

Influence des pratiques culturales. — Dans le Midi de la France, on cherche surtout à produire d'abondantes vendanges, sans trop se préoccuper de la qualité. On cherche également, en raison du bas prix des vins, à cultiver avec le moins de frais possible. On a adopté des cépages dont les rendements sont les plus élevés et on a planté la vigne à intervalles assez grands, pour pratiquer les façons à l'aide des animaux de trait. On taille la vigne en corbeille, lui laissant ainsi un grand nombre de bourgeons à fruits. Toutes ces conditions, jointes à la régularité du climat et à la température élevée qui règne tout l'été, permettent d'obtenir des vendanges abondantes et peu différentes d'une année à l'autre, comme quantité et comme qualité. On laisse produire à la vigne tout ce qu'elle peut donner.

Dans les pays où l'on cherche à obtenir de la qualité, on procède tout autrement. Là, les pieds de vigne, beaucoup moins écartés, ne peuvent pas prendre un aussi grand développement végétal. Ils sont plus grêles et la taille employée n'est d'ailleurs pas faite pour provoquer d'abondantes récoltes. C'est une taille courte, faite sur un ou deux sarments, et qui ne laisse pas la fructification se produire avec toute l'exubérance dont elle serait capable. Cette pratique a sa raison d'être, elle est basée sur l'observation des faits. On n'a nul intérêt à diminuer la récolte, mais on sait que lorsqu'on taille à long bois et qu'on laisse ainsi un plus grand nombre de raisins, celui-ci mûrit difficilement, reste plus vert et moins riche en sucre ; il donne alors des vins inférieurs. En outre, de trop fortes récoltes, demandées régulièrement à des vignes relativement chétives, nuisent à la souche, dont les bois se développent alors moins vigoureusement, ce qui compromet les récoltes suivantes. La taille, qui modère l'exubérance de la fructification, est donc un facteur très important de la qualité des vins. Cette pratique a d'ailleurs fait l'objet, de la part des viticulteurs, de nombreuses observations ; chaque région procède suivant les habitudes locales, mais, dans toutes, on sait que pour obtenir des vins de qualité, il faut renoncer à la taille longue, qui permettrait des vendanges plus abondantes.

Les pratiques culturales, la taille notamment, ont donc une influence très sensible sur la qualité des vins. Toutes les augmentations de rendement ne sont cependant pas des causes d'abaissement de la qualité des vins. Nous voyons quelquefois, en effet, dans des années particulièrement favorables, la production des vins fins s'exagérer, sans pour cela que la qualité diminue. L'année 1893 nous en fournit un exemple frappant ; elle a été une des plus abondantes du siècle et, en même temps, une de celles où la qualité a été bonne.

Nous avons vu, en effet, dans les vignes de la Champagne, où les rendements moyens sont compris entre 20 et 25 hectolitres et où, certaines années, ils descendent au-dessous de 10 hectolitres, présenter, en 1893, des récoltes particulièrement abondantes atteignant, à Bouzy 55^{hl},6, à Verzenay 52^{hl},6, c'est-à-dire le double au moins d'une récolte moyenne, presque le décuple d'une faible récolte, comme 1892, et, cependant, le vin obtenu a été d'excellente qualité.

De même, dans le Médoc, l'année 1893 a donné, à Château-Latour, par exemple, une récolte bien supérieure à la moyenne, atteignant 40 hectolitres à l'hectare, et la plus élevée qui ait été obtenue dans ce siècle, sans que, pour cela, la qualité en ait été affectée. C'est aux conditions climatériques exceptionnelles qu'il faut attribuer cette concordance dans la qualité et le rendement, qui s'excluent généralement.

C'est même ici le cas de faire une remarque qui s'applique, d'une manière générale, à ce double problème de la qualité et du rendement; chaque fois que l'augmentation de la récolte est due à des causes naturelles, qui favorisent la fructification et la maturation, la qualité n'est pas dépréciée. Mais, quand cette augmentation de récolte est due à des pratiques culturales, comme la taille à long bois, elle influe défavorablement sur la qualité des vins, tant au point de vue de leur richesse alcoolique que de leur finesse et de leur bouquet.

Nous voyons que c'est le cépage, le climat, le sol et les pratiques culturales qui influent sur la qualité des vins, beaucoup plus que ne le font les fumures, auxquelles on attribue une action si nuisible.

Les viticulteurs ne doivent donc pas craindre d'employer des fumures, dont ils apprécieront la quantité et la nature, suivant les conditions économiques dans lesquelles ils sont placés. Dans les vignobles produisant des vins fins, d'un prix de vente élevé, ils peuvent donner de grandes quantités de matières fertilisantes, sous la forme de composts et de terres d'amendements, qui ne nuisent pas à la qualité. Dans les vignobles produisant des vins communs, ils ont plutôt intérêt à s'adresser aux engrais commerciaux, plus efficaces, d'une action plus rapide et dont le transport et l'application entraînent à moins de frais. C'est, avant tout, le revenu brut par hectare, qui doit guider sous ce rapport.

Les chiffres que nous avons déduits des nombreuses observations qui précèdent peuvent, dans les divers cas, servir de guide, pour une application judicieuse des engrais.

HUITIÈME PARTIE

ÉTUDES SPÉCIALES SUR LA VIGNE

CHAPITRE I

ÉTUDES SUR LA VINIFICATION DANS LE ROUSSILLON
FAITES AUX VENDANGES DE 1894[1]

La valeur des vins et leur aptitude à la conservation ne tiennent pas seulement à la qualité de la vendange, c'est-à-dire à la composition du raisin, aux conditions de milieu dans lequel il s'est développé ; elles dépendent aussi de la façon dont s'opère la fermentation, c'est-à-dire la transformation du moût en vin ; celle-ci a une importance considérable ; aussi le viticulteur doit-il s'attacher à opérer la vinification dans les conditions qui peuvent influer le plus favorablement sur cette fermentation et, par suite, sur la nature du vin et sur sa conservation.

Nous aurons ainsi à étudier l'influence de la température, celle du degré de maturation du raisin, de l'aération des moûts, celle de la propreté du matériel vinaire et les soins dont il doit être l'objet, la manière de préserver le vin des altérations.

On sait que, pendant la fermentation, la température des moûts s'élève considérablement, puisque la transformation du sucre en alcool, sous l'influence de la levure, est une sorte de combustion incomplète, qui se produit avec dégagement de chaleur. La température qu'atteignent les moûts, et dont l'influence est si grande sur la

---

1. Études faites avec le concours de M. Eug. Rousseaux, préparateur à l'Institut agronomique.

qualité des vins, dépend de diverses causes, dont les principales sont : la température initiale de la vendange, celle du milieu ambiant, la nature et la dimension des vaisseaux vinaires, la richesse saccharine des moûts.

Dans les pays tempérés, il arrive souvent que l'élévation de température, qui dénote l'activité de la fermentation, se fait longtemps attendre. En effet, dans ces régions, les vendanges sont ordinairement tardives et se font, par suite, à une époque où les chaleurs sont passées ; le raisin, au moment de la cueillette, est souvent à une très basse température, les celliers sont frais et la levure ne trouve pas à se développer rapidement ; il faut parfois attendre huit jours, et même davantage, avant de constater un commencement de fermentation. Celle-ci, toutefois, finit par se manifester et se continue d'autant plus longtemps qu'elle se produit avec moins d'intensité. Quelquefois, quand elle se fait trop attendre, on chauffe une partie du moût, qu'on rajoute au reste de la vendange, pour en élever la température, ou bien encore on installe des appareils de chauffage dans les celliers.

La lenteur de la fermentation n'a que peu d'inconvénients et l'on peut dire, d'une manière générale, que, dans les pays relativement tempérés, la vinification se fait convenablement ; des fermentations secondaires se font rarement sentir et, quand les vins reçoivent les soins nécessaires, ils ne sont pas sujets aux maladies de début, qui, dans d'autres régions, influent d'une manière si désastreuse sur la qualité des vins.

Mais, sous des climats plus chauds, les conditions de la vinification changent considérablement : là, le raisin mûrit hâtivement et la cueillette se fait à une époque de l'année où la température est encore très élevée ; non seulement la vendange est chaude, lorsqu'on l'apporte au cuvier, mais encore les caves, dans lesquelles se fait la fermentation, ne sont pas suffisamment fraîches. On n'a jamais à craindre un retard dans la fermentation ; celle-ci est, au contraire, tellement rapide, que la transformation du sucre en alcool s'effectue en un temps très court et que, par suite, la température des moûts s'élève considérablement.

Dans ces pays à grande production de vin, la cuvaison se fait ordinairement dans des foudres ou des cuves de très grandes dimensions, dont les parois, en bois épais, constituent une enveloppe isolante, qui garantit les moûts contre tout refroidissement ; aussi, la température de ces derniers s'élève-t-elle souvent à tel point, qu'il en résulte de graves inconvénients. En effet, au delà d'un certain degré de chaleur, compris entre 37° et 40°, la levure alcoolique commence à souffrir, sous la double influence de la température et de l'alcool déjà formé ; elle est même partiellement tuée et la transformation du sucre en alcool ne s'achève pas ; les vins restent sucrés et louches, et des fermentations secondaires, dues à des bactéries, qui, au contraire de la levure, prospèrent dans un milieu plus chaud, viennent prendre la place de la fermentation alcoolique interrompue ou même complètement arrêtée. Des vins ainsi compromis ou gâtés perdent la plus grande partie de leur valeur marchande et ne peuvent plus être utilisés que pour la chaudière.

En 1893, ces inconvénients se sont faits sentir sur une vaste échelle dans toute la région du midi de la France, et y ont causé de véritables désastres.

En Algérie et en Tunisie, où la température est encore plus élevée, cet état de choses existe presque en permanence et compromet fréquemment la récolte.

Nous avons dit plus haut que la richesse saccharine était également une cause de l'élévation de la température des moûts. En effet, de plus grandes quantités de sucre, transformées en alcool, dégagent de plus grandes quantités de chaleur ; c'est là encore un facteur qui intervient défavorablement sous ce rapport. Et ce sont précisément les vins que leur degré alcoolique ferait surtout rechercher pour le commerce qui sont les plus exposés à ces interruptions de la fermentation normale. Cependant, lorsque les moûts ont une richesse extrême, comme ceux qui produisent les vins liquoreux, la forte proportion de sucre peut ralentir la fermentation du début ; la levure étant entravée dans son action, l'échauffement est alors moins grand.

La plupart des vignobles de l'Aude, de l'Hérault, du Gard, donnent des vins d'un faible degré alcoolique, tout au moins en ce qui concerne les vignobles de plaine à grand rendement. Malgré les conditions de milieu dans lesquelles s'effectuent la vendange et la vinification, les accidents de fermentation, que nous venons de signaler, sont relativement rares dans ces moûts moins chargés de sucre. Mais, dans d'autres régions, telles que le Roussillon, l'Algérie et la Tunisie, le raisin est plus sucré et un développement de chaleur plus intense s'y produit au cours de la fermentation alcoolique. Ils sont donc exposés, plus que les autres, à ces accidents. Les vins qui, d'après la richesse saccharine des moûts, doivent atteindre de 10° à 13° d'alcool, sont donc plus sujets à de mauvaises fermentations que ceux qui proviennent de moûts moins sucrés, ne pouvant fournir que des vins ayant de 7 à 10 p. 100 d'alcool.

Il suffit, d'ailleurs, d'une faible surélévation de la température, pour que les effets fâcheux se produisent. Il y a, en effet, pour la levure alcoolique, une sorte de point critique, correspondant au maximum de température qu'elle peut supporter, sans en souffrir. Si ce point est dépassé, ne fût-ce que de très peu, l'action nuisible se produit ; s'il est seulement atteint, la levure peut être entravée quelque peu, mais, restée vivante, n'en reprend pas moins ses fonctions normales, au premier abaissement de température, qui ne tarde jamais à se produire. Un très petit nombre de degrés de plus ou de moins, dans le cours de la fermentation, ont donc une importance capitale sur la qualité des vins.

Supposons, pour fixer les idées, que dans un moût en fermentation la levure commence à souffrir à 38°, que son action soit annihilée entre 39° et 40°, qu'elle soit tuée entre 41° et 43° ; nous pouvons admettre que, dans ce cas, le point que nous appelons critique est situé entre 38° et 40°. Si cette température n'est pas dépassée, un refroidissement de quelques degrés peut permettre à la levure de reprendre ses fonctions normales et de continuer la transformation de la matière sucrée ; des ferments secondaires n'ont pu alors intervenir que pendant un temps très limité et n'ont pu compromettre sérieusement la vendange. Si, au contraire, cette température de 38° à 40° a été dépassée, la levure est détruite et, malgré le refroidissement subséquent, la transformation du sucre en alcool ne se produit plus. On voit par là l'intérêt considérable qu'il y a à abaisser, ne fût-ce que d'un très petit nombre de degrés, la température à laquelle s'effectue la vinification.

Les fermentations défectueuses, c'est un fait bien démontré, tiennent à la présence d'organismes autres que la levure de bière, qui prennent un développement anormal. C'est une opinion très répandue que les germes de ces organismes sont apportés par l'air, et bien des inventeurs se sont ingéniés à trouver des appareils destinés à purifier ou à filtrer l'air qui entre en contact avec les moûts ou les vins. C'est là une erreur, et l'on peut dire que les efforts de ces inventeurs sont en pure perte. Si l'air charrie, il est vrai, quelques germes de micro-organismes, ce qu'il peut en apporter est en proportion infime, à côté de ce qui en existe dans la vendange même. C'est donc normalement que les ferments de maladies se trouvent dans les moûts et dans le vin, attendant l'occasion favorable à leur développement. Lorsque la fermentation alcoolique s'établit normalement, elle prend le dessus et l'action de ces organismes peut être considérée comme à peu près nulle, et ensuite, dans le vin fait, la disparition du sucre et l'existence d'une forte quantité d'alcool, offrent des conditions peu favorables à leur développement. Ce n'est que quand la fermentation alcoolique est entravée et lorsqu'elle n'a pu s'achever complètement, que l'intervention des ferments bacillaires est à redouter. Ceux-ci existent donc, même dans la vendange saine, et ce sont des conditions exceptionnelles qui en permettent ou en favorisent le développement.

L'air ne saurait donc être sérieusement incriminé de ce chef. Mais il n'en est pas ainsi du matériel vinaire qui, lorsqu'il n'est pas entretenu dans un état de propreté convenable, après avoir été vidé, est souvent envahi par des organismes inférieurs, qui peuvent souiller ultérieurement les moûts qu'on confie à ces récipients, ou qui, tout au moins, s'étant antérieurement développés sur les bois, ont produit des altérations et des végétations qui peuvent communiquer au vin le goût de pourri ou de moisi. La malpropreté des récipients n'est pas précisément une cause de fermentation défectueuse du vin, elle est plutôt une cause de souillure, qui peut avoir des effets aussi fâcheux. Dans beaucoup de pays vignobles, la malpropreté des récipients, qu'on constate plus particulièrement dans les petites exploitations, est une cause de dépréciation des vins. Un grand intérêt s'attache donc à entretenir la propreté du matériel vinaire, aussi bien des récipients qui servent à la cueillette et au transport du raisin, au foulage et au pressurage, que de ceux dans lesquels s'effectue la fermentation et se conserve le vin.

On sait que le jus de raisin a une réaction acide, due à divers acides libres et à du bitartrate de potasse. La proportion d'acide diminue à mesure que la maturité avance ; quand on cueille le raisin un peu vert, cette proportion est très élevée et peut atteindre l'équivalent de 8 à 10 gr. d'acide sulfurique par litre. Lorsqu'au contraire la maturité est très avancée, l'acidité diminue considérablement ; elle n'est souvent que dans une proportion correspondant à 2 ou 3 gr. d'acide sulfurique par litre. Les vins, pour avoir toutes leurs qualités sapides, doivent contenir une proportion d'acide qui varie entre 3 et 5 gr. par litre. Quand il y en a davantage, les vins sont trop verts, ils ont une âpreté qui déplaît au palais et les classe parmi les vins de qualité inférieure. Quand, au contraire, la proportion d'acide est très minime, les vins deviennent plats et sont également dépréciés. Il y a donc intérêt à faire la vendange à un degré de la maturité où la proportion d'acide dans le moût correspond à peu près à la nature du vin qu'on veut obtenir.

Mais ce n'est pas seulement à ce point de vue que l'acidité, ou le degré de maturité du raisin, joue un rôle important. L'acide intervient dans la fermentation, d'une manière très effective ; la levure, de bière ne craint pas les milieux acides, tels que les moûts de raisins plus ou moins mûrs ; on peut même dire qu'elle se plaît dans des moûts ayant plus de verdeur. Il n'en est pas de même de la plupart des organismes de maladies, et principalement de celles qui sont causées par des bactéries. Ces organismes se développent difficilement dans des milieux notablement acides ; ils se complaisent, au contraire, dans ceux dont l'acidité est très faible. La proportion d'acide contenu dans le moût peut donc influer, d'une manière sensible, sur la vinification. En général, on cherche à laisser la maturité arriver à ses dernières limites, dans la pensée, exacte d'ailleurs, que le raisin continue à s'enrichir en sucre et donne ainsi des vins plus alcooliques. Dans les climats tempérés, cette manière de procéder est tout à fait judicieuse, car la maturité s'y achève difficilement et reste souvent même incomplète. Il existe donc toujours assez d'acide dans le raisin pour que les vins en renferment en suffisance et l'on gagne, par ce retard, de la richesse saccharine et, par suite, de la force alcoolique, souvent même plus de finesse et de bouquet. Mais, dans les régions plus chaudes, comme le Midi de la France, l'Algérie et la Tunisie, la maturation est hâtive et peut se compléter à un moment où les journées, très chaudes, maintiennent encore la vigne dans toute sa végétation. Il arrive alors que, lorsqu'on laisse passer une certaine période, l'acide tend à diminuer dans le raisin, pendant que le sucre continue à s'y accumuler. En vendangeant tardivement, on peut donc espérer obtenir des vins un peu plus riches en alcool, peut-être aussi de plus de couleur, mais avec une proportion d'acide si faible que des fermentations bactériennes peuvent survenir et rendre le vin défectueux. Mais, même quand la fermentation a été normale, ces vins sont quelquefois plats et de mauvaise conservation.

Au point de vue de la qualité des vins, aussi bien qu'à celui d'une fermentation normale et d'une bonne conservation, il y a donc intérêt à étudier de très près l'acidité du raisin, afin de parer aux inconvénients qui résulteraient ou d'un excès ou, surtout, d'une insuffisance.

Le Roussillon, où nous avons établi le centre de nos observations, se trouve précisément placé dans des conditions telles que les diverses considérations que nous venons de développer y trouvent leur application au plus haut degré, et les études que nous avons faites ont eu pour but de préciser les points sur lesquels nous venons d'appeler l'attention et de fournir ainsi des données positives, destinées à remplacer des appréciations vagues ou erronées.

Variations de la température du raisin avec la température de l'air ambiant.

Nous avons suivi, pendant les vendanges de 1894, dans le domaine de Mas-Déous (Pyrénées-Orientales), l'influence de la température de l'atmosphère sur celle de la vendange, en notant à différentes heures de la journée, la température de l'air prise à l'ombre, et celle du raisin apporté dans les comportes. Les raisins, d'ailleurs, avant la cueillette, se trouvent, en majeure partie, garantis par un système foliacé vigoureux, de l'action directe des rayons solaires.

Dans une étude antérieure [1], j'ai montré que les raisins ombragés par les feuilles avaient une température peu différente de celle de

---

1. *Annales agronomiques,* t. XVII, p. 529.

l'air ambiant, quoique généralement un peu plus élevée, dans la journée, mais que, quand le soleil les frappait directement, ils pouvaient s'échauffer au point d'atteindre une température dépassant de plus de 13° celle de l'atmosphère ambiante.

Dans le Roussillon, où les fortes chaleurs persistent encore à l'époque des vendanges, un grand intérêt s'attache donc à ces déterminations, puisque la température à laquelle on récolte le raisin est une des principales causes de la défectuosité des fermentations.

Voici les résultats de ces observations : Les 3, 4, 5 et 6 septembre, on a effectué la vendange de l'alicante-bouschet. On a noté, aux mêmes moments, à différentes heures de la journée, la température de l'air, celle de la vendange, l'état du ciel, la direction et l'intensité du vent ; les observations sont consignées dans le tableau suivant :

DATES.	HEURES.		TEMPÉRATURES		ÉTAT DU CIEL.	VENT.
			de l'air.	de la ven-dange.		
3 sept.	Matin.	6ʰ 1/2	20° 5	19° 6	Soleil.	Léger vent d'Espagne.
		10	26 8	27 5	—	—
	Soir. .	1 1/2	31 2	29 6	Couvert.	—
		2 1/2	31 0	30 8	—	—
		3 1/2	30 5	30 3	—	—
		4 1/2	26 5	30 0	Soleil.	—
		6 3/4	25 0	24 5	Couvert.	—
4 sept.	Matin.	6 3/4	19 5	15 5	—	Temps calme.
		7 3/4	21 8	21 3	—	—
		8 3/4	25 2	25 4	Soleil.	Léger vent de mer.
		9 3/4	26 2	27 6	—	—
	Soir. .	1 1/2	26 5	25 8	Couvert.	Léger vent d'Espagne.
						—
		2 1/2	24 4	24 0	—	Légère pluie entre 2ʰ1/4 et 3ʰ1/2.
		4 1/2	23 3	22 5	—	Léger vent nord-ouest.
		6	22 0	21 0	—	—
5 sept.	Matin.	8 1/4	19 5	18 0	—	—
		9 1/4	20 7	19 8	—	—
6 sept.	Soir. .	2 1/2	17 2	18 3	Soleil caché par instants.	—
		3 1/2	17 0	18 0	—	—
		4 1/2	16 5	18 0	—	—

La vendange a été interrompue, du 6 au 11 septembre, pour laisser la maturation de l'aramon se compléter.

A partir du 11 septembre, on a procédé, sans interruption, à la vendange de ce cépage ; elle a duré quatre jours, soit du 11 au 14 septembre inclus ; voici les observations effectuées sur la température de l'air et sur celle de la vendange :

DATES.	HEURES.	TEMPÉRATURES		ÉTAT DU CIEL.	VENT.
		de l'air.	de la vendange.		
11 sept. Matin.	8ʰ	17° 0	16° 2	. Soleil.	Léger vent d'Espagne.
	2	25 5	24 5	Couvert.	—
12 sept. Soir. .	3	25 0	24 2	—	—
	4	24 9	23 8	—	—
13 sept. Matin.	9 1/2	25 0	25 7	Soleil.	—
	10 1/2	25 5	27 0	—	—
	1 1/2	26 5	27 8	—	Léger vent de mer.
Soir. .	2 1/2	26 0	27 1	—	—
	3 1/2	25 6	24 5	—	—

Le 15 septembre, on a commencé la vendange du carignan ; elle a duré jusqu'à la fin du mois.

Voici les observations concernant les températures comparées de l'air et de la vendange :

DATES.	HEURES.	TEMPÉRATURES		ÉTAT DU CIEL.	VENT.
		de l'air.	de la ven-dange.		
15 sept. (Matin. (Soir. .	8h 1/2	18° 0	19° 0	Soleil parfois caché.	Léger vent du nord.
	9 1/2	20 0	20 5	—	—
	4 1/2	19 5	19 5	—	—
	5 1/2	18 0	17 5	—	—
17 sept. (Matin. (Soir. .	7	17 0	16 5	—	Temps calme.
	8 1/4	19 7	20 5	Soleil.	Très léger vent du nord.
	9 1/4	21 8	23 0	—	—
	10 1/2	22 75	26 5	—	—
	4	24 0	25 0	—	Léger vent d'Espagne.
	5 1/2	20 0	22 5	—	—
18 sept. (Matin. (Soir. .	7 1/4	18 5	20 8	—	Temps calme.
	9 1/2	22 0	25 7	—	—
	10 1/2	23 5	27 5	—	—
	3	24 75	26 75	—	—
	4	23 5	26 0	—	—

Il ressort de ces observations que, dans cette région, où la disposition de la taille en corbeille préserve la majeure partie du raisin de l'action directe des rayons solaires, la température de la vendange est très voisine de la température de l'air ; cependant il existe quelques différences assez constantes, suivant les heures de la journée et l'état du ciel.

. Le matin, au commencement de la vendange, nous voyons, d'une façon régulière, la température du raisin relativement basse et inférieure à celle de l'air, ce qui ne doit point étonner, car l'abaissement de la température pendant la nuit ayant refroidi le raisin, celui-ci ne s'échauffe que graduellement, après le lever du soleil, alors que l'air s'échauffe plus vite. Il faut, en général, une à deux heures pour que l'équilibre s'établisse. Quand le temps est couvert, cet équilibre est plus lentement atteint, quand, au contraire, il y a du soleil, en moins de temps la température de la vendange atteint celle de l'air et arrive à la dépasser. Plus tard, vers le milieu de la journée, nous voyons, presque toujours, la température du raisin sensiblement supérieure à celle de l'air, lorsqu'il y a du soleil, assez voisine seulement, lorsque le ciel est couvert.

Vers le soir, la température de la vendange est ordinairement un peu inférieure à celle de l'air.

Quant au vent, il paraît exercer une certaine influence, abaissant légèrement la température lorsqu'il souffle du nord-ouest et que par suite il est sec; il peut déterminer une légère évaporation à la surface des grains de raisins et produire ainsi un refroidissement. Le vent de mer et le vent d'Espagne sont, au contraire, chargés d'humidité et ne sauraient activer l'évaporation ; aussi ne paraissent-ils avoir aucune influence sur l'abaissement de température de la vendange.

En 1894 la vendange a été plutôt tardive que hâtive, puisque, les cépages précoces étant mis à part, c'est entre le 10 et le 30 septembre que s'est faite la grosse vendange. D'un autre côté, cette même année, le mois de septembre a été relativement frais et les journées chaudes ont été rares. Mais cette condition n'est pas toujours remplie et, souvent, il fait très chaud à l'époque de la vendange. Les résultats que nous venons d'exposer, et qui se rapportent à une année où les chaleurs n'ont pas été très fortes, eussent été beaucoup plus accentués, s'ils avaient été obtenus pendant une année particulièrement chaude, et les considérations qui en découlent eussent été encore plus frappantes.

Ce qu'il faut surtout retenir de ces observations, c'est l'abaissement de la température de la vendange le matin et le soir, son élévation aux heures qui correspondent au milieu de la journée. On ne peut pas, en effet, choisir les journées fraîches pour opérer la vendange ; celle-ci doit être faite lorsque le point de maturité est satisfaisant ; elle doit alors être continuée le plus activement possible, dans le but de soustraire le raisin à l'action des intempéries qui peuvent survenir.

Mais on peut faire la cueillette aux heures les plus fraîches de la journée, et éviter ainsi que la vendange n'arrive au cuvier avec une température pouvant provoquer une fermentation défectueuse. En effet, dans la saison où se fait la vendange, dans ces régions méridionales, c'est-à-dire en moyenne entre le 1er et le 25 septembre, les jours sont encore longs et, à 5 heures du matin, il fait assez clair pour qu'on puisse travailler dans la vigne, et même après le coucher du soleil, jusque vers sept heures du soir, elle pourrait encore se continuer. Si la cueillette était effectuée de 5 heures 1/2 à 10 heures du matin et de 3 heures à 6 heures 1/2 du soir, on éviterait les heures les plus chaudes de la journée et la vendange arriverait relativement fraîche au fouloir. Si l'on opérait ainsi, on se garantirait certainement, en grande partie, des fermentations défectueuses, qui sont si fréquentes dans le midi de la France et plus encore en Algérie et en Tunisie. Pour ces deux derniers pays, on a conseillé, depuis longtemps, de vendanger une partie de la nuit ; c'est là une pratique qu'on ne saurait trop recommander.

Voyons comment ces idées pourraient être appliquées dans le Roussillon, que nous considérons ici :

A l'heure actuelle, les vendangeurs se rendent dans la vigne à 6 heures 1/2 du matin ; la cueillette ne commence réellement qu'à 6 heures 3/4. Le travail est interrompu de 9 heures à 10 heures (repos), de 11 heures 1/2 à 1 heure (déjeuner), puis de 3 heures à 3 heures 1/2. La journée finit à 5 heures 3/4, dure donc en réalité 11 heures, dont 2 heures 1/2 à 3 heures de repos, et 8 heures de travail effectif. Quelques-unes de ces interruptions ont précisément lieu au moment de la journée où la température est peu élevée et où l'on devrait se hâter de cueillir le raisin.

Si les propriétaires pouvaient obtenir du personnel employé à la vendange, sans exiger de celui-ci un plus long travail, que les heures de repos soient modifiées et surtout que l'on mette à profit la fraîcheur du matin et celle du soir, il en résulterait un grand avantage pour la qualité des vins. Si, par exemple, la vendange se faisait de 5 heures 1/2 à 10 heures 1/2 du matin et de 3 heures 1/2 à 6 heures 1/2 du soir, on éviterait l'échauffement du raisin, et les vendangeurs eux-mêmes n'auraient pas à souffrir de la forte chaleur du milieu de la journée. Mais de pareilles modifications dans les habitudes d'un pays sont difficiles à introduire, car les populations restent attachées aux usages, quelquefois même quand ceux-ci peuvent être préjudiciables à leurs propres intérêts ; il est à désirer que les viticulteurs réussissent à obtenir ces modifications, qui ne sauraient porter aucun préjudice aux travailleurs.

Influence de la température initiale de la vendange sur l'échauffement des moûts en fermentation.

Nous venons de voir comment la température ambiante agit sur celle du raisin. Étant donné que celui-ci est amené au vendangeoir avec des températures différentes, cherchons comment celles-ci influent sur les conditions de la fermentation.

Nous avons suivi la marche de la fermentation dans différents foudres, d'une capacité de 375 hectolitres, remplis d'une vendange dont la température avait été mesurée, et nous avons examiné la rapidité de la fermentation et l'élévation de la température qui en est la conséquence.

Foudre n° 1, rempli du 3 au 4 septembre, à 5 heures du soir.

Température moyenne de la vendange : 25° 2.
Température de la cave : 19° à 20°.

DATES.		HEURES.	TEMPÉRATURES DU MOUT.
5 septembre	Matin.	9h 3/4	29° 0 après 16 heures 3/4
	Soir .	1 1/2	30 0 — 20 — 1/2
		3 1/2	30 5 — 22 — 1/2
6 —	Matin.	9 3/4	34 5 — 40 — 3/4
	Soir .	4	35 0 — 47 —
7 —	Matin.	8	37 5 — 63 —
		10	39 0 — 65 —
	Soir .	6	39 0 — 73 —
8 —	Soir .	6	39 0 — 97 —
9 —	Matin.	10	38 0 — 113 —
10 —	Soir .	9	35 0 — 136 —

Foudre n° 2, rempli du 5 au 6 septembre, à 11 heures du matin.

Température moyenne de la vendange : 22° 1.
Température de la cave : 19° à 20°.

DATES.		HEURES.	TEMPÉRATURES DU MOUT.
6 septembre	Soir .	4h	21° 8 après 5 heures
7 —	Matin.	8	27 0 — 21 —
		10	27 3 — 23 —
	Soir .	4	28 0 — 29 —
		6	28 5 — 31 —
8 —	Matin.	7	34 0 — 44 —
	Soir .	6	35 0 — 55 —
9 —	Matin.	10 1/2	36 0 — 71 — 1/2
11 —	Soir .	3	35 0 — 124 —

Foudre n° 4, rempli du 11 au 13 septembre, à 6 heures du soir.

Température moyenne de la vendange : 26°.
Température de la cave : 19° à 21°.

DATES.		HEURES.	TEMPÉRATURES DU MOUT.				
14 septembre . .	Soir .	5^h	32° 5	après 23 heures			
15 — . .	Matin.	9 1/2	37 0	—	39	—	1/2
	Soir .	2	38 0	—	44	—	
		5	39 5	—	47	—	
16 — . .	Matin.	7	39 5	—	61	—	
17 — . .	Soir .	2	38 0	—	92	—	
18 — . .	Matin.	10	34 5	—	112	—	
19 — . .	Matin.	10	32 75	—	136	—	
	Soir .	4	32 5	—	142	—	
20 — . .	Matin.	9	32 0	—	159	—	
	Soir .	5	31 75	—	167	—	
21 — . .	Matin.	9 1/2 (soutirage)	31 75	—	183	—	1/2

Foudre n° 6 rempli du 16 au 17 septembre à 2 heures du soir.

Température moyenne de la vendange : 20°4.
Température de la cave : 19° à 21°.

DATES.		HEURES.	TEMPÉRATURES DU MOUT.				
18 septembre . .	Soir .	2^h	29° 0	après 24 heures			
		3	29 0	—	25	—	
19 — . .	Matin.	10	31 5	—	44	—	
		12 1/2	33 0	—	46	—	1/2
	Soir .	3	33 0	—	49	—	
20 — . .	Matin.	9	35 75	—	67	—	
	Soir .	5	35 75	—	75	—	
21 — . .	Matin.	9 1/2	35 75	—	91	—	1/2

Foudre n° 7 rempli du 17 au 18 septembre à 3 heures du soir.

Température moyenne de la vendange : 24°7.
Température de la cave : 19° à 21°.

DATES.		HEURES.	TEMPÉRATURES DU MOUT.			
19 septembre . .	Matin.	10^h	27° 0	après 19 heures		
	Soir .	3 1/2 à 6	28 5	—	24 1/2 à 27	
20 — . .	Matin.	9	32 0	—	42	
	Soir .	1 1/2 à 3	33 0	—	46 1/2 à 48	
		5	34 25	—	50	
21 — . .	Matin.	9 1/2	37 5	—	65 5	

Nous voyons très nettement, par ces résultats, quelle est l'influence du degré d'échauffement de la vendange sur la température maxima atteinte pendant la fermentation. En résumant les observations précédentes, nous avons :

TEMPÉRATURE moyenne initiale de la vendange.	TEMPÉRATURE maxima de la fermentation.
20° 4	35° 75
22 1	36 0
24 7	37 5
25 2	39 0
26 0	39 5

On voit par là l'importance que présente une température relativement basse de la vendange, puisque c'est elle qui empêche le moût de s'échauffer à un degré auquel la fermentation alcoolique est entravée, auquel, au contraire, les ferments de maladie tendent à se développer.

On voit, d'ailleurs, que lorsque la température initiale est plus élevée, le maximum de la température peut être atteint en 48 heures, alors que, pour une température initiale de la vendange de 3 ou 4 degrés de moins, ce temps est augmenté d'un tiers.

A partir du moment où le degré le plus élevé est atteint, on peut regarder la plus grande partie du sucre comme détruite, la température va alors s'abaissant graduellement, par suite du rayonnement extérieur, quoique les petites quantités de sucre qui restent continuent encore à se transformer.

Mais, en général, dans les pays à température élevée, la fermentation tumultueuse est achevée en peu de jours, tout au moins pour les vins ordinaires d'un degré alcoolique moyen, tandis que, dans les pays plus froids, elle se continue pendant beaucoup plus de temps.

Les résultats que nous venons de faire connaître seraient encore plus frappants, s'ils avaient été obtenus pendant un de ces automnes très chauds, comme on en voit fréquemment dans le Roussillon. Ils suffisent cependant pour appeler l'attention des viticulteurs sur l'importance, pour la qualité de leurs vins, de vendanges faites à des heures de la journée où le raisin n'est pas trop échauffé par le soleil.

Influence de la dimension des foudres.

Pendant la fermentation, les foudres s'échauffent bien au delà de la température ambiante et, quoique le bois soit mauvais conducteur de la chaleur, ils perdent, par le rayonnement de leur surface extérieure, une quantité de chaleur d'autant plus élevée que leur température est en excès sur celle du milieu ambiant. Mais ce refroidissement n'est pas seulement fonction de cet excès de température, il est fonction également de la surface des foudres. Or cette surface, pour un volume donné, est d'autant plus grande, que les vases vinaires sont plus petits. On doit donc s'attendre à avoir un refroidissement plus rapide dans les foudres de faible dimension et cela, non seulement à cause de la surface extérieure plus grande, mais aussi à cause de l'épaisseur des douves, qui diminue avec la capacité des réservoirs, et que la chaleur traverse alors moins difficilement.

Ainsi deux foudres d'alicante, remplis de la même vendange, l'un de 375 hectolitres et l'autre de 80 hectolitres seulement, placés dans la même cave, à une température constante de 20°, ont marqué, au même moment, dans la période de refroidissement qui a suivi la fermentation :

Le foudre de 375 hectolitres, 31°8 ;
Le foudre de 80 hectolitres, 28°5.

Il y aurait donc un intérêt sensible à opérer la cuvaison dans des récipients relativement petits. Mais, dans les exploitations d'une certaine importance, cette condition est à peu près impossible à réaliser, parce qu'elle obligerait à augmenter considérablement les dimensions des caves.

Influence de l'aération des moûts sur la température de la fermentation.

Les procédés artificiels de refroidissement de la vendange et des moûts ne paraissent pas encore avoir abouti à des résultats pratiques. Nous ne parlerons que d'un seul que nous avons essayé, parce qu'il se rattache à une pratique, très usitée depuis quelques années, qui consiste à mettre les moûts, pendant un court instant, au contact de l'air, afin de permettre à l'oxygène de s'introduire dans leur masse et de favoriser la multiplication des cellules. On sait, en effet, par les travaux de M. Pasteur, qu'en présence de l'oxygène libre, cette multiplication et la fermentation qui en est la conséquence sont notablement activées.

L'aération se pratique dès le début de la fermentation, c'est-à-dire un jour ou deux après que les foudres ont reçu la vendange.

La méthode la plus répandue consiste à laisser le moût s'écouler à la partie inférieure du foudre, s'étaler sur une dalle et se rendre dans une cuve, d'où on le remonte ensuite à l'aide d'une pompe.

Cette aération donne, dans certains cas, de bons résultats ; on compte aussi sur elle pour refroidir quelque peu les moûts, dont la température est devenue trop élevée. Les essais que nous avons faits pour vérifier cette dernière assertion, n'ont pas montré une action sensible sous ce rapport. Voici comment nous avons opéré : Le moût s'écoulait par le robinet placé à la partie inférieure du foudre et se rendait sur un tamis, de 50 centimètres de diamètre, destiné à retenir les grains et à diviser le liquide. Celui-ci tombait sur une dalle de 60 centimètres de largeur et de $1^m,20$ de longueur, sur laquelle il s'étalait en nappe mince, avant de se rendre dans une petite cuve d'environ 6 hectolitres, d'où il était remonté au fur et à mesure, à l'aide d'une pompe, dans le même foudre. Cette pompe débitait environ 1 hectolitre par minute ; en continuant l'opération pendant trois heures, on pouvait estimer que presque tout le moût avait été ainsi mis au contact de l'air.

Les moûts, dont la température était assez élevée, ainsi étalés pendant un court instant sur une surface libre, émettaient d'abondantes vapeurs, non seulement d'eau, mais aussi d'alcool, qu'on reconnaissait facilement à l'odeur vineuse qui remplissait la cave. Il en résultait certainement une perte d'alcool, peu élevée sans doute, mais cependant encore sensible. Cette évaporation devait contribuer au refroidissement du moût, autant et plus que le contact si court avec l'air.

Mais, comme nous allons le voir, ce refroidissement peut être considéré comme nul et l'on ne peut pas compter sur lui pour ramener, à une température plus favorable à la fermentation, les moûts qui ont une tendance à trop s'échauffer. Nous donnons quelques chiffres, pour montrer qu'après l'aération du foudre, pratiquée comme nous l'avons dit, sa température ne s'est pas abaissée.

5 septembre. Foudre rempli le 4 septembre (alicante).

Température du moût au début de l'aération.		30°
—	— après 2 heures d'aération	30
—	de la cave	20 5

7 septembre. Même foudre.

Température du moût au début de l'aération.		39°
—	— après 2 heures d'aération	39
—	de la cave	20

7 septembre. Foudre rempli le 6 septembre (alicante).

L'aération se fait avec des interruptions : on aère de 10 heures 1/4 à 11 heures, de 2 heures 1/4 à 3 heures et de 4 heures à 6 heures, soit pendant 3 heures 1/4, en totalité.

Voici les températures du moût :

Au début de l'aération, à 10ʰ 1/4	27° 3
à 2 1/4	27 3
à 4	28
à 5	28 5
à 6	28 5
Température de la cave	20 5

Il n'y a donc eu aucun refroidissement, la température s'est au contraire un peu élevée, sous l'influence de la fermentation.

11 septembre. Même foudre.

Température du moût au début de l'aération.		35°
—	— après 3 heures d'aération	35
—	de la cave	20

15 septembre. Foudre rempli le 13 septembre (aramon).

Température du moût au début de l'aération		38° 75
—	— après 1ʰ 1/2 d'aération	39 5
—	— après 3 heures d'aération . . .	39 5
—	de la cave.	20

17 septembre. Même foudre.

Température du moût au début de l'aération.	38°
— — après 3 heures d'aération	33
— de la cave	20

17 septembre. Foudre rempli le 14 septembre (aramon).

Température du moût au début de l'aération.	28° 75
— — après 2 heures d'aération . . .	29 5
— — après 3 heures d'aération . . .	29 5
— de la cave	19 5

19 septembre. Foudre rempli le 18 septembre (carignan).

Température du moût au début de l'aération	27°
— — après 3ʰ 1/2 d'aération	28 5
— de la cave	21

20 septembre. Même foudre.

Température du moût au début de l'aération.	33°
— — après 2ʰ 1/2 d'aération	34 25
— de la cave	21

Ces chiffres montrent qu'il ne faut pas compter sur l'aération, pratiquée comme nous l'avons dit plus haut, pour abaisser la température de la fermentation. Le contact avec un air plus froid est évidemment trop court et l'évaporation de l'eau trop peu abondante, pour qu'on puisse constater un refroidissement du moût. Tout au contraire, la fermentation, activée, tend à élever la température.

Si l'on voulait obtenir le refroidissement, en même temps que l'aération, il faudrait donc opérer différemment, en faisant, par exemple, traverser au moût des tuyaux ou des espaces lenticulaires refroidis, comme dans un appareil proposé par M. Roos.

Quant à la pratique de l'aération, en vue de l'oxygénation des moûts, elle nous semble devoir être maintenue, la fermentation et la clarification subséquente du vin paraissant être favorablement impressionnées par cette opération.

Influence de l'acidité des moûts sur la fermentation.

Nous avons dit plus haut que le raisin doit contenir une certaine quantité d'acide pour donner un vin ayant toutes ses qualités. L'acide malique, l'acide tartrique et le bitartrate de potasse sont les substances auxquelles il faut surtout attribuer cette acidité. Quand les raisins sont encore verts, la proportion d'acide tartrique est très élevée ; elle disparaît graduellement à mesure que la maturité avance et, lorsque celle-ci est complète, l'acidité totale est assez faible pour ne plus impressionner désagréablement le palais. Quand on laisse le raisin sur pieds au delà de la limite normale de la maturation, la tendance à la diminution de l'acidité continue à se manifester et il peut arriver un moment où sa proportion n'est plus suffisante pour les besoins d'une bonne fabrication du vin.

Dans le Midi, il arrive souvent qu'on ne cueille le raisin qu'à un degré de maturité assez avancé et l'usage s'est introduit, dans beaucoup de celliers, d'ajouter à la vendange une certaine quantité d'acide tartrique, généralement comprise entre 20 gr. et 60 gr. par hectolitre. On admet que cette addition favorise la fermentation, aide à la clarification du vin, auquel elle donne du brillant. Elle se fait empiriquement, sans que le viticulteur cherche à s'assurer si le raisin contient naturellement peu ou beaucoup d'acide ; c'est une pratique qui est devenue courante et qu'on applique sans la raisonner. Dans le même ordre d'idées se faisait le plâtrage, qui augmente, par une réaction assez complexe, l'acidité du vin et qui favorise ainsi sa fermentation et sa clarification.

Dans le cas où le raisin est trop mûr, une addition d'acide à la vendange ne peut avoir que de bons effets, mais lorsqu'on récolte à une maturité moins avancée et qu'il reste assez d'acide dans le moût, cette addition devient inutile ou pourrait même être nuisible. Il y aurait grand intérêt, pour le viticulteur, à suivre pas à pas la diminution de l'acide et l'augmentation du sucre dans le raisin, afin de déterminer le moment le plus opportun pour la vendange. La détermination approximative du sucre est une opération relativement facile, puisqu'elle peut se faire par une simple observation au densimètre, plongé dans le moût. Mais la détermination de l'acide demande un titrage acidimétrique, qui n'est pas à la portée de tous.

On exprime le plus souvent le degré d'acidité par rapport à l'acide sulfurique monohydraté; c'est là une simple convention destinée à permettre les comparaisons. Il est plus rationnel, et on le fait souvent aussi, d'exprimer l'acidité en un poids d'acide tartrique, par litre de moût ou de vin, quoique, en réalité, l'acidité ne soit pas due à de l'acide tartrique libre. Chaque fois qu'on exprime ces quantités, il est indispensable de spécifier si c'est en acide sulfurique ou en acide tartrique qu'on les a chiffrées.

L'acidité des raisins n'est pas précisément inverse de la richesse saccharine et on voit fréquemment, sur le même cépage, une teneur en sucre assez faible, avec une acidité faible également, ou une teneur en sucre plus forte, avec une plus forte acidité. L'individualité des souches, le degré de maturité, la situation du vignoble, l'exposition, sont autant de facteurs qui interviennent sous ce rapport. Voici quelques exemples :

	DENSITÉS à 15°.	ACIDITÉ par litre exprimée	
		en acide sulfurique.	en acide tartrique.
Alicante-bouschet.	11,9	6^{gr},64	10^{gr},16
	11,4	6 ,00	9 ,16
	10,9	8 ,05	12 ,32
	10,5	6 ,70	10 ,25
	10,4	8 ,19	12 ,53
	10,0	4 ,30	6 ,58
Aramon.	12,7	7 ,34	11 ,23
	12,4	6 ,48	9 ,91
	10,9	5 ,80	8 ,87
Carignan	12,7	6 ,25	9 ,56
	12,4	5 ,95	9 ,10
	12,2	5 ,80	8 ,87
	12,4	6 ,43	9 ,84

Ces exemples montrent qu'il n'y a pas toujours une relation inverse entre la proportion du sucre et celle de l'acide.

En général, les quantités d'acide que nous venons d'indiquer sont élevées et dépassent sensiblement la moyenne. C'est avec intention qu'on a fait la vendange à un moment où cette acidité était encore assez forte, dans la pensée que la fermentation s'effectuerait dans de meilleures conditions et que les vins auraient plus de qualité. Il en a été ainsi en réalité et, sans qu'on eût besoin d'ajouter de l'acide tartrique, comme on le fait généralement dans les Pyrénées-Orientales, les vins se sont trouvés nerveux et brillants.

Il ne faut donc pas craindre, dans ces régions, de faire la vendange avec une acidité un peu forte, qui est loin de nuire à la qualité des vins. Si la maturité est dépassée, on ne gagne pas, en richesse alcoolique, ce qu'on perd en bonne tenue des vins. D'ailleurs, cette acidité un peu forte du début ne persiste pas, ce qui la diminue surtout, c'est la précipitation du bitartrate de potasse. Aussi, la proportion d'acide qui était, dans le moût, de $6^{gr},5$ environ par litre (en acide sulfurique), n'était-elle plus, quatre mois après, que de $3^{gr},85$.

Au point de vue de l'effet de la proportion d'acide sur la fermentation, nous pouvons citer des exemples pris dans des observations faites en 1893 et en 1894.

Nous avons vu qu'en 1894, la fermentation des vins s'est effectuée dans les conditions les plus satisfaisantes, quoique la température des moûts se fût élevée jusqu'à $39°5$; la disparition du sucre a été à peu près totale, huit ou dix jours après la vendange ; les vins se sont clarifiés rapidement, aucun indice de maladies ne s'y est manifesté.

Il convient cependant de dire que le sucre n'a pas entièrement disparu et que, quatre mois après le soutirage, il y en avait encore $5^{gr},6$ par litre. Dans une fermentation irréprochable, on n'aurait pas dû en retrouver autant, et c'est encore l'élévation de la température que l'on doit accuser de cette fermentation incomplète qui, sans avoir d'influence sensible sur la qualité du vin, peut l'exposer cependant à des altérations ultérieures.

En 1893, la maturité avait été plus complète, et les moûts avaient un degré d'acidité bien moindre, qui était en moyenne de $3^{gr},5$ d'acide par litre, exprimé en acide sulfurique, soit $5^{gr},35$ en acide tartrique. Quoiqu'on ait ajouté à la vendange 30 gr. d'acide tartrique par hectolitre, ce qui portait l'acidité des moûts à $5^{gr},65$ d'acide tartrique par litre, et que la température de la fermentation n'eût pas dépassé

39°5, les vins ont en général fermenté d'une façon défectueuse, sont restés louches et douçâtres ; quelques foudres même ont éprouvé la fermentation mannitique, qui a causé, cette même année, de si grands désastres dans toute la région. Ce sont précisément les foudres qui ont reçu la vendange la plus mûre et la moins acide, qui ont été les plus fortement atteints. C'est surtout sur les carignans qu'ont sévi les maladies ; en effet, les alicantes-bouschets et les aramons, récoltés plus tôt, avaient une acidité normale.

Entre ces deux années qui ont donné, au point de vue de la fermentation et de la qualité des vins, des résultats si dissemblables, on ne constate de différences frappantes que dans la proportion d'acide.

Si nous ne considérons que les carignans, nous avons :

	ACIDITÉ MOYENNE par litre exprimée		
	en acide sulfurique.	en acide tartrique.	
1893. . . .	$3^{gr},5$	$5^{gr},35$	fermentation très défectueuse.
1894. . . .	6 ,3	9 ,64	— bonne.

Un grand intérêt s'attache donc à la détermination de la proportion d'acide contenu dans le raisin, à l'époque de la fermentation.

On cherche bien, par l'addition d'une certaine quantité d'acide tartrique, à parer aux inconvénients d'une maturité trop complète.

Examinons cette addition d'acide et voyons dans quelle mesure elle peut intervenir.

C'est ordinairement à la dose de 30 à 60 gr. par hectolitre, rarement plus, qu'on ajoute l'acide tartrique. C'est là une très faible quantité et nous verrons, par le calcul, qu'elle est insuffisante pour élever l'acidité naturelle des moûts d'une manière appréciable. Supposons, en effet, des moûts comme ceux de 1893, avec une acidité de $3^{gr},5$ en acide sulfurique, soit $5^{gr},35$ en acide tartrique, par litre. L'addition de 30 gr. d'acide tartrique par hectolitre fera passer l'acidité à $5^{gr},65$ d'acide tartrique par litre. On voit que cette augmentation est tellement minime qu'on peut la regarder comme insignifiante et une addition d'acide tartrique, dans cette proportion, ne saurait corriger un moût dont l'acidité est trop faible naturellement. Pour ramener celle-ci au degré d'acidité que possédaient les moûts de 1894, ce n'est pas de 30 à 60 gr. d'acide tartrique qu'il eût fallu ajouter par hectolitre, mais bien 430 gr. Une semblable addition ne saurait être conseillée ; le prix de l'acide tartrique étant d'ailleurs d'environ 2 fr. 50 c. le kilogr., cette addition occasionnerait une dépense de 1 fr. 10 c. par hectolitre, ce qui élèverait sensiblement le prix de revient de ces vins, se vendant actuellement entre 8 et 16 fr. l'hectolitre. D'ailleurs, tout l'acide ajouté ne reste pas acquis au vin ; une notable partie se précipite sous forme de bitartrate de potasse, ce qui fait que les chiffres représentant l'acide à ajouter et la dépense à faire devraient encore être augmentés. Il est donc plus rationnel de surveiller la maturation du raisin et de faire les vendanges à un moment où il y a encore assez d'acide pour que la fermentation alcoolique se fasse dans de bonnes conditions et pour que les vins aient toutes leurs qualités de fermeté et de brillant.

Influence de la propreté du matériel vinaire sur la qualité du vin.

Une des causes qui influent le plus défavorablement sur la qualité des vins du Roussillon, c'est le peu de soins apportés à la propreté du matériel vinaire, surtout dans la petite culture.

On ne saurait assez insister sur ce point, et nous croyons devoir donner ici la marche que nous avons suivie pour assurer la vendange contre les inconvénients résultant de la malpropreté.

Aussitôt cueilli, le raisin est placé dans des paniers en fer-blanc, que chaque vendangeur porte à la main, puis versé dans les comportes de 100 litres de capacité, en bois de chêne, de châtaignier ou même de sapin ; c'est à l'aide de ces comportes que le raisin est transporté au cuvier.

Par leur nature même, les paniers sont d'un nettoyage facile ; il suffit d'y passer de l'eau. Les comportes, au contraire, dans lesquelles le raisin est partiellement foulé à l'aide d'une *dame,* sont imprégnées de moût. Quand les vendanges sont terminées, les comportes sont remisées et leurs parois ne tardent pas à se couvrir de moisissures et de ferments de toutes sortes, et cela d'autant plus fa-

cilement qu'elles se trouvent dans un espace où l'aération est insuffisante et où la dessiccation est lente. Souvent une véritable pourriture se déclare dans les parties du bois les plus défectueuses, et
oblige ensuite à des réparations. Pour obvier à ces inconvénients, il
est nécessaire, à la fin des vendanges, de laver les comportes à l'eau,
en se servant d'une brosse de chiendent, pour détacher les parties
adhérentes. On les place alors dans un endroit qui ne soit pas trop
humide, comme, par exemple, le dessus des caves, en les retour-
nant de façon à ce que l'eau s'égoutte. A la vendange suivante, il
suffit de les remplir d'eau quelques jours avant l'emploi pour laisser
les bois se gonfler et les rendre étanches.

Mais, lorsque le nettoyage après la vendange n'a pas été effectué
convenablement, il faut, avant de se servir des comportes, les débarrasser des impuretés dont elles sont imprégnées et du mauvais goût
qu'elles ont contracté. Il faut alors procéder à des lavages à l'eau,
effectués à l'aide d'une brosse, et les remplir d'eau qu'on renouvelle
plusieurs fois. Souvent, il est prudent d'employer de l'eau chaude, ou
de l'eau contenant de 4 à 5 p. 100 de carbonate de soude, pour compléter le nettoyage ; quand on a employé ce sel, il faut le faire
suivre d'un ou deux rinçages à l'eau, d'un rinçage avec de l'eau contenant environ 1 p. 100 d'acide sulfurique et enfin d'un dernier rinçage à l'eau.

Nous devons faire remarquer que l'on voit, dans beaucoup d'exploitations, les vignerons se servir, pour la préparation de la bouillie
cuivrique, des comportes mêmes qui doivent servir ultérieurement à
la vendange et qu'on ne débarrasse pas suffisamment de la chaux
et de l'oxyde de cuivre qui y adhèrent fortement. On ne saurait trop
recommander de ne pas employer ces comportes, pour y mettre le
raisin, car l'acidité du moût dissout la chaux, qui est introduite dans
les foudres où se fait la fermentation.

Les foudres doivent être l'objet de soins plus grands encore.
Aussi longtemps qu'ils sont remplis de vin, ils se maintiennent sans
altération. Mais, lorsqu'ils sont vides et qu'ils ne sont pas suffisamment nettoyés, ils sont envahis d'abord par la fermentation acétique, puis par des bactéries, qui y déterminent une véritable pourriture des douves imprégnées de liquide. Lorsque les foudres ont

été vidés, on doit donc les rincer aussitôt avec de l'eau, pour faire sortir le plus possible le liquide vineux qui imprègne les parois ; ensuite, on les dessèche en passant sur celles-ci un linge sec. Cette opération terminée, on y fait brûler du soufre, 40 à 50 gr. suffisent pour un foudre de 300 à 400 hectolitres. Il est inutile de recourir à la mèche soufrée, qui se vend assez cher ; on peut prendre le soufre trituré, qu'on place dans un récipient en fer, qu'on allume et qu'on introduit par la porte en bouchant toutes les issues ; l'acide sulfureux, qui remplit l'atmosphère du foudre, préserve celui-ci. Mais, lorsque les foudres sont restés vides pendant assez longtemps, il est prudent, quelques jours avant la vendange, de faire un nouveau soufrage dans les mêmes conditions. Avant d'introduire le raisin, on chasse l'acide sulfureux en ouvrant la porte inférieure et la bonde supérieure, pour déterminer un courant d'air, puis on fait un rinçage, en jetant quelques seaux d'eau sur la paroi intérieure du foudre ; on fait écouler l'eau et on essuie au moyen d'un linge.

Mais, comme cela arrive trop souvent, quand les foudres n'ont pas été soignés après qu'ils ont été vidés, ils contractent un mauvais goût, surtout le goût de piqué, dû à une fermentation acétique, souvent aussi un goût de pourriture, attribuable à des fermentations bactériennes. Si l'on se servait de ces foudres sans un nettoyage préalable, le vin se trouverait notablement déprécié. Dans ce cas, un nettoyage complet s'impose. Il s'effectue le mieux avec une solution contenant 4 à 5 p. 100 de cristaux de soude, à l'aide de laquelle on lave les parois, en se servant d'une brosse en chiendent ou d'un balai. On détache ainsi de grandes quantités de matières boueuses d'une odeur nauséabonde, qu'on finit d'enlever par des rinçages subséquents à l'eau ; cette opération doit être suivie d'un autre rinçage, avec de l'eau contenant 1 p. 100 d'acide sulfurique, suivi lui-même d'un dernier rinçage à l'eau. Il est prudent, ces opérations terminées, avant de confier la vendange à ces foudres, d'y faire brûler encore du soufre, comme nous l'avons dit plus haut.

Les foudres doivent non seulement être propres à l'intérieur, ils doivent l'être également à l'extérieur. Dans la plupart des caves, on les voit couverts d'une couche grise de moisissures. Outre que celles-ci sont une cause de malpropreté de la cave, elles contribuent à mettre les foudres hors d'usage, par l'altération du bois. Il est pourtant facile de maintenir la propreté extérieure des foudres ; il suffit de les recouvrir, tous les deux ans, par exemple, d'une couche d'huile cuite ; sur les ferrures, on peut mettre du coaltar ; il faut faire précéder ce badigeonnage d'un nettoyage à la brosse. C'est surtout autour de la bonde que les foudres se dégradent ; c'est dans ces parties que les soins de propreté sont les plus nécessaires.

Les pressoirs, les pompes, les fouloirs et tous les appareils qui sont mis en contact avec la vendange, doivent être nettoyés de la même façon que les comportes et les foudres.

Influence du mélange de terre à la vendange.

Un point sur lequel on ne saurait trop appeler l'attention, c'est le mélange de la terre avec la vendange, à laquelle elle donne souvent un mauvais goût. Quand la terre est calcaire, il en résulte même de sérieux inconvénients, par la saturation des acides.

La terre est souvent apportée par le raisin lui-même, lorsque les grappes sont très rapprochées de la terre et qu'il survient des pluies avant la vendange. On a quelquefois l'habitude de placer, au-dessous des raisins qui se trouvent dans ces conditions, de petites fourches de bois destinées à les relever.

Mais la terre est introduite, plus fréquemment et plus abondamment, dans le travail de la vendange lui-même. C'est ainsi que les enfants chargés de tasser le raisin dans les comportes, à l'aide d'une sorte de maillet en bois emmanché au bout d'un bâton et désigné sous le nom de « dame », ont l'habitude de le poser à terre après chaque foulage. Le maillet étant imbibé de moût de raisin, la terre s'y attache, et, à chaque opération, une nouvelle quantité de celle-là est introduite dans la vendange. Ces foulages se répétant à plusieurs reprises pour chaque comporte, de notables quantités de terre se mélangent ainsi au raisin. On doit interdire aux enfants chargés de ce travail, de poser à terre le maillet dont ils se servent ; ils doivent le laisser sur la comporte même et, quand celle-ci est pleine, le mettre immédiatement dans une autre.

Une pratique qui introduit également de la terre, c'est l'habitude presque constante de mettre les comportes chargées de vendange les unes sur les autres, dans les charrettes qui les transportent au cuvier ; le rebord inférieur des comportes est souillé de terre, qui se colle au raisin sur lequel on le pose. Chaque nouveau chargement amène donc une introduction de terre. Il faudrait éviter cette superposition des comportes ou, tout au moins, quand le nombre des charrettes est insuffisant, il conviendrait de nettoyer rapidement la partie inférieure de la comporte, au moment où on la soulève pour charger.

Les comportes vides qu'on ramène du cuvier sont ordinairement emboîtées les unes dans les autres ; là encore leur intérieur se souille de terre, qui reste dans la vendange.

Le viticulteur doit veiller à ce que ces inconvénients se présentent le moins possible, car la qualité du vin dépend beaucoup des précautions dont il entoure ses opérations.

A l'heure qu'il est, ce n'est que rarement qu'il attache de l'importance à des soins qui lui imposent si peu de travail et qui peuvent augmenter notablement la qualité et la valeur vénale de la récolte.

Ouillage et conservation des vins.

Les vins ordinaires du Roussillon, comme la généralité des vins du Midi, ne sont pas destinés à une longue conservation ; ils sont ordinairement consommés dans l'année. Cependant, pendant les quelques mois qu'on les garde en cave, il faut les surveiller et les préserver de toute altération.

Celle qu'on constate le plus fréquemment, c'est l'acétification, et bien souvent les viticulteurs se plaignent de ce que leurs vins sont piqués, ce qui les rend impropres à la vente. En recherchant les causes de cet accident, fréquent dans cette région, nous avons constaté qu'il tient, presque uniquement, à ce qu'on laisse les foudres en vidange, permettant ainsi à la fermentation acétique de se développer.

L'usage de tenir les foudres pleins et de procéder régulièrement à un ouillage, pour remplacer le vin disparu par l'évaporation ou l'imbibition des parois, ne s'est pas encore introduit partout et cette négligence, ou cette ignorance d'une pratique si élémentaire, cause chaque année de nombreux désastres.

On ne saurait trop recommander d'apporter le plus grand soin à tenir les foudres pleins. Quand la quantité de vin est insuffisante pour remplir le dernier foudre, il vaut mieux la distribuer dans des demi-muids, dont l'un sert à l'ouillage des divers récipients. On aura donc toujours un demi-muid en vidange, mais un seul, c'est-à-dire qu'une très minime proportion de la vendange est seule exposée à se piquer; encore peut-on empêcher cet accident de se produire en brûlant un petit bout de mèche soufrée dans le demi-muid, lorsqu'on a prélevé dans celui-ci la quantité de vin nécessaire aux ouillages.

Lorsque les vins sont soutirés et transvasés dans les vaisseaux où ils doivent être conservés, leur fermentation n'est pas entièrement achevée et de petites quantités d'acide carbonique continuent à se dégager. On ne peut donc pas, pendant les premiers temps, boucher hermétiquement ces vaisseaux ; en plaçant la bonde, il convient cependant de l'enfoncer de façon à permettre seulement à de petites quantités de gaz de se dégager.

En prenant ces précautions, on évitera l'acétification du vin, de même que le développement de la fleur, ces deux accidents ne pouvant se produire que par le contact de l'air.

Pour les autres maladies qui peuvent se produire dans le vin, telles que le cassage, etc., il ne semble pas que les précautions prises pendant la conservation puissent les empêcher ; c'est la bonne vinification et la propreté du matériel vinaire qui, seules, peuvent les éviter.

L'adjonction au vin de substances antiseptiques ne nous semble pas devoir être conseillée, ni même tolérée.

En appliquant, dans les domaines du Mas-Déous et de Sainte-Eugénie, qui forment ensemble une superficie d'environ 500 hectares de vignes, les données et les procédés que nous venons d'exposer, nous y avons obtenu de très bons résultats. Il est à espérer que ces pratiques se répandront peu à peu dans les exploitations voisines, et que les vins si alcooliques et si nerveux du Roussillon proprement dit prendront, sur le marché français, la place qui leur appartient.

CHAPITRE II

L'UTILISATION DES MARCS DE VENDANGE

Les marcs que laisse le raisin après le pressurage sont essentiellement constitués par les rafles, les pellicules et les pépins, formant une masse imprégnée, malgré l'expression qu'elle a subie, d'une grande quantité de liquide vineux.

Quelquefois les marcs servent à la fabrication de vins de sucre ; plus souvent à celle de piquettes, qui sont consommées ou distillées ; souvent aussi, les marcs sont distillés directement. Ce n'est qu'exceptionnellement que le marc, en nature ou après avoir servi à ces diverses préparations, est utilisé pour l'alimentation des animaux. C'est surtout lorsqu'il a subi le lavage pour la fabrication des piquettes ou lorsqu'il a été distillé directement, qu'on le regarde comme impropre à la consommation.

J'ai institué une série d'expériences, dans quelques grands vignobles du Midi, du Sud-Ouest et de la Champagne, pour étudier la meilleure utilisation du marc.

Voici les domaines dans lesquels les observations ont été faites :

Domaine de Guilhermain, commune de Mauguio, près Montpellier (Hérault). Surface : 169 hectares. Ne fait que des vins rouges, appartenant au type des vins de plaine à grand rendement.

Domaine de Candillargues, commune de Candillargues, canton de Mauguio (Hérault). Surface : 215 hectares. Les vins se font principalement en rouge et appartiennent au type des vins de plaine à grand rendement.

Domaine de Saint-Laurent-d'Aigouze (Gard). Surface : 33 hectares 60 ares. Ne fait que des vins rouges, appartenant au type des vins de plaine à grand rendement. Le vignoble est soumis à la submersion.

Domaine de Jarras, près Aigues-Mortes (Gard). Surface : 161 hectares. Les vins sont surtout faits en vins blancs et en vins paillets ; ils appartiennent au type des vins de sable (type vermouth et vin paillet).

Domaine de Labrousse, commune de Montpellier (Hérault). Surface : 25 hectares. La majeure partie des vins se fait en rouge ; ils appartiennent au type des vins de plaine à grand rendement.

Domaine de Verchant, commune de Castelnau-le-Lez (Hérault). Surface : 70 hectares. Presque tout le vin se fait en rouge ; il appartient au type des vins de demi-montagne.

Domaine de Bellevue, commune de Gallician (Gard). Surface : 200 hectares. Les vins se font en rouge et appartiennent au type des vins de montagne.

Domaine de Saint-Georges-d'Orques (Hérault). Surface : 1 hectare. Les vins se font en rouge et appartiennent au type des vins de montagne.

Domaine du Mas-Déous (Pyrénées-Orientales). Surface : 350 hectares. Les vins se font en rouge et donnent des produits riches en alcool ; les vignes sont situées à l'aspre (en coteaux).

Domaine de Sainte-Eugénie (Pyrénées-Orientales). Surface : 150 hectares. Les vins se font en rouge et appartiennent au type des vins des vallées à l'arrosage.

Château des Vergnes-Beaulieu (Gironde). Surface : 190 hectares. Les vins se font surtout en rouge et appartiennent au type des vins de Sainte-Foy et de Saint-Émilion.

Terroir du Mesnil-sur-Oger (Marne). Surface : 28 hectares 6 ares. Les vins se font avec du pineau blanc.

Terroir de Bouzy (Marne). Surface : 28 hectares 3 ares. Les vins se font en blanc, avec du pineau noir.

Terroir de Verzenay (Marne). Surface : 35 hectares. Les vins se font en blanc, avec du pineau noir.

Ces trois terroirs renommés fournissent les vins qui servent de base à la fabrication du champagne marque Vve Clicquot.

Quantités de marcs produites par hectare. — Examinons d'abord les quantités de marcs produites, dans les diverses conditions de la production du vin. Ces marcs ont été pesés après la dernière pressée, tels qu'ils ont été enlevés du pressoir. La proportion varie énormément, suivant la nature de la vendange. Pour les raisins très juteux, il n'y a souvent que 10 kilogr. de marc pressé par hectolitre de vin. Dans ceux où il y a plus de râpes et dont les grains sont plus petits, cette proportion atteint jusqu'à 30 kilogr. par hectolitre. Dans les vignes du Midi, les hybrides d'alicantes en donnent ordinairement entre 10 et 13 kilogr., les aramons, entre 13 et 18 kilogr., les carignans, entre 17 et 23 kilogr., par hectolitre de vin.

Les vins blancs en laissent notablement plus que les vins rouges.

	VIN par hectare.	MARC par hectare.	
Vignobles du Midi (1892).		Frais.	Sec.
Vignobles de plaine à grands rendements :	hectol.	kilogr.	kilogr.
Domaine de Guilhermain (Hérault)	112,0	1,680	680,0
— Candillargues (Hérault).	102,5	1,570	536,8
— St-Laurent-d'Aigouze (Gard), submersion	190,2	2,841	847,7
— Jarras (Aigues-Mortes), sable	132,5	2,588	577,0
— Labrousse (Hérault).	143,0	1,785	651,0
Vignobles de demi-montagne :			
Domaine de Verchant (Hérault)	94,0	943	292
Vignobles de montagne :			
Domaine de Saint-Georges (Hérault).	80,0	2,300	780
— Bellevue (Gard).	75,0	1,328	485
Vignobles du Sud-Ouest.			
Domaine des Vergnes (Gironde).	44,4	916	284
Vignobles de la Champagne.			
Le Mesnil-sur-Oger (Marne).	17,3	387	113
Champagne (moyenne).	25,0	670	223

La quantité de marc obtenue par hectare est donc assez importante dans les vignobles du Midi, beaucoup plus faible dans ceux de l'Est.

Vin resté dans les marcs. — Ces marcs sont imprégnés d'un liquide vineux analogue au vin lui-même, sinon comme qualité et comme finesse, tout au moins comme composition. Il peut être regardé comme sensiblement identique au vin de presse obtenu par le pressurage.

Déterminons la quantité de vin qui imprègne le marc, en nous servant, comme éléments de calcul, de la dessiccation et de la détermination des principes fixes contenus dans les liquides. Nous trouvons ainsi que, pour chaque hectare de vigne, il reste dans les marcs les quantités suivantes :

	VIN	
	resté dans le marc.	perdu p. 100 de vin recueilli.
	hectolitres.	
Guilhermain (Hérault)	10,20	9.10
Candillargues (Hérault)	10,54	10.27
Saint-Laurent-d'Aigouze (Gard)	20,33	10.67
Jarras, Aigues-Mortes (Gard)	20,51	15.47
Labrousse (Hérault)	11,57	8.09
Verchant (Hérault)	6,64	7.06
Saint-Georges (Hérault)	15,50	19.37
Bellevue (Gard)	8,60	11.46
Les Vergnes (Gironde)	6,45	14.52
Le Mesnil-sur-Oger (Marne)	2,79	16.12
Champagne (moyenne)	4,56	18.24

On voit combien sont importantes les quantités de vin ainsi immobilisées dans le marc et que les plus fortes pressions ne peuvent en faire sortir. Pour certaines conditions de milieu et pour certains cépages, il y a des quantités moindres de jus et la proportion de marc est relativement élevée ; aussi voyons-nous dans les crus de montagne de Saint-Georges et dans ceux de la Champagne, une perte relative beaucoup plus élevée. Nous observons encore avec une très grande netteté, que lorsque les vins sont faits en blanc et que, par suite, ils ne fermentent pas sur les marcs, ces derniers retiennent de bien plus grandes quantités de liquides vineux, probablement parce que, exprimés avant que la fermentation ait pu opérer une sorte de déchirure des cellules, les liquides sont retenus plus énergiquement. Aussi, à Saint-Laurent-d'Aigouze et à Jarras, où l'on fait presque exclusivement des vins blancs, qui ne fermentent pas sur les marcs, ou des vins paillets, qui ne fermentent que du jour au lendemain sur les marcs, ceux-ci restent-ils beaucoup plus chargés de liquide que dans les domaines où l'on fait des vins en rouge. Dans ces deux vignobles, la quantité de vin retenue dans les marcs est la plus forte. Pour les vins rouges, nous trouvons que 100 kilogr. de marc donnent 35 kilogr. de marc sec, tandis que pour les vins blancs, ils ne donnent que 26 kilogr.

La grande quantité de vin qui reste ainsi dans le marc, ne doit pas être regardée comme totalement perdue, puisque, lorsqu'on fait des vins de sucre ou des piquettes, on en retire une notable partie. Lorsqu'on distille directement le marc, c'est l'alcool du vin qu'on retrouve. La fabrication du vin de sucre n'existe que dans certaines régions, surtout là où le prix des vins est élevé ; dans les grands vignobles du Midi, on s'attache surtout à faire des piquettes, consommées dans l'exploitation ou distillées pour la production d'alcools de vin, supérieurs à ceux qu'on obtient par la distillation directe des marcs.

Préparation des piquettes ; résultats obtenus en 1892. — La manière d'obtenir les piquettes varie beaucoup. Le plus souvent, on procède par des lavages à l'eau, dans des cuves en bois ou en maçonnerie, en baignant le marc dans de l'eau qu'on laisse séjourner à son contact pendant quelques heures et qui sert ensuite à laver de nouvelles quantités de marcs, au contact desquelles elle s'enrichit graduellement. Quand ce liquide est suffisamment chargé, on le met de côté. On fait passer plusieurs eaux sur le même marc, pour l'épuiser aussi complètement que possible. Cette pratique nécessite l'intervention de fortes quantités d'eau et donne de grands volumes d'une piquette d'un faible degré alcoolique. C'est bien une sorte de lavage méthodique, mais que la nature spongieuse du marc rend moins efficace. Un autre procédé, beaucoup moins répandu, consiste à mettre dans des cuves en bois le marc, à mesure qu'il sort du pressoir, à le diviser à la bêche, à le tasser fortement par le piétinement et, lorsque la cuve est remplie, à pratiquer des arrosages à l'aide d'un arrosoir muni de sa pomme, de façon à répartir uniformément l'eau sur toute la surface. Ces arrosages sont intermittents ; ils n'opèrent pas à proprement parler un lavage, mais, ce qui est bien mieux, un déplacement. Lorsque les premières parties du liquide commencent à s'écouler par le bas, ce n'est pas un liquide dilué qu'on obtient, mais bien le vin lui-même qui imprégnait le marc, non mélangé, ou tout au moins très faiblement mélangé, de l'eau qui a servi au déplacement. Dans cette opération, il faut savoir conduire les arrosages. Quand ceux-ci se font à intervalles trop rapprochés, le déplacement est moins parfait et l'eau se mélange au vin. Si, au contraire, ils sont trop espacés, le marc s'échauffe par la fermentation qui s'établit dans son sein et les piquettes s'aigrissent. On est averti de cet inconvénient par la température du liquide qui s'écoule et qui doit toujours être froid. Il est facile de dresser un ouvrier à cette besogne. Si l'on plaçait au-dessus de ces cuves des appareils fonctionnant automatiquement, et répartissant uniformément à la surface, le liquide dont on aurait réglé le débit, on obtiendrait certainement des résultats encore plus satisfaisants. L'appareil imaginé par M. Schlœsing, pour déplacer les liquides contenus dans le sol, s'adapterait, avec avantage, à ce procédé d'extraction.

Quoi qu'il en soit, lorsque l'opération est bien conduite, on obtient d'abord une piquette dont la composition s'éloigne très peu de celle du vin de presse, dont elle a d'ailleurs le goût âpre, dû au séjour sur les marcs. Puis viennent des piquettes plus faibles, qu'on fait servir à l'arrosage, par le même procédé, de marcs non épuisés. On s'arrête lorsque les liquides qui s'écoulent n'ont plus qu'un titre alcoolique de moins de 1 degré. On a ainsi, dans une seule opération, extrait du marc tout le liquide vineux qu'il contenait et la cuve devient libre pour une nouvelle opération. On peut ainsi, avec une série de trois ou quatre cuves, obtenir la piquette des marcs de vignobles d'une très grande étendue, à mesure que les marcs sortent des pressoirs.

En opérant par ce procédé, sur les marcs des deux propriétés du Mas-Déous et de Sainte-Eugénie, appartenant à M. A. Dreyfus, j'ai obtenu les résultats suivants :

48 583 kilogr. de marcs, recoupés et exprimés à fond, au pressoir Mabille, ont été traités, par le procédé que je viens d'indiquer, dans des cuves en bois cylindriques, d'un diamètre et d'une hauteur de

2^m,50, ayant, par suite, une capacité de 122 hectolitres ; les marcs y ont été fortement tassés, par le piétinement de deux hommes, à mesure qu'ils arrivaient des pressoirs, et ensuite arrosés comme il est dit plus haut. Ces marcs provenaient de carignans, d'aramons et d'alicantes-bouschet. Les vins avaient donné une richesse moyenne en alcool de 10°,5. On a obtenu par le déplacement des marcs :

Piquette à 9 p. 100 d'alcool, 15 demi-muids, soit   90 hectolitres.
    —   à 8 p. 100   —   17   —   102   —
    —   à 7 p. 100   —   20   —   120   —

On a donc recueilli des piquettes qui étaient, toutes, assez riches en alcool pour se conserver, et qui eussent pu être utilisées, en totalité, pour la consommation. Quoique ces piquettes possèdent à un haut degré le goût de râpe, qu'on remarque également dans les vins de presse, et qui tient à un séjour plus prolongé des liquides sur le marc, dont les principes astringents entrent alors plus abondamment en dissolution, elles constituent cependant une excellente boisson. D'ailleurs, ce goût qui n'est qu'une exagération du goût naturel du vin, s'atténue graduellement pendant la conservation de la piquette et, dans la préparation dont je viens de parler, j'ai obtenu en réalité une boisson très agréable et certainement égale, en qualité, aux vins de plaine du midi de la France. La conservation de cette piquette, relativement riche en alcool, a été parfaite ; mais il faut avoir la précaution de ne pas laisser en vidange les vaisseaux qui la contiennent ; l'accès de l'air la fait aigrir, comme du reste le vin naturel lui-même.

Avec la proportion d'alcool et d'extrait sec (17 à 19 gr. par litre) qu'elle renfermait, elle pouvait se comparer à un vin un peu léger.

Examinons maintenant quelle est la proportion du liquide vineux que nous avons retiré du marc dans cette opération, conduite d'ailleurs dans les conditions de la pratique et dans laquelle on ne s'est pas attaché à une extraction intégrale.

100 kilogr. de marc, sortant du pressoir, pesaient à l'état sec 35 kilogr. ; ils contenaient donc comme liquide vineux, environ 65 litres, soit pour la totalité du marc, 315 hectolitres, d'une teneur moyenne en alcool de 10°,5, soit en alcool absolu 33 hectolitres.

La piquette obtenue a donné 312 hectolitres, quantité sensiblement égale à celle du liquide vineux contenu dans le marc, mais
cette piquette n'avait qu'une richesse moyenne de 8° et renfermait,
par suite, 25 hectolitres d'alcool absolu. C'est donc environ 80 p. 100
du liquide alcoolique, c'est-à-dire du vin retenu par le marc, qu'on
a pu ainsi retrouver.

Alimentation par les marcs. — La consommation des marcs pour
l'alimentation du bétail, et principalement du mouton, tend à entrer
de plus en plus dans la pratique agricole ; les viticulteurs qui n'ont
pas eux-mêmes de troupeaux, trouvent souvent à vendre leurs marcs
au prix de 2 à 4 fr. les 100 kilogr.

Les moutons et les bêtes à cornes mangent volontiers le marc qui
n'a pas été lavé et qui conserve un goût alcoolique qu'ils recher-
chent. On n'est donc pas embarrassé pour l'utilisation, comme aliment, des marcs non épuisés.

Mais nous venons de voir quel intérêt il y a à extraire l'énorme
quantité de vin qui est encore contenue dans le marc ; il faut donc s'occuper de l'utilisation, comme aliment, des marcs épuisés. Ceux-ci sont
presque toujours délaissés et c'est un préjugé très répandu de croire
que les animaux les refusent, que d'ailleurs le lavage les a privés de
leurs principes nutritifs et qu'ils ne peuvent aller qu'au fumier. On
verra plus loin que ce préjugé n'a aucun fondement ; on ne saurait
trop le combattre. Le marc épuisé peut être conservé et consommé
intégralement ; il fournit un appoint important aux ressources fourragères. Les 48 583 kilogr. de marcs épuisés, comme je l'ai dit plus
haut, ont été additionnés de 5 p. 100 de leur poids de sel gris (dénaturé pour le bétail). La conservation a eu lieu par un ensilage fait
dans des cuves en bois, dans lesquelles on a fortement tassé le marc,
dont les couches successives étaient saupoudrées de sel. Ce marc
s'est bien conservé. A la surface seulement, une couche de quelques
centimètres d'épaisseur était altérée. Il a servi à la consommation de
l'hiver et n'a été épuisé qu'au mois de mars, époque à laquelle il était
encore mangé volontiers. Il a servi à nourrir un troupeau de brebis
de 200 têtes, qui a commencé à le consommer aussitôt que les
feuilles de vignes qu'il broutait sur place ont été épuisées. Ce

troupeau recevait, en outre, une petite quantité de foin mélangé de luzerne, et, pendant les temps secs, il était conduit au pâturage dans les garrigues. Lorsqu'il sortait, il ne recevait qu'une ration de 2 kilogr. de marc par tête. Quand il restait en stabulation, on lui en donnait 4 kilogr., qui ont toujours été consommés intégralement.

Le marc contient tous les pépins des grains de raisin, or, c'est une opinion très répandue de croire que les poules qui mangent les pépins de raisin, ne pondent pas. Je n'ai pu vérifier cette assertion, mais quant aux brebis, la consommation du marc n'a eu aucune influence sur leur parturition. Elles ont agnelé normalement, de décembre à avril, à raison de 130 agneaux pour 100 mères. Ces agneaux se sont vendus, âgés de 7 semaines environ, ayant un poids moyen de 15 kilogr. La boucherie les a payés 1 fr. le kilogramme de poids vif.

L'emploi du marc épuisé, pour l'alimentation des moutons, donne donc des résultats favorables dans la pratique.

Valeur alimentaire des marcs. — Les marcs doivent être consommés avec l'humidité qu'ils contiennent ; séchés, ils deviennent durs et les animaux les refusent ordinairement. C'est donc sur les marcs en nature que doit porter l'analyse. Voici la composition de quelques marcs, non épuisés, tels qu'ils sortent du pressoir.

PROVENANCE ET NATURE des marcs.	ALCOOL.	EAU.	MATIÈRES			CELLU- LOSE.	EXTRAC- TIFS non azotés.
			miné- rales.	gras- ses.	azo- tées.		
Domaine de la Provenquière (Hérault). .	5	57,4	1,69	2,16	3,87	8,89	20,99
Marcs d'hybrides.	5	53,0	2,89	2,02	5,09	9,65	22,35
Domaine du Mas-Déous (Pyrénées-Orientales). . Marcs de carignan	6,5	57,2	3,82	1,01	4,28	8,13	19,06
Domaine de Candillargues (Hérault). . . Marcs d'aramon	5	60,8	4,46	1,48	4,07	8,72	15,44

Il y a là une richesse assez grande en matières azotées, en graisse (principalement contenue dans les pépins), en matières extractives d'une digestion facile. La proportion de cellulose est relativement faible ; on peut dire que les marcs peuvent remplacer, dans la ration, plus de la moitié de leur poids de foin. Nous devons examiner la valeur alimentaire de ces marcs, comparée à celle des marcs lavés.

A première vue déjà, nous pouvons dire qu'il n'y a pas, du fait de la préparation des piquettes, un épuisement notable des marcs, puisque ce lavage n'enlève que de l'alcool et de faibles quantités des principes solubles, formant l'extrait sec de ces piquettes ($1^{kg},800$ environ par hectolitre). La presque totalité des matières azotées, des matières grasses, pectiques, ligneuses, etc., restent dans le marc. Ce qu'enlève le lavage, ce sont surtout les substances sapides, qui lui donnent une saveur plus agréable ; mais, en le mélangeant de sel, on relève son goût, le rendant ainsi de nouveau agréable aux animaux.

Voici la composition d'un marc, avant et après l'épuisement :

| PROVENANCE ET NATURE DES MARCS. | ALCOOL. | POUR 100. | | | CELLU-LOSE. | EAU. |
		azotées.	grasses.	extrac-tives.		
Mas-Déous.						
Marc sortant du pressoir. . . .	6.5	4.28	1.01	19.06	8.13	57.30
Le même après la fabrication de la piquette	traces.	4.16	1.00	17.86	8.13	63.70

Nous sommes donc autorisé à dire que le marc épuisé est sensiblement aussi nutritif que le marc frais.

Nous avons examiné séparément la composition des différentes parties qui constituent le marc, les rafles, les pellicules et les pépins.

Voici le résultat de cet examen :

Composition centésimale de la matière sèche.

| | MATIÈRES | | | CELLULOSE | MATIÈRES minérales. |
	azotées.	grasses.	extractives.		
Rafles.	7.87	1.42	60.13	19.80	7.24
Pellicules . . .	13.30	3.90	50.20	13.60	17.20
Pépins.	10.31	7.02	34.00	42.30	3.46

En réalité, ce sont les pellicules, qui contiennent la plus grande quantité de substances nutritives.

On pourrait croire que les pépins, par leur consistance, échappent, au moins partiellement, à la digestion ; il n'en est rien, les déjections des moutons, nourris avec le marc, ne renferment ni pépins entiers, ni fragments de pépins. Il y a donc une utilisation complète.

Nous devons examiner ici le cas de la vente des marcs, que nous croyons être une opération préjudiciable pour le viticulteur, au prix où elle se fait d'habitude. La préparation raisonnée des piquettes, pour la consommation ou pour la distillation, l'utilisation comme fourrage, assignent au marc une certaine valeur. Il en a une autre, qu'il tient de sa teneur en principes fertilisants, pouvant faire retour à la vigne. Le marc humide contient en effet environ :

> Azote . . . .   0.70 p. 100
> Acide phosphorique. . .   0.20   —
> Potasse. . . . .   0.52   —

Cette composition le rapproche du fumier de ferme ; comme ce dernier, c'est un engrais qui fournit de l'humus. En ne tenant compte que de l'azote, de l'acide phosphorique et de la potasse, évalués à leur valeur marchande habituelle, on peut coter l'ensemble de ces éléments à 1 fr. 30 c. par 100 kilogr. de marcs. Si l'on considère qu'on peut tirer un triple parti du marc :

1° Pour la production de piquettes de consommation ou de distillation ;

2° Pour l'alimentation des animaux ;

3° Pour l'utilisation des principes fertilisants qu'on retrouve dans le fumier,

On ne saurait trop conseiller aux propriétaires de vignobles de s'attacher à tirer tout le parti possible des marcs, qu'ils obtiennent en si grande abondance.

Résultats obtenus en 1893. — J'ai montré, dans ce qui précède, que les marcs de vendange, sortant des pressoirs, contiennent encore 60 p. 100 de leur poids de liquide vineux, analogue au vin de presse lui-même. Les plus fortes pressions qu'on peut obtenir, avec les pressoirs employés dans les exploitations viticoles, ne peuvent faire sortir ce liquide, qui représente une fraction importante de la vendange (15 p. 100 en moyenne). Souvent, pour ne pas perdre le vin resté dans le marc, on soumet celui-ci à des lavages à l'eau, et on obtient ainsi des piquettes, généralement d'un faible degré alcoolique, qu'on conserve pour la consommation des ouvriers de l'exploitation, ou qui va à la distillation.

Frappé de l'imperfection des méthodes actuelles, qui ne permettent qu'une extraction très incomplète du vin qui imprègne les marcs, et de la dilution des produits ainsi recueillis, j'ai étudié un procédé de déplacement méthodique, permettant de retirer la totalité du liquide vineux, en ne faisant intervenir que de petites quantités d'eau, et d'obtenir ainsi des piquettes fortes, ayant plus de valeur pour l'alimentation des ouvriers et se prêtant mieux à la distillation.

Aux vendanges de 1892, opérant dans le Roussillon, sur près de 50 000 kilogr. de marc exprimé, j'ai extrait, par ce procédé, 312 hectolitres d'une piquette, ayant une richesse alcoolique moyenne de 8 p. 100 et une proportion d'extrait sec de 18 gr. par litre. Les vins avaient donné en moyenne 10.5 p. 100 d'alcool et 21 gr. d'extrait sec par litre.

De pareilles piquettes ne sont pas inférieures à la plus grande partie des vins de plaine du vignoble du Midi, et fournissent une boisson d'une qualité bien supérieure à celle des piquettes préparées par les procédés usuels et qui contiennent rarement plus de 4 à 5 p. 100 d'alcool.

Une partie des piquettes que j'avais ainsi préparées a été consommée par le personnel de l'exploitation ; l'autre a été distillée et a fourni un alcool égal, comme qualité, à l'alcool du vin. Dans cette opération, j'avais retrouvé plus de 80 p. 100 de l'alcool qui était resté dans le marc. Quant au marc ainsi épuisé, il a fourni encore un excellent aliment qui, ensilé, a servi, pendant tout le courant de l'hiver, à nourrir un troupeau de brebis de 200 têtes.

Les résultats obtenus en 1892 étaient donc très encourageants. Je les ai contrôlés aux vendanges de 1893, en perfectionnant le mode de préparation et en suivant de plus près la marche des opérations, afin de pouvoir mettre à la disposition des viticulteurs des indications précises, leur permettant de tirer un parti avantageux des marcs de vendange, qu'ils laissent perdre ou qu'ils n'utilisent que d'une manière imparfaite.

En 1893, j'ai opéré dans deux régions différentes, le Roussillon et le Médoc.

Dans le Roussillon, les domaines du Mas-Déous et de Sainte-Eugénie ont donné une récolte de 6 000 hectolitres de vin et 72 000 kilogr. de marc pressé.

Je me suis servi, pour l'épuisement, de cinq cuves cylindriques d'une contenance de 120 hectolitres chacune, placées côte à côte sous un hangar. Les marcs, exprimés à fond au pressoir américain, ont été rebêchés et introduits aussitôt dans la première cuve, où trois hommes les ont tassés par le piétinement. Mais ce travail de tassement, qui doit être fait avec soin, ne devient parfait que si l'on arrose le marc d'une petite quantité d'eau, afin de l'humecter.

La quantité d'eau que j'ai trouvée suffisante, pour obtenir un tassement convenable, est de 4 à 5 litres par 100 kilogr. de marc. Celle qu'on mettrait en trop diluerait la piquette.

Les pressées se succédant sans interruption, la cuve a été pleine en près de 24 heures et contenait 4 600 kilogr. de marc. A ce moment, on a commencé les arrosages, à l'aide d'un arrosoir muni de sa pomme, en répartissant l'eau uniformément à la surface et en renouvelant cet arrosage tous les quarts d'heure, avec 10 à 12 litres d'eau. Au bout de deux heures, la piquette a commencé à s'écouler au bas de la cuve, d'une limpidité parfaite dès le début, et a continué alors à venir régulièrement, en filet mince, à raison de 40 à 50 litres par heure. Un ouvrier de nuit a continué de la même façon. Aucune interruption ne s'est donc produite. Si l'on arrêtait les arrosages pendant quelques heures, les marcs s'échaufferaient et les piquettes prendraient un mauvais goût, tout en s'acétifiant notablement.

L'épuisement complet a été obtenu au bout de quatre jours; on a recueilli séparément les produits, suivant leur richesse alcoolique. En partant d'un marc dont le vin de presse contenait 11.5 p. 100 d'alcool, on a ainsi obtenu en 2 jours 1/2 :

1° 6 hectolitres de piquette à 9.7 p. 100 d'alcool et 18^{gr},5 d'extrait sec par litre ;

2° 5 hectolitres de piquette à 8.3 p. 100 d'alcool et 16^{gr},7 d'extrait sec par litre ;

3° 5 hectolitres de piquette à 7 p. 100 d'alcool et 15 gr. d'extrait sec par litre ;

4° 5 hectolitres de piquette à 5 p. 100 d'alcool et 11^{gr},3 d'extrait sec par litre.

A la fin du troisième jour, le titre n'était plus que de 3 p. 100 d'alcool et a diminué rapidement, pour devenir inférieur à 1 p. 100 le quatrième jour. On a alors arrêté l'opération, quoique le liquide qui s'écoulait fût encore assez coloré. Le marc a été aussitôt enlevé et la première cuve est redevenue libre pour une nouvelle opération.

Pendant que cette première cuve était en fonctionnement, la seconde a été remplie, à son tour, de marc ; mais, au lieu d'humecter ce dernier, pendant le tassement, avec de l'eau pure, on l'a humecté avec des piquettes faibles, provenant de la première cuve et contenant 4 à 5 p. 100 d'alcool. L'épuisement a été ensuite pratiqué en employant, pour l'arrosage du marc, non de l'eau pure, mais des piquettes faibles de 4 à 5 degrés d'abord, de 2 à 3 degrés ensuite, puis avec les dernières recueillies et finalement avec de l'eau, jusqu'à ce que le liquide écoulé contînt moins de 1 p. 100 d'alcool[1]. On a procédé, pour les autres cuves, comme pour la seconde, les liquides riches étant toujours mis à part et les liquides faibles s'enrichissant par leur passage sur des marcs frais.

La première cuve, dont les marcs sont tassés et arrosés avec de l'eau, donne nécessairement des piquettes plus faibles que les cuves suivantes, dont les marcs sont épuisés d'abord par des liquides s'étant déjà chargés en alcool, en couleur et en matières extractives.

Aussi la deuxième cuve a-t-elle donné les résultats suivants :

1° 4 hectolitres de piquette à 11 p. 100 d'alcool ;

---

1. Le dosage de l'alcool se fait, avec une approximation suffisante, à l'aide du liquomètre de Musculus, basé sur la capillarité. La hauteur à laquelle le liquide monte dans le tube capillaire, indique le degré alcoolique du liquide. Cette opération ne demande que quelques instants, et se fait, sans difficulté, par l'ouvrier chargé de l'arrosage des marcs.

2° 5 hectolitres de piquette à 10.1 p. 100 d'alcool ;

3° 5 hectolitres de piquette à 8.7 p. 100 d'alcool ;

4° 7 hectolitres de piquette à 6.9 p. 100 d'alcool.

Les cuves suivantes ont donné des résultats identiques.

Dans aucune de mes observations, je n'ai constaté l'acétification des liquides, dont la température ne s'est jamais élevée à leur contact avec le marc, résultat qu'il faut attribuer à la régularité de la distribution de l'eau.

Lorsque plusieurs cuves sont simultanément en fonctionnement, comme cela arrivera toujours dans les exploitations d'une certaine importance, les frais de main-d'œuvre sont peu élevés, le même ouvrier pouvant conduire toutes les cuves à la fois. Un ouvrier travaillant le jour, et un autre travaillant la nuit, suffisent pour une production considérable de piquettes. Dans les exploitations où l'on a de l'eau sous pression, ce travail est encore simplifié, car, au moyen d'un tube muni d'une pomme d'arrosoir, l'ouvrier peut distribuer l'eau à la surface du marc sans avoir à la monter à la main. Quant aux ouvriers qui opèrent le tassement, ils sont distraits, quelques moments, de ceux qui sont occupés au pressoir.

Les cuves étant rendues libres successivement, au bout de quatre jours, pour de nouvelles opérations, il suffit d'un petit nombre de cuves pour traiter ainsi les marcs des plus grands vignobles.

En opérant sur l'ensemble de la vendange des deux domaines du Mas-Déous et de Sainte-Eugénie, qui ont donné en 1893 6 000 hectolitres de vin et 72 000 kilogr. de marcs pressés, j'ai obtenu 460 hectolitres de piquette d'une richesse moyenne de 8 degrés, dont une partie a été réservée pour la consommation des ouvriers, et dont l'autre a été distillée et a donné un alcool identique aux eaux-de-vie de vin, c'est-à-dire d'une qualité et d'une valeur vénale bien supérieures à celles qu'on peut obtenir par la distillation directe des marcs.

L'opération ainsi conduite a permis de retirer, en presque totalité, le liquide vineux imprégnant les marcs. En effet, les 72 000 kilogr. de marcs contenaient 432 hectolitres de liquide vineux renfermant 45^{hl},5 d'alcool absolu.

La piquette recueillie à 8 degrés contenait 37 hectolitres d'alcool absolu, c'est-à-dire qu'on a obtenu 85 p. 100 de ce qui était contenu dans les marcs.

Cette opération, faite dans des conditions pratiques et sur une grande échelle, a donc permis d'extraire, sous une forme concentrée et à très peu de frais, la presque totalité du vin qui imprégnait les marcs.

Comme l'année précédente, les marcs épuisés ont été ensilés ; on a ajouté $1^{kg},5$ de sel gris dénaturé aux tourteaux, par 100 kilogr. de marcs. Cette quantité de sel, inférieure de moitié à celle que j'avais employée en 1892, s'est montrée tout à fait suffisante pour une bonne conservation. Le produit ensilé a servi, jusqu'à la fin du mois de février, à l'alimentation d'un troupeau de brebis de 200 têtes, qui avaient auparavant consommé les feuilles de la vigne, depuis la fin de la vendange, jusqu'au moment où elles sont tombées sous l'influence des premiers froids.

Dans le courant de l'hiver, les brebis ont agnelé normalement ; lorsque tout le marc a été consommé, le troupeau a été vendu.

Cette année encore, on a donc eu la preuve que les marcs, quoiqu'on en eût enlevé, par un épuisement méthodique, tout le liquide vineux qui les imprégnait, ont cependant constitué une excellente nourriture, à la dose de 2 à 4 kilogr. par tête de brebis et par jour.

Pendant toute cette période, l'utilisation du marc a permis d'économiser les fourrages, dont le prix était élevé.

Ce qui constitue l'économie réelle de l'opération, c'est précisément la substitution d'un aliment de valeur marchande nulle, comme les marcs épuisés, à des fourrages d'un prix relativement élevé, tels que le foin de prairies naturelles ou artificielles, dont 1 kilogr. peut être remplacé par environ 2 kilogr. de marcs. Ces derniers, par suite, acquièrent, par leur emploi dans l'alimentation, une valeur argent qui peut être évaluée de 3 fr. à 3 fr. 50 c. les 100 kilogr., dans les années moyennes ; de 5 fr. et au delà, les années de disette de fourrage, comme était celle dans le courant de laquelle ces études ont été faites.

J'ai opéré de la même manière sur les marcs d'un vignoble situé dans le Médoc, Château-Reysson, qui, en 1893, a donné, pour 45 hectares de vignes en production, une récolte de 1 035 hectolitres de vin, appartenant au type des vins de Saint-Estèphe. Dans cette région, on ne peut pas penser à la production des alcools, car les usages du pays comportent une large distribution de piquettes au personnel de l'exploitation, une partie même de celui-ci a droit à du vin.

Mais les piquettes auxquelles les ouvriers sont habitués, sont extrêmement faibles, ne contenant que rarement plus de 3 à 4 p. 100 d'alcool ; elles s'aigrissent rapidement et, au bout de peu de temps, ne constituent en réalité qu'une boisson acide faiblement colorée.

Ces piquettes s'obtiennent, ordinairement, en délayant les marcs dans de l'eau, qu'on enrichit en la faisant passer sur de nouvelles quantités de marcs.

Quant à ces derniers, ainsi lavés, ils servent à la fumure de la terre, quand on a le soin de les ajouter au fumier, ce qui n'est pas toujours le cas. Il est bien rare qu'on s'en serve pour l'alimentation des animaux de l'exploitation.

En opérant sur la totalité du marc produit par le domaine, c'est-à-dire sur 13 450 kilogr. et qui était imprégné d'un liquide vineux contenant en moyenne 11.5 p. 100 d'alcool, on a obtenu d'abord :

23 hectolitres d'une piquette très forte, contenant 10 p. 100 d'alcool, aussi colorée que le vin lui-même et que le personnel ayant droit à du vin a accepté volontiers, en remplacement de ce dernier.

On a ensuite obtenu :

87 hectolitres de piquette contenant 5 p. 100 d'alcool, assez colorée et bien supérieure à celle à laquelle les ouvriers étaient habitués.

Quant aux marcs épuisés, ils ont été ensilés sans addition de sel, pour être distribués aux bœufs de labour. Ceux-ci ont fait, les premiers jours, quelques difficultés pour les accepter, ensuite ils les ont consommés volontiers, jusqu'à épuisement complet. On a pris l'habitude de les mélanger avec quelques poignées de son d'arachide, au moment de la distribution. Ils entraient dans la ration dans la proportion de 6 à 8 kilogr.

Ici encore, la consommation des marcs a donc été d'un grand secours pour l'entretien des animaux, dans une année où les fourrages étaient d'un prix élevé.

CHAPITRE III

EMPLOI DES FEUILLES DE LA VIGNE POUR L'ALIMENTATION DU BÉTAIL

Après la vendange, la vigne reste couverte de ses feuilles jusqu'au moment où les premiers froids de l'arrière-saison les flétrissent et les font tomber. Avant leur chute, elles sont comestibles et tous les animaux domestiques les consomment avidement ; une fois flétries ou tombées sur le sol, elles ne sont plus acceptées par le bétail. Dans quelques-uns des grands vignobles du Midi, on a l'habitude de conduire dans la vigne, aussitôt après la vendange, des troupeaux de brebis ou de moutons, qui broutent ces feuilles et s'en nourrissent, pour ainsi dire exclusivement, aussi longtemps qu'elles restent vertes. Mais cette pratique est loin d'être généralisée ; encore moins a-t-on l'habitude de cueillir ces feuilles pour les faire servir à la consommation à l'étable. Les animaux de trait, qui existent toujours dans l'exploitation, n'en tirent donc aucun parti et, lorsqu'on n'a pas de troupeau de moutons, les feuilles de la vigne sont perdues pour l'alimentation.

En parcourant la région du Midi, où la vigne occupe de si grandes surfaces de terrain, on est frappé de l'énorme quantité de matière fourragère que pourraient fournir les feuilles de la vigne, délaissées dans la majorité des cas. C'est surtout dans les périodes de grande disette de fourrages, comme celle traversée en 1893, qu'il y aurait lieu de s'adresser à ce supplément de nourriture. Tous les animaux de la ferme acceptent volontiers les feuilles de la vigne ; leur utilisation n'offrirait donc pas de difficulté provenant d'une répugnance des animaux.

Préoccupé des ressources que trouverait l'agriculture dans l'utilisation de ces feuilles, nous avons recherché, dans quelques-unes des grandes régions viticoles de la France, quelles quantités il serait possible d'en recueillir, ce qu'elles offriraient de substances alimentaires et quels seraient les avantages et les inconvénients de leur emploi.

Examinons d'abord quelle est la quantité de feuilles qui reste dans les vignes après l'enlèvement des raisins. Les résultats suivants ont été obtenus en choisissant, dans les vignobles, dix à vingt souches, pouvant représenter la moyenne de l'état de végétation, en les dépouillant de leurs feuilles, qui étaient pesées aussitôt, puis après dessiccation, et soumises à l'analyse. On rapportait à l'hectare, en tenant compte du nombre de souches occupant cette surface.

	PAR HECTARE.	
VIGNOBLES.	Feuilles fraîches.	Feuilles fanées.
	kilogr.	kilogr.
Vignes du Midi, plaine :		
Guilhermain (Hérault), vignes greffées.	7,098	2,659
Candillargues (Hérault), vignes greffées	6,482	2,366
— — , dans les parties les plus vigoureuses.	7,770	2,618
Labrousse (Hérault), vignes greffées	4,243	1,692
Saint-Laurent-d'Aigouze (Gard), submersion, vignes françaises.	4,200	1,646
Saint-Laurent-d'Aigouze (Gard), submersion, dans les parties les plus vigoureuses	6,720	2,221
Jarras, Aigues-Mortes (Gard), sable, vignes françaises.	7,421	2,411
Vignes du Midi, demi-montagne :		
Verchant (Hérault), aramon.	3,808	1,507
Provenquière (Hérault), hybrides morastel-bouschet.	6,450	2,652
Provenquière (Hérault), aramon sur riparia.	5,050	1,800
— — carignan sur jacquez.	5,560	2,179
— — aramon, vieilles vignes françaises	9,560	2,654
Vignes du Midi, montagne :		
Saint-Georges (Hérault), vignes greffées	2,519	1,016
Bellevue (Gard), vignes greffées	4,600	1,725

VIGNOBLES.	PAR HECTARE.	
	Feuilles fraîches.	Feuilles fanées.
	kilogr.	kilogr.
Vignes du Roussillon :		
Sainte-Eugénie (Pyrénées-Orientales), à l'arrosage, vignes greffées, aramon	4,225,5	1,690
Sainte-Eugénie (Pyrénées-Orientales), à l'arrosage, vignes greffées, carignan.	3,198	1,279
Sainte-Eugénie (Pyrénées-Orientales), à l'arrosage, vignes greffées, alicante-bouschet	3,942	1,577
Mas-Déous (Pyrénées-Orientales), à l'aspre, vignes greffées, aramon	3,951	1,580
Mas-Déous (Pyrénées-Orientales), à l'aspre, vignes greffées, carignan.	3,582	1,433
Mas-Déous (Pyrénées-Orientales), à l'aspre, vignes greffées, alicante-bouschet	3,484,5	1,394
Vignes du Sud-Ouest :		
Château-Latour (Gironde).	4,046	1,410
Château-d'Issan (Gironde).	4,214	1,468
Château-Beau-Site (Gironde).	5,353	1,865
Château-des-Vergnes (Gironde).	4,698	1,879
Vignes de la Champagne :		
Le Mesnil-sur-Oger (Marne).	3,000	1,136
Bouzy (Marne).	4,840	1,588
Verzenay (Marne).	5,200	1,800
Ay (Marne)	6,293	2,193
Hautvilliers (Marne).	5,762	2,008
Vignes de la Bourgogne :		
Chambertin (Côte-d'Or).	3,577	1,247
Vignes du Beaujolais :		
Villié-Morgon (Rhône).	4,729	1,647

Les quantités de feuilles sont donc très considérables, non seulement dans les plantureux vignobles des plaines du Midi, mais aussi dans ceux des coteaux du Roussillon et des sols plus pauvres du Sud-Ouest. Dans la Champagne même, où les cépages sont si grêles et si délicats, la quantité de feuilles produite par hectare ne s'éloigne pas beaucoup de celle que donnent les souches si vigoureuses du Midi. Ce fait peut surprendre de prime abord ; mais il faut considérer que, dans la Champagne, il y a 40 000 à 60 000 pieds à l'hectare, dix fois plus que dans le Midi, où ce nombre est ordinairement de 4 000.

En ne considérant que le poids de la matière alimentaire totale, nous voyons que les feuilles qui existent sur un hectare de vignes après la vendange, représentent un poids équivalent à celui d'une coupe de foin dans les prairies ordinaires.

Examinons maintenant la valeur alimentaire de ces feuilles, et comparons-la à celle des fourrages usuels.

Composition centésimale des feuilles de vigne fraîches.

	MATIÈRES		EXTRACTIFS non AZOTÉS.	CELLULOSE.	MATIÈRES miné-rales.	EAU.
	azotées.	grasses.				
Domaine de la Provenquière (Hérault) :						
Morastel-bouschet. . . .	3.18	2.10	18.25	3.38	3.49	69.60
Morastel-bouschet. . . .	4.29	1.57	21.44	3.70	5.26	63.74
Aramon.	3.63	2.34	18.74	2.60	3.08	69.61
Aramon.	3.55	2.28	18.00	2.55	2.74	70.88
Carignan	3.85	2.53	18.84	3.19	4.24	67.35
Aramon.	3.86	1.54	11.99	2.52	3.23	76.86
Domaine du Mas-Déous (Pyrénées-Orientales) :						
Carignan.	3.42	1.30	18.62	3.26	4.70	68.70
Domaine de Candillargues (Hérault) :						
Aramon.	4.09	1.98	17.71	3.00	3.69	69.58

Si nous réduisons ces feuilles en foin par une simple dessiccation à l'air et avec une teneur uniforme de 15 p. 100 d'eau, égale à celle du foin de prairie normal, nous trouvons que 100 de feuilles séchées à l'air renferment :

	MATIÈRES.		EXTRACTIFS non azotés.	CELLULOSE.	MATIÈRES minérales.
	azotées.	grasses.			
Provenquière :					
Morastel-bouschet.	8.90	5.88	51.10	9.46	9.77
Morastel-bouschet.	10.21	3.74	51.03	8.81	12.52
Aramon.	10.16	6.55	52.47	7.28	8.62
Aramon.	10.29	6.61	52.20	7.39	7.95
Carignan	10.01	6.58	48.98	8.29	11.02
Aramon.	14.28	5.70	44.38	9.32	11.95
Mas-Déous :					
Carignan.	9.23	3.51	50.27	8.80	12.79
Candillargues :					
Aramon.	11.45	5.54	49.59	8.40	10.33

On voit que les feuilles desséchées à l'air, comme le serait du foin de prairie, sont notablement plus riches en principes alimentaires, et particulièrement en matières azotées, que ce dernier. Leur composition les rapproche du foin de luzerne de bonne qualité.

Lorsque, ramassées à l'état vert, on les laisse sécher à l'air, elles sont acceptées volontiers par les animaux, qui les mangent avec autant de plaisir que le foin de luzerne lui-même. Il faut cependant se garder de les sécher lentement dans des greniers peu aérés, car alors, surtout si elles ne sont pas suffisamment étalées, elles moisissent et prennent un goût répugnant. Leur dessiccation doit donc se faire à l'air libre.

Si l'on veut éviter les frais de main-d'œuvre, d'ailleurs peu élevés, de la dessiccation, on peut entasser les feuilles fraîches en les serrant autant que possible, ou même en les ensilant, tassées par un piétinement énergique. Elles subissent alors une sorte de fermentation alcoolique qui leur donne un goût vineux très agréable ; elles se ramollissent en prenant une couleur foncée. A cet état, les animaux les mangent encore plus volontiers qu'à l'état frais.

Elles n'ont guère perdu de substance alimentaire pendant cette courte fermentation, où, en réalité, il n'y a que 1 à 2 p. 100 de substance hydrocarbonée transformée en alcool. On peut donc faire consommer les feuilles de vigne soit à l'état frais, soit desséchées, soit ensilées.

En calculant ce que laisse l'hectare de vignes, comme substance alimentaire, dans les feuilles restées sur le pied de vigne après la vendange et en exprimant en équivalent de foin de prairie, contenant normalement 7 p. 100 de matière azotée, nous trouvons, par hectare de vignes, les résultats suivants :

Dans les grands vignobles du Midi, les feuilles laissées après la vendange représentent de 2 100 à 3 600 kilogr. de foin normal de prairie, quantité qui équivaut presque à la production d'une prairie ordinaire.

Dans le Sud-Ouest, l'hectare de vignes nous a donné une quantité de feuilles équivalente à 2 900 kilogr. de foin normal de prairie.

Dans la Champagne, les cépages grêles du Mesnil-sur-Oger ont donné, par hectare, une quantité de feuilles représentant : 1406 kilogr. de foin normal de prairie.

Les cépages plus vigoureux de Bouzy et de Verzenay ont donné une quantité de feuilles équivalant à 2126 et 2551 kilogr. de foin normal.

Les vignes offrent donc une ressource en fourrage dont on ne tire parti que très exceptionnellement.

Là où l'épamprage se pratique, on trouve une quantité supplémentaire de fourrage, que le bétail consomme volontiers, et qu'il est bon de lui donner en mélange avec le foin.

Examinons maintenant si l'enlèvement des feuilles, après la vendange, présente des inconvénients pour la vigne, la production du vin ne devant pas être subordonnée, ni même entravée par l'utilisation des feuilles comme fourrage. Lorsque la vendange est faite, le rôle de la feuille comme producteur des éléments qui s'accumulent dans le raisin est entièrement terminé. A ce point de vue donc, leur enlèvement ne saurait être discuté ; mais il y a encore une autre considération, c'est celle de la maturation des bois. La feuille, en effet, continue, aussi longtemps qu'elle est verte, à accomplir ses fonctions normales d'assimilation ; elle peut donc avoir une influence, pendant quelque temps encore, sur les bois qui doivent porter les bourgeons de l'année suivante et qu'il y a intérêt à avoir aussi vigoureux que possible.

Dans les régions plus septentrionales, la maturation des bois, 'aoûtage, est souvent assez tardive, et l'enlèvement des feuilles pourrait, dans ce cas, avoir des inconvénients. Dans ces régions, ce n'est donc qu'avec discernement qu'il faudrait procéder à l'utilisation des feuilles pour l'alimentation.

Dans le Sud-Ouest de la France, où pourtant la végétation est assez précoce, j'ai choisi des souches dont les bois avaient une maturité différente. Pour les unes, les sarments étaient encore verts dans le dernier tiers de leur longueur, pour les autres, les sarments étaient ligneux jusque près de l'extrémité, et la couleur de l'écorce était, jusqu'au bout, de cette couleur rouge brunâtre, qui est un des indices de l'aoûtage. Sur ces différents pieds, les feuilles ont été enlevées aussitôt après la vendange, vers le milieu d'octobre. La taille a été faite au mois de février suivant. On a remarqué que les pieds dont les bois étaient moins mûrs, tout en ayant une végétation aussi vigoureuse, portaient des raisins moins bien développés, tandis que ceux dont les bois étaient plus mûrs, au moment de l'enlèvement des feuilles, ne présentaient aucune différence, ni au point de vue de la végétation, ni à celui de la fructification, avec les pieds qui n'avaient pas été effeuillés.

Dans la région du Sud-Ouest, il faudrait donc également prendre quelques précautions pour l'utilisation des feuilles, et consulter l'état des bois qui, dans certains cépages, ont une maturité plus tardive. Mais pour le Sud-Ouest, comme pour le Centre et pour l'Est, si l'ablation des feuilles ne se fait pas en vue de l'utilisation comme aliment, elle se fait de toute manière par les intempéries, et la vigne n'en est pas moins dépouillée, à un moment donné de l'arrière-saison.

Les enlever avant la chute naturelle, pour les utiliser, ne saurait donc être une pratique préjudiciable à l'état du vignoble, si cet enlèvement se fait un certain temps après la vendange.

Quant aux vignobles du Midi, où de si énormes quantités de feuilles sont produites, et où les viticulteurs sont obligés d'acheter, à un prix élevé, les fourrages nécessaires aux animaux de trait employés dans leurs domaines, beaucoup de propriétaires se refusent à l'utilisation des feuilles, dans la pensée que cette pratique est préjudiciable.

On s'explique difficilement leur répugnance à entrer dans cette voie, en présence des exemples qu'ils ont sous les yeux. Car beaucoup de grandes propriétés ont adopté l'usage, depuis des années déjà, de faire entrer des troupeaux de moutons dans la vigne, aussitôt après la vendange, et d'en faire consommer les feuilles intégralement. J'ai pu suivre, depuis plusieurs années, des propriétés où cet usage est constant, notamment celle de la Provenquière (Hérault), appartenant à M. P. Teissonnière, dont le beau vignoble voit s'accroître chaque année sa vigueur et sa production.

Dans les Pyrénées-Orientales également, les domaines du Mas-Déous, situé à l'aspre et de Sainte-Eugénie, dans la riche vallée de la Têt, et appartenant tous deux à M. A. Dreyfus, les moutons consomment chaque année les feuilles de la vigne, sans qu'on ait pu y trouver le moindre inconvénient. L'état et la production de ces vignobles sont aussi satisfaisants, pour le moins, que ceux des vignobles où on laisse les feuilles sans utilisation.

Quelquefois, dans les propriétés qui n'ont pas de troupeau, on laisse entrer dans la vigne, moyennant une faible redevance, des troupeaux étrangers qui laissent, outre le fumier qu'ils répandent dans la vigne pendant le jour, celui accumulé dans les locaux qu'ils occupent la nuit.

Les viticulteurs du Midi peuvent donc, sans aucune appréhension, tirer parti des feuilles produites si abondamment dans leurs domaines ; les bois sont mûrs de bonne heure et le rôle de la feuille est fini après la cueillette des raisins.

L'alimentation à l'aide de feuilles auxquelles sont encore adhérentes de grandes quantités de composés cuivriques, provenant des traitements contre le mildew, ne présente aucun inconvénient. C'est un fait qui a pu fréquemment être vérifié. M. Degrully a fait des essais qui le montrent nettement. M. Viala a fait des expériences d'alimentation avec des feuilles de vignes qu'il avait intentionnellement aspergées de grandes quantités de bouillie cuivrique. De mon côté, j'ai fait consommer, à des bœufs de travail, des feuilles de vigne qui étaient encore très chargées de taches cuivriques. Aucun inconvénient ne s'est produit. Les troupeaux de moutons qui se nourrissent de ces feuilles dans le vignoble, après la vendange, ne se sont jamais trouvés incommodés.

Il y a lieu d'examiner, au point de vue de l'épuisement du sol, la consommation des feuilles de vigne sur place ou à l'étable.

Dans le cas le plus général, les feuilles ne sont pas utilisées ; elles tombent aussitôt après les premières gelées et, si elles restaient sur le sol, elles serviraient de fumure. Le sol se trouverait ainsi très peu épuisé par la culture de la vigne, puisque c'est dans les feuilles que sont concentrés, en majeure partie, les principes fertilisants que la vigne avait absorbés pour son développement normal. Mais, le plus souvent, les vents, qui sont si fréquents et si violents dans le Midi de la France, enlèvent ces feuilles et les portent au loin. Ce n'est que dans le cas où des pluies surviennent aussitôt après la chute des feuilles, que celles-ci, souillées de terre, deviennent trop lourdes pour être emportées. On peut estimer qu'en général, la plus grande partie des feuilles de la vigne est enlevée du domaine.

Examinons maintenant le cas où ces feuilles sont mangées sur place par les troupeaux de moutons. Ceux-ci les consomment à peu près intégralement, aussi longtemps que les premiers froids ne les ont pas flétries. Cette utilisation des feuilles n'entraîne aucune main-d'œuvre, elle procure aux moutons une alimentation très substantielle, qui permet d'économiser les fourrages usuels et forme ainsi un appoint important aux produits des surfaces en prairies naturelles ou artificielles.

Le mouton prélève sur cet aliment de quoi former la chair et la laine et, après le pacage des feuilles de vigne, il se trouve dans un bon état d'entretien. De plus, les matières fertilisantes, contenues dans les feuilles, ne sont plus perdues, les déjections du mouton, rendues pendant le séjour dans la vigne, s'incorporent à la terre et ne sont pas susceptibles d'être emportées par les vents. Les déjections, rendues à l'étable, se retrouvent dans le fumier. Il y a donc, dans la pratique de l'alimentation du mouton, par les feuilles de vigne consommées sur place, un avantage économique manifeste. D'un côté, on utilise une matière alimentaire très substantielle; de l'autre, on évite la déperdition des principes fertilisants.

Lorsqu'il faut cueillir les feuilles et les faire consommer à l'étable par les moutons, les bêtes à cornes, les chevaux ou les mulets, cette opération se complique d'une main-d'œuvre, peu importante, il est vrai, mais dont il faut pourtant tenir compte.

Le mouton, qui va chercher lui-même cet aliment, semble donc plus désigné que les autres animaux pour utiliser la feuille de la vigne. Mais beaucoup de domaines où existent des vignobles ne se prêtent pas à l'exploitation des ovidés et, dans ce cas, il faut chercher à utiliser les feuilles, pour l'alimentation, à l'étable, des animaux de trait. La cueillette des feuilles se fait bien plus facilement que celle des feuilles du mûrier. D'un seul mouvement, on dépouille chaque sarment et, en un instant, le pied est effeuillé. Cette main-d'œuvre est bien inférieure à celle que nécessite le fauchage d'une prairie. C'est surtout dans les années de cherté des fourrages que cette pratique présente de l'intérêt. Il ne faut pas oublier que 1 hectare de vignes peut fournir une nourriture équivalente à celle d'une coupe de prairie moyenne. Dans le grand vignoble du Midi, il y a donc là une ressource dont on ne saurait méconnaître l'importance. Il faudra cependant lutter contre un préjugé bien répandu chez les viticulteurs, dont un grand nombre regardent comme préjudiciable pour la vigne la consommation de ces feuilles, et s'opposent à l'entrée des moutons dans le vignoble.

Dans le Midi de la France, la crainte de faire du tort à la vigne n'est pas fondée ; en effet, la maturité des bois est précoce et terminée dès le moment de la vendange. Le rôle de la feuille semble donc fini et son ablation ne saurait être préjudiciable. De nombreux exemples d'ailleurs sont là pour montrer que la pratique de l'utilisation des feuilles est inoffensive.

Dans le Sud-Ouest, le Centre et l'Est, les feuilles peuvent également être utilisées, si l'on a soin de ne les enlever que lorsque les bois sont mûrs.

Dans une période de rareté de fourrages comme celle de 1893, on ne saurait trop appeler l'attention des viticulteurs sur le parti qu'ils peuvent tirer de l'énorme quantité de matières alimentaires que laisse la vigne après la vendange et dont la production peut s'évaluer, pour une surface de près de 2 millions d'hectares que comprend le vignoble français, à plus de 40 millions de quintaux métriques de foin.

C'est une quantité de matière nutritive qui, au prix où étaient les fourrages à l'époque où ces observations ont été faites, représente une valeur d'environ 500 millions de francs.

CHAPITRE IV

DE L'INFLUENCE DE L'EFFEUILLAGE DE LA VIGNE
SUR LA MATURATION DU RAISIN

C'est une pratique usitée dans certaines régions viticoles, d'effeuiller la vigne vers l'époque de la maturité du raisin, dans le but de permettre à ce dernier de recevoir les rayons directs du soleil et, suivant l'expression des vignerons, de lui donner de l'air. Cet effeuillage se pratique en enlevant les feuilles qui ombragent le raisin et qui sont surtout des feuilles déjà vieilles, développées dans les parties inférieures de la souche.

La proportion de feuilles ainsi enlevées atteint ordinairement 20, 25 et même 30 p. 100 de la totalité des feuilles existant sur le cep. Il m'a semblé intéressant de rechercher si cet effeuillage est basé sur une interprétation judicieuse des faits, ou bien s'il n'est qu'une de ces pratiques qui se transmettent de génération en génération, dans les usages des agriculteurs, sans qu'une observation rigoureuse en ait jamais démontré l'utilité.

D'un côté, il semble que le fait d'enlever à la vigne, à l'époque où se fait l'accumulation des matières sucrées dans le grain, une si grande quantité de feuilles ayant encore toute leur vitalité, c'est amoindrir l'élaboration du sucre et s'exposer à voir celui-ci moins abondant dans le raisin. D'un autre côté, on peut se demander si l'échauffement produit sur les grains par l'action directe des rayons solaires ne favorise pas la maturation et l'accumulation des matières sucrées, en provoquant une circulation plus active des liquides nourriciers. Il appartient à l'expérimentation directe de trancher cette question, dont l'importance, au point de vue de la production du vin, n'échappe à personne.

C'est une notion acquise que les feuilles sont presque exclusivement chargées de l'élaboration du sucre, que le grain lui-même n'a qu'à un faible degré la faculté d'assimiler le carbone de l'acide carbonique aérien et que, par suite, l'ablation des feuilles entrave l'accumulation du sucre dans le fruit. On sait aussi, surtout d'après Muller [1], que les acides restent plus abondants dans le raisin lorsque les organes foliacés sont partiellement enlevés. Cependant, des essais faits dans les conditions normales de la pratique viticole m'ont semblé utiles, dans une région où l'effeuillage est usité.

J'ai institué ces essais dans le vignoble des Vergnes et Beaulieu, près de Sainte-Foy-la-Grande (Gironde), dans une région où l'effeuillage, destiné à découvrir le raisin, est regardé comme indispensable à la maturation. Ce vignoble est d'une contenance de 200 hectares environ et appartient à M. le baron Ch. de Gargan, qui l'a mis à ma disposition pour des essais culturaux.

Dans ce vaste champ d'expériences, la vigne est défendue depuis plus de dix ans par le sulfocarbonate de potassium, suivant le procédé dû à J.-B. Dumas, sans introduction d'aucun plant américain. Le vignoble est dans l'état le plus prospère et donne d'abondantes récoltes. De temps immémorial, les vignerons y pratiquaient l'effeuillage. Ce n'est qu'en 1891 qu'on y a renoncé, sans constater une infériorité dans la maturation et le rendement.

Mais j'ai cru que des essais comparatifs, faits avec une rigueur scientifique, pouvaient donner une plus grande certitude et amener l'abandon d'un usage qui entraîne à des frais de main-d'œuvre et qui, comme nous le verrons, produit des résultats plus nuisibles qu'utiles.

J'ai choisi, dans le vignoble, une surface dont la végétation était homogène et où le degré de maturation était sensiblement uniforme. L'analyse des raisins a été faite le 2 octobre et, le même jour, des ceps placés dans le même rang ont été effeuillés à la manière usitée

---

1. *Bot. Centralbl.*, t. XXVII, p. 116.

dans le pays, c'est-à-dire en enlevant presque toutes les feuilles inférieures qui recouvraient les raisins et qui les empêchaient de recevoir la lumière directe du soleil. Cet effeuillage a enlevé environ
25 p. 100 de la totalité des feuilles. A côté de chaque cep effeuillé,
on a laissé, comme témoin, un cep non effeuillé. L'expérience a été
faite sur deux variétés qui constituent une grande partie du vignoble :
le malbec (côte rouge) et le merlot.

Le 2 octobre, avant l'effeuillage, le raisin étant encore incomplète-
ment mûr, on en a pris un échantillon moyen et on a procédé à
l'analyse du moût. Le même jour, l'effeuillage a été pratiqué sur les
ceps désignés à cet effet. Le 13 octobre, la maturation de l'ensemble
du vignoble étant regardée comme suffisamment avancée et les
vendanges étant déjà commencées, on a prélevé un échantillon
moyen sur les ceps effeuillés et sur ceux auxquels on avait laissé
toutes leurs feuilles. Il convient de dire que, pendant toute la durée
de l'expérience, le temps s'est maintenu au beau presque constamment et que l'action du soleil, s'exerçant presque toute la journée,
a pu produire tous ses effets.

Voici les résultats qui ont été obtenus :

| NATURE DES ANALYSES. | MALBEC (côte rouge). | | | MERLOT. | | |
| | 2 OCTOBRE. | 13 OCTOBRE. | | 2 OCTOBRE. | 13 OCTOBRE. | |
	Avant l'effeuil-lage.	Pieds non effeuillés.	Pieds effeuillés.	Avant l'effeuil-lage.	Pieds non effeuillés.	Pieds effeuillés.
Densité du moût (Baumé)	9°,2	12°,3	10°,0	8°,8	11°,4	9°,0
Glucose pour 100 centim. cubes.	16gr,35	22gr,78	17gr,48	15gr,19	19gr,93	15gr,37
Acide par litre (exprimé en acide sulfurique)	7gr,96	5gr,31	6gr,02	7gr,08	5gr,31	6gr,73
Coloration du moût	Peu intense.	Assez intense.	Peu intense.	Peu intense.	Assez intense.	Peu intense.

Dans ces deux expériences, l'effeuillage a eu un résultat très
défavorable, il a empêché la maturation de se produire et son action
s'est surtout fait sentir par l'arrêt de l'accumulation des matières
sucrées dans le grain. Son action ne peut être mieux comparée qu'à
celle d'une attaque tardive de mildew, qui a pour résultat de supprimer le travail d'élaboration d'une partie des feuilles. Si nous

considérons que les feuilles, qui ont été ainsi enlevées par l'effeuillage, sont de celles qui ont acquis tout leur accroissement et qui, par suite, n'ont plus besoin de travailler pour leur propre compte, et disposent, en faveur du fruit, de tout le glucose qu'elles peuvent fabriquer au moyen de l'acide carbonique de l'air, ce résultat ne doit pas nous surprendre. L'effeuillage pratiqué par les viticulteurs de cette région, et qui s'opère sur des feuilles adultes encore douées de toute leur puissance végétative, ne doit pas se comparer au pincement, destiné à arrêter la production de feuilles nouvelles, ou à l'épamprage, qui supprime des feuilles jeunes qui ont besoin de matériaux pour leur propre développement. A l'époque de la maturation, ce sont surtout les feuilles adultes qui paraissent fournir des matériaux aux organes de la fructification. On constate, en effet, qu'elles s'appauvrissent en matières azotées, en phosphate, etc., à mesure que la maturation avance. Ces faits ont été constatés depuis longtemps par Isidore Pierre, dans ses recherches sur le colza, et par beaucoup d'autres savants.

L'effeuillage de la vigne peut être comparé à celui de la betterave ; dans les deux cas, l'accumulation des matières sucrées se trouve entravée. De plus, dans le raisin, l'acide reste plus abondant et, en somme, la maturation est moins parfaite.

Les constatations de l'influence de l'effeuillage sur la production du sucre et sur la maturation du raisin étant faites, il m'a semblé intéressant d'examiner quelle était l'action directe des rayons solaires sur les grains de raisin, lorsque ceux-ci ne sont plus ombragés par les feuilles.

M. A. Lévy a institué[1] des observations comparatives sur la maturation des raisins placés, les uns à la lumière, les autres dans une obscurité complète. Ces observations l'ont conduit à admettre que la proportion de sucre est plus élevée dans les raisins recevant la lumière que dans ceux qui sont à l'obscurité.

Mes expériences ont été faites dans des conditions tout à fait différentes et ne sont donc nullement en contradiction avec les faits annoncés par M. Lévy.

---

1. *Annales agronomiques,* t. VI, p. 100 ; t. VII, p. 230.

En effet, j'ai comparé la végétation du raisin recevant la lumière directe du soleil à celle du raisin placé à la lumière diffuse, simplement garanti des rayons solaires par les feuilles qui lui servaient d'écran. J'opérais ainsi dans les conditions ordinaires de la vie des plantes et je n'avais pour but que de résoudre une question d'ordre pratique.

Le premier fait que nous observons, c'est l'élévation de la température dans l'intérieur des grains de raisin, lorsqu'ils sont exposés au soleil. Cette élévation a été constatée à l'aide d'un thermomètre à très petite boule, qu'on introduisait dans l'intérieur du grain de raisin, dont la peau était incisée à l'aide d'un canif.

On s'est d'abord assuré qu'il n'y avait pas de différence sensible dans la température des diverses parties du grain, cette température s'uniformisant assez rapidement dans toute la masse. En effet, lorsque la boule du thermomètre était introduite dans la partie périphérique du grain, c'est-à-dire directement sous la peau, que frappaient les rayons solaires, la température était à peine supérieure de un dixième de degré à la température des parties centrales. On s'est donc borné à introduire le thermomètre dans l'intérieur du grain, de telle sorte que la boule fût à peu près au centre.

Voici quelques-uns des résultats qui ont été constatés :

10 octobre, 8 heures du matin, les raisins n'étant pas encore frappés par les rayons solaires :

	TEMPÉRATURES.
Raisins rouges.	16°5
— blancs	16 5
Air à l'ombre	15 5

9 heures du matin, le soleil donnant sur les raisins depuis une demi-heure :

	TEMPÉRATURES	
	au soleil.	à l'ombre.
Raisins rouges	29°0	16°
— blancs vert clair	22 8	16
— blancs vert ambré.	26 0	16
Air à l'ombre	»	16

10 heures du matin, le soleil donnant sur les raisins depuis une heure et demie, soleil légèrement voilé :

	TEMPÉRATURES	
	au soleil.	à l'ombre.
Raisins rouges	30°	20°0
— blancs vert clair	26	20 0
— blancs vert ambré.	28	20 0
Air à l'ombre.	»	19 5

1 heure trois quarts après midi, ciel limpide :

	TEMPÉRATURES	
	au soleil.	à l'ombre.
Raisins rouges	37°	27°
— blancs vert ambré.	34	26
Air à l'ombre.	»	24

5 heures du soir, le soleil étant près de se coucher :

	TEMPÉRATURES	
	au soleil.	à l'ombre.
Raisins rouges	24°	18°
— blancs vert ambré.	23	18
Air à l'ombre.	»	18

6 heures trois quarts du soir, le soleil étant couché depuis une heure :

	TEMPÉRATURES.
Raisins rouges	18°
— blancs vert ambré	18
Air.	18

De nombreuses expériences, faites pendant la période où la maturation s'est effectuée, entre le 1er et le 15 octobre, ont donné des résultats confirmant ceux que je viens de citer à titre d'exemple. Ils montrent qu'avant d'être frappés directement par les rayons du soleil, les grains de raisin, quelle que soit la couleur de leur pellicule, ont une température peu différente de celle de l'air ambiant; mais que, dès qu'ils reçoivent ces rayons à leur surface, ils s'échauffent considérablement; leur température atteint et dépasse fréquemment 37 degrés, même à cette époque de l'année où les radiations solaires ont perdu de leur force, s'élevant ainsi souvent de 15 degrés, et plus, au-dessus de la température de l'air qui circule autour d'eux. Mais, au mois d'août et au mois de septembre, il n'est pas rare de constater des températures de 45 degrés dans l'intérieur du grain de raisin exposé au soleil.

Une pareille élévation de température ne doit pas être sans influence sur les fonctions qui s'accomplissent dans le grain ; nous y reviendrons plus loin.

Aussitôt que le soleil a disparu, la température des grains se remet en équilibre avec celle de l'air ambiant. Lorsque le ciel est couvert, même au milieu de la journée, cet équilibre de température tend à se produire, comme le montrent les résultats ci-après :

8 octobre, 3 heures du soir, ciel couvert :

	TEMPÉRATURES.
Raisins rouges	23°
— blancs	22
Air.	21

Nous voyons encore que le raisin rouge, dont la pellicule a une couleur foncée, s'échauffe toujours, au soleil, de quelques degrés de plus que le raisin blanc, dont la couleur est beaucoup plus claire. Le raisin blanc lui-même, suivant que sa peau a des teintes plus ou moins foncées, s'échauffe plus ou moins. Ces faits s'expliquent facilement par la différence de coloration, qui produit une absorption de chaleur plus ou moins énergique. Même dans les raisins rouges, on peut constater des différences sensibles, suivant que les grains sont ternes ou luisants ; on voit fréquemment, sur la même grappe, des grains à surface terne, recouverts d'un léger enduit de matière cireuse, et d'autres complètement luisants, formant une surface réfléchissante et absorbant moins la chaleur solaire. Voici quelques exemples :

8 octobre, 9 heures du matin, soleil un peu voilé :

	TEMPÉRATURES.
Raisins rouges, grains ternes, au soleil. . . .	22°0
— luisants, —	19 2

10 heures du matin, soleil un peu voilé :

	TEMPÉRATURE.
Raisins rouges, grains ternes, au soleil. . . .	30° 0
— luisants, —	29 0

2 heures du soir, ciel limpide :

Raisins rouges, grains ternes, au soleil. . . .	35° 5
— luisants, —	34 8

Voyons maintenant comment les différences de température, attribuables à l'action directe des rayons solaires, peuvent influer sur la maturation du grain et, particulièrement, sur la proportion de sucre qui y est contenue. L'échauffement du grain, jusqu'à une température de 35 à 40 degrés, active certainement les fonctions végétatives.

A la surface de ces grains, il y a une évaporation très sensible, facile à mettre en évidence, cinq à six fois plus grande que celle qui se produit à une température d'environ 20 degrés. Il y a donc là une tendance à une diminution du poids du grain et, par suite, à une augmentation de la richesse centésimale ; cependant, un apport constant de liquide vient remplacer celui qui s'évapore et, en fin de compte, la concentration du moût des raisins frappés directement par les rayons solaires, même pendant toute une journée, n'est pas sensiblement supérieure à celle des raisins des mêmes pieds, auxquels les feuilles servaient d'écran.

Voici un exemple qui confirme ce fait.

6 octobre :

	DENSITÉ du moût.
7ʰ 1/2 du matin.	10° 10 (Baumé).
5 heures du soir. Raisin découvert exposé au soleil pendant 9 heures	10 20 —
5 heures du soir. Raisin garanti du soleil par les feuilles.	10 15 —

Une autre fonction est considérablement impressionnée par l'élévation de la température, c'est la respiration.

Le grain de raisin ne peut pas être regardé comme ayant la propriété d'élaborer de la matière carbonée, aux dépens de l'acide carbonique de l'air. Il agit surtout, comme les organes dépourvus de chlorophylle, en brûlant les matériaux accumulés dans ses tissus et dégageant de l'acide carbonique. L'élévation de la température a une influence considérable sur ces faits de combustion.

En disposant des appareils permettant de recueillir l'acide carbonique dégagé par des grappes exposées au soleil et, par suite, échauffées considérablement, et par des grappes restées à l'ombre et ayant la température de l'air ambiant, on constate des différences, dans la production de l'acide carbonique, allant du simple au quintuple et même au delà. Voici une expérience qui montre l'action de l'échauffement des grains, sur la combustion respiratoire :

POIDS du raisin.	TEMPÉRATURE des grains.	ACIDE CARBONIQUE	
		produit par heure.	produit par heure et par kilogr. de raisin.
gr.		milligr.	milligr.
395	17°	7,88	20,00
395	39	39,11	99,01

Si l'on admettait, ce qui est vrai dans une certaine mesure, que la totalité de l'acide carbonique produit provient de la combustion du glucose, le kilogramme de raisin aurait donc perdu par heure :

GLUCOSE.

A la température de 17°. . . . . . 14 milligr.
— 39°. . . . . . 67 —

L'élévation de la température des grains, causée par l'accès que l'effeuillage donne aux rayons directs du soleil, n'est donc pas une cause d'enrichissement en glucose.

Mais le sucre seul n'a pas fourni cet acide carbonique ; une partie provient de la combustion des acides organiques, bien connue par les nombreux travaux qui ont trait à la maturation du raisin [1].

Les résultats suivants confirment cette manière de voir. Toute grappe de raisin expose une de ses faces au midi, les grains placés de ce côté reçoivent le maximum des rayons solaires ; ceux du côté opposé, au contraire, reçoivent le minimum et sont même presque toujours à l'ombre.

J'ai prélevé sur des grappes découvertes, mais garanties de l'in-

---

1. Voir Camille Saint-Pierre et Magnien, *Annales agronomiques*, t. IV, p. 161.

fluence directe du nord par des feuilles, ainsi que par les vignes des rangs voisins, des grains de la face recevant le soleil presque toute la journée et des grains de la face opposée, peu ou point frappés par les rayons solaires.

L'analyse m'a donné les résultats suivants :

	MOÛT DES GRAINS	
	face au soleil.	face à l'ombre.
Densité du moût (degrés Baumé)	10° 20	10° 15
Glucose pour 100 centimètres cubes. . . .	17^{gr},96	17^{gr},96
Acide par litre (exprimé en acide sulfurique).	4^{gr},96	5^{gr},66

On voit que la proportion de glucose est la même dans les grains non directement échauffés par le soleil, mais que, cependant, l'acidité du moût est un plus élevée dans ces derniers. M. Pasteur avait montré depuis longtemps que l'action de la lumière directe du soleil favorise l'oxydation des acides.

En résumé, l'échauffement direct des grappes de raisin par les rayons solaires, qu'on facilite par la pratique de l'effeuillage, n'a pas d'influence sensible sur l'enrichissement en matière sucrée. Il en a une légère sur la proportion des acides organiques, qu'il abaisse. L'effeuillage lui-même, tout au moins quand il est pratiqué d'une façon excessive, comme dans certains vignobles du Sud-Ouest, a une influence nuisible sur le raisin, en entravant la production du sucre et la maturation.

CHAPITRE V

INFLUENCE DES PLUIES TARDIVES SUR LA VENDANGE DE 1893

La vendange de l'année 1893 a été particulièrement abondante, malgré la sécheresse qui, pendant une grande partie de l'été, a entravé le développement végétal. Ce sont surtout les régions où les récoltes sont généralement peu abondantes, qui ont été privilégiées. Mais, dans le grand vignoble du Midi, l'augmentation sur les années normales a été relativement faible : même, au début de la vendange, beaucoup de vignobles présentaient des raisins aux grains peu développés, faisant prévoir une récolte inférieure à la moyenne. Quelques pluies survenues à ce moment ont modifié sensiblement cet état de choses.

Me trouvant, au moment de la vendange, dans un de mes champs d'expériences du Roussillon (le Mas-Déous, situé à l'aspre, donnant des vins de qualité supérieure), j'ai pu suivre, par des observations directes, cette action des pluies qui sont venues interrompre la vendange dès le début, et j'ai pu mesurer leur influence sur le développement et sur la richesse saccharine des grains, ainsi que sur la qualité des vins obtenus.

Au commencement de la vendange, c'est-à-dire vers la fin d'août, la sécheresse persistait encore ; à ce moment, les aramons et les alicantes-bouschet étaient récoltés ; pour les carignans, la vendange était encore sur pied. C'est surtout sur ce dernier cépage qu'ont porté mes observations. Les raisins étaient très abondants, mais les grains étaient très peu développés et l'estimation faisait prévoir une récolte moins abondante que celle de l'année 1892. Les feuilles, quoique n'étant pas flétries, montraient peu de vitalité et penchaient vers le sol. La sécheresse, évidemment, manifestait là son influence. Mais à ce moment, le temps s'est modifié et, prévoyant de la pluie, je me suis hâté de faire diverses déterminations, pour suivre les effets du changement de temps. C'est ainsi que j'ai cueilli les feuilles pour déterminer la proportion d'eau qu'elles renfermaient, que j'ai mesuré le volume moyen des grains et leur richesse saccharine. Les pluies étant survenues et étant tombées par intermittences, j'ai fait les mêmes déterminations à diverses époques, mais attendant toujours que le beau temps ait de nouveau évaporé les eaux pluviales qui mouillaient les ceps.

Aussitôt après les premières pluies, les feuilles, penchées vers le sol, se sont redressées; elles contenaient :

Avant la pluie . .	Matière sèche	37 p. 100.
	Eau.	63 —
Après la pluie . .	Matière sèche.	31 —
	Eau	69 —

Tout le vignoble avait repris un aspect de végétation vigoureuse, et il était à prévoir que les feuilles reprendraient toute leur activité végétative et continueraient à élaborer de la matière sucrée, ce qui s'est produit en réalité, comme on le verra plus loin.

Quant au volume des grains, il a été déterminé la veille de la première pluie, deux jours après la cessation de cette première pluie, qui était une forte pluie d'orage, enfin neuf jours après, quelques pluies légères s'étant produites dans l'intervalle.

La mesure a été pratiquée sur les mêmes grains non détachés de la grappe et dont le pied et la situation avaient été soigneusement marqués. J'en ai pris la circonférence, suivant un plan perpendiculaire à l'axe du grain; le calcul du volume a été ensuite fait en admettant que le grain est sphérique, ce qui est plus exact pour le carignan que pour l'aramon.

Voici les résultats moyens obtenus, pendant ces différentes époques, sur 50 grains toujours les mêmes.

Avant la pluie :

Circonférence moyenne d'un grain . . . . $42^{mm},7$
Volume correspondant du grain . . . . $1^{cc},316$

Deux jours après la première pluie :

Circonférence moyenne d'un grain . . . . 45^{mm},2
Volume correspondant du grain . . . . 1^{cc},592

Neuf jours après la première pluie :

Circonférence moyenne d'un grain . . . . 45^{mm},84
Volume correspondant du grain . . . . 1^{cc},628

En comparant entre eux les différents volumes et les appliquant à l'ensemble de la vendange, nous voyons que l'action de la première pluie d'orage a eu un effet presque immédiat sur le développement du grain, puisque deux jours après la pluie, celui-ci avait augmenté de 21 p. 100 ; l'ensemble de la récolte devait donc se trouver augmenté dans cette même proportion, qu'on peut regarder comme énorme, puisqu'elle était supérieure à un cinquième. Il n'est pas sans utilité de faire remarquer avec quelle rapidité l'eau est absorbée par l'organisme végétal et modifie le liquide renfermé dans ses tissus.

Mais cette première pluie a paru satisfaire aux besoins les plus urgents de la vigne, car neuf jours après, malgré quelques pluies tombées par intermittences, le volume du grain n'avait pas sensiblement augmenté, puisqu'il n'était supérieur que de 24 p. 100 à celui constaté avant la pluie, et de moins de 3 p. 100 à celui constaté après la première pluie. L'action de l'eau est donc extrêmement rapide, et il n'est pas nécessaire que les pluies se prolongent, pour que l'équilibre soit établi entre les liquides des tissus et le milieu ambiant.

Quant à la richesse saccharine des moûts, on devait s'attendre à la voir modifiée par le gonflement des grains, dû à l'introduction rapide d'une notable proportion d'eau.

En même temps qu'on déterminait le volume des grains, on faisait une vendange en opérant sur des pieds représentant autant que possible la moyenne des vignes en expérience, et on déterminait dans le moût, par un titrage direct, la proportion du sucre (exprimé en glucose) qu'il renfermait.

Voici les résultats obtenus :

	SUCRE.
Avant la première pluie.	22.5 p. 100.
Deux jours après la première pluie.	18.2 —
Neuf jours après la première pluie (avec pluies intermittentes).	20.4 —

L'effet de la première pluie, qui s'est traduit par une augmentation considérable du volume du grain, a donc dilué notablement le moût ; on peut dire qu'il n'y a eu, en réalité, de ce chef, qu'une introduction d'eau, et l'augmentation énorme de la récolte peut être comparée à celle que donnerait l'addition pure et simple d'un certain volume d'eau à la vendange. Mais, neuf jours après, les feuilles ayant repris toute leur activité végétative, ont pu élaborer de nouvelles quantités de sucre et rétablir, au moins en partie, la richesse saccharine du moût.

Si nous nous servons de ces déterminations pour comparer entre eux les résultats donnés, aux diverses périodes coïncidant avec la vendange, dans une des parcelles en expérience, dite « le Champ du Comte », d'une contenance de 5 hectares, d'une grande fertilité, puisqu'elle a donné à la vendange, faite neuf jours après les premières pluies, 132 hectolitres de vin par hectare, nous voyons que :

Avant la pluie, le volume de moût était, par hectare, de : 106^{hl},5, contenant 2290 kilogr. de sucre. — Deux jours après la première pluie, le volume du moût était de : 129 hectolitres, avec 2250 kilogr. de sucre. — Neuf jours après la première pluie, le volume du moût était de : 132 hectolitres, avec 2693 kilogr. de sucre.

Il ressort de ces résultats que l'action immédiate de la pluie a été l'introduction d'eau dans le grain, sans aucune augmentation de la quantité réelle du sucre élaboré par hectare ; mais que l'action ultérieure, pendant neuf jours de beau temps, interrompu par quelques pluies légères, n'a pas contribué à introduire plus d'eau dans la vendange et s'est bornée à élaborer une nouvelle quantité de sucre, qui peut se chiffrer par environ 400 kilogr. par hectare. Cet effet doit certainement être attribué à la reprise de la végétation des feuilles, sous l'influence des premières pluies.

Les vins obtenus se sont ressentis de ces conditions météorologiques ; en effet, le vin provenant des vendanges de carignan, ré-coltées avant la pluie, avait une richesse alcoolique de 12° ; celle qui a été faite immédiatement après la première pluie, ne donnait que 10°5 p. 100 d'alcool. Enfin la vendange faite plus tard, après les alternatives de beau temps et de pluie, a donné des vins titrant 11°5.

La moyenne des carignans s'est de la sorte montrée un peu supérieure à 11°.

Quant aux aramons, constituant le cépage commun à gros rendement et à faible degré alcoolique, leur précocité les ayant fait vendanger avant la pluie, ils ont donné une richesse alcoolique moyenne de 11°8.

Les pluies tardives ont donc eu cet effet singulier de donner aux carignans, cépage plus fin et plus alcoolique, une teneur en alcool moindre qu'aux aramons, dont l'infériorité sous ce rapport est bien connue.

L'intensité de la coloration du vin joue un rôle important dans les prix de vente. En examinant au colorimètre les vins obtenus, j'ai constaté que ceux vendangés avant les pluies avaient une intensité de 1,5.

Ceux vendangés après la première pluie avaient une intensité de 1,2.

Et ceux vendangés neuf jours après avaient une intensité de 1,4.

La matière colorante a donc subi les mêmes fluctuations que le sucre.

En réalité, les pluies tardives ont augmenté sensiblement la quantité de vendange, mais elles ont diminué la qualité, et on peut se demander si leur action doit être regardée en fin de compte comme plus utile que défavorable.

J'ai pu faire des constatations analogues, mais sans pouvoir les suivre d'aussi près, dans un vignoble du Médoc. Le domaine de Château-Reysson, planté en vignes françaises, a eu, comme toute la région, une maturité extrêmement hâtive, et les vendanges ont pu être commencées dès le 25 août, les vignes n'ayant reçu, à ce moment, que quelques légères rosées.

Là aussi les raisins, extrêmement abondants, n'avaient que des grains peu développés, faisant prévoir un rendement peu élevé ; mais, après quelques pluies plus fortes, le grain s'est gonflé à vue d'œil, et on pouvait, dès ce moment, prévoir que les parcelles non vendangées donneraient des rendements très élevés, ce qui s'est réellement produit.

La richesse saccharine des moûts a été s'affaiblissant aussitôt après les premières pluies abondantes, qui se sont continuées pendant plusieurs jours.

Avant les pluies, le glucomètre marquait 14°.

Après les pluies légères de la fin d'août, il ne marquait plus que 13°.

Après des pluies plus abondantes, qui ont interrompu les vendanges le 5 et le 6 septembre, le degré glucométrique était tombé à 12°.

Contrairement à ce qui s'est produit dans le Roussillon, l'effet des pluies n'a eu ici que des avantages, car les vins fins du Médoc ne doivent pas leur valeur à la richesse alcoolique, mais à des qualités de finesse et de bouquet, qui ne paraissent pas avoir été influencées par l'action des pluies.

La fermentation s'est d'ailleurs mieux faite dans les moûts moins chargés de sucre, qui ont ainsi donné des vins ayant plus de tenue, c'est-à-dire étant plus aptes à la conservation.

TABLE DES MATIÈRES

DEUXIÈME PARTIE

CHAPITRE I

CHAPITRE II

CHAPITRE III

CINQUIÈME PARTIE

CHAPITRE I

CHAPITRE II

SIXIÈME PARTIE

LES CONDITIONS DE LA PRODUCTION DU VIN ET LES EXIGENCES DE LA VIGNE EN PRINCIPES FERTILISANTS DANS LES VIGNOBLES DE LA GIRONDE 327

CHAPITRE I

CHAPITRE II

CHAPITRE III

CHAPITRE IV

CHAPITRE V

CHAPITRE VI

SEPTIÈME PARTIE

CHAPITRE I

HUITIÈME PARTIE

Nancy, impr. Berger-Levrault et Cie.

BERGER-LEVRAULT ET Cie, LIBRAIRES-ÉDITEURS

Paris, 5, rue des Beaux-Arts. — 18, rue des Glacis, Nancy.

ANNALES DE LA SCIENCE AGRONOMIQUE
FRANÇAISE ET ÉTRANGÈRE

ORGANE DES STATIONS AGRONOMIQUES ET DES LABORATOIRES AGRICOLES
Publiées sous les auspices du ministère de l'Agriculture
Par L. GRANDEAU
DIRECTEUR DE LA STATION AGRONOMIQUE DE L'EST
PROFESSEUR AU CONSERVATOIRE NATIONAL DES ARTS ET MÉTIERS
MEMBRE DU CONSEIL SUPÉRIEUR DE L'AGRICULTURE
VICE-PRÉSIDENT DE LA SOCIÉTÉ NATIONALE D'ENCOURAGEMENT A L'AGRICULTURE

2e SÉRIE — 1re ANNÉE — 1894-1895

Les *Annales de la Science agronomique française et étrangère* paraissent tous les deux mois par fascicules de 10 à 11 feuilles grand in-8° formant chaque année 2 volumes d'environ 500 pages chacun, avec gravures, et planches, etc.

Prix par an : Paris, **24 fr.** — Départements et Union postale, **26 fr.**

En vente : *La première série :* 10 années (1884-1893). Chaque année forme 2 volumes, avec gravures et planches. — Prix de chaque année : **24 fr.** — Prix de la collection des 10 années : **200 fr.**

Annales de l'Institut national agronomique. ADMINISTRATION, ENSEIGNEMENT ET RECHERCHES. — Publication du ministère de l'agriculture et du commerce. — Volumes grand in-8°, avec gravures et planches.

Volumes parus : I à VI, épuisés. — VII, 1884, **12 fr.** — VIII, 1884, 6 fr. — IX, 1886, 10 fr. — X, 1887, 10 fr. — XI, 1890, 20 fr. — XII, 1891, 8 fr. — XIII, 1894, **8 fr.**

Le Traitement des bois en France. Estimation, partage et usufruit des forêts, par Ch. BROILLIARD, ancien professeur à l'École forestière. Nouvelle édition. 1894. Un beau volume in-8° de 700 pages, broché . . . . **7 fr. 50 c.**
Relié en percaline . . . . **9 fr.**

Cours d'Aménagement des forêts, enseigné à l'École forestière, par Ch. BROIL-LIARD, professeur à l'École forestière. 1878. Un volume in-8° de 364 pages, avec carte . . . . **10 fr.**

Traité de Sylviculture, par L. BOPPE, professeur à l'École nationale forestière, membre du Conseil supérieur d'agriculture. 1889. Un volume grand in-8° de 480 pages. Broché, 8 fr. 50 c. — Relié . . . . **10 fr.**

Cours de Technologie forestière, créé à l'École de Nancy, par H. NANQUETTE, directeur honoraire de l'École. Édition entièrement nouvelle publiée par L. BOPPE, professeur de sylviculture à l'École nationale forestière. Un volume grand in-8° avec 3 planches en couleur hors texte et 92 fig. dans le texte, broché. **10 fr.**
Relié . . . . **11 fr. 50 c.**

Le Chêne-liége. Sa culture et son exploitation, par A. LAMEY, conservateur des forêts en retraite. 1893. Un volume grand in-8°, avec 2 planches, broché. **6 fr.**

Traité des Maladies des arbres, par Robert HARTIG, professeur à l'Université de Munich. Traduit sur la deuxième édition allemande par J. GERSCHEL et E. HENRY, professeurs à l'École nationale forestière. Revu par l'auteur. 1891. Un beau vol. gr. in-8°, avec 137 figures dans le texte et une planche en couleurs, br. **12 fr.**

Atlas d'entomologie forestière, publié par E. HENRY, professeur à l'École nationale forestière. 48 planches en phototypie avec texte explicatif. 1892. Volume grand in-8°, broché . . . . **10 fr.**

Les Arbres et les Peuplements forestiers. Formation de leur volume et de leur valeur, d'après les travaux récents des stations de recherches forestières allemandes, par G. HUFFEL, inspecteur adjoint des forêts, chargé de cours à l'École nationale forestière. 1893. Un volume grand in-8° de 224 pages, avec 93 figures et 2 planches hors texte, broché . . . . **10 fr.**

Chimie et Physiologie appliquées à la Sylviculture (Annales de la Station agronomique de l'Est, travaux de 1868 à 1878), par L. GRANDEAU, directeur de la Station agronomique. Volume grand in-8° de 415 pages . . . . **9 fr.**

Comptes rendus des travaux du Congrès international des Directeurs des Stations agronomiques (1881), publiés, au nom du bureau, par L. GRANDEAU, commissaire général du congrès. — Volume gr. in-8° de 495 p. . . **7 fr. 50 c.**

BERGER-LEVRAULT ET Cie, LIBRAIRES-ÉDITEURS

Paris, 5, rue des Beaux-Arts. — 18, rue des Glacis, Nancy.

GÉOLOGIE AGRICOLE

INTRODUCTION AU
COURS D'AGRICULTURE COMPARÉE

FAIT A L'INSTITUT NATIONAL AGRONOMIQUE

Par Eugène RISLER

DIRECTEUR DE L'INSTITUT AGRONOMIQUE

Beaux volumes grand in-8°.

Tome Ier. — Utilité de la géologie pour l'étude des terres arables : engrais complémentaires ; analyse chimique des terres ; échantillon des terres d'après leur formation géologique ; recherche des amendements et engrais, des sources et drainages. — Terres formées par la décomposition des roches primitives : granite, gneiss, etc. — Terres formées par la décomposition de roches volcaniques : trachytes, basaltes, laves, etc. — Terrains de transition. — Terrains houillers, permiens, etc. — Le trias. — Terrains jurassiques. — Volume de 402 pages . . . . **7 fr. 50 c.**

Tome II. — Les terrains infracrétacés du Jura, du sud de la France, du nord de la France, de l'Angleterre, etc. — Les terrains crétacés du nord de la France, du sud de la France, de l'Angleterre, de la Belgique et de l'Allemagne. — Les terrains tertiaires du nord et du centre de la France. — Volume de 428 pages, avec planches en héliogravure . . . . **7 fr. 50 c.**

Tome III. — Les terrains tertiaires et quartenaires de la Suisse, de l'est et du sud-est de la France : 1. Suisse et Savoie ; 2. La Bresse et la Dombes ; 3. Dauphiné ; 4. Provence ; 5. Bas-Languedoc ; 6. Le Roussillon et la Cerdagne. — Les terrains tertiaires et quartenaires du sud-ouest de la France : 1. Le département de l'Aude ; 2. L'Aquitaine ; 3. Le Béarn et le Pays basque ; 4. La Châlosse ; 5. Les landes de Gascogne ; 6. Le département de la Gironde. — Volume in-8° de 409 p. avec 6 planches de paysages en photogravure . **7 fr. 50 c.**

Supplément. — Carte géologique et statistique des gisements de phosphate de chaux exploités en France. Grand in-folio en couleurs, sous couverture . **2 fr. 50 c.**

L'Agriculture aux États-Unis, par E. Levasseur, membre de l'Institut, 1895. Un volume in-8° de 475 pages, avec 27 tableaux hors texte. Broché . . **6 fr.**

Le Blé aux États-Unis. Production, transport, commerce, par A. Ronna, ingénieur, vice-président du groupe de l'agriculture à l'Exposition universelle de 1878. 1880. Un volume in-8°, broché . . . . **5 fr.**

La Production agricole en France, son présent et son avenir, par L. Grandeau. Suivie de : *Données statistiques sur la question du blé,* par E. Cheysson, et de l'*Étude géologique sur les terres à blé en France et en Angleterre,* par A. Ronna. Vol. in-8° de 128 pages, avec deux cartes et deux diagrammes hors texte. **3 fr.**

Chimie appliquée à l'Agriculture. Travaux et expériences du Dr A. Vœlcker, chimiste-conseil, directeur du laboratoire de la Société royale d'agriculture d'Angleterre, par A. Ronna, ingénieur, membre du conseil supérieur de l'agriculture, membre de la Société nationale d'Encouragement à l'agriculture, etc. 1888. Deux volumes grand in-8° (1012 pages), brochés . . **16 fr.**

Électricité agricole, par Camille Pabst, ingénieur agronome, diplômé de l'enseignement supérieur de l'agriculture. 1894. Un volume in-8° de 390 pages, broché . . . . **5 fr.**

Études expérimentales sur l'Alimentation du cheval de trait. Rapports adressés au Conseil d'administration de la Compagnie générale des voitures, par L. Grandeau et A. Leclerc, directeurs du laboratoire de la Compagnie générale des voitures de Paris. — 1er *et* 2° *mémoires,* 1883. — Un volume in-4° de 370 pages avec figures et 18 planches in-folio, broché. . . . . **25 fr.**

— 3° *mémoire.* 1887. Un volume grand in-8° de 119 pages, avec 11 planches in-folio, broché. . . . . **7 fr. 50 c.**

— 4° *mémoire,* 1889. Un volume gr. in-8° de 130 pages, broché. . . . **5 fr.**

— 5° *mémoire,* 1893. Un volume gr. in-8° de 180 pages, broché. . . . **6 fr.**

— 6° *mémoire,* 1894. Un volume gr. in-8° de 109 pages, broché . . . **4 fr.**

Nancy, impr. Berger-Levrault et Cie.